Töpfer · Besch
Grundlagen der Automatisierungstechnik

Grundlagen der Automatisierungstechnik

Steuerungs- und Regelungstechnik
für Ingenieure

Von Prof. Dr. sc. techn. Heinz Töpfer
und Doz. Dr.-Ing. Peter Besch

2., durchgesehene Auflage

Carl Hanser Verlag München Wien

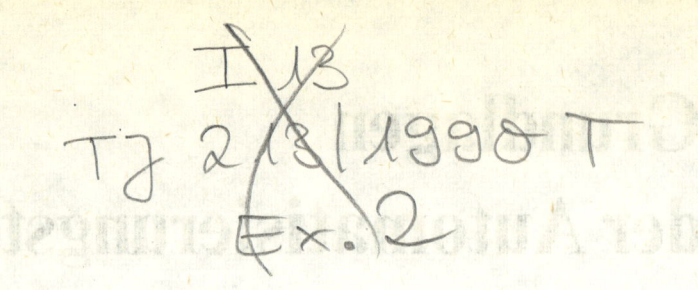

CIP-Kurztitelaufnahme der Deutschen Bibliothek
Töpfer, Heinz:
Grundlagen der Automatisierungstechnik:
Steuerungs- und Regelungstechnik für Ingenieure/
von Heinz Töpfer und Peter Besch. – 2., durchgesehene Aufl. –
München; Wien: Hanser, 1990.
  (Hanser-Studienbücher)
  ISBN 3-446-15613-5

NE: Besch, Peter:

2. Auflage
© VEB Verlag Technik, Berlin, 1990
Lizenzausgabe für den Carl Hanser Verlag München Wien
Printed in the German Democratic Republic
Gesamtherstellung: Offizin Andersen Nexö, Leipzig

Vorwort

Das weltweit rasche Eindringen der Automatisierung in alle Bereiche der industriellen Produktion, der Dienstleistungen, des Haushalts u.a. erfordert eine mit dieser Entwicklung schritthaltende Vermittlung von Grundkenntnissen zu theoretischen und Anwendungsaspekten der Automatisierungstechnik vor allem für Ingenieure, Naturwissenschaftler und Ökonomen.

Das Ziel dieses Buches besteht deshalb darin, dieser Forderung dadurch Rechnung zu tragen, daß

- die wesentlichen Gründe, Motive, Ziele, Möglichkeiten und Grenzen sowie die weiteren Trends in der Automatisierungstechnik – weitaus detaillierter als sonst in Lehrbüchern üblich – dargelegt werden;
- der Anwender der Automatisierungstechnik einerseits einen Überblick zu den durch ihn zu leistenden Vor- und Zuarbeiten für den Spezialisten der Automatisierungstechnik erhält und ihm andererseits die zur Vorbereitung von Automatisierungslösungen erforderlichen Kenntnisse vermittelt werden, die ihn zur sachkundigen Mitwirkung in der Vorbereitungs- und Realisierungsphase befähigen und ihm notwendige Einblicke in die Probleme von der Vorbereitungsphase über die Realisierung bis zum Betrieb von automatisierten Maschinen und Anlagen gewähren;
- die grundsätzlichen Strategien, Methoden und Verfahren der Automatisierungstechnik unter Beachtung der Einflüsse der Mikrorechentechnik anwendungsorientiert dargestellt den Schwerpunkt dieses Buches bilden;
- das vermittelte Wissen geeignet ist, einfache Automatisierungsaufgaben, z.B. für den Bereich der kontinuierlichen Prozesse der Stoff- und Energiewirtschaft oder der diskreten Fertigungsprozesse selbst lösen zu können.

Diese Zielstellung bestimmt den Inhalt und die Art der Darstellung des ausgewählten Stoffes. Das Buch ist in erster Linie für Studenten und Anwender aus solchen Bereichen wie der Elektrotechnik, dem Maschinenbau, der Verfahrenstechnik, der Landwirtschaft, der Montanindustrie u.a.m. vorgesehen.

Darüber hinaus ist es für die Weiterbildung von Ingenieuren, Naturwissenschaftlern und Ökonomen von Interesse, die auf diesem Gebiet bisher noch keine Ausbildung erhalten konnten. Schließlich kann es vorteilhaft als Einführung der Studenten, die sich auf diesem Gebiet spezialisieren wollen, genutzt werden.

Außerdem soll mit diesem Buch ein Beitrag zur Förderung der sich ständig erweiternden interdisziplinären Zusammenarbeit zwischen Fachleuten unterschiedlicher Disziplinen geleistet werden.

Der besondere Dank der Verfasser gilt Herrn Prof. Dr.sc.techn. *G. Brack* für die bei der Durchsicht des Manuskripts gegebenen Hinweise sowie Herrn Dipl.-Ing. *J. Reichenbach* und dem Verlag Technik für die gute Zusammenarbeit und die Förderung dieses Vorhabens.

Dresden   Die Autoren

Inhaltsverzeichnis

Verzeichnis wichtiger Formelzeichen

A, a	Fläche, Querschnitt	J	Trägheitsmoment
A	Anlaufwert	j	imaginäre Einheit
A	Systemmatrix, Zustands-	K, k	Konstante
	matrix	K	Übertragungsfaktor
A_{lin}	lineare Regelfläche	L	Induktivität
A_q	quadratische Regelfläche	l	Länge
a	Hebellänge	M, m	Drehmoment
a	Beiwert, Parameter	m	Masse
$\hat{a}$	Schätzwert des Parameters a	$\dot{m}$	Massenstrom
$a(t)$	Einheitsanstiegsantwort	N	Beschreibungsfunktion
B	Drehimpuls	n	Drehzahl
B	Steuermatrix, Eingangsmatrix	P	Leistung
b	Hebellänge	p	Druck
b	Beiwert, Parameter	p	Eigenwert, Wurzel der
C, c	Konstante, Beiwert		charakteristischen Gleichung
C	Kapazität	$p = \sigma + j\omega$	Laplace-Operator
C	Beobachtungsmatrix, Aus-	Q	Volumenstrom
	gangsmatrix	Q	Gütefunktional, Gütekriterium
c	Federkonstante	$\dot{Q}, \dot{q}$	Wärmestrom
c	spezifische Wärme	q	Zustandsgröße
D	Durchmesser	q	Zustandsvektor
D	Dämpfungsgrad	R, r	Radius
D	Durchgangsmatrix	R	Widerstand
d	Dämpfungskonstante	R	Regelfaktor
E	Potential, elektromotorische	Re	Realteil
	Kraft	s	Weg
E, e	Energie	T	Zeitkonstante, Periodendauer
$\dot{E}$	Energiestrom	T_a	Ausgleichszeit
F	Kraft	T_D	Differentialzeit
F_L	Lastfaktor	T_E	Einstellzeit
f	Frequenz	T_I	Integralzeit
$G(p)$	Übertragungsfunktion	T_k	kritische Periodendauer
$G(j\omega)$	Frequenzgang	T_L	Laufzeit, Totzeit
$\hat{G}$	Amplitudenverhältnis	T_n	Nachstellzeit
$\hat{G}(\omega)$	Amplitudengang	T_t	Totzeit, Laufzeit
g	Erdbeschleunigung	T_{tE}	Ersatztotzeit
$g(t)$	Gewichtsfunktion	T_u	Verzugszeit
H, h	Höhe, Flüssigkeitsstand	T_v	Vorhaltezeit
$h(t)$	Übergangsfunktion	T_1	Zeitkonstante des PT1-Gliedes
I, i	Strom	$T_{5\%}$	5-%-Zeit
Im	Imaginärteil	U, u	Spannung

V	Volumen	Δ	Differenz, Abweichung
$\dot{V}$	Volumenstrom	$\delta(t)$	Impulsfunktion, Stoßfunktion,
v	Geschwindigkeit		Dirac-Impuls
W, w	Führungsgröße	ε	Abweichung, Differenz
X, x	Regelgröße, gesteuerte Größe	ζ	Durchflußkoeffizient
Y, y	Stellgröße	ϑ	Temperatur
Z, z	Störgröße	ϱ	Dichte
z	Zähnezahl	σ	Abklingkonstante
α	Winkel	$\sigma(t)$	Einheitssprungfunktion
α	Wärmeübergangskoeffizient	Φ	magnetischer Fluß
$\alpha(t)$	Einheitsanstiegsfunktion	φ	Winkel, Phasenwinkel
β	Winkel	ω	Winkelgeschwindigkeit
γ, γ_{Rand}	Phasenrandwinkel	ω	Kreisfrequenz

Indizes:

A	Auslegungswert, Aufgaben-	M	Meßglied
	wert	m	Maximum
A	Anker	O	offener Kreis
a	Ausgang	o	Nennwert, stationärer
a	außen		Arbeitspunkt
B, b	statischer Wert, bleibend	o	oberer Wert
D	differential	P	proportional
d	Differenz	R	Regler, Regeleinrichtung
e	Eingang	r	Rückführung
F	Feder	S	Strecke
H	Hilfsgröße	s	Schnittpunkt
h	Bereich	u	unterer Wert
I	integral	v	vorübergehend
i	innen	W	Führung
K	Knickpunkt	w	Abweichung
k	kritisch	Z	Störung

Mit kleinen Buchstaben oder Δ werden Abweichungen von einem statischen Wert bezeichnet, z. B.

$$x = \Delta X = X - X_0.$$

Für veränderliche Größen (Zeitsignale) gilt

$x = x(t)$ Zeitfunktion
$x_0 = x(0)$ Anfangswert der Funktion $x(t)$
$x_\infty = x(\infty)$ Endwert der Funktion $x(t)$ (stationärer Wert)
$\dot{x} = dx/dt$ Ableitung nach der Zeit
$X = X(p)$ Bildfunktion, Laplace-Transformierte von $x(t)$
$X = X(j\omega)$ harmonische Schwingung der Größe x (Zeiger)
$\hat{x}(t)$ analoge, kontinuierliche Funktion
$x*[k]$ diskrete Impulsfolge.

1.   Einführender Überblick

Mit diesem einführenden Überblick ist beabsichtigt, zunächst einen Eindruck von den vielfältigen Aspekten der Automatisierungstechnik zu vermitteln. Unterschiedlichste Ziele und Einflüsse werden in einer Übersicht – ohne den Anspruch auf Vollständigkeit und ohne detaillierte Begründungen – skizziert. Damit wird ein gewisser Gesamtüberblick zur Vielfältigkeit der Probleme gegeben und gleichzeitig deutlich erkennbar gemacht, daß die in diesem Buch enthaltenen Grundlagen nur Teilaspekte der Automatisierung betreffen können. Der Inhalt der nachfolgenden Abschnitte ist durchaus ohne die Kenntnisse aus diesem Abschnitt verständlich; trotzdem ist sein Studium für die Gewinnung eines besseren Gesamtbilds zur Automatisierungstechnik sehr zu empfehlen. Eine besondere Hilfe ist dieser Abschnitt für die ständige Motivierung während des Studiums.

Bedingt durch die immer rascher wachsenden wissenschaftlichen Erkenntnisse und praktischen Erfahrungen werden die Systeme, in denen sich Prozesse der Produktion und Produktionsvorbereitung vollziehen, immer größer und komplizierter; das Tempo der Entwicklung wird immer schneller; die Rolle des Menschen in diesen Prozessen ändert sich gravierend [1].

Aus dieser Entwicklung resultieren ständig zunehmende Forderungen und Erwartungen z. B. an die Erhöhung der Effektivität der Produktions- und Investitionsvorbereitung, die Qualität, Quantität und Sicherheit der Produktion sowie an die Arbeits- und Lebensbedingungen in der Produktionssphäre.

1.1.   Hauptaufgaben der industriellen Produktion

Die wesentlichen Ziele der industriellen Produktion bestehen aus den obengenannten Gründen heute u. a. in der

- Steigerung der Arbeitsproduktivität
- Einsparung von Material, Energie, Arbeitskräften und Zeit
- Steigerung der Qualität der Produkte
- Beherrschung der zunehmend komplizierter werdenden Prozesse
- Erhöhung der Zuverlässigkeit und Lebensdauer der Produktionsmittel und Produkte
- Verbesserung der Arbeits- und Lebensbedingungen
- Anpassungsfähigkeit der Produktion an die sich rasch ändernden Forderungen und Bedingungen des Marktes.

Wirkungsvollster Weg zur effektiven Lösung dieser Aufgaben ist in zunehmendem Maße die *Automatisierung der Produktion sowie der ihr vor- und nachgelagerten Phasen* von der Entwurfsarbeit bis zur Instandhaltung. In diesem Buch wollen wir uns allerdings vorwiegend mit Fragen der Automatisierung für den Bereich der industriellen Produktion beschäftigen. Um einen groben Überblick zum derzeitigen prozentualen Anteil der Automatisierungstechnik an den Gesamtinvestitionen der Industriebereiche zu gewinnen, seien als Beispiele folgende grobe Richtzahlen genannt (sie gelten etwa für den

Zeitraum 1983): konventionelle Kraftwerke 6 bis 10%; Kernkraftwerke 8 bis 12%; Eisenhüttenwerke 16 bis 20%; Chemie/Verfahrenstechnik 14 bis 20%; hochautomatisierte Werkzeugmaschinen bis 60%.

1.2.   Stoff, Energie, Information

In der industriellen Produktion stehen die drei Komponenten Stoff, Energie und Information (genauere Erläuterungen zu diesem Begriff folgen im Abschn. 2.) im Mittelpunkt. Während das Interesse bei Produktionsprozessen früher vorrangig ihrer energetischen und stofflichen Seite galt, gewinnen bei ihrer Automatisierung die ihn begleitenden/ überlagernden Informationen einen dominierenden Einfluß.

▸ Kenntnisse (Informationen) über den Zustand eines Produktionsprozesses gewinnt man z.B. durch Messung – wir nennen das *Informationsgewinnung* –; sie ist nötig, um den Prozeß durch gezielte Eingriffe z.B. in den Stoff- oder Energiestrom (das erfolgt durch Verstellen) in gewünschter Weise beeinflussen zu können.

▸ Die Verarbeitung dieser gewonnenen Informationen – wir nennen das *Informationsverarbeitung* – muß so erfolgen, daß auf Grund dieses Ergebnisses z.B. eine Anzeige/ Signalisierung bzw. ein Stelleingriff erfolgen kann – wir nennen das *Informationsnutzung* –; der Stelleingriff muß geeignet sein, die erforderlichen Veränderungen des interessierenden Prozeßzustands rasch, genau und ohne Schaden für die Anlage (in der der Prozeß abläuft) und das Produkt auszulösen oder zu bewirken. Die Informationsverarbeitung erfolgt dabei meist nach einer fest vorgegebenen Handlungsvorschrift (Algorithmus). Solche informationellen Prozesse vollziehen sich auch bei Einschaltung des Menschen. Er stellt dabei den Prozeßzustand, z.B. durch Ablesung eines Meßgeräts, fest; auf Grund von Wissen/Erfahrungen kennt er den Algorithmus, wie jeweils zu reagieren ist, um den Prozeß in gewünschter Weise zu beeinflussen. Wird automatisiert, dann werden diese Aufgaben vollständig oder teilweise von Automatisierungseinrichtungen übernommen.

▸ Letztlich geht es bei den *Automatisierungsaufgaben* meist um die *Lösung von Koordinierungsaufgaben* bzw. die *Herstellung von Gleichgewichtszuständen* einfacher und komplizierter Teilprozesse eines Gesamtprozesses, die in Maschinen, Aggregaten oder Anlagen ablaufen. Stets gilt es beispielsweise, den Zu- und Abfluß von Stoff- und Energieströmen oder die Bewegungen und Positionen von Maschinengruppen auf Grund von Informationen zu koordinieren bzw. das Gleichgewicht zwischen Zu- und Abfluß von Stoffen und Energien herzustellen, d.h., Stoff- oder Energieströme werden auf der Basis von Informationen gesteuert.

Informationen sind dabei stets die Basis der Automatisierung von Produktionsprozessen, da es sich hierbei vor allem um die Lösung von Aufgaben der Informationsgewinnung, -verarbeitung und -nutzung mit dem Ziel der Steuerung von Prozessen durch Eingriffe in Energie- oder Massenströme handelt. Selbstverständlich werden zunehmend auch informationelle Prozesse selbst, z.B. in der Nachrichtentechnik, zum Objekt der Automatisierung.

Die Rolle von Informationen gewinnt auf Grund der Entwicklung der Elektronik vor allem wegen der Möglichkeit der einfachen und schnellen Speicherung, Übertragung und Verarbeitung und damit des sehr schnellen Zugriffs zu großen Informationsmengen für Industrie und Wirtschaft sowie für den privaten Bereich eine in seiner Vielfalt noch nicht voll zu übersehende Bedeutung. Im automatisierten Produktionsprozeß tritt sie u.a. in Erscheinung als

– gespeicherte, stets abrufbare Information (Datenbasis)

– durch Messung laufend zu aktualisierende „Echtzeitinformation"
– durch Verarbeitung und Bearbeitung (klassifizierend, algorithmisch) veränderte, aufbereitete Information
– durch Problemfindung und Problemlösung produzierte neue Information.

▶ Ein automatisierter Produktionsprozeß unterliegt weitgehenden Änderungen; es ist ein ständiger „Informationsverschleiß" vorhanden. Deshalb müssen

– die Informationen über den *Ist-Zustand* (durch Messung) und den *Soll-Zustand* (durch Vorgabe aus Modellen oder Erfahrungen) stets aktualisiert werden
– durch *Problemfinden und Problemlösen* möglichst qualitativ neue Informationen erarbeitet (durch den Menschen oder durch Methoden der künstlichen Intelligenz) und zur Steuerung der Prozesse genutzt werden.

1.3. Ziele der Automatisierung

Die Automatisierungsziele lassen sich grob wie folgt zusammenfassen:

Beherrschung schwieriger Aufgaben

Falls diese vom Menschen allein bzw. ohne Hilfsmittel nicht lösbar sind, weil der Prozeß z.B. kompliziert, schnell, unzugänglich, räumlich weitgehend dezentralisiert ist usw.

Erzielung besserer ökonomischer Ergebnisse

Durch Steigerung der Qualität und Quantität der Produktion, Einsparung von Zeit, Energie, Material und Arbeitskräften, Erhöhung der Flexibilität und bessere Auslastung der Produktionsmittel usw.

Erhöhung der Zuverlässigkeit/Sicherheit/Lebensdauer

Durch Beseitigen der Auswirkung von Störungen und damit Konstanthalten (Optimieren) des Beanspruchungsniveaus (Parameterkonstanz), Vermeiden von Fehlhandlungen, automatische Anlagendiagnose usw.

Verbesserung der Arbeits- und Lebensbedingungen

Durch Ablösung geistig anspruchsloser, monotoner, anstrengender, gefährlicher oder gesundheitsschädigender Arbeiten, durch Erhöhung des Bedienkomforts usw.

In der Regel treten die genannten Hauptziele bei vielen Automatisierungsaufgaben kombiniert auf, sind dabei aber mit unterschiedlichem Gewicht zu berücksichtigen. Der Umfang und die Güte ihrer Erfüllung ist vor allem von den Möglichkeiten und Fähigkeiten der Ausschöpfung der dafür vorhandenen geistigen sowie materiellen Ressourcen abhängig. Die *sorgsame Formulierung der* jeweiligen *Automatisierungsziele* ist eine Aufgabe, die stets in interdisziplinärer Zusammenarbeit (z.B. Ökonom, Technologe, Automatisierungstechniker, Arbeitswissenschaftler) zu lösen ist.

1.4. Anwendungsbereiche der Automatisierung

Die Schwerpunkte der Anwendung der Automatisierung in der industriellen Produktion sind u.a. vom jeweiligen Entwicklungsstand der Automatisierungsmittel (z.B. Geräte der Mikroelektronik) sowie von der Bedeutung, Aktualität und dem Entwicklungsstand der

Anwendungsgebiete (z. B. Fertigungstechnik, Kernenergietechnik) weitgehend beeinflußt. Deshalb ist die Automatisierung in einzelnen Anwendungsgebieten noch durch Unterschiede im Entwicklungsstand und Entwicklungsgradienten gekennzeichnet. Die Hauptanwendungen liegen in

- der Stoff- und Energiegewinnung (z. B. Kohle, Erz, Öl, Gas)
- der Stoff- und Energieumwandlung (z. B. Chemieindustrie, Kraftwerke)
- der Stoff- und Energieverteilung (z. B. Elektro- und Gasverbundnetze)
- der Fertigungstechnik (z. B. Metallverarbeitung, Elektronik)
- der Bauindustrie (z. B. Vorfertigung, Montage)
- der Transport- und Lagertechnik (z. B. Fördertechnik, Bahn, Flugwesen, Schiffahrt)
- der landwirtschaftlichen Produktion (z. B. Ernte, Verarbeitung, Gewächshäuser)
- der Robotertechnik
- den Ökosystemen (z. B. Talsperren- und Gewässerregulierung)
- den Dienstleistungsbereichen (z. B. Platzbuchung, Fahrkarten, Parkhäuser, Banken, Kommunikation, Medizin).

▶ Die für die genannten Anwendungsbereiche typischen Prozesse verlaufen entweder *kontinuierlich* (z. B. die Erzeugung von Elektroenergie im Kraftwerk, Kunststoffen in der Chemie) oder *diskontinuierlich* (Herstellung von Einzelteilen in der metallverarbeitenden Industrie); sie werden auch als *Fließgut-* oder *Stückgutprozesse* bezeichnet. Die Automatisierung von kontinuierlichen Prozessen gehört zu den klassischen Anwendungen, ist relativ weit entwickelt und bereits stark verbreitet. In ihrem Schoße hat sich die Automatisierungstechnik entwickelt.

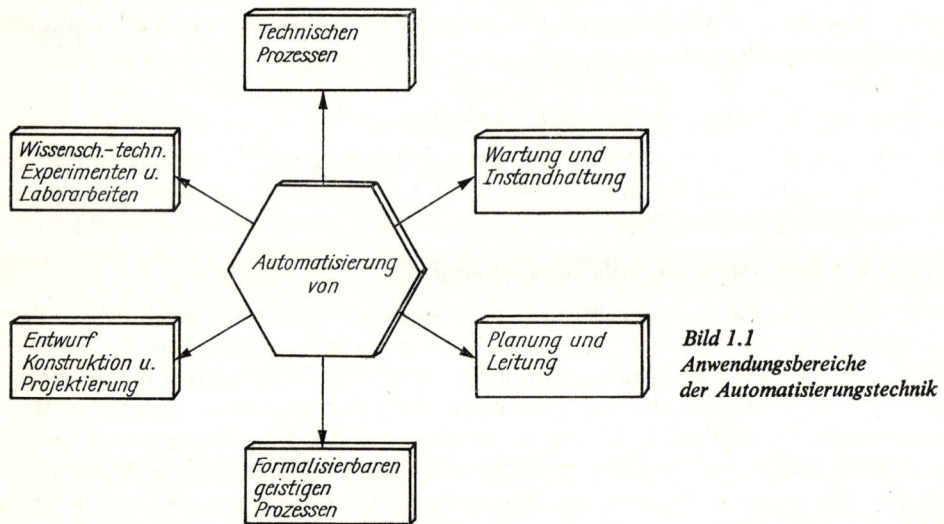

Bild 1.1
Anwendungsbereiche
der Automatisierungstechnik

▶ *Stückgutprozesse*, auch diskrete Prozesse genannt, sind einer weitgehenden Breitenanwendung der Automatisierung erst seit der Entwicklung der Mikroelektronik zugänglich. Die bereits früher übliche Automatisierung, z. B. in der Autoindustrie und bei der Herstellung von Normteilen, war stets durch den Zuschnitt auf spezielle Fertigungsaufgaben (Einzweckautomatisierung, nicht flexibel) mit großen Stückzahlen orientiert. NC-Maschinen z. B. sind heute für unterschiedlichste Aufgaben programmierbar und damit sehr flexibel einsetzbar; auf dieser Basis entstehen Systeme für die *flexible Automatisierung* von Fertigungsprozessen. Diese sind deshalb von Interesse, weil international etwa 70 % aller Fertigungsvorgänge im Bereich der Einzel-, Klein- und Mittelserienfertigung liegen, d.h., häufige Umstellungen (Programmänderungen) sind typisch.

Die zur Steuerung in diesen zwei Prozeßarten üblichen Mittel können bzw. werden durchaus unterschiedlich sein, d.h., für die genannten Prozeßklassen ist z.Z. aus verschiedenen Gründen mit teilweise stark differenzierter Gerätetechnik zu rechnen. Ein deutlicher Trend geht allerdings in Richtung eines schrittweise Zusammenwachsens.

Eine umfassendere Darstellung der Anwendungsbereiche der Automatisierung ist im Bild 1.1 vorgenommen worden. Daraus geht hervor, daß der Mensch nicht nur wie bisher bei technischen, sondern auch bei stärker geistig orientierten Prozessen die Automatisierung als Hilfsmittel zur Erhöhung der Qualität und Effektivität seiner Arbeit nutzt. Die Automatisierung ist hier vor allem im Sinne der rechnergestützten Arbeit in den genannten Anwendungsgebieten zu verstehen und entstand deshalb in der Breite erst mit der Entwicklung der Mikroelektronik/Mikrorechentechnik.

1.5.   Wesentliche Automatisierungsfunktionen

Die aus den Anwendungsbereichen und den Zielen der Automatisierung resultierenden Aufgaben und Lösungen sind von nicht zu übersehender Vielfalt; sie hängen von der Zielstellung (wie Produktqualität, Anlagensicherheit), den genutzten Verfahren und Geräten (vom einfachen Ein-Aus-Schalter bis zum Einsatz von Rechnern), der Betriebsweise (z.B. Dauerbetrieb, Chargenbetrieb), den Eigenschaften des zu automatisierenden Objekts (z.B. einfach und langsam, schnell und kompliziert), dessen Umgebungsbedingungen (z.B. Betrieb bei großen Schwankungen der Umgebungstemperatur -60 bis $+80\,°C$ oder Betrieb in klimatisierten Produktionsräumen) u.a. ab. Ordnet man diese unterschiedlichen Aufgaben und Lösungen nach den dabei zu erfüllenden Automatisierungsfunktionen, so lassen sich folgende Schwerpunkte abheben:

Prozeßüberwachung und Prozeßsicherung

Ihre Hauptaufgabe ist die ständige Information des Betriebspersonals über den Zustand des Prozesses und die weitgehend automatische Verhinderung von gefährlichen Prozeßzuständen und von technologischen Stillständen. Dies kann erfolgen durch

- Anzeige und/oder Protokollierung wichtiger Größen
- Signalisierung (optisch, akustisch) und/oder Protokollierung bei Grenzwertüberschreitungen, Störungen oder Handeingriffen
- Noteingriffe bei Grenzwertüberschreitungen oder Störungen
- Protokollierung von Betriebsabläufen.

Prozeßstabilisierung

Ihre Aufgabe besteht in der Einhaltung technologischer Größen, z.B. Durchflüsse, Drücke, Temperaturen oder Positionen. Damit wird u.a. das Ziel verfolgt, die Sicherheit und Lebensdauer sowie den wirtschaftlichen und umweltfreundlichen Betrieb der Anlage zu garantieren. Dies kann erfolgen durch

- Herbeiführung und Aufrechterhaltung eines bestimmten Prozeßregimes
- Beseitigung der Auswirkungen von Störungen/Störeinflüssen
- Ausschaltung unerwünschter wechselseitiger Beeinflussung/Kopplungen von Teilsystemen.

Prozeßführung

Ihre Aufgabe ist es, technologisch vorgegebene Prozeßabläufe und Anlagenzustände in dem zur Erfüllung der Aufgabe geeigneten sachlichen und zeitlichen Regime (z. B. bei Anfahr-, Abfahr- und Umsteuerprozessen) einzuhalten. Dies kann erfolgen durch

- Führung nach fest vorgegebenem Programm
- Führung nach meßbaren Einflußgrößen
- Koordinierungssteuerung von Elementen eines Produktionssystems
- Nutzung von Wissensquellen, wie Datenbanken, als Entscheidungshilfen, Anwendung von Methoden der künstlichen Intelligenz.

Prozeßoptimierung

Ihre Aufgabe besteht in der automatischen Ermittlung und Herbeiführung möglichst optimaler Arbeitspunkte und Betriebsregime von Maschinen, Aggregaten und Anlagen. Dies kann erfolgen durch

- Optimierung des stationären Betriebs (statische Optimierung)
- Optimierung von Übergangsvorgängen in Produktionssystemen (dynamische Optimierung).

1.6.   Automatisierungseinrichtung – Hilfsmittel des Menschen

Die Automatisierungstechnik ist sowohl im Bereich der industriellen Produktion und der Dienstleistungen als auch bei der Automatisierung formalisierbarer geistiger Prozesse stets Hilfsmittel, mit denen *die vom Menschen vorgedachten Strategien* oder vorgegebenen Aufgaben bei der Steuerung der in Maschinen, Aggregaten oder Anlagen ablaufenden Prozesse umzusetzen oder zu lösen sind.

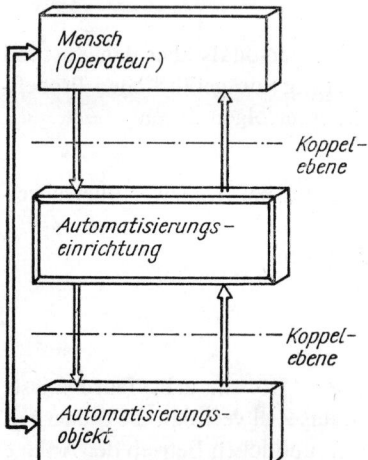

Bild 1.2
Automatisierungseinrichtung als Hilfsmittel zwischen Mensch und Automatisierungsobjekt

Die Automatisierungseinrichtung ist somit nach Bild 1.2 als zwischen den Menschen und den zu automatisierenden Prozeß (Automatisierungsobjekt) geschobenes Hilfsmittel einzuordnen, dessen sich der Mensch bedient, um die im Abschn. 1.3. genannten Ziele der Automatisierung zu erreichen.

Bild 1.2 zeigt ferner, daß der Mensch über die Automatisierungseinrichtung sowohl auf das Automatisierungsobjekt einwirkt als auch darüber Informationen zum Zustand des im Objekt ablaufenden Prozesses erhält. Der direkte Eingriff des Menschen auf den Prozeß ist bei einer Vielzahl von Automatisierungslösungen ebenfalls möglich.

Die im Bild 1.2 angegebenen *Koppelebenen* sollen symbolisieren, daß besondere *Anpassungen* nötig sind zwischen Automatisierungsobjekt und Automatisierungseinrichtung einerseits (realisiert durch Einrichtungen zum „Messen und Stellen") sowie zwischen Automatisierungseinrichtung und dem Menschen (diese „Mensch–Maschine-Kommunikation" wird durch Einrichtungen zur Informationsausgabe und -eingabe realisiert) andererseits.

▶ Hinsichtlich der Bedeutung der Automatisierungseinrichtungen lassen sie sich in zwei Kategorien einteilen:

– Die *Automatisierungseinrichtung ist funktionsintegriert,* d.h., der Prozeß läuft ohne Automatisierung nicht oder nur unvertretbar uneffektiv. Die Zahl und der Umfang der Maschinen, Aggregate und Anlagen, die so konzipiert werden, daß sie ohne Automatisierung nicht mehr zu betreiben sind, wächst. Bereits solche einfachen Beispiele wie der Kühlschrank, das Bügeleisen, die Zündung am Ottomotor oder größere Systeme wie Kraftwerke oder Fertigungssysteme zeigen das deutlich.

– Die *Automatisierungseinrichtung wirkt güteverbessernd,* d.h., der Prozeß würde auch ohne Automatisierung laufen, aber nur mit verminderter Effektivität. Einfache Beispiele sind hier die Temperaturregelung am wassergekühlten Verbrennungsmotor eines Kfz, die Spannungsregelung bei elektronischen Heimgeräten (Radio, Fernseher), die Drehzahlregelung an Werkzeugmaschinen usw.

▶ Die Gesamteffektivität einer Automatisierungslösung ist nicht allein von der Leistungsfähigkeit der Automatisierungseinrichtung, sondern vor allem von der *automatisierungsorientierten Gestaltung* der zu automatisierenden Maschinen, Aggregate und Anlagen abhängig. Daraus folgt, daß bereits in der Phase der Konzipierung, des Entwurfs und der Konstruktion der Automatisierungsobjekte diesem Sachverhalt Rechnung getragen werden muß. In dieser Phase versäumtes kann im Nachgang kaum mehr oder nur durch Improvisation vollzogen werden.

▶ Je besser die Objekte auf die Automatisierung orientiert sind und je umfassender die Kenntnisse zum Verhalten der Objekte sind (Schaffung geeigneter Prozeßmodelle), um so einfachere, ökonomisch günstigere und leistungsfähigere Automatisierungslösungen – als Hilfsmittel des Menschen – lassen sich realisieren.

1.7.   Einflüsse auf Automatisierungslösungen

Die Lösungen von Automatisierungsaufgaben werden durch außerordentlich vielseitige und vielschichtige Einflüsse bestimmt. Einige wesentliche Gesichtspunkte zeigt Bild 1.3.

Zunächst gilt es (Bild innen) drei Hauptaufgaben zu beachten. Das ist die Erfüllung der in der Aufgabenstellung geforderten Automatisierungsfunktionen, die kostengünstige Erstellung (Bau/Montage/Inbetriebnahme) der Automatisierungsanlage und deren effektiver Betrieb und Erhaltung (Bedienung/Instandhaltung).

Die Lösung dieser obengenannten drei Hauptaufgaben hängt nach Bild 1.3 wesentlich von den Prozeßeigenschaften, den Konzepten für den Betrieb, den Eigenschaften der vorgesehenen Technik, den Kosten, Terminen und anderen Limiten, den betrieblichen Nebenbedingungen und der Automatisierungsstrategie des Betriebs ab.

Die Einflüsse auf Automatisierungslösungen nach den Gesichtspunkten Prozeßmerkmale, Kostenaspekte, Marktsituation und Organisationsaspekte geordnet ergibt einen weiteren und detaillierteren Einblick.

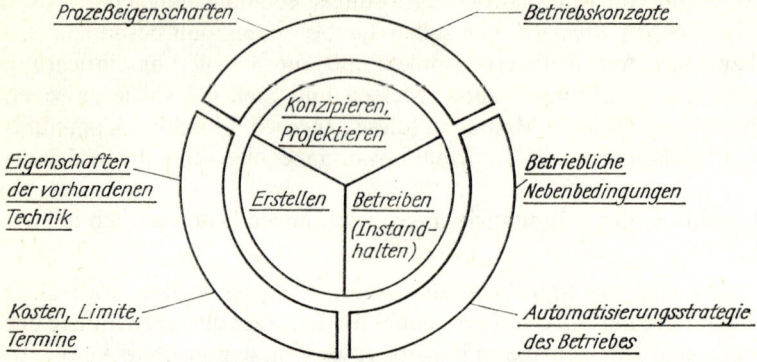

Bild 1.3. Gegebene Einflußfaktoren auf Automatisierungslösungen

Prozeßmerkmale. Art der geforderten Funktion, Kommunikationsanforderung im Prozeß selbst, Umgebungsbedingungen, Reaktionszeiten, Bedienungsanforderungen, Flexibilitätsanforderungen, Struktur, Vermaschungen und Kopplungen des Prozesses, Betriebsweise.

Kostenaspekte. Projektierung, Systembeschaffung (Hard- und Software, Einstiegskosten bei neuer Technik), Systeminbetriebnahme und Systemerhaltung („Werkzeuge", Schulung, Ersatzteile, Dokumentation), Betrieb des Systems (Betriebspersonal), Verfügbarkeit (Ausfallkosten, Folgen von Nichtverfügbarkeit), Sicherheit.

Marktsituation. Angebote (Hard- und Software), Ablösungsfragen, Referenzen.

Organisationsaspekte. Anlagencharakter (Neubau, Umbau, Neuinstrumentierung, technologische Erfahrungen), Betriebsstruktur (Vorhandensein von Automatisierungsabteilungen, Personalstruktur), Informationsfluß (Leitstände, Warten, Informationsbedürfnisse), menschliche Faktoren (Innovationsdenken, Wissensstand, Risikobereitschaft).

Im Bild 1.4 ist dagegen dargestellt, über welche Komponenten Beiträge zur Konzipierung und Realisierung von Automatisierungslösungen notwendig sind. Die dazu im Bild 1.4 enthaltenen Aussagen lassen sich wie folgt zusammenfassen:

– Ausgangsbasis sind die gesellschaftlichen, die daraus folgenden ökonomischen sowie arbeitswissenschaftlichen Ziele, aus denen dann unter Beachtung der nachfolgenden Punkte die technischen Ziele abgeleitet werden. Dieser Zusammenhang gewinnt zunehmenden Einfluß bei der *Formulierung präziser Aufgabenstellungen* zur Automatisierung.

– Die automatisierungsorientierte Gestaltung des Automatisierungsobjekts und die Erarbeitung/*Bereitstellung von Prozeßmodellen* sichern gute Ausgangspositionen bei der Lösung der Aufgaben.

– Die *Anwendung der Theorie* und Nutzung moderner Entwurfsmethoden erhält zukünftig weiter wachsende Bedeutung.

– Bei der Nutzung der modernen Automatisierungsmittel gewinnt neben den Automatisierungsgeräten und den Hilfseinrichtungen zur Programmierung die *Softwareerstellung* selbst *zunehmend* an *Bedeutung*; die Softwareanteile erreichen 50 % und mehr der auftretenden Gesamtkosten.

– Konzipierung, Entwurf und Projektierung der Automatisierungseinrichtung haben entscheidenden Einfluß.
– Herstellung und Inbetriebnahme sowie Verfeinerung der Automatik werden zunehmend mit wissenschaftlichen Methoden betrieben.

Eine wichtige Aufgabe für die weitere Qualifizierung der Automatisierung ist die *proportionierte Nutzung und Weiterentwicklung aller* im Bild 1.4 genannten *Komponenten*; die einseitige Nutzung und Förderung nur einzelner Komponenten führt zum Verzicht auf günstige Lösungen.

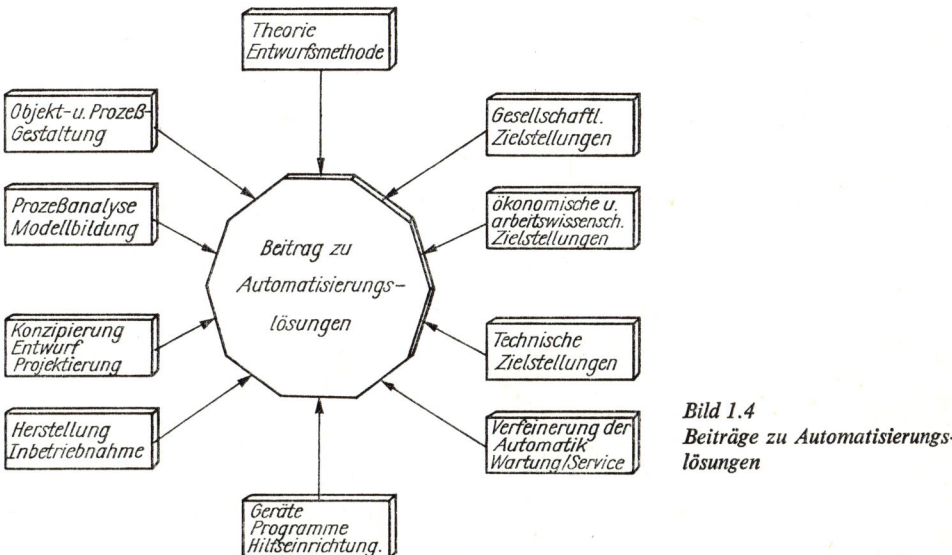

Bild 1.4
*Beiträge zu Automatisierungs-
lösungen*

Kenntnisse zu den wesentlichen Faktoren, die auf die Güte von Automatisierungslösungen Einfluß haben, gehören deshalb heute zu dem notwendigen Grundwissen des Ingenieurs und Ökonomen.

1.8.   Niveaustufung in der Automatisierungstechnik

Die enorme Vielfalt an Aufgaben und Lösungen ist u. a. einerseits eine Folge der gegebenen Niveaustufung z. B. der Aggregate, Maschinen und Anlagen und fordert andererseits den Einsatz von niveauangepaßten Mitteln. Beispiele für die *Niveaustufung* sind

Objektniveau (Kühlschrank bis Kernkraftwerk)
Zielniveau (einzielig bis kompliziert mehrzielig)
Geräteniveau (Regler ohne Hilfsenergie bis Mehrrechnersystem)
Programmierniveau (Einzelprogrammierung bis Programmodule)
Projektierungsniveau (Routine bis rechnergestützt)
Wartungs- und Serviceniveau (Inspektion bis Eigendiagnose)
Bedienniveau (einfache Anzeige bis Bildschirm)
Klein-, Mittel- und Großautomatisierung (Massenanwendung bis Einzellösung).

Die hier skizzierte Niveaustufung hat Konsequenzen hinsichtlich der Nutzung niveauangepaßter Mittel, z. B. unter Beachtung der

– automatisierungsorientierten Prozeßgestaltung
– Theorie (Analyse, Synthese)

– Zuverlässigkeitskonzepte (Geräte, Strukturen, Diagnose, Instandhaltung)
– Projektierungsmethoden
– Simulation (vor der Fertigung, dem Bau und der Inbetriebnahme)
– Inbetriebnahmekonzepte.

Am Beispiel ist im Bild 1.5 ein Fall für Niveaustufung hinsichtlich der Flexibilität der Gerätetechnik (Hardware) dargestellt.

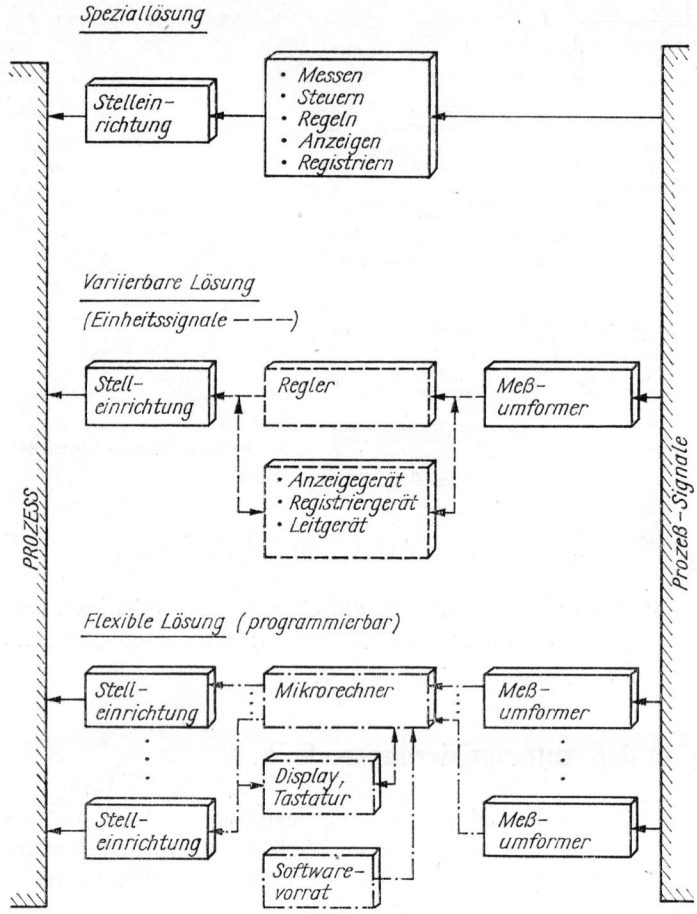

Bild 1.5. Niveaustufung in der Gerätetechnik als Beispiel

Der obere Teil des Bildes zeigt die für eine konkrete Aufgabe zugeschnittene *Speziallösung*. Die Funktionen messen, steuern, regeln, anzeigen, registrieren sind vollständig oder teilweise in einem Gerät konzentriert. Diese Strategie wurde früher (vor den 50er Jahren) nahezu ausschließlich verfolgt; solche Lösungen sind *bei großen Stückzahlen* ökonomisch und werden dafür noch heute eingesetzt.

Der mittlere Teil des Bildes 1.5 zeigt, daß die Prozeßsignale durch einen Meßumformer erfaßt werden, der am Ausgang *weltweit abgestimmte Einheitssignale* für den Regler, die Registriergeräte und Leit- oder Bedienstation liefert; gleiches gilt für den Ausgang des

Reglers und damit für den Eingang der Einrichtung, mit der gestellt wird. Hiermit liegt hinsichtlich der Kombinierbarkeit von unterschiedlichen Geräten beliebiger Hersteller eine weitgehend *modifizierbare Lösung* vor. Mit dieser Strategie gelang in den 50er Jahren der Durchbruch zu einer Breitenanwendung der Automatisierung. Die Mittel dieser Technik sind als bewährte Einrichtungen weiterhin im Einsatz.

Der untere Teil des Bildes 1.5 zeigt die durch die Mikrorechentechnik mögliche *universelle Lösung*; sie erhält ihren Vorteil durch die freie Programmierbarkeit dieser Technik. Typische Kennzeichen sind andere Methoden der Bedienung (früher Zeigerinstrumente und Einstellknöpfe, jetzt Display und Tastatur) und der Zuschnitt auf die zu lösenden Aufgaben durch Programme (Software), die in Form von Modulen vorgefertigt vorliegen können oder speziell programmiert werden.

Zielvorgabe	Realisierungsvarianten
Automatisierungsfunktion	Überwachen, Bilanzieren (passiv), Sichern, Stabilisieren, Führen, Optimieren (aktiv)
Aufgaben im System	Messen, Stellen, Verarbeiten Informationsein- und -ausgabe, Übertragung
Bedienung Mensch–Maschine-Kommunikation	Fernbedienung, Vor Ort, Eingang direkt/kodiert, Schreiber/Drucker Display, Alarme optisch/akustisch
Konfigurierung	Frei- oder festprogrammiert, Modulvorrat
Hilfsenergieformen	elektrisch/optisch, fluidisch mechanisch, Mischtechnik
Signalformen	analog, diskret, hybrid
Koppelarbeit	Hilfsenergie, Signalform und -parameter
Genauigkeitsklassen	hohe-, mittlere-, geringe Genauigkeit
Dynamisches Verhalten	schnell, mittelschnell, langsam
Einsatzbedingungen	Umgebungsbedingung, ortsfest, beweglich, Nah- und Fernbereiche, zentral, dezentral
Projektierungseigenschaften, Inbetriebnahmehilfen	Hilfsmittel für Projektierung, Anfahr- und Abfahrbetrieb separat oder integriert
Service/Wartung	Unterstützung durch Eigendiagnose im Gerät, Dialogunterstützter Service über Bildschirm, Auswechselung oder Reparatur
Havarieverhalten	Positionen einfrieren, gefahrlose Positionen einnehmen, nach Programm abfahren
Ablösesituation	Gerätetyp läuft weiter, läuft aus, wird gezielt und kompatibel (Signale/Software) abgelöst

Bild 1.6. Forderungen an Automatisierungsgeräte – Grund für Niveaustufung

Diese *historisch entstandenen Konzepte* bilden nicht zuletzt auch im Sinne der Niveaustufung die Basis zur Beherrschung der vielfältigen Automatisierungsaufgaben. Sie lösen einander nicht ab, sondern vervollständigen die Palette der Gerätetechnik, allerdings mit dem deutlichen Trend zur breiteren Anwendung der programmierbaren Technik.

Die aus unterschiedlichen Gründen notwendige *Differenzierung in der Gerätetechnik* folgt u. a. aus den im Bild 1.6 dargestellten Aufgaben und den zugehörigen Realisierungsvarianten.

Eine weitgehend unkomplizierte und optimale Nutzung aller Komponenten der Automatisierung erfordert auch geeignete und niveaugestufte, angepaßte *Hilfsmittel zur Anwendungsvorbereitung*, wie etwa für die rechnergestützte Analyse und Synthese, die Projektierung sowie die Simulation des gesamten Systems bereits vor dem Bau.

1.9.   Inhalt von Automatisierungslösungen

Bei der Formulierung und Konzipierung des Inhalts sowie der Realisierung von Automatisierungslösungen und beim Betrieb automatisierter Anlagen ist das Zusammenwirken vieler Disziplinen erforderlich; sie vertreten dabei die Interessen der Verfahrensträgerschaft (Technologie), der Automatisierung und von Nutzung/Betrieb. Es gilt, in einem möglichst frühen Stadium die interdisziplinäre Zusammenarbeit aufzunehmen und diese nach Möglichkeit bis zum Abschluß (Inbetriebnahme) der automatisierten Anlage (auch mit dem Theoretiker) aufrechtzuerhalten.

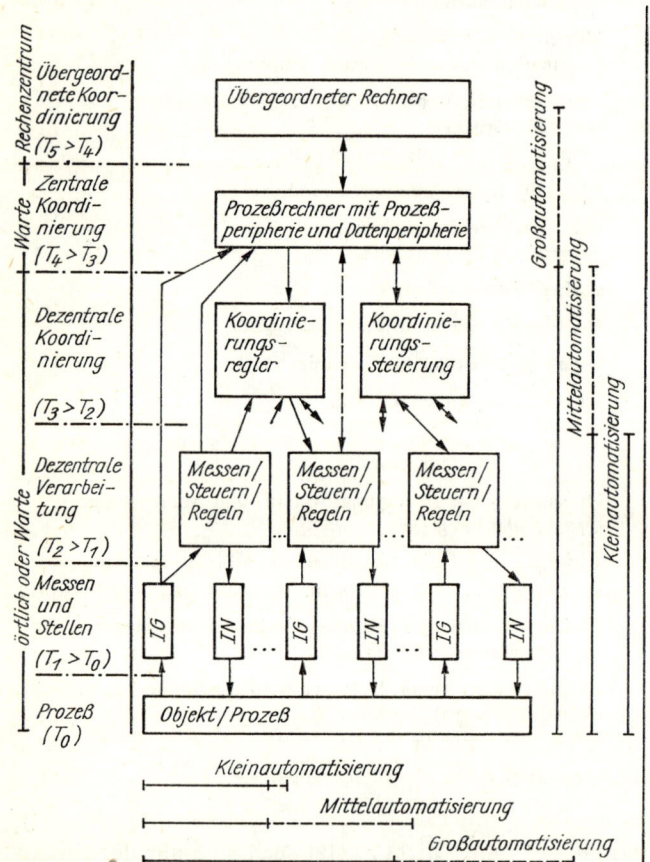

Bild 1.7
Hierarchisch strukturiertes Automatisierungssystem
IG Informationsgewinnung;
IN Informationsnutzung;
T Zeithorizonte

▶ Die dabei zu lösenden Probleme lassen sich in Näherung den nachstehend genannten Strukturen bzw. Aufgabenkomplexen zuordnen; es sind inhaltlich zu erarbeiten:
Zielstruktur. Hier gilt es, die widerspruchsfreie Formulierung aller Ziele ohne Vorwegnahme von Lösungskomponenten zu erreichen.
Objektstruktur. Die Struktur des Objekts und dessen automatisierungsorientierte Ge-

staltung hinsichtlich seiner Wirkungsweise, seines Zeitverhaltens sowie der Probleme der Koppelstellengestaltung im Sinne des Messens und Stellens sind zu analysieren und geeignet zu verbessern.

Funktions- und Algorithmenstruktur. Hierzu sind Festlegungen/Vereinbarungen zur Art und Weise der Realisierung der vorgegebenen Ziele zu treffen; die Automatisierungsfunktion und die zu ihrer Lösung geeigneten Algorithmen sind zu bestimmen; der Frage der funktionellen Zentralisierung/Dezentralisierung ist dabei besondere Beachtung zu schenken.

Bedienstruktur. Sie beinhaltet alle Aspekte über Art, Ort, Umfang und Berechtigung zur Bedienung der Anlage.

Software- und Gerätestruktur. Sie sind – falls programmierbare Technik eingesetzt wird – eng miteinander gekoppelt; Kompatibilität der Gerätetechnik sowie der Software sind auch unter Beachtung der späteren Erweiterung, des Ersatzes usw. zu sehen. Verteilung der Aufgaben auf Soft- oder Hardware und der Softwareaufgaben auf die einzelnen Hardwarekomponenten beeinflussen die Struktur ebenfalls. Einen besonderen Einfluß haben Entscheidungen über die Topologie der Gerätetechnik unter dem Gesichtspunkt zentral/dezentral.

Zuverlässigkeitsstruktur. Alle bisherigen Komponenten sind unter diesem Aspekt zu betrachten und entsprechend dem gewählten Zuverlässigkeitskonzept anzupassen.

▶ Bild 1.7 zeigt als Beispiel ein *hierarchisch strukturiertes Automatisierungssystem.* Hier werden in der prozeßnahen Ebene – Messen, Stellen, dezentrale Verarbeitung – die Aufgaben der sogenannten *Basisautomatisierung* erfüllt; in den darüberliegenden Ebenen werden dann unterschiedliche Koordinierungsaufgaben gelöst. Aus diesem Bild läßt sich gleichzeitig eine gewisse Einordnung der Klein-, Mittel- und Großautomatisierung erkennen.

1.10. Einfluß der Software

Mit der Breitenanwendung der Mikroelektronik gewinnt die Software auch für den Bereich der Automatisierungstechnik zunehmend an Bedeutung. Das findet u. a. seinen Ausdruck im enormen Anstieg der Kostenanteile für Software bei Automatisierungslösungen. Der Trend bei Großanlagen weist z. Z. etwa folgende Anteile aus: Hardware 20 %; Software 50 %; Montage- und Inbetriebnahme 30 %.

▶ Der Einfluß der Software auf die Entwicklung der Automatisierungstechnik kann wie folgt eingeordnet werden:

50er und 60er Jahre	Zeit der Hardware
70er Jahre	Herausbildung des Softwarebewußtseins
80er Jahre	Zeit der Software.

▶ Bisherige Erfahrungen zeigen, daß

– der geplante Softwareaufwand zeitlich und finanziell meist überschritten wird
– der Aufwand bei steigenden Forderungen meist progressiv/exponentiell, nicht aber nur linear wächst
– Mängel häufig darin liegen, daß die Software wenig benutzerfreundlich und flexibel sowie fehlerbehaftet ist
– die Fehlerbeseitigungskosten mit dem Bearbeitungsstand der Software um Größenordnungen wachsen (je später ein Fehler erkannt wird, um so teurer wird seine Beseitigung).

▶ Die Forderungen an die Qualität der *Automatisierungssoftware* sind deshalb besonders hoch, weil die Software unmittelbar mit dem zu automatisierenden Prozeß gekoppelt ist – wir sprechen von *Echtzeitbetrieb*. Qualitätsforderungen sind

– klar und einfach aufgebaute Programme
– Benutzerfreundlichkeit
– Erweiterbarkeit
– modularer Aufbau
– zuverlässig, robust
– testbar, verständlich, wartbar, dokumentierbar.

▶ Die Produktivität der Softwareerstellung erhält bei ihren wachsenden Anteilen einen hohen Stellenwert; wichtig sind vor allem

– Anwendung moderner Softwaretechnologien
– geeignete rechentechnische „Werkzeuge"
– hochqualifiziertes Personal.

▶ Nutzungsbereiche der Software liegen in der Automatisierungstechnik auf zwei Ebenen:

– Software für die Steuerungsprogramme
– Software für die Entwicklung (Projektierung/Inbetriebnahme) der Automatisierungsanlage.

In den Bildern 1.8 und 1.9 sind die in diesem Zusammenhang häufig auftretenden Begriffe mit einigen Randbemerkungen und der Nennung der Nutzungsbereiche dieser Software skizziert. Das hat insofern zunehmende Bedeutung, weil die Nutzung der Rechentechnik von der Vorbereitung bis zur Inbetriebnahme – wie in anderen Bereichen der

Begriff	Bedeutung/Beispiel	Bemerkung
CAD computer-aided design	rechnergestützter Entwurf Schaltkreisentwurf Konstruktion	Ursprungsbegriff typisch: reale Objektabbildung
CAM computer-aided manufacturing	rechnergestützte Herstellung, Produktion, NC-Programme	typische Entwicklung: Kopplung CAD/CAM
CAP (P) computer-aided process-planing	rechnergestützte technologische Fertigungsvorbereitung Produktionsplanung	Erweiterung von CAD/CAM
CAT computer-aided testing	rechnergestützte Prüfung	für Labor, Produktion, Inbetriebnahme, Instandhaltung
CAO computer-aided operating	rechnergestützte Führung und Überwachung von Prozessen	Bildschirmwarten, verbesserte Mensch–Maschine-Kommunikation
CAE computer-aided engineering	rechnergestützter Entwurf, Projektierung von Automatisierungsanlagen	auch als Überbegriff für die rechnergestützte Ing.-Tätigkeit, generell

Bild 1.8. Beispiele rechnergestützter Systeme für Gestaltung und Betrieb von Automatisierungssystemen

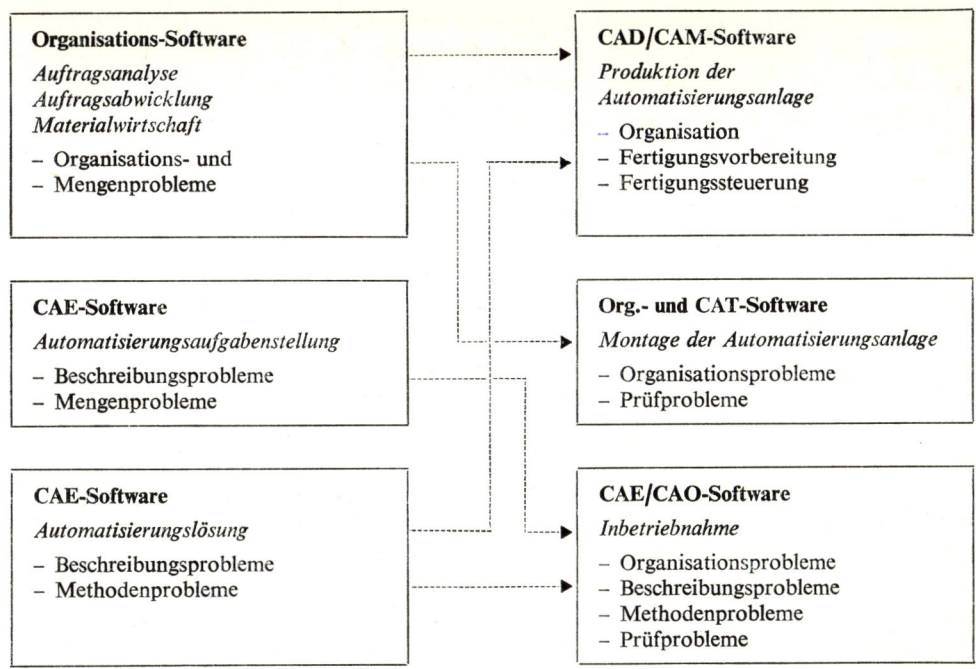

Organisations-Software

Auftragsanalyse
Auftragsabwicklung
Materialwirtschaft

– Organisations- und
– Mengenprobleme

CAD/CAM-Software

Produktion der
Automatisierungsanlage

– Organisation
– Fertigungsvorbereitung
– Fertigungssteuerung

CAE-Software

Automatisierungsaufgabenstellung

– Beschreibungsprobleme
– Mengenprobleme

Org.- und CAT-Software

Montage der Automatisierungsanlage

– Organisationsprobleme
– Prüfprobleme

CAE-Software

Automatisierungslösung

– Beschreibungsprobleme
– Methodenprobleme

CAE/CAO-Software

Inbetriebnahme

– Organisationsprobleme
– Beschreibungsprobleme
– Methodenprobleme
– Prüfprobleme

Bild 1.9. Struktur eines Softwaremodells

Technik – auch für die Automatisierungstechnik Bedeutung erlangt, um auf diesem Wege z. B.

– die Qualität der Arbeiten in der Vorbereitungsphase und damit der Projekte und Anlagen entscheidend zu verbessern
– die Bearbeitungszeit spürbar zu verringern
– den Ingenieur von Routineaufgaben zu befreien
– eine höhere Transparenz und Flexibilität der Vorbereitungsphase zu erreichen.

1.11. Bemerkungen zum Entwicklungstrend

▶ Die Automatisierung durchdringt die entwickelten industriellen Prozesse in einem solchen Umfang, daß der Grad ihrer Anwendung durchaus geeignet ist, den Entwicklungsstand von Maschinen, Aggregaten und Anlagen daran abzuschätzen.
▶ Die Automatisierungstechnik befindet sich seit Mitte der 70er Jahre in einem umwälzenden *Wandlungsprozeß,* der *durch die Mikroelektronik ausgelöst* wurde. Die erzielbaren Vorteile durch die digitale Informationsübertragung, -speicherung, -verarbeitung sowie die digitale Informationsein- und -ausgabe führen zu leistungsfähigeren und zuverlässigeren Automatisierungskonzepten und -mitteln. Damit sind wesentlich *höhere Forderungen als bisher erfüllbar.* Es werden *Aufgaben lösbar, die der Automatisierung bisher* aus technischen oder ökonomischen Gründen *nicht zugänglich waren.* Beispiele dafür sind die flexible Fertigungsautomatisierung oder die Automatisierung der experimentellen Forschung und der Laborarbeit.
▶ Die weitere Entwicklung wird u. a. wesentlich bestimmt durch die Beherrschung größerer Parameterbereiche der Geräte und *komplizierterer Algorithmen* mit *freiprogram-*

mierbaren Einrichtungen, die Fähigkeiten der Geräte zur *Eigenüberwachung und Eigendiagnose*, die digitale bitserielle Informationsübertragung über neue Übertragungssysteme, sogenannte *Bussysteme* (auch als Lichtwellenleiter) und den Einsatz intelligenter Einrichtungen für die Lösung der Meß- und Stellaufgaben. Damit werden die bisherigen Grenzen der traditionellen Technik und der Prozeßrechentechnik überwunden.

▶ Obwohl die *Entwicklung der Automatisierungstechnik* vor allem eine Frage der gezielten *Nutzung der Elektronik* und der *Softwaretechnologie* ist, wird die *konventionelle Technik* einschließlich der Geräte der Fluidtechnik (Pneumatik und Hydraulik) sowie der Einrichtungen, die ohne zusätzliche Hilfsenergie, d.h. vor allem mechanisch arbeiten, *nach wie vor ein unverzichtbarer Bestandteil* insbesondere der Klein- und Mittelautomatisierung bleiben.

▶ In der Automatisierungstechnik vollzieht sich in der Gerätetechnik und im Bereich des Entwurfs, der Projektierung der Herstellung, der Montage, der Prüfung und Inbetriebnahme von Automatisierungssystemen ein einschneidender *Prozeß der materiellen und geistigen Umprofilierung*.

▶ Die Möglichkeiten der Anwendung moderner Steuerungsstrategien und Strukturen sowie komplizierterer Steuerungsalgorithmen führt vor allem bei komplexen Automatisierungssystemen zur *Nutzung anspruchsvoller theoretischer Mittel*, die auch über den Rahmen der eigentlichen Steuerungstheorie hinausgehen.

▶ Die *hierarchische Strukturierung* und weitere funktionelle Dezentralisierung sowie die Integration der Automatisierungssysteme in größere Rechnernetze (lokale Netze) ist eine Entwicklung, die weitere Perspektiven eröffnet.

▶ Die *automatisierungsorientierte Prozeßgestaltung* und die Entwicklung leistungsfähiger Prozeßmodelle führt zu einer gesicherten Basis des Entwurfs weitgehend optimaler Automatisierungssysteme.

1.12. Beispiele zur Entstehung von Automatisierungsaufgaben

Anhand der folgenden Beispiele soll dargestellt werden, wie aus elementaren Prozeßbedingungen umfangreiche und vielfältige Automatisierungsforderungen resultieren.

■ *Dampfkraftwerk*

Für den Betrieb eines Kraftwerks sind u.a. folgende Forderungen und Voraussetzungen zu erfüllen:

Das Kraftwerk hat aus Sicht der Automatisierung die fundamentale Aufgabe, die Energieerzeugung in jedem Moment dem Energieverbrauch (Energiebedarf) anzupassen und dabei die Qualitätsparameter, wie Spannung und Frequenz, einzuhalten. Im statischen Zustand herrscht Gleichgewicht zwischen Erzeugung und Verbrauch; der Übergang von einem Arbeitspunkt zum anderen bereitet Probleme, weil u.a. die Forderungen nach hoher Genauigkeit und Schnelligkeit bestehen.

Das Kraftwerk darf die Umwelt nicht in unzulässiger Weise belasten, d.h., die vollständige Verbrennung ist zu sichern, der Schadstoffanfall ist zu minimieren usw.

Für den Prozeß der Energiewandlung müssen stets die erforderlichen Primärenergieträger (Gas, Öl oder Kohle) verfügbar sein; deren Qualität kann u.U. schwanken. Ein weiterer stets erforderlicher Hilfsstoff ist Wasser, das für die Verdampfung aufbereitet werden muß.

Nachfolgend soll die Aufgabe der Energiewandlung/Energiebereitstellung diskutiert werden:

Das Kraftwerk besteht nach Bild 1.10 aus einem Generator, der die unterschiedlichen Forderungen des Netzes nach elektrischer Energie zu erfüllen hat. Der Generator kann seine Aufgabe jedoch nur so gut und so schnell lösen, wie ihm von der Turbine mechanische Energie bereitgestellt wird; die Leistungsfähigkeit der Turbine wiederum hängt von der Bereitstellung thermischer Energie (Dampf) durch den Dampferzeuger ab. Dieser ist abhängig vom Prozeß der Energieumwandlung in der Feuerung.

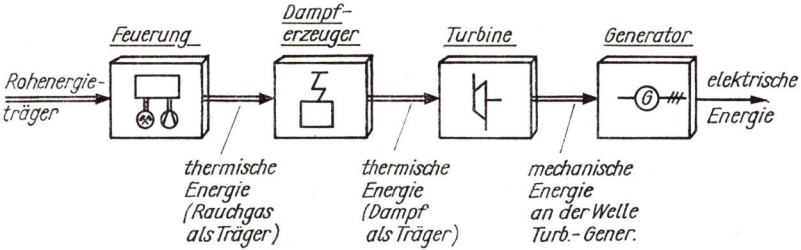

Bild 1.10. *Schema eines Kraftwerks zur Erzeugung von Elektroenergie*

Aus den obengenannten Zusammenhängen folgt, daß die Hauptbestandteile des Kraftwerks voneinander abhängig sind. Dazu, wie die Hauptaufgabe des Kraftwerks erfüllt werden könnte, einige Überlegungen, die darauf aufbauen, daß das im Bild 1.10 dargestellte Konzept realisiert wird:

Durch Eingriffe in die Feuerung müßte das Leistungsdefizit (Erzeugung–Verbrauch) entsprechend den dynamischen Forderungen, d.h. meist schnell abgebaut werden. Bis jedoch die erforderlichen Leistungsänderungen an der Turbine bzw. dem Generator durch Eingriffe in die Feuerung wirksam werden, können bis zu einige Minuten vergehen, so daß diese Zwischenzeit überbrückt werden muß. Dazu ist es erforderlich, über Reserven (Speicher) an mechanischer und thermischer Energie zu verfügen.

Das Speichervermögen, z.B. des Dampferzeugers, wird deshalb so ausgelegt, daß trotz der sich ändernden Last die Parameter Frequenz und Spannung weitgehend konstant bleiben. Im Bild 1.11 ist dieser Sachverhalt der Nutzung des Speichervermögens anhand der Begriffe Führungsstrom (Forderung von seiten des Netzes) und nachgeführter Strom (erforderlicher Dampfstrom für die Turbine) dargestellt. Danach muß z.B. bei plötzlich auftretenden Änderungen des Energiebedarfs der Dampfstrom so nachgeführt werden, daß die Turbinendrehzahl konstant bleibt. Bis dem durch die Feuerung Rechnung getragen werden kann, muß der Dampferzeuger auf Grund seines Speichervermögens lieferfähig sein, ohne daß der Dampfdruck unzulässig sinkt. Um Dampf bereitzustellen, muß über den Speisewasserstrom stets für einen möglichst gleichbleibenden Wasserstand in der Kesseltrommel gesorgt werden. Der für die Dampferzeugung erforderliche Wärmestrom resultiert aus dem den Kessel passierenden Rauchgasstrom, der von der Feuerung, d.h. dem Brennstoff- und Verbrennungsluftstrom, abhängt.

Führungsstrom	Nachgeführter Strom	Meßgröße für Speicherinhalt
Elektrische Leistung	Dampfstrom	Turbinendrehzahl
Dampfstrom	Wärmestrom	Dampfdruck
Dampfstrom	Speisewasserstrom	Trommelwasserstand
Wärme-Luftstrom	Rauchgasstrom	Brennkammerdruck

Bild 1.11. *Beispiele für Führungsstrom/nachgeführter Strom*

Da die Anlage Kraftwerk jedoch auch in seiner Baugröße zu minimieren ist, sind die Speicher (Reserven) klein zu halten; die Koordinierung der nachzuführenden Ströme hat so zu erfolgen, daß die Einhaltung der Drehzahl der Turbine, des Druckes im Dampferzeuger, des Wasserstands im Kessel und der optimalen Verbrennung in der Feuerung garantiert werden kann. Je geringeres Speichervermögen (Reserven), um so komplizierter ist die Koordinierung. Diese ist deshalb nur durch automatische Steuerung der genannten und weiterer Parameter möglich.

Da die Erzeugung der elektrischen Energie aber auch bei einem guten energetischen Wirkungsgrad erfolgen soll und die vorgegebene Lebensdauer der Kraftwerkselemente einzuhalten ist, sind eine Reihe weiterer Größen, wie die Temperatur des Dampfes (hohe Temperaturen verbessern den Wirkungsgrad, vermindern aber die Lebensdauer des Kessels), die Geschwindigkeit der Temperaturänderungen (thermische Spannungen im Material) u.a. einzuhalten. Auch hierfür ist die automatische Steuerung vieler Größen des Prozesses erforderlich.

Es gilt also, für den Betrieb des Kraftwerks eine Vielzahl von Automatisierungsproblemen zu lösen. So werden z.B. zum Betrieb eines konventionellen 500-MW-Kraftwerks etwa 3000 Meßgrößen erfaßt, und an 1400 Stellen wird in den Prozeß eingegriffen, um ihn zu steuern.

▶ Anhand dieser Aufgabe sollte deutlich werden, daß aus der relativ harmlos klingenden Forderung „Anpassung der Erzeugung an den Verbrauch" bei näherer Analyse nahezu lawinenartig Detailforderungen zur Überwachung, Sicherung, Führung und Stabilisierung, also zur Automatisierung, resultieren.

■ *Flexible Fertigungszelle*

Einige Automatisierungsaufgaben in der Fertigung sollen am Beispiel einer flexiblen Fertigungszelle besprochen werden. Diese Fertigungszellen werden für bestimmte Teilefamilien, wie rotationssymmetrische oder prismatische Teile oder noch spezialisierter für Zahnräder usw., aufgebaut. Da Ausführung und Stückzahl schwanken können, ist Flexibilität Voraussetzung für eine breitere Nutzung von Fertigungszellen. Eine Beispielkonfiguration, die nur stilisiert angibt, welche Bearbeitungsstationen etwa üblich sind, und deren Reihenfolge willkürlich gewählt wurde, ist im Bild 1.12 skizziert. Typische Automatisierungsaufgaben in einem solchen Fertigungssystem sind:

Koordinierung der Einzelaufgaben, z.B.

– Steuerung des Zusammenspiels Transportsystem–Roboter–Bearbeitung–Prüfung–Lager durch einen übergeordneten Rechner
– Optimierung der Auslastung der Fertigungszelle durch Minimierung der Durchlaufzeit für unterschiedliche Situationen im Normalbetrieb und im gestörten Betrieb durch übergeordneten Rechner.

Steuerung der Maschinen und Aggregate zur

– Positionierung von Werkstücken und Werkzeugen
– Steuerung von Prozeßparametern (z.B. Drehzahl, Schnittgeschwindigkeit)
– Steuerung von Bewegungsabläufen und Aktionen (z.B. des Roboters)
– Steuerung von Schalthandlungen (z.B. Kühlen, Einspannen).

Diese Aufgaben erfüllen die zur Maschine gehörenden Systeme der numerischen Steuerung (control), NC-Technik genannt.

Steuerung des Transport- und Lagersystems für

– Beladen, Transportieren, Entladen
– Reservehaltung (Rohlinge, Halbfabrikate).

Diese Aufgaben werden z. B. durch separate Steuerungen oder vom übergeordneten Rechner gelöst.

Automatische Qualitätskontrolle und Überwachung von Werkstück und Werkzeug

– beim Bearbeitungsprozeß
– nach verschiedenen Bearbeitungsetappen
– Endkontrolle der Werkstücke.

Diese Aufgaben werden meist von separaten, mit dem übergeordneten Rechner gekoppelten Meß- und Überwachungseinrichtungen erfüllt.

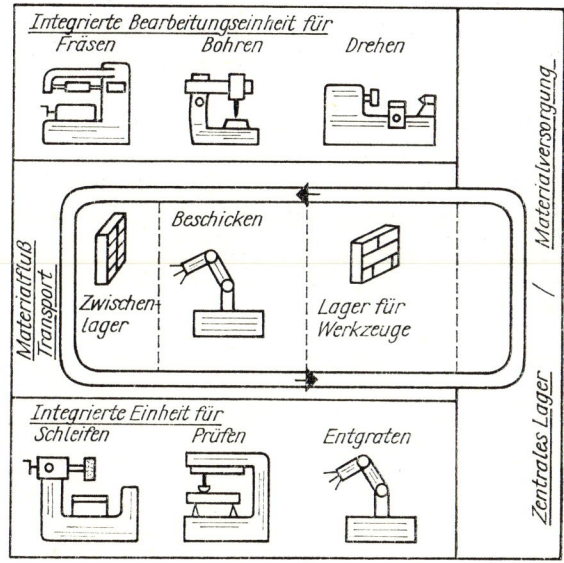

Bild 1.12
Flexible Fertigungszelle,
Beispielkonfiguration

Steuerung der Ver- und Entsorgung zur

– Bereitstellung von Hilfsstoffen und Hilfsmitteln (Kühlmittel, Werkzeuge)
– Späneabtransport.

▶ Die hier skizzierten Aufgaben machen das große Spektrum und die Vielfalt der Automatisierungsaufgaben in der Fertigungstechnik deutlich. Dabei sind hier die Probleme bei der Automatisierung der Montage, die ein noch weitgehend offenes Feld darstellt, gar nicht angeschnitten worden.

■ *Gasbeheizter Durchlauferhitzer*

Die Aufgabe dieses Geräts besteht in der Bereitstellung von Warmwasser bei einstellbarer Durchflußmenge des Wassers. Zum ordnungsgemäßen Betrieb eines Durchlauferhitzers ist sein Anschluß an

– ein Wassernetz (600 kPa)
– ein Gasnetz (600 Pa)
– zureichende Verbrennungsluftzufuhr

erforderlich.

Damit bei Betätigung des Ventils für die Wasserentnahme die Aufheizung des durch die Heizschlange strömenden Wassers erfolgen kann, muß das Heizgas freigegeben und gezündet werden. Um bei Gaszufuhr die automatische Zündung zu sichern, brennt stets eine Zündflamme. Da bei einem solchen Prozeß die Gefahr der Explosion, der Vergiftung und des Durchbrennens der Heizschlange besteht, muß eine ausreichende Prozeßsicherung erfolgen. Die Bedingungen dafür lauten:

– Brennt die Zündflamme nicht, muß die Gaszufuhr gesperrt bleiben (Explosions- und Vergiftungsgefahr).
– Für genügende Verbrennungsluft ist zu sorgen, sonst besteht wegen unvollständiger Verbrennung ebenfalls Vergiftungs-, u. U. Explosionsgefahr.
– Bei fehlender oder zu geringer Wasserzufuhr muß die Gaszufuhr gesperrt bleiben (Durchbrennen der Heizschlange).

Während für die Verbrennungsluft durch die Betriebsbedingungen gesorgt wird, müssen die übrigen Sicherungsmaßnahmen automatisch funktionieren. Dabei wird gefordert, daß in Abhängigkeit von der eingestellten Wassermenge der Gasstrom dazu proportional mit verstellt wird.

Werden darüber hinaus höhere Forderungen an die Temperaturkonstanz des Wassers auch für den Fall gestellt, daß sich z.B. der Gasdruck, die Gasqualität oder der Wasserdruck ändern, also gewisse Störungen auftreten, so müssen durch eine Prozeßstabilisierung die Auswirkungen dieser Störungen beseitigt werden. Wir halten dann die Temperatur durch Regelung weitgehend konstant, d.h., neben den Aufgaben der Prozeßsicherung und der Proportionalität von Gas- und Wasserdurchfluß ist noch die Aufgabe der Temperaturkonstanthaltung zu erfüllen.

2.   Begriffe, Darstellungsformen, Funktionen

Wie im Abschnitt 1. dargelegt, wird für die Lösung von Automatisierungsaufgaben vorausgesetzt (angestrebt), daß weitgehend bekannt ist, nach welchen Prinzipien und Technologien sowie auf Grund welcher natur- und technikwissenschaftlichen Gesetzmäßigkeit die zu automatisierenden *Prozesse* der Stoff- und Energiewandlung in den zugehörigen Maschinen, Aggregaten und Anlagen ablaufen. Dafür ist das Verhalten des Systems möglichst exakt zu beschreiben und geeignet darzustellen. Auf der Basis dieser Kenntnisse zum Prozeß- und Anlagenverhalten – wir nennen diese Ergebnisse Modell/Prozeßmodell – lassen sich eine Reihe wichtiger Fragestellungen beantworten.

Zunächst ist zu fragen, welche Informationen aus dem Prozeß geeignet und erforderlich sind, um daraus notwendige Schlußfolgerungen für seine Beeinflussung (Steuerung) zu

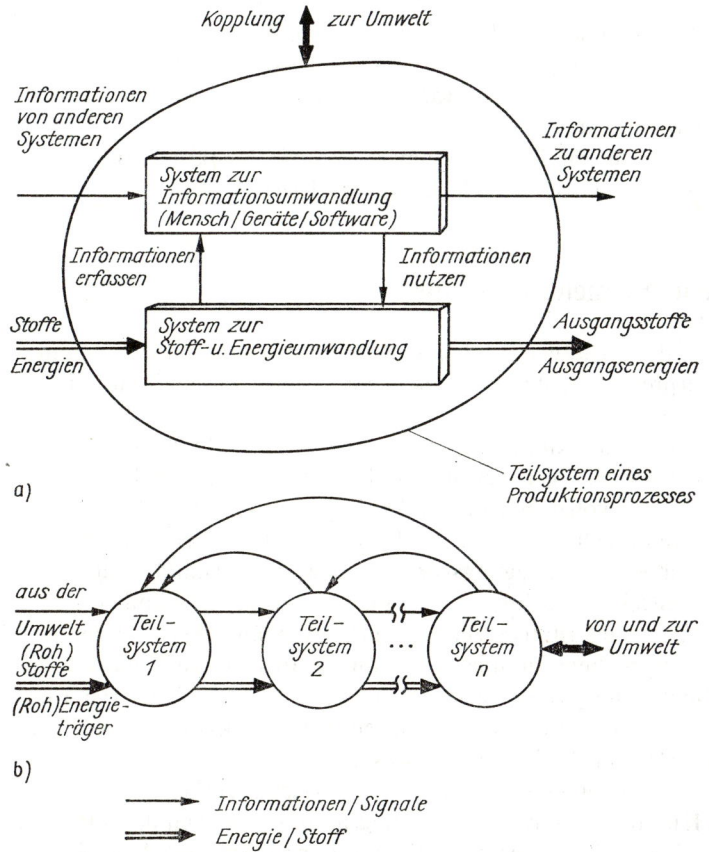

Bild 2.1. Kopplung von Systemen zur Stoff- und Energieumwandlung mit Systemen zur Informationsumwandlung

a) Darstellung eines Teilsystems; b) Kopplung von Teilsystemen

ziehen. Dazu müssen die zu gewinnenden Informationen so verarbeitet werden, daß ein geeigneter (wirksamer) Eingriff in den Prozeß erfolgen kann. Den Komplex dieser Aufgaben erfüllen wir mit einem System zur Informationswandlung in der Reihenfolge Informationserfassung (Messen), Informationsverarbeitung (Rechnen), Informationsnutzung (Stellen).

Im Bild 2.1a ist die bei der Automatisierung vorhandene *Kopplung von Systemen zur Stoff- und Energieumwandlung und zur Informationsumwandlung* dargestellt; daraus wird auch dessen energetische/stoffliche und informationelle Kopplung zu anderen Systemen und zur Umwelt deutlich. Die Kopplungen können, wie Bild 2.1b zeigt, vielfältig sein.

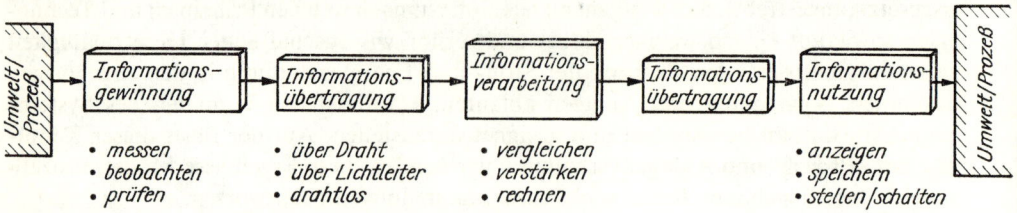

Bild 2.2. Details eines Systems zur Informationsumwandlung

Das immer sehr ähnlich aufgebaute System zur Informationswandlung, seine *Struktur* und *Elemente* zeigt Bild 2.2 in detaillierterer Form. Danach wird die Information aus dem Prozeß gewonnen/erfaßt, dann übertragen, entsprechend einer vorgegebenen *Handlungsvorschrift (Algorithmus)* verarbeitet, weiter übertragen und schließlich durch Operationen wie Anzeigen, Schalten usw. genutzt.

Die hier aufgetauchten Begriffe, wie Prozeß, Element, System, Struktur, Information und Signal, sind noch unscharf; sie sollen nachfolgend präzisiert werden.

2.1.   Prozeß, System, Element, Struktur

Eine genauere Erläuterung ist erforderlich, weil diese Begriffe fachgebietsabhängig unterschiedlich genutzt und interpretiert werden; wir nehmen also einen Zuschnitt auf die Belange der Automatisierungstechnik vor.

Prozeß ist als Begriff in der Produktion (Fertigungsprozeß, Herstellungsprozeß u.ä.) geläufig; darunter verstehen wir die Veränderung von Energie, Stoffen und Informationen. Beim Ablauf von Prozessen vollziehen sich in Abhängigkeit von der Zeit Veränderungen z.B. der Eigenschaften (nach dem Härten), der Gestalt (nach der mechanischen Bearbeitung), der Lage (nach einem Bewegungsvorgang) oder des Zustands (nach einer chemischen Reaktion) von Stoffen und Energien. Danach kann man formulieren: Ein Prozeß ist eine qualitative oder quantitative Veränderung in Abhängigkeit von der Zeit.

Das im Abschnitt 1.12. besprochene Beispiel des Dampfkraftwerks stellt danach den technischen Prozeß der Umwandlung von Primärenergieträgern (Gas, Kohle, Öl) in Elektroenergie dar. Völlig anders geartete Prozesse sind dagegen z.B. das periodische Wachsen der Flora oder der Blutkreislauf als biologische Prozesse.

System als Begriff ist umgangssprachlich als Fertigungssystem, Verkehrssystem, Gerätesystem u.ä. bekannt. Hier präzisieren wir diesen Begriff und verstehen darunter eine bestimmte Art und Anzahl von Elementen und die zugehörige Art und Anzahl ihrer gegenseitigen *Kopplungen*, die – für den betrachteten Fall – als zusammenhängendes Ganzes zu betrachten sind. Die im Abschnitt 1.12. besprochene Fertigungszelle z. B. stellt damit ein System zur Stoffumwandlung von Rohmaterial zum Fertigteil dar, in dem der Prozeß der Metallverarbeitung abläuft. Es enthält Elemente zum Fräsen, Bohren, Drehen, zum Beschicken, Entgraten, Prüfen, Lagern usw.

Verlagert man die Betrachtungsebene und sieht den Roboter allein als System, so realisiert er beispielsweise den Prozeß der Beschickung von Werkzeugmaschinen; er enthält u. a. die Elemente Greifer, Antrieb, Gestell, Sensoren.

Elemente sind Bestandteile eines Systems und werden als im jeweils betrachteten Fall nicht mehr zerlegbar angesehen. Sieht man die Turbine als System, dann sind z. B. seine Schaufeln, der Läufer, das Gehäuse und das Dampfeinlaßventil seine Elemente. Geht man eine Ebene tiefer und betrachtet nur das Dampfeinlaßventil an der Turbine als System, dann wäre das ein System zur Steuerung der Dampfzufuhr mit den Elementen Ventilgehäuse, Ventilkegel, Ventilspindel usw.

Struktur repräsentiert als Kennzeichen eines Systems die Art und Zahl ihrer Elemente und ihrer Kopplungen untereinander. Die Struktur hat letztlich entscheidenden Einfluß auf das Verhalten eines Systems. So lassen sich z. B. aus einer gegebenen Zahl von Elementen (wie Transistor, Widerstand, Kondensator) durch unterschiedliche Kopplungen (Schaltungen) verschiedene Strukturen und somit unterschiedliches Verhalten realisieren, deren Vielfalt im Verhalten noch durch die Variation der Parameter der Elemente wächst.

Aus den bisher dargestellten Zusammenhängen kann man ableiten, daß die Synthese (Aufbau) oder die Analyse (Untersuchung) von Systemen durch folgende Vorgehensweise gekennzeichnet ist:

– Analyse oder Synthese von Funktion, Parametern und Zahl der Elemente
– Analyse oder Synthese der Struktur, d. h. der Art und Zahl der Kopplungen von Elementen
– Analyse oder Synthese der Gesamtfunktion und Parameter des Systems.

2.2. Signal und Information

Die Elemente eines Systems oder Systeme selbst können abhängig von der Struktur miteinander in Wechselbeziehungen treten. Demzufolge dürfen wir sie als *Sender und Empfänger* betrachten, die mindestens über einen Ein- und einen Ausgang verfügen, Bild 2.3 zeigt dazu das Schema. Beziehen wir unsere Betrachtungen auf ein System zur Informationsumwandlung (Bild 2.2), so ist zu erkennen, daß die Wechselwirkungen in einer Richtung (Pfeilrichtung) erfolgen. Der Eingang für das Element zur Informationserfassung resultiert hier aus dem Prozeß; sein Ausgang ist mit dem Element zur Informationsübertragung verbunden usw.; schließlich wirkt der Ausgang des Elements zur Informationsnutzung (gleichzeitig Ausgang des Systems zur Informationswandlung) auf den Prozeß.

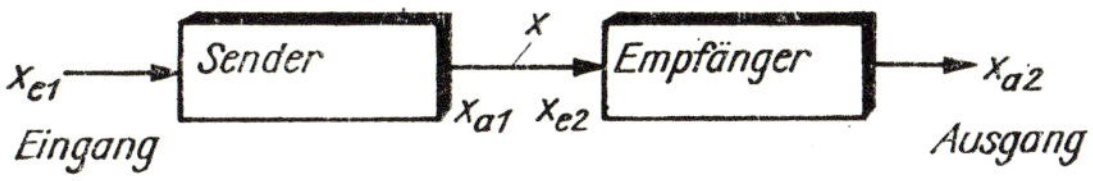

Bild 2.3
Signalübertragung im System Sender und Empfänger

Die zwischen den Systemen nach Bild 2.3 wirkende Größe x ist zugleich Ausgang (x_{a1}) des Systems 1 (Sender) und Eingang (x_{e2}) des Systems 2 (Empfänger); dabei gilt $x = x_{a1} = x_{e2}$. Die Größe x kann z. B. eine physikalische Größe, wie Weg, Druck, Temperatur u. a., sein, und ihr Wert kann sich in Abhängigkeit von der Zeit oder/und vom Ort ändern. Für die Reaktion des Systems 2 (Empfänger) ist an der Größe x vor allem von Interesse, ob und wie sie sich in Abhängigkeit von der Zeit oder/und vom Ort verändert.

Die zeit- oder/und ortsabhängigen Verläufe der (meßbaren/wahrnehmbaren) Größe x bezeichnen wir hier als Signal. Die im Bild 2.3 dargestellten Systeme sind demnach *Sender oder Empfänger von Signalen.*

Oft sind vom Gesamtverlauf des Signals x nur bestimmte Teile (Bereiche, Parameter) von Interesse. Ist das Signal x z.B. eine Wechselspannung, so könnte nur der Parameter Amplitude oder Frequenz und davon nur ein bestimmter Bereich von Bedeutung sein. In der Regel sind die Empfänger so aufgebaut, daß in ihnen nur die Veränderung eines bestimmten Parameters des Signals eine Wirkung auslöst. Dieser Parameter des Signals enthält also die Information für den Empfänger. Wir bezeichnen deshalb den im Signal enthaltenen wirkungsauslösenden Teil der Parameter als Information.

▶ Ein Signal kann somit für verschiedene Empfänger durchaus unterschiedliche Informationen enthalten, und der Informationsinhalt eines gesendeten Signals könnte größer sein, als er vom jeweiligen Empfänger genutzt werden kann.

Das einfachste Signal ist das *binäre Signal.* Aus ihm resultieren nur zwei Informationen; es kann lediglich die Werte 0 oder 1 annehmen, ihr Informationsinhalt ist also sehr klein. So bedeuten

- Signal 1 z.B. Kontakt geschlossen, Spannung vorhanden, Ventil offen
- Signal 0 z.B. Kontakt offen, Spannung nicht vorhanden, Ventil geschlossen

Ein Wechsel dieses Signals von 0 auf 1 oder von 1 auf 0 stellt eine Unterscheidung zwischen zwei Möglichkeiten dar. Dieser Wechsel wird als die kleinste nachrichtentechnische Einheit mit bit, der Abkürzung für „binary digit" (zweiwertige Ziffer) gekennzeichnet. Dieser Begriff wird auch in den späteren Abschnitten benutzt und groß geschrieben (Bit), wenn es sich um Binärdaten handelt. Umfassendere Ausführungen zu der gesamten Problemstellung der Information (wie Maß der Information, Informationsinhalt, Informationsfluß usw.) s. [2; 3; 4].

▶ Aus den bisherigen Aussagen folgt:

- Ein Signal kann eine von einer physikalischen Größe getragene Funktion der Zeit oder/und des Ortes sein, deren Parameter, der (die) sogenannte(n) Informationsparameter, z.B. den Werteverlauf einer technischen oder physikalischen Größe abbildet.
- Ein Signal ist damit Träger von meßbaren/wahrnehmbaren Informationen, die ihre Bedeutung im Zusammenspiel zwischen Sender und Empfänger erhalten. Träger der Information können Drücke, Spannungen, Ströme, Lichtintensität u.a. sein; die Informationsparameter sind dann z.B. in der Amplitude, der Frequenz, der Form oder Farbe des gesendeten Signals enthalten.
- Wir stellen weiter fest, daß sich ein Signal in Abhängigkeit sowohl von der Zeit als auch vom Raum (Ort) ändern kann, d.h., es können die Aspekte der Zeit oder die des Raumes dominieren.
- Bei Dominanz der zeitlichen Änderung des signalisierten Sachverhalts oder der signalisierten physikalischen Größe, wie Druck, Temperatur, Spannung usw., könnten wir von einem „Zeitsignal" sprechen.
- Wird dagegen *der zu signalisierende Sachverhalt* oder die physikalische Größe z.B. *durch ein geometrisches Muster*, wie Stoppschild, Digitalanzeige, Werkstück usw., dargestellt, das den Informationsparameter als Ortsfunktion repräsentiert, so könnten wir von einem „Raumsignal" sprechen.

– In der Definition des Signals nach TGL 14591 wird von der Dominanz des zeitlichen Aspekts ausgegangen, in der der Fall, daß sich der signalisierte Sachverhalt zeitlich ändert, dominiert. Der Fall, daß sich die in einem gesendeten Signal enthaltene Information zeitlich nicht ändert, kann darin als Grenzfall interpretiert werden.

– Es ist zu empfehlen, Träger von Informationen, z. B. Lochstreifen, Disketten, Magnetbänder, in dem Fall, daß sie nicht benutzt werden, also passiv sind, nicht als Signal zu bezeichnen. Ein Informationsträger wird eigentlich erst bei seiner Aktivierung und im Wechselspiel mit einem Empfänger zur Signalquelle/zum Signal.

Klassifizierung der Signale

Zur Einteilung der Signale gibt es unterschiedliche Aspekte, nach denen man vorgehen kann.

Üblich ist die Einteilung nach folgenden Gesichtspunkten:

– Der Informationsparameter kann entweder alle Werte eines vorgegebenen Bereichs annehmen oder nicht.

– Der Informationsparameter ist in jedem beliebigen Zeitpunkt veränderbar oder nicht.

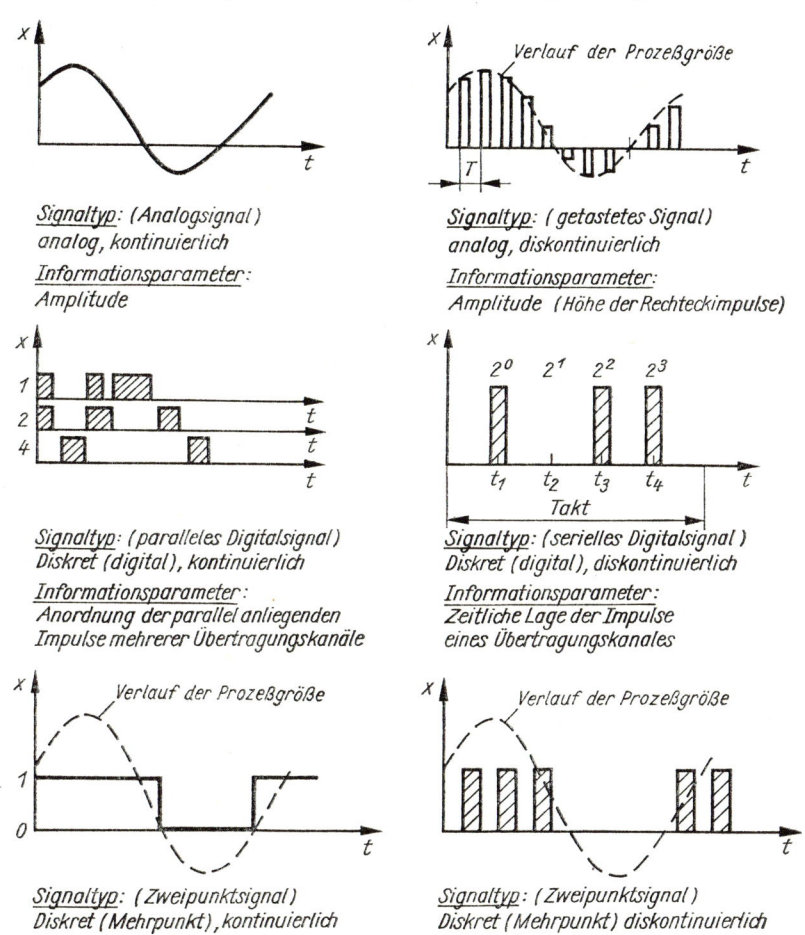

Signaltyp: (Analogsignal)
analog, kontinuierlich

Informationsparameter:
Amplitude

Signaltyp: (getastetes Signal)
analog, diskontinuierlich

Informationsparameter:
Amplitude (Höhe der Rechteckimpulse)

Signaltyp: (paralleles Digitalsignal)
Diskret (digital), kontinuierlich

Informationsparameter:
Anordnung der parallel anliegenden
Impulse mehrerer Übertragungskanäle

Signaltyp: (serielles Digitalsignal)
Diskret (digital), diskontinuierlich

Informationsparameter:
Zeitliche Lage der Impulse
eines Übertragungskanales

Signaltyp: (Zweipunktsignal)
Diskret (Mehrpunkt), kontinuierlich
Informationsparameter:
Zwei Werte, 0 oder 1

Signaltyp: (Zweipunktsignal)
Diskret (Mehrpunkt) diskontinuierlich
Informationsparameter:
Impulse der Höhe 0 oder 1

Bild 2.4. Typische Signalformen

Daraus resultieren *typische Kennzeichen von Signalen*, sie heißen:

analog   wenn der Informationsparameter innerhalb eines vorgegebenen Bereichs jeden beliebigen Wert annehmen kann

diskret   wenn der Informationsparameter nur diskrete Werte annehmen kann; diskrete Signale heißen digital, wenn die diskreten Werte des Informationsparameters kodiert (verschlüsselt) sind

kontinuierlich   wenn ihre Informationsparameter zu jedem beliebigen Zeitpunkt veränderbar sind

diskontinuierlich wenn ihre Informationsparameter nur zu diskreten Zeitpunkten andere Werte annehmen können.

Beispiele für typische Signalformen aus der Automatisierungstechnik sind im Bild 2.4 dargestellt.

Aus Anwendungssicht unterscheidet man nach

Nutzsignalen und

Störsignalen (die z.B. aus Umwelteinflüssen oder aus anderen Systemen resultieren).

Weitere Unterscheidungsmerkmale resultieren aus der Darstellung nach Bild 2.5, danach gibt es

determinierte Signalverläufe, deren zeitlicher Verlauf eindeutig im voraus bestimmt werden kann; es handelt sich um solche Verläufe wie sprung-, impuls-, rampenförmig oder harmonisch

stochastische Signalverläufe, deren Zeitverlauf vorher nicht bestimmbare Zufallsfunktionen sind, die durch statistische Kenngrößen beschrieben werden.

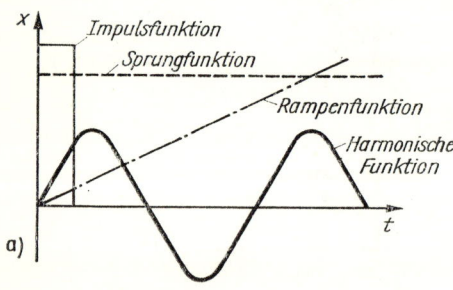

Bild 2.5
Grundformen von Signalen
a) determiniert; b) stochastisch

Eine *besondere Eigenschaft von Signalen* bzw. der in ihnen enthaltenen Information ist darin zu sehen, daß sie als *energie- und massearm* betrachtet werden. Deshalb unterliegen sie z.B. bei ihrer Verzweigung oder Zusammenführung anderen Gesetzmäßigkeiten als Energie- und Massenströme. Im Bild 2.6 sind die wichtigsten Zusammenhänge dargestellt.

Am Beispiel der Signalverzweigung läßt sich dieser qualitativ neue Zusammenhang verdeutlichen. An dem im Bild 2.7 dargestellten treibenden Reibrad 1 könnten „beliebig" viele Räder (Abtrieb) angekoppelt werden, ohne daß bei dieser Signalverzweigung eine Veränderung oder Verfälschung der Information erfolgt. Jedes Abtriebsrad erhält als

Information die gleiche Umfangsgeschwindigkeit wie das Antriebsrad (runde und ordentlich gelagerte Räder vorausgesetzt). Es gilt $V_{UAn} = V_{UAb1} = V_{UAb2} = \dots V_{UAbi}$.

■ Anhand der im Bild 2.8 dargestellten Lösung zur Steuerung der Temperatur eines Glühofens soll der Gebrauch der dargestellten Begriffe geübt werden.

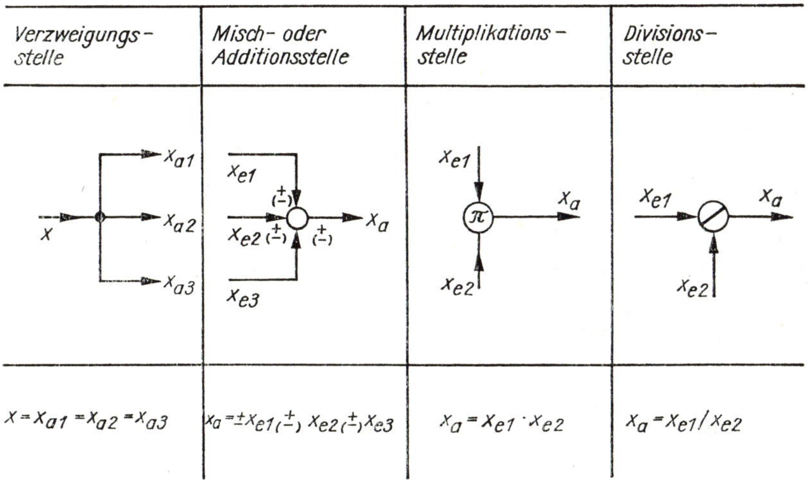

Verzweigungs-stelle	Misch- oder Additionsstelle	Multiplikations-stelle	Divisions-stelle
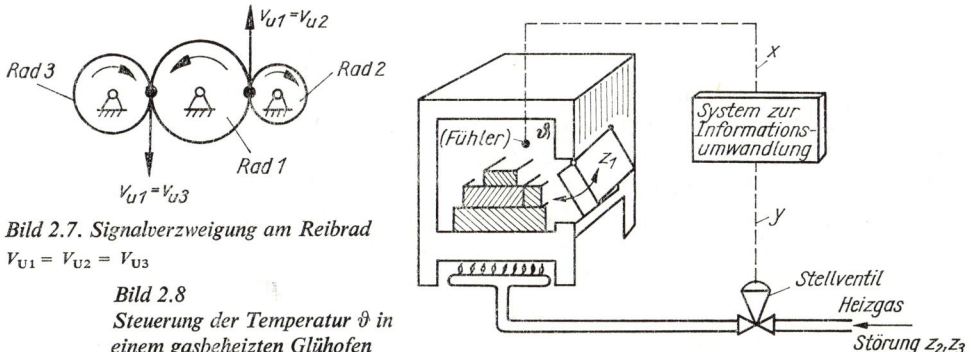			
$x = x_{a1} = x_{a2} = x_{a3}$	$x_a = \pm x_{e1} (\pm) \, x_{e2} (\pm) x_{e3}$	$x_a = x_{e1} \cdot x_{e2}$	$x_a = x_{e1}/x_{e2}$

Bild 2.6. Symbolische Darstellung der Signalverzweigung, -mischung, -multiplikation und -division
(Vorzeichen in Pfeilrichtung rechts anbringen)

Bild 2.7. Signalverzweigung am Reibrad
$V_{U1} = V_{U2} = V_{U3}$

Bild 2.8
Steuerung der Temperatur ϑ in einem gasbeheizten Glühofen

Das Thermoelement zur Messung der Ofeninnentemperatur liefert eine der Temperatur etwa proportionale Thermospannung. Hierbei handelt es sich um ein analoges kontinuierliches Signal mit der Thermospannung als Signalträger und der Amplitude dieser Spannung als Informationsparameter. Das Signal x ist als Ausgangssignal des Ofens ein Nutzsignal.

Das Signal x wird in dem System zur Informationsumwandlung in ein Nutzsignal y für die Einstellung der Gaszufuhr zum Brenner umgewandelt. Das Signal y ist ebenfalls analog und kontinuierlich; aber da das Stellventil pneumatisch verstellt wird, muß der Signalträger ein Luftdruck sein; die Amplitude des Druckes ist der Informationsparameter. Es ist also darauf hinzuweisen, daß das System zur Informationsumwandlung in diesem Fall auch den elektrischen Signalträger in einen pneumatischen wandeln muß.

Das Öffnen der Tür des Ofens und seine Beschickung ist hinsichtlich des Zeitpunktes und der Zeitdauer vorhersagbar, so daß dieses Störsignal z_1 als determiniert angenommen werden kann. Die Druckschwankungen des Gasnetzes (Störsignal z_2) sind sehr grob (große Lasten am Abend und Morgen) auch als determiniert anzunehmen; die Schwankungen der Gasqualität (Störsignal z_3) dagegen sind für den Verbraucher vorher nicht einschätzbar; es handelt sich bei z_3 um einen stochastischen Signalverlauf.

Signaloperationen

Beim Umgang mit Signalen für technische Systeme sind Signaloperationen erforderlich, um die Signalformen und Signalträger der Aufgabenstellung günstig anpassen zu können. Die Signaloperationen

Signalerzeugung, Signalwandlung, Signalumsetzung, Signalkodierung, Signalumformung, Informationsübertragung und Informationsspeicherung

sind technisch interessant und wichtig.

Signalerzeugung geschieht in *Signalquellen*; für die Automatisierung sind die zu automatisierenden Prozesse selbst, die Eingabe durch den Menschen und die Umwelt die wichtigsten Signalquellen. Die Systeme, in denen solche Meßgrößen wie Druck, Temperatur, Durchfluß, Moment, Drehzahl anfallen, z.B. der Prozeß, werden als *natürliche Signalquellen* aufgefaßt. Für experimentelle Arbeiten werden zur Erzeugung von Testsignalen nach Bild 2.5 *Signalgeneratoren* benutzt; für stochastische Signalverläufe werden sog. Rauschgeneratoren verwendet.

Signalwandlung ist dann nötig, wenn das ursprüngliche (natürliche) Meßsignal nicht für eine weitere Nutzung oder Weiterverarbeitung geeignet ist. Bei der Signalwandlung bleibt die physikalische Größe erhalten. Der Wandler dient z.B. der Verstärkung des Signals z.B. zur Anhebung des Signalpegels oder zur „Auffrischung" des Signals bei einer Fernübertragung.

Signalumsetzung ist dann nötig, wenn z.B. analoge Signalwerte einer Größe in kodierte digitale Signale übergeführt werden müssen oder umgedreht. Man nennt die dazu geeigneten Funktionseinheiten Analog-Ditigal-Umsetzer (ADU) bzw. Digital-Analog-Umsetzer (DAU).

Auf Grund der zunehmend digitalen Informationsverarbeitung, aber auch der Tatsache, daß die natürlichen Signalquellen vorwiegend analoge Signale liefern und viele Funktionseinheiten zum Stellen (Informationsnutzung) mit analogen Signalen arbeiten, hat die Leistungsfähigkeit der ADU und DAU heute einen hohen Stellenwert. Zu Prinzipien der Umsetzer und ihrem Aufbau s. [5].

Signalkodierung betrifft sowohl die Signaldarstellung als auch den Wechsel der Signaldarstellung. Die Gründe für die Kodierung liegen vor allem in der sicheren Unterscheidung von Informationen. Die unterschiedliche Eignung verschiedener Kodes für die Verarbeitung, die Übertragung, die Speicherung usw. hat zu unterschiedlichen Kodes, Kodewandlern usw. geführt.

Die binäre Kodierung von Signalzuständen möge hier als sehr einfaches Beispiel dienen. Auf Grund der Schaltzustände von vier Schaltelementen (x_0 bis x_3) (Tetrade) sind den Ziffern 0 bis 9 Dualkodewörter nach Bild 2.9 zugeordnet.

Signalumformung ist z.B. dann erforderlich, wenn aus gerätetechnischen Gründen eine Kopplung von Systemen mit unterschiedlichen Signalträgern erforderlich ist. Im Fall des Glühofens nach Bild 2.8 erfolgte z.B. die Signalerfassung über ein Thermoelement; das Signal ist eine Spannung mit der Amplitude als Informationsparameter. Da das Ventil pneumatisch verstellt wird, ist ein Signal mit dem Signalträger Druck und dem Informationsparameter Amplitude notwendig, d.h., es muß eine Umformung des elektrischen in ein pneumatisches Signal erfolgen (EP-Umformer). Signalumformer existieren auch für die *Umformung pneumatisch/elektrisch, elektrisch/hydraulisch, optisch/elektrisch* usw. Damit ist es möglich, Systeme mit unterschiedlichen Signalträgern, also elektrische, hydraulische, pneumatische und optische Funktionseinheiten, Geräte und Gerätesysteme miteinander zu koppeln.

x_3	x_2	x_1	x_0	Ziffer
0	0	0	0	0
0	0	0	1	1
0	0	1	0	2
0	0	1	1	3
0	1	0	0	4
0	1	0	1	5
0	1	1	0	6
0	1	1	1	7
1	0	0	0	8
1	0	0	1	9

Bild 2.9
Kodetabelle/Tetrade für die Darstellung der Ziffern 0 bis 9

Informationsübertragung bedeutet Transport einer Information von einem Sender zu einem räumlich entfernten Empfänger. Zwischen beiden können nach Bild 2.10 unterschiedliche Elemente zur Wandlung, Umsetzung usw. angeordnet sein. Zwischen Sender und Empfänger liegt der *Übertragungskanal*, der an einen Leiter (elektrisch, mechanisch, optisch, fluidisch) gebunden oder auch drahtlos aufgebaut sein kann. Ein Signal bzw. die darin enthaltene Information bleibt bei der Übertragung nicht unverändert. Einerseits wird es Signaloperationen unterworfen, und es wirken Störungen auf den Übertragungskanal; dadurch entstehen Fehler oder Verfälschungen. Deshalb gilt es, je nach Anwendungsfall solche *Übertragungssysteme* aufzubauen, bei denen die Fehler- und Störeinflüsse möglichst gering sind. Das am Empfänger eintreffende Signal muß ein Verhältnis von Nutzsignal zu Störsignal – Signal-Rausch-Verhältnis genannt – aufweisen, das es gestattet, die ankommenden Nutzsignale eindeutig zu erkennen (identifizieren). Es sei darauf hingewiesen, daß die Übertragungskanäle in der Automatisierungstechnik von einigen Metern bis zu Hunderten von Kilometern (Pipeline) reichen können. Die Leitungen werden in einem abgeschirmten Kanal geführt (teuer) bzw. laufen relativ ungeschützt durch Produktionsräume, wo sie starken Störeinflüssen ausgesetzt sein können [5].

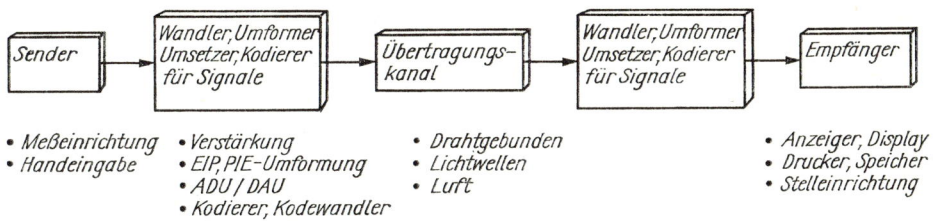

Bild 2.10. System zur Signalübertragung

Speicherung von Informationen ist von ständig zunehmender Bedeutung; sie hat durch die Mittel der Mikroelektronik einen hohen Stand (bei wachsendem Gradienten) erreicht. Die Speicherung von digitalen Informationen steht dabei im Vordergrund; sie erfolgt in mechanischen Speichern (wie Lochband, Lochkarte), Magnetspeichern (z. B. Bänder, Platten, Trommeln, Scheiben, Ferritkerne), Halbleiterspeichern (Matrixspeicher, Schieberegister) und optischen Speichern. In Automatisierungsgeräten sind nahezu ausschließlich Halbleiterspeicher von Interesse. Die *Speicherkapazität* wird in Bit angegeben; die Grenzen (1984: 240000 Bit, 240 KBit) verschieben sich ständig; sie sind abhängig vom Speichertyp. Eine weitere wichtige Kenngröße ist die *Zugriffszeit* zur gespeicherten Information; sie liegt unter 1 µs. Nähere Informationen sind in [5] zu finden.

2.3.   Wirkungsschema, Signalflußdarstellung

Die einen Prozeß bestimmenden, zeitlich veränderlichen physikalischen Größen werden durch Signale abgebildet; sie enthalten Informationen über dessen Zustand und Verlauf. Daraus folgt, wie bereits im Abschnitt 1. erläutert, daß einem Produktionsprozeß auch informationelle Prozesse überlagert sind. Um den informationellen Inhalt eines Prozesses zu untersuchen, zerlegen wir das System, in dem sich der Prozeß vollzieht, in Elemente – wir nennen das Dekomposition – und versuchen deren Funktion (Verhalten) und die vorhandenen Kopplungen zueinander zu ermitteln.

Ist uns das gelungen, dann müssen diese Ergebnisse in einer möglichst übersichtlichen, rationellen und einfach weiter verwertbaren Form dargestellt werden.

Die bisher bekannten Darstellungsformen des Ingenieurs sind nur bedingt bzw. gar nicht geeignet, dynamische Wirkungszusammenhänge darzustellen. Eine Einzelteilzeichnung z.B. enthält nur Angaben über die Geometrie, das Material sowie Bearbeitungshinweise für Einzelteile, eine Zusammenstellungszeichnung dagegen Angaben zur Montage, Justierung usw. Man kann danach komplizierteste Einrichtungen, vom Kraftfahrzeug bis zum Flugzeug herstellen, ohne allerdings damit eine der wichtigsten Fragen, nämlich nach dem Fahr- bzw. Flugverhalten beantworten zu können. Deshalb bedarf es anderer Darstellungsformen, die geeignet sind, daraus grundsätzlichere Aussagen über Eigenschaften und Verhalten von Systemen ableiten zu können.

In der Automatisierungstechnik bedient man sich deshalb der Darstellung in Form unterschiedlicher *Wirkungsschemata* (s. Bild 2.13):

– Die einfachste Darstellung der Wirkung bzw. Funktion eines Systems erfolgt in einem die Prinzipien erfassenden *Wirkungsschema*. Die Detailliertheit dieser Darstellung hängt von seinem Verwendungszweck ab.
– Wichtige kausale Zusammenhänge zwischen den Elementen des Systems lassen sich übersichtlich in einem sog. *Anlagen- oder Geräteblockbild* vermitteln.
– Die qualitativen mathematischen Zusammenhänge können anschaulich in einem *mathematischen Blockbild* skizziert werden.
– Die im Endeffekt interessierenden informationellen Zusammenhänge sind für eine Weiterverarbeitung (mathematische Beschreibung, Simulation) aufzubereiten. Hierfür ist das *Signalflußbild* in *Blocksymboldarstellung* bzw. in der Form des *Signalflußgraphen* die seit Jahren bewährte Darstellungsform.

In den *Blocksymbolen* stellen wir Kausalzusammenhänge (Ursache–Wirkung) im Sinne von Ein-/Ausgangs-Verknüpfungen dar. Dazu wird das System in sinnvoll abgrenzbare Teilsysteme zerlegt; die wirkungsmäßig gerichteten Blocksymbole werden kausal miteinander verknüpft. Je nachdem, wie genau die Kausalzusammenhänge dargestellt werden sollen bzw. welche Weiterverwendung vorgesehen ist, wird eine der obengenannten Darstellungsformen genutzt. Die Darstellung mit Blocksymbolen wird im Bild 2.11 gezeigt. Der skizzierte Zusammenhang zwischen Eingangs- und Ausgangssignalen des Blockes ist gleichzeitig mit der Annahme einer klar definierten Wirkungsrichtung verbunden – wir nennen das *Rückwirkungsfreiheit*. Diese ist nicht an allen Stellen des Systems gegeben; deshalb muß dieser Sachverhalt bei der Zerlegung eines Systems in Einzelblöcke berücksichtigt werden. Günstige Schnittstellen für die Zerlegung in Blöcke bieten sich meist dort, wo von einem hohen zu einem niedrigen Energieniveau übergegangen wird, wo signalmäßig von einer physikalischen Größe zur anderen gewechselt wird oder wo Geräte angewendet werden, die Rückwirkungsfreiheit ohnehin sichern (z. B. elektrische Potentiometer).

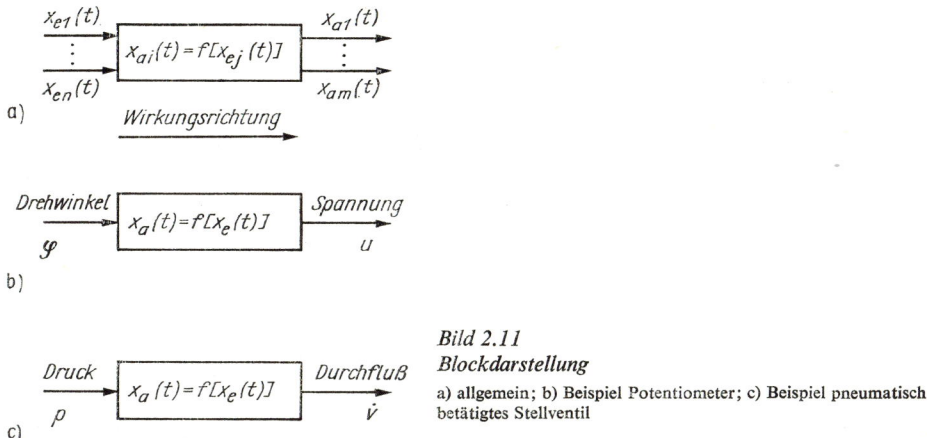

Bild 2.11
Blockdarstellung
a) allgemein; b) Beispiel Potentiometer; c) Beispiel pneumatisch betätigtes Stellventil

Die Grundlage für die Darstellung eines Signalflußbilds in Blockdarstellung (auch Signalflußbild genannt) ist damit umrissen – wir bezeichnen einen Block zukünftig als Übertragungsglied; seine Eigenschaften lassen sich wie folgt zusammenfassen:

– Rückwirkungsfreiheit zwischen Ein- und Ausgang
– eindeutiger Wirkungssinn in Pfeilrichtung
– mathematische Beschreibung (Modell) der Zusammenhänge zwischen den Ein- und Ausgängen.
– Die Darstellung des Signalflußbilds hat den Vorteil, daß durch die Blöcke u. U. bestimmte Funktionseinheiten oder Geräte symbolisiert werden können und sie sich optisch gut herausheben.

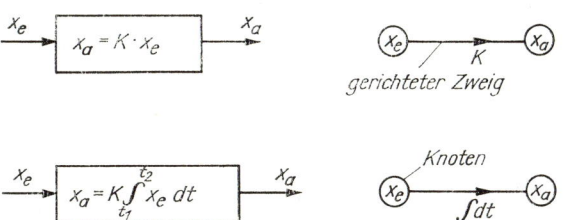

Bild 2.12. Signalfluß in Blockdarstellung (Signalflußbild) und als Signalflußgraph

– Der Signalflußgraph bietet eine andere Variante der Darstellung des Signalflusses, die in der Notierung weniger Aufwand bereitet, sonst aber die gleichen Aussagen wie das Signalflußbild enthält. Graphendarstellungen können natürlich auch benutzt werden, um das Wirkungsschema zu notieren.
– Der Unterschied zwischen Signalflußgraphen und Signalflußbild ist folgender (siehe Bild 2.12):

Aus Blöcken des Signalflußbilds werden gerichtete Zweige (Linie mit Pfeil); die ausgeführten Funktionen werden an den gerichteten Zweig geschrieben.

Aus Signalflußlinien werden Knoten (Kreise mit eingeschriebenen Signalvariablen); der Knoten repräsentiert die Summe aller ein- und austretenden Signale.

■ Beispiele

Im Bild 2.13 ist eine *pneumatisch angetriebene Stelleinrichtung* (Stellmotor und Ventil) in unterschiedlichen Formen dargestellt.

Aus dem skizzierten *Wirkbild* folgt, daß der auf einen Kolben oder eine Membran wirkende Druck p eine Auslenkung h des Ventilkörpers und im Betriebsfall eine Änderung des Durchflusses $\dot{V}$ zur Folge hat. Genauere physikalische Betrachtungen zeigen, daß der Druckkraft F_A die Federkraft F_c, die Reibungskraft F_R und die Strömungskraft $F_p = f(h, \dot{V})$ am Ventilkörper (in Spindelrichtung wirkende Komponenten) entgegenwirken. Die verbleibende Differenzkraft ΔF dient der Beschleunigung ($\ddot{h}$) der gesamten beweglichen Masse m ($\Delta F = F_m$) der Stelleinrichtung. Für ΔF gilt also

$$\Delta F = F_m = m\ddot{h} = F_A - F_c - F_R - F_p.$$

Im *Geräteblockbild* ist das Zusammenwirken der Elemente zur Druck-Kraft-Wandlung, Kraft-Weg-Wandlung und Weg-Durchfluß-Wandlung dargestellt. Der anliegende Druck p erzeugt danach eine Kraft F_A; diese Kraft lenkt den Antrieb aus, und die sich ändernde Position des Ventilkörpers beeinflußt schließlich den Durchfluß $\dot{V}$. Blockbild und Graphendarstellung führen zur gleichen Aussage.

Im mathematischen *Blockbild* sind die das Verhalten der Stelleinrichtung charakterisierenden Einflüsse in Anlehnung an die aus dem Wirkbild abgeleitete Gleichung dargestellt. Die auf Grund der Bewegung der gesamten Stelleinrichtung wirkende Kraft F_m bzw. die von der Position des Ventilkörpers und vom Durchfluß $\dot{V}$ abhängige Kraft F_p wurden hier als externe Kräfte angetragen.

Das *Signalflußbild* bzw. der *Signalflußgraph* stellt eine Präzisierung und weitere Aufbereitung des mathematischen Blockbilds bzw. eine Darstellung der aus dem Wirkbild abgeleiteten Gleichung dar. Man beginnt die Aufzeichnung zweckmäßig mit der Mischstelle, an der aus den Eingangsgrößen die Ausgangsgröße ΔF gebildet wird. Das Signal $\dot{h}$ (Geschwindigkeit der angetriebenen Masse) wird durch Integration der Beschleunigung $\ddot{h} = 1/m \, F$ ermittelt, durch Integration von $\dot{h}$ erhalten wir dann die Auslenkung h und können somit das Signalflußbild skizzieren. Es ist in dieser Form geeignet, unter Nutzung der Kenntnisse, die im Abschnitt 5. vermittelt werden, die interessierenden Zusammenhänge für das statische und dynamische Verhalten der Stelleinrichtung unkompliziert abzuleiten. Probleme können allerdings dann auftreten, wenn sog. nichtlineare Elemente (als Fünfeck dargestellt und gestrichelt eingezeichnet) auftreten; hierzu liefert der Abschnitt 9. einige grundsätzliche Aussagen. Im vorliegenden Fall wird damit verdeutlicht, daß die Reibungskraft F_R von der Bewegungsrichtung des Antriebs abhängt.

Im Bild 2.14 ist ein *Feder-Masse-System* mit Dämpfung beschrieben. Hier erzeugt die Kraft F entsprechend der Übersetzung am Punkt A eine Kraft F_A; die um die Dämpfungs- und Federkraft verminderte Kraft F_b beschleunigt ($\ddot{x}_A$) die Masse m.

Im Bild 2.15 ist ein *hydraulischer Stellantrieb* mit Rückkopplung der Auslenkung des Stellkolbens *4* auf den Doppelkolben *1/2* dargestellt. Durch Verschiebung des Doppelkolbens aus der Position, in der beide Öffnungen zum Kolben *4* verschlossen sind, be-

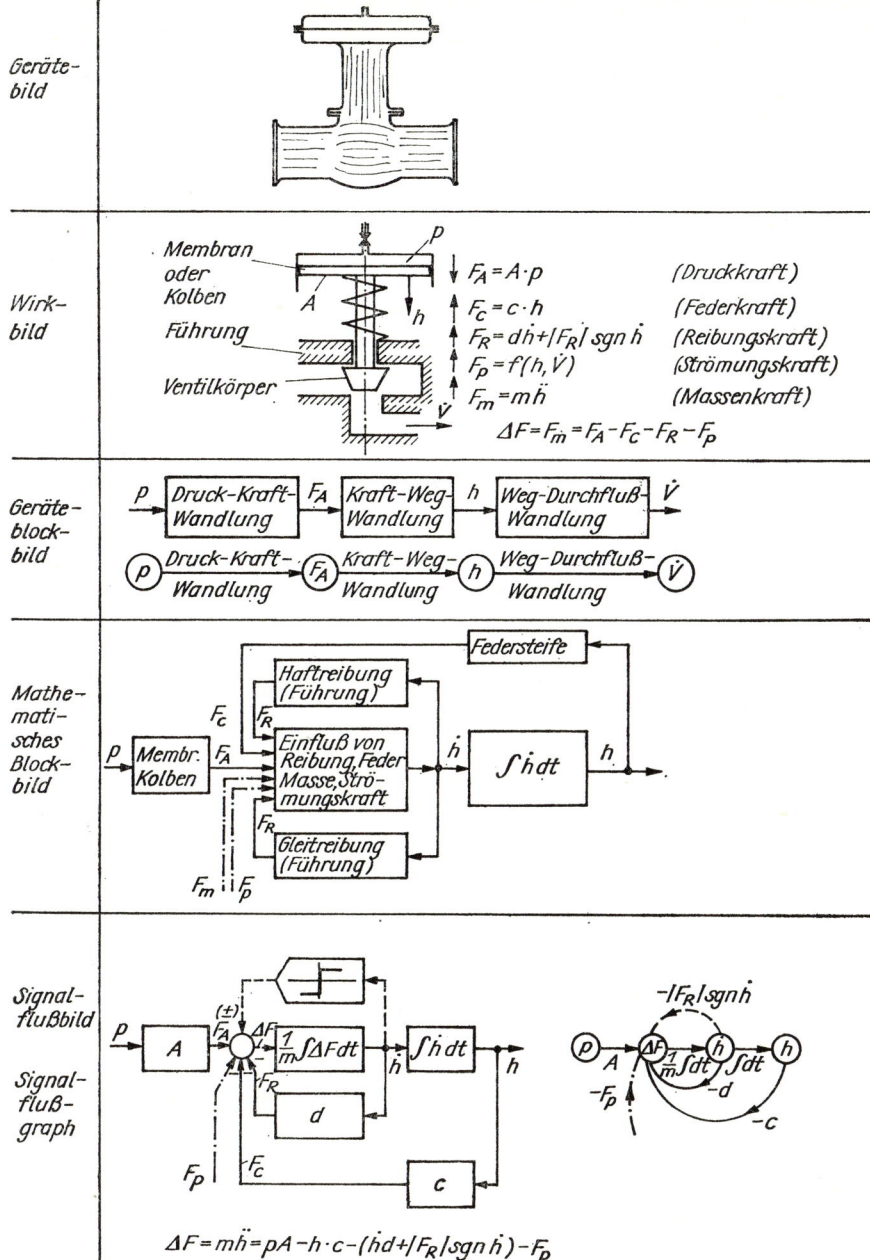

Bild 2.13. *Stelleinrichtung mit pneumatischem Antrieb in unterschiedlichen Darstellungen (nach [55])*

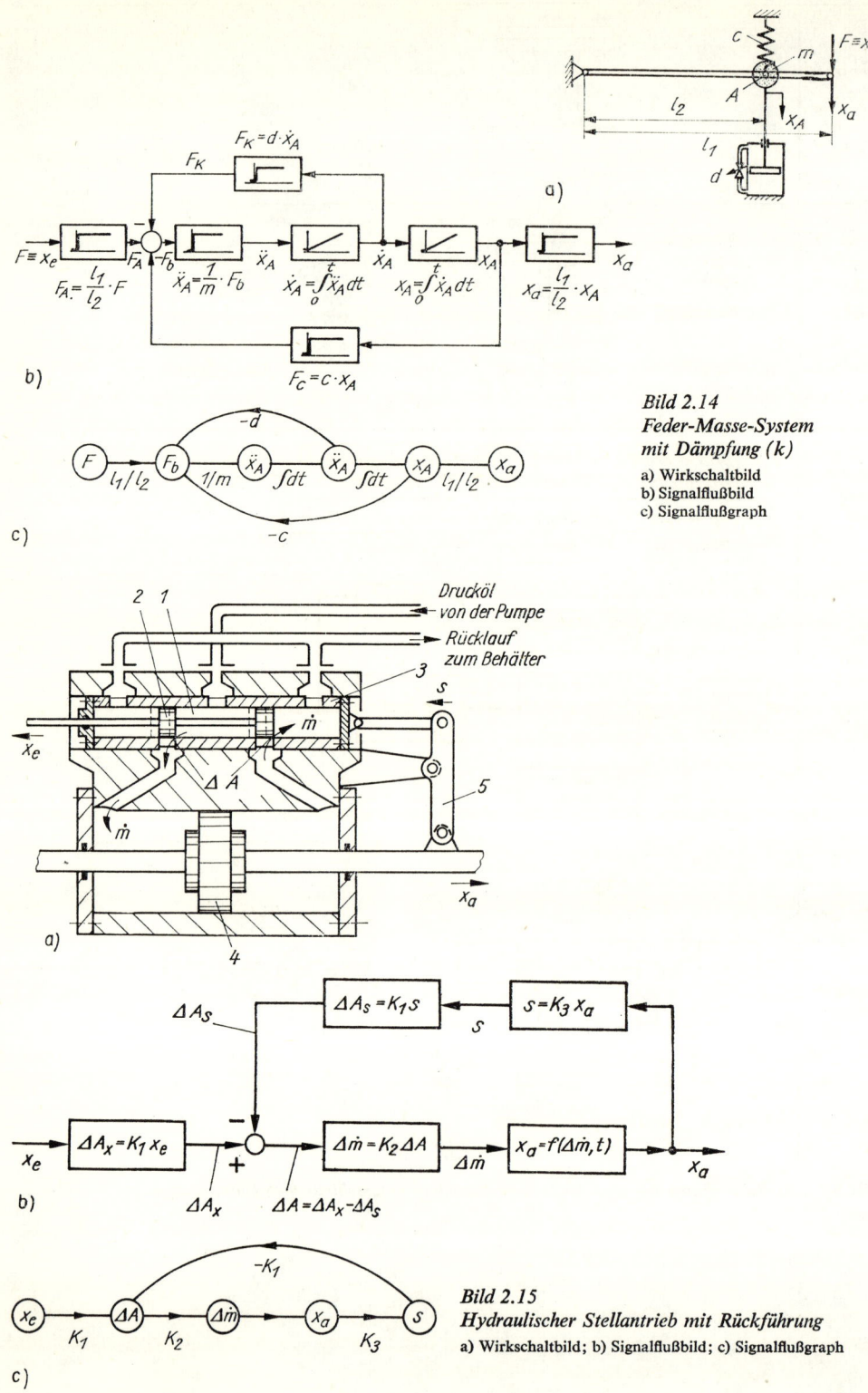

Bild 2.14
Feder-Masse-System mit Dämpfung (k)

a) Wirkschaltbild
b) Signalflußbild
c) Signalflußgraph

Bild 2.15
Hydraulischer Stellantrieb mit Rückführung
a) Wirkschaltbild; b) Signalflußbild; c) Signalflußgraph

wegt sich – wegen dem Ölzufluß – der Kolben; damit wird der am Gehäuse fest an-
gelenkte Hebel *5 (S)* die bewegliche Hülse *3* relativ zum Kolben *1/2* so lange verschieben,
bis beide Öffnungen wieder verschlossen sind, der Ölzufluß zum Kolben gesperrt und damit dessen Bewegung beendet ist. Mit der Zunahme der Auslenkung des Stellkolbens
nimmt auch der Rückkopplungsanteil zu, d.h. aber, der Zuströmquerschnitt wird geringer, oder, auf die Bewegung bezogen, der Kolben bewegt sich immer langsamer bis
zum Stillstand.

Weitere Beispiele werden in den Bildern 7.15 bis 7.17 gezeigt.

2.4.   Darstellung im technologischen Schema

Um die zeichnerische Darstellung einer technologischen Anlage einfach und übersicht-
lich zu gestalten, werden zwischen den beteiligten Partnern Verständigungsmittel bis hin
zu Standards vereinbart. In den Bildern 2.16 und 2.17 sind mit den Kennzeichen für
Prozeßgrößen und einigen *Symbolen für Meß-, Steuerungs- und Regelungseinrichtungen*
(MSR-Einrichtungen) ausgewählte Beispiele angegeben. Ausführlich sind sie in den
Standards (TGL 14091) enthalten.

In *das technologische Schema* einer Anlage werden z.B. die Meß-, Stell- und Regeleinrichtungen in der Standardform eingetragen; jede dieser Eintragungen wird als MSR-
Stelle oder Automatisierungsstelle bezeichnet und besteht aus einem oder einer Kombination von Symbolen und Buchstaben. Darüber hinaus erhält jede MSR-Stelle eine
Nummer und ist damit eindeutig festgelegt. Der Signalfluß zwischen den MSR-Stellen
wird durch verbindende Wirkungslinien gekennzeichnet. Durch diese Art der Beschreibung sollen Funktion und Einsatzort der Automatisierungseinrichtung, unter Beachtung
des Prozeßablaufs, im technologischen Schema eindeutig zu erkennen sein. Auf dieser
Grundlage ist eine weitgehende Verständigung zwischen verschiedensten Partnern bei der
Lösung von Automatisierungsaufgaben möglich. Bild 2.18 zeigt dafür einige Beispiele.

Der Baugliedplan ist die konkretere Umsetzung der MSR-Stellen in eine verbindliche
Unterlage für die Realisierung der Automatisierungsaufgabe. Deshalb wird in dieser
Darstellung die Notierungsform der Geräte genauer spezifiziert; darin sind weiter Hinweise für Hilfsenergieanschlüsse, Einbauorte (wie „vor Ort", „hinter der Warte", „Warten-
front" usw.) enthalten. Dafür werden ebenfalls vereinbarte Symbole benutzt. Außerdem
werden alle MSR-Stellen in einer sog. MSR-Stellenliste erfaßt, in der Angaben über diese
Stelle bis hin zum Gerätelieferanten enthalten sind bzw. sein können. Dieser Überblick
soll genügen; aus der Literatur [6] sind dazu weitere Angaben zu entnehmen.

2.5.   Messen, Stellen, Steuern

2.5.1.   Messen

Unter Messen wollen wir hier die Aufgaben der Gewinnung, Aufbereitung, Übertragung
und Darstellung von Signalen/Informationen verstehen.

Wie bereits aus Abschnitt 2.2. bekannt, können die zu automatisierenden Maschinen,
Aggregate und Anlagen und die in ihnen ablaufenden Prozesse auch als Signalquellen
betrachtet werden. Wir interessieren uns bei der Lösung von Automatisierungsaufgaben
für solche Signale/Informationen aus einem System,

Funktion / Prozeßgrößen

Prozeßgrößen		Anzeige	Registrierung	Anzeige und Registrierung	Zählung	Anzeige und Zählung	Registrierung und Zählung	Regelung	Anzeige und Regelung	Registrierung und Regelung	Anzeige, Zählung und Regelung	Signalisierung, Alarm	Anzeige und Alarm	Registrierung und Alarm	Anzeige, Registrierung, Regelung und Alarm	Noteingriff (selbsttätig)	Anzeige, Alarm und Noteingriff (selbsttätig)	Registrierung, Alarm und Noteingriff (selbsttätig)	Registrierung, Regelung, Alarm und Noteingriff (selbsttätig)
		I	R	IR	Q	IQ	RQ	C	IC	RC	IQC	A	IA	RA	IRCA	N	IAZ	RAZ	RCAZ
Temperatur	T	TI	TR	TIR	–	–	–	TC	TIC	TRC	–	–	TIA	TRA	TIRCA	–	TIAZ	TRAZ	TRCAZ
Durchfluß (Volumen oder Masse)	F	FI	FR	FIR	FQ	FIQ	FRQ	FC	FIC	FRC	FIQC	FA	FIA	FRA	FIRCA	–	FIAZ	FRAZ	FRCAZ
Füllstand	L	LI	LR	LIR	–	–	–	LC	LIC	LRC	–	LA	LIA	LRA	LIRCA	–	LIAZ	LRAZ	LRCAZ
Druck	P	PI	PR	PIR	–	–	–	PC	PIC	PRC	–	PA	PIA	PRA	PIRCA	–	PIAZ	PRAZ	PRCAZ
Stoffdaten	Q	QI	QR	QIR	–	–	–	QC	QIC	QRC	–	–	QIA	QRA	QIRCA	–	QIAZ	QRAZ	QRCAZ
Geschwindigkeit	S	SI	SR	SIR	–	–	–	SC	SIC	SRC	–	–	SIA	SRA	SIRCA	–	SIAZ	SRAZ	SRCAZ
Masse, Kraft	W	WI	WR	WIR	–	–	–	–	WIC	WRC	–	–	WIA	WRA	–	–	–	–	–
Bewegung, Verschiebung, Dicke	U	UI	UR	UIR	–	–	–	–	WIC	WRC	–	–	UIA	URA	UIRCA	–	UIAZ	URAZ	URCAZ
Radioaktivität	R	RI	RR	RIR	RQ	RIQ	RRQ	–	–	–	–	–	–	–	–	–	–	–	–
sonstige Prozeßgrößen	X	XI	XR	XIR	–	–	–	XC	XIC	XRC	–	XA	XIA	XRA	XRCA	–	XIAZ	XRAZ	XCAAZ

Bild 2.16. Kennzeichnungen für Prozeßgrößen – Auswahl im technologischen Schema – Eintragung der Symbole erfolgt in einem Grundkreis (Bilder 2.17 und 2.18)

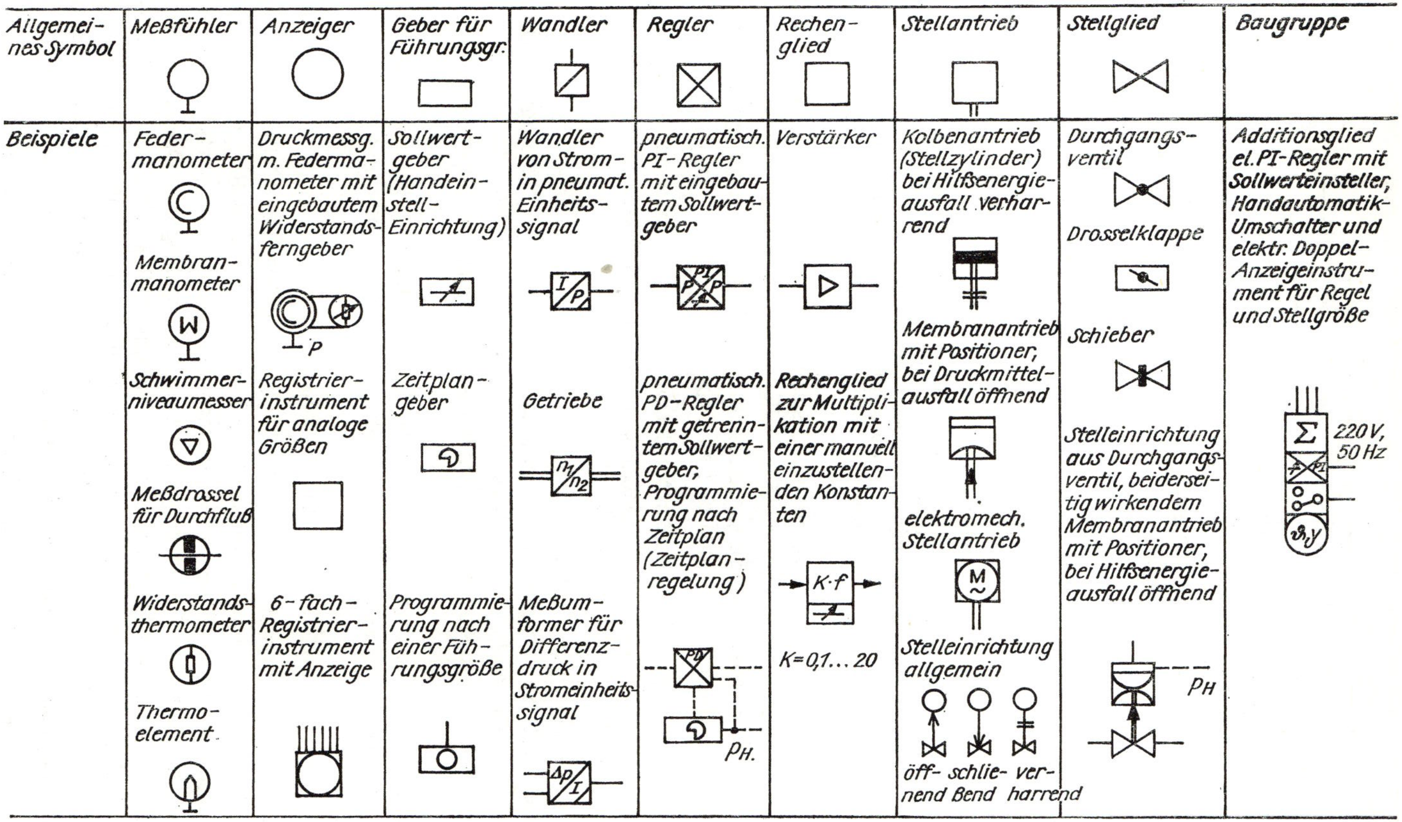

Allgemeines Symbol	Meßfühler	Anzeiger	Geber für Führungsgr.	Wandler	Regler	Rechenglied	Stellantrieb	Stellglied	Baugruppe
Beispiele	Federmanometer	Druckmeßg. m. Federmanometer mit eingebautem Widerstandsferngeber	Sollwertgeber (Handeinstell-Einrichtung)	Wandler von Strom- in pneumat. Einheitssignal	pneumatisch. PI-Regler mit eingebautem Sollwertgeber	Verstärker	Kolbenantrieb (Stellzylinder) bei Hilfsenergieausfall verharrend	Durchgangsventil	Additionsglied el. PI-Regler mit Sollwerteinsteller, Handautomatik-Umschalter und elektr. Doppel-Anzeigeinstrument für Regel- und Stellgröße
	Membranmanometer		Zeitplangeber	Getriebe				Drosselklappe	
	Schwimmerniveaumesser	Registrierinstrument für analoge Größen			pneumatisch. PID-Regler mit getrenntem Sollwertgeber; Programmierung nach Zeitplan (Zeitplanregelung)	Rechenglied zur Multiplikation mit einer manuell einzustellenden Konstanten	Membranantrieb mit Positioner, bei Druckmittelausfall öffnend	Schieber	
	Meßdrossel für Durchfluß								
	Widerstandsthermometer	6-fach-Registrierinstrument mit Anzeige	Programmierung nach einer Führungsgröße	Meßumformer für Differenzdruck in Stromeinheitssignal		K=0,1...20	elektromech. Stellantrieb	Stelleinrichtung aus Durchgangsventil, beiderseitig wirkendem Membranantrieb mit Positioner, bei Hilfsenergieausfall öffnend	
	Thermoelement						Stelleinrichtung allgemein öff.- schlie- ver-nend nend harrend		

Bild 2.17. Symbole zur Kennzeichnung von Automatisierungsstellen (Beispiele)

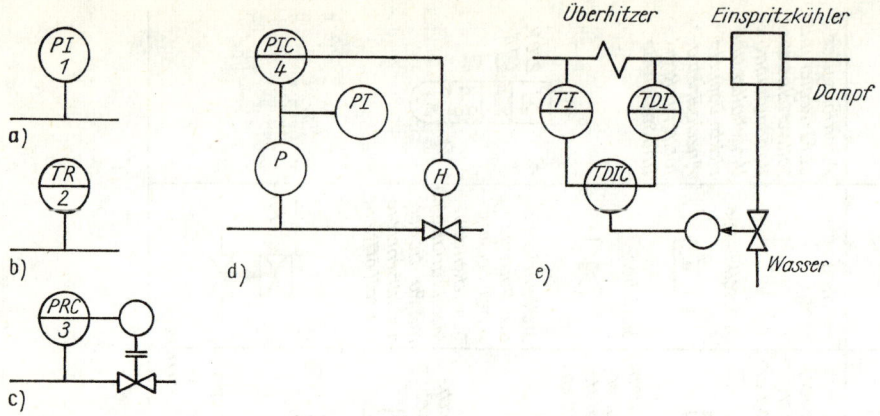

Bild 2.18. Symbolische Darstellung im technologischen Schema

a) Druckmessung mit Anzeige örtlich; b) Temperaturmessung mit Registrierung in der Meßwarte; c) Druckregelung mit Registrierung in der Meßwarte, Stellglied bei Hilfsenergieausfall verharrend; d) Druckregelung mit Anzeige und Regler in der Meßwarte und zusätzlicher örtlicher Anzeige, Stellantrieb mit zusätzlicher Handverstellung ausgerüstet (Zahlenangaben sind Nummern der Automatisierungsstelle); e) Heißdampftemperaturregelung, Anzeige und Regelung in der Meßwarte, Anzeige der Temperatur und der Temperaturdifferenz (TDI), Ventil bei Energieausfall öffnend

- die geeignet sind, seinen Zustand zu charakterisieren
- aus denen sich Folgerungen für notwendige Stelleingriffe ableiten lassen
- die möglichst einfach und mit der erforderlichen Qualität und Zuverlässigkeit zu gewinnen, weiterzuleiten, zu verarbeiten und zu nutzen sind.

Bei der Lösung von Meßaufgaben muß neben der Gewinnung von Informationen gleichzeitig die Kopplung zwischen der Automatisierungseinrichtung und dem Automatisierungsobjekt (s. Bild 1.2) realisiert werden.

Das Meßsystem muß dazu

- die prozeßspezifischen Bedingungen des Automatisierungsobjekts (Genauigkeit, Umgebungseinfluß, Einbauform usw.) abfangen und ferner
- eine einfache signalmäßige Kopplung mit den übrigen Elementen des Automatisierungssystems sicherstellen sowie
- Detailforderungen zu Übertragungsentfernungen, Verarbeitbarkeit, Dynamik (Schnelligkeit), Genauigkeit, Empfindlichkeit, Anpaßbarkeit an Meßgröße und Meßbereich u. a. erfüllen und
- Signaloperationen (s. Abschn. 2.2.) ausführen können.

Die hier formulierten Aufgaben werden von *Meßketten* erfüllt. Die Meßkette umfaßt alle für die Informationsgewinnung notwendigen Einrichtungen und Baugruppen vom Meßfühler (Sensor) bis zur analogen oder diskreten Ausgabe des Meßwerts (Bild 2.19). Danach müssen die Aufgaben Gewinnung, Übertragung, Nutzung und Darstellung der Meßwerte gelöst werden. Die häufigsten Prozeßgrößen sind analoge, d. h. stetig veränderliche, oft nichtelektrische Größen, wie Druck, Temperatur, Durchfluß u. ä. Sie werden meist in elektrische Signale gewandelt und als solche übertragen, verarbeitet und genutzt. Die Zusammenhänge sind im Bild 2.19 a dargestellt.

- Die Meßgröße (z. B. Druck) wird durch den ersten Wandler (Meßfühler, Geber, Sensor – z. B. Membran) in ein natürliches Abbildsignal (z. B. Weg) umgeformt.
- Der zweite Wandler (z. B. induktiver Geber) formt *das natürliche Abbildsignal* (z. B. in ein *elektrisches Abbildsignal* um, das u. U. durch eine weitere Wandlung im dritten Wandler in ein *vereinheitlichtes* (z. B. standardisiertes) Signal umgewandelt wird.

– Heute geht der *Trend* dahin, durch *integrierte Mikrorechner* bereits *in Meßfühlernähe* solche Aufgaben wie Linearisierung der Sensorkennlinie, Meßwertkorrekturen z. B. auf Grund von Temperatureinflüssen, Meßbereichsanpassung usw. zu lösen.

– Eine diskret arbeitende Meßkette wird im Bild 2.19 b gezeigt. Danach wird im ersten Wandler die Meßgröße quantisiert und kodiert, mit Zuschnitt des Kodes z. B. auf eine sichere Übertragung; dann erfolgt die Umkodierung auf den für die Anzeige, Registrierung oder Weiterverarbeitung erforderlichen oder geeigneten Kode.

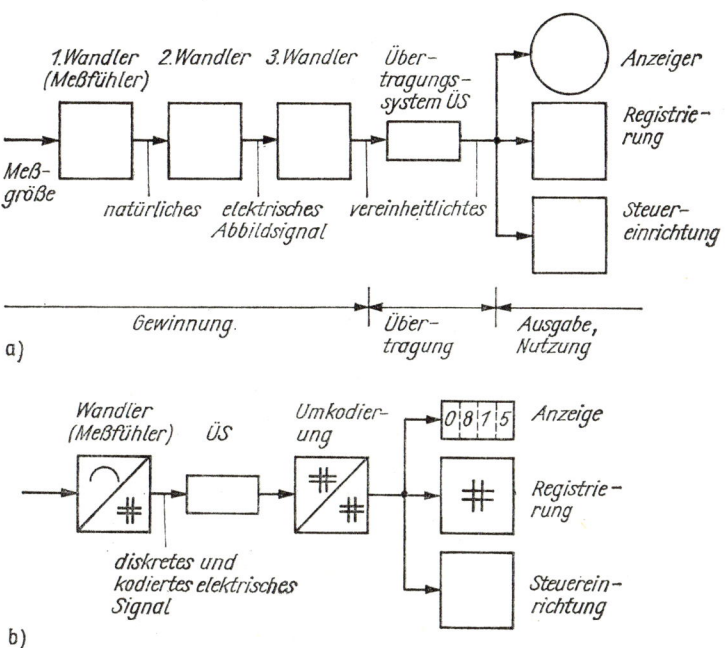

Bild 2.19. *Meßketten zur Informationsgewinnung*
a) für analoge Signale; b) für diskrete Signale mit Quantisierung und Kodierung im Meßfühler

Die hier dargestellten Aufgaben werden mit unterschiedlichsten Mitteln gelöst. Alle Komponenten der Meßkette, vom Sender (Halbleiterfühler), den weiteren Wandlern (als integrierte Schaltungen vorhanden), die Informationsübertragung (zunehmend Lichtwellenleiter) bis zur Darstellung der Information (Bildschirm), werden immer mehr von der Mikro- und Optoelektronik getragen.

Einige Beispiele für Wandler mit Strom- und Spannungssignalen am Ausgang *(aktive Wandler)* zeigt das Bild 2.20. Solche mit strom- und spannungslosen elektrischen Signalen am Ausgang *(passive Wandler)* sind im Bild 2.21 angegeben. Nähere Ausführungen dazu s. [5]. Bild 2.22 zeigt Beispiele von Wandlern mit anderen physikalischen Größen am Ausgang.

Die Vielfalt der Meßgrößen und die Forderung nach einheitlichen Koppelstellen (Ausgangssignale) der Meßumformer und nach Robustheit für den industriellen Einsatz haben u. a. auch dazu geführt, daß vom Wandler zunächst *vereinheitlichte „innere Zwischenabbildungsgrößen"* erzeugt werden. Typische Größen dafür sind einheitliche Wege oder Drehmomente, die dann durch einheitliche elektrische oder pneumatische Funktionseinheiten erfaßt werden, d. h., es erfolgt eine Trennung zwischen Meßwerk und Einheitsumformer [5].

1. Gleichstromgenerator

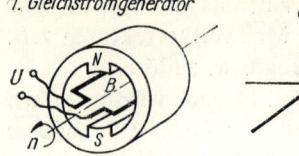

$U = f(\text{Drehzahl})$
  E: Drehzahl n (bzw. Winkelgeschwindigkeit)
  A: elektrische Spannung U
  G: $U = \gamma n$
  R: Wandlerkonstante $\gamma \approx 10\ \text{mV/min}^{-1}$
    Spannung bei Nenndrehzahl $1 \dots 100\ \text{V}$

2. Wechselstromgenerator

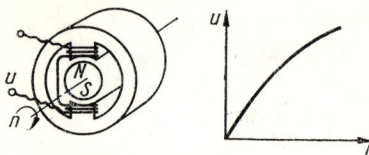

$u, f = f(\text{Drehzahl})$
  E: Drehzahl n (bzw. Winkelgeschwindigkeit)
  A: elektrische Spannung u; Frequenz f
  G: $u = \gamma n$
  R: Wandlerkonstante $\gamma \approx 100\ \text{mV/min}^{-1}$

3. Wirbelstromtachometer

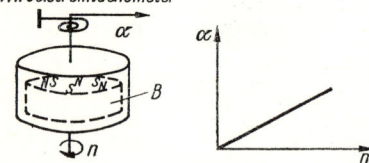

$\alpha = f(\text{Drehzahl})$
  E: Drehzahl n
  A: Zeigerausschlag α
  G: $\alpha = KB^2 n = \gamma n$ B Induktion des Permanentmagneten
  R: $\alpha_{max} = 320°$

4. Induktiver Durchflußmesser

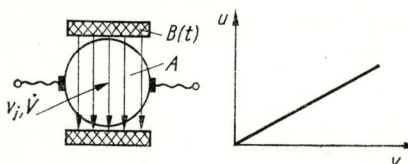

$u = f(\text{Volumendurchfluß})$
  E: Strömungsgeschwindigkeit v,
    Volumendurchfluß $\dot{V}$
  A: elektrische Spannung u
  G: $u = K\dot{V} = \gamma v$
  R: Mindestleitfähigkeit $10^{-3}\ \text{S/m}$
    Wandlerkonstante etwa $1\ \text{mV/ms}^{-1}$

5. Tauchspule

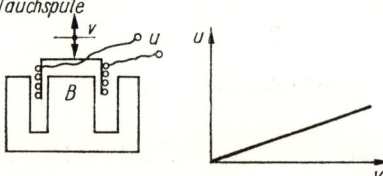

$u = f(\text{Geschwindigkeit})$
  E: Geschwindigkeit v
  A: elektrische Spannung u
  G: $u = \gamma v$
  R: Wandlerkonstante vom Typ abhängig
    $\gamma \approx 10 \dots 30\ \text{mV/ms}^{-1}$

6. Thermoelement

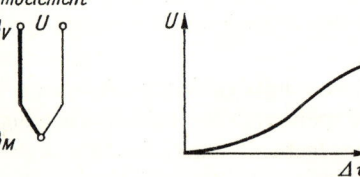

$U = f(\text{Temperaturdifferenz})$
  E: Temperaturdifferenz $\vartheta_M - \vartheta_V = \Delta\vartheta$
  A: elektrische Spannung U
  R: Ausgangsspannung von Paarung abhängig,
    etwa $13 \dots 50\ \text{mV}$

7. pH-Wertmessung

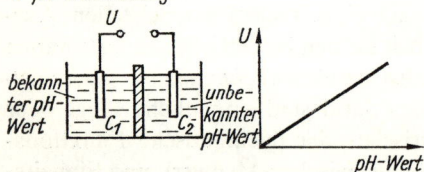

$U = f(\text{pH-Wert})$
  E: pH-Wert
  A: elektrische Spannung U
  R: Meßbereich $0 \dots 14$ bei etwa $0 \dots 1\ \text{V}$
    Ausgangsspannung am Verstärker

Bild 2.20 (Bild 1–7)

8. Piezoelektrischer Meßfühler

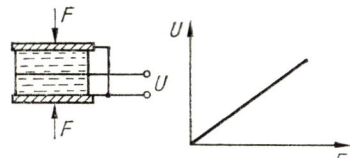

$U, Q = f$ (Kraft)
  E: Kraft F
  A: elektrische Spannung U
  G: $U = \gamma F$
  R: Wandlerkonstante $\gamma = 0,1 \dots 10$ V/N
    stark vom Material abhängig

9. Hall – Generator

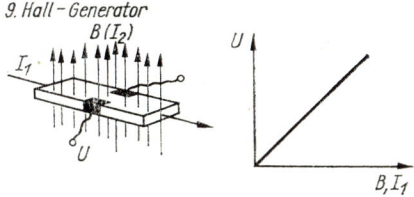

$U = f$ (Magnetfluß, Strom)
  E: magnetischer Fluß B, elektrischer Strom I_1
  A: elektrische Spannung U
  G: $U = \dfrac{R_h}{d} I_1 B = K \dfrac{R_h}{d} I_1 I_2$ R Hall-
                                                                Konstante
                                                                d Plattendicke
  R: Ausgangsspannung einige mV

Bild 2.20. Wandler mit Strom- und Spannungssignalen am Ausgang [5]
E Eingangsgröße; A Ausgangsgröße; G Gleichung; R Richtwert

1. Widerstandsthermometer

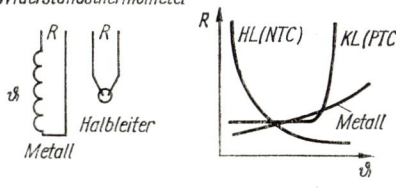

$R = f$ (Temperatur)
  E: Temperatur ϑ
  A: elektrischer Widerstand $R \pm \Delta R$
  R: Metallth.: $R_0 = 100\,\Omega$, $R = 20 \dots 400\,\Omega$
        $= 4\text{‰K}^{-1}$
  Halbleiterth. (NTC): $R_{25} = $ kΩ-Bereich
        $\alpha_{LH} = -3 \dots 6\% \text{ K}^{-1}$

2. Hitzdraht- und Hitzfilmanemometer

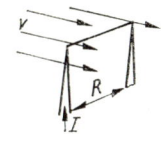
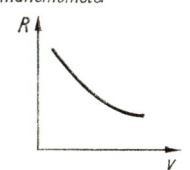

$R = f$ (Abkühlung)
  E: Strömungsgeschwindigkeit v
  A: elektrischer Widerstand $R \pm \Delta R$
  R: Drahtdurchmesser: $1 \dots 100\,\mu$m;
        Filmdicke: $0,01 \dots 1\,\mu$m; Länge: 1 mm
        Meßbereich: $0,15 \dots 1500$ m/s in Luft

3. Dehnungsmeßstreifen

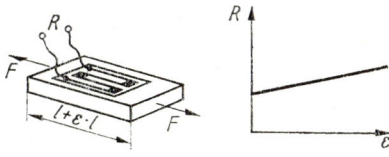

$R = f$ (Dehnung)
  E: Dehnung $\varepsilon = \Delta l / l$
  A: elektrischer Widerstand R
  G: $\Delta R / R = K\varepsilon$
  R: $\varepsilon_{max} \approx 2‰$; $K_{Metall}: 2 \dots 6$;
        $K_{Halbleiter}: \pm 50 \dots 200$

Bild 2.21. (Bild 1–3)

4. Freisaitengeber

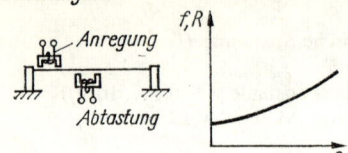

$f; R = f$ (Dehnung; Kraft)
E: Dehnung ε; Kraft F
A: elektrischer Widerstand R; Frequenz f
R: $\varepsilon_{max} \approx 1 \ldots 2\text{‰}$

5. Feuchtegeber

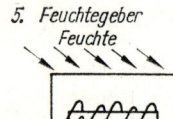

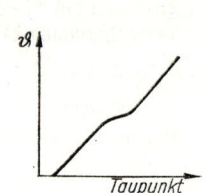

$R, \vartheta = f$ (Feuchte)
E: Feuchte
A: Temperatur ϑ bzw. elektrischer Widerstand R
   des Widerstandsthermometers
R: ruhende Luft $< 0{,}5$ m/s; Meßbereich $-30\,°C$
   bis $+130\,°C$ Taupunktmessung

6. Magnetoelastische Kraftmeßdose

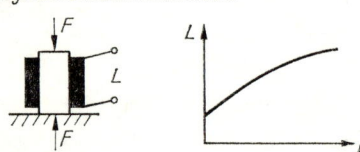

$L = f$ (Kraft)
E: Kraft F
A: Induktivität L (bzw. relative Permeabilität μ)
R: Meßbereich: vom Typ abhängig, einige kN
   bis MN

7. Curietemperaturgeber

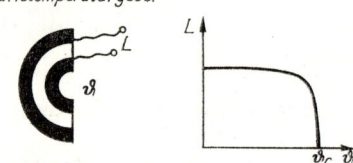

$L = f$ (Temperatur)
E: Temperatur ϑ
A: Induktivität L
R: Curietemperatur $\vartheta_C = 0\,°C \ldots 1000\,°C$

8.   kapazitiver Analysengeber

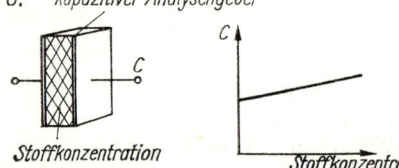

$C = f$ (Stoffkonzentration)
E: Konzentration c; relative Dielektrizitäts-
   konstante ε_r
A: elektrische Kapazität C
G: $C = \varepsilon_0 \left(\dfrac{A}{d}\right) \varepsilon_r$

Bild 2.21. Wandler mit strom- und spannungslosen Signalen am Ausgang [5]
E Eingangsgröße; *A* Ausgangsgröße; *G* Gleichung; *R* Richtwert

Druckmeßwandler

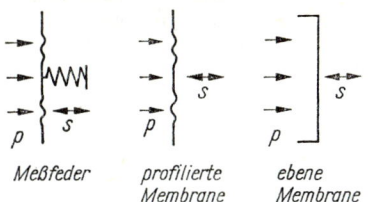

Meßfeder profilierte ebene
Membrane Membrane

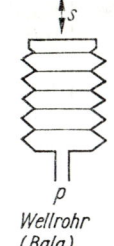

Wellrohr
(Balg)

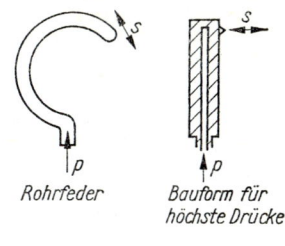

Rohrfeder Bauform für
höchste Drücke

Durchflußmeßwandler

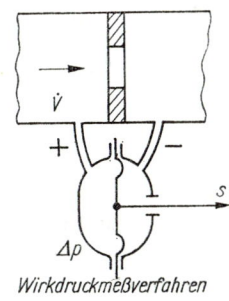

Δp

Wirkdruckmeßverfahren

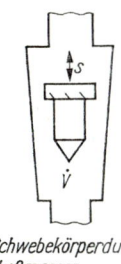

Schwebekörperdurch-
flußmesser

Temperaturmeßwandler

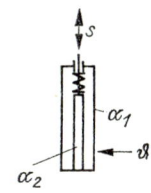

$\left.\begin{array}{c}\alpha_1 \\ \alpha_2\end{array}\right\}$ verschiedene lineare Ausdehnungs-
koeffizienten

Wandler für Füllstand und Trennschicht

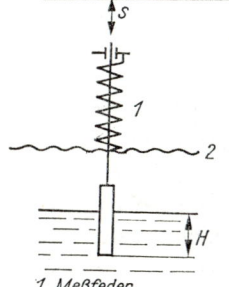

1 Meßfeder
2 Trennmembrane

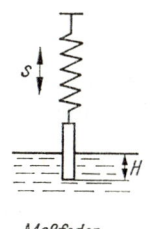

Meßfeder

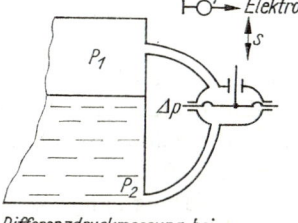

Differenzdruckmessung bei
statischem Druck p_1 mit
$\Delta p/s$-Wandlung; ϱ Dichte

*Dichtewandler (mit
ϱ Temp.-korr.)*

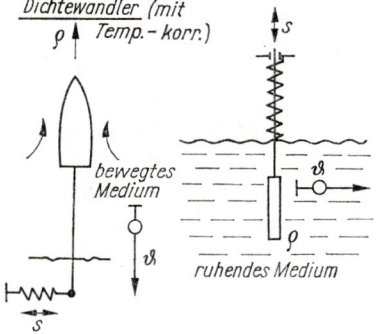

bewegtes
Medium

ruhendes Medium

*Wandler für Viskosität (mit
Temp.-korr.)*

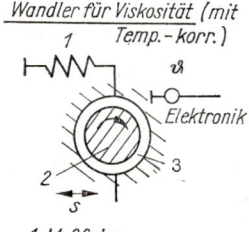

1 Meßfeder
2 Rotor (n-konst.)
3 Meßmedium (im Spalt)
4 Stator (federnd)

Wandler für Weg

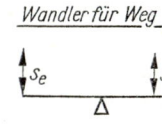

Bild 2.22. Wandler mit Wegausgang [5]

	Reproduzierbarkeit mm	Hysterese mm	Maximale Schaltfrequenz Hz	Maximaler Betätigungsabstand	Rückwirkungskraft	Betätigungswerkstoff
Fotoelektrische Initiatoren	±0,5 ... 5	keine	5000	>100 m	keine	undurchsichtig
Ultraschallinitiatoren	±0,5 ... 1	keine	100	3 m	keine	beliebig
Pneumatische Initiatoren	±0,1 ... 0,5	gering	10	10 mm	groß	beliebig
Radioaktive Initiatoren	±1 ... 5	groß	1	2 m	keine	beliebig
Induktive Initiatoren	±0,03 ... 0,2	≦0,1	5000	40 mm	gering	Metall
Kapazitive Initiatoren	±0,05 ... 1	≦0,3	5000	20 mm	gering	Metall, Isolierstoffe
Permanentmagnetische Initiatoren	±0,01 ... 1	≦0,2	10000	70 mm	groß	Eisenwerkstoffe, Magnetmaterial
Initiatoren mit mechanischer Betätigung	±0,1	≦0,2	3	–	sehr groß	beliebig

Bild 2.23. Initiatoren, Funktionsprinzipien und technische Parameter (Auswahl) [5]

Bei der Automatisierung diskreter Prozesse werden durch das Meßobjekt meist binäre Signale erzeugt (Ja-Nein-Entscheidungen). Als Fühler eignen sich daher solche mit Zweipunktverhalten, die nach Möglichkeit berührungslos arbeiten sollten; dafür verwendet man den Begriff Initiatoren. Verbreitete Initiatoren sind im Bild 2.23 angegeben.

Der Zugang zur Automatisierung hängt häufig allein von der Möglichkeit der Informationserfassung ab. Vor allem bei der Ausweitung der Automatisierung auf bisher weniger erfaßte Gebiete, z.B. der Lebensmittelindustrie oder der Werkzeugüberwachung bei der Fertigung, stehen die Probleme der Meßtechnik im Vordergrund. Auch die ständige Verbesserung bisher bekannter Verfahren und Methoden bringt laufend neue Impulse für die Automatisierung industrieller Prozesse. Die *Beherrschung* der Probleme *der Meßtechnik* ist deshalb eine der entscheidenden *Voraussetzungen* für die effektive *Lösung von Automatisierungsaufgaben.*

Einen Überblick zu typischen Meßgrößen industrieller Prozesse gibt Bild 2.24. Daraus folgt nicht nur die Vielfalt der Meßgrößen, sondern auch die große Breite der zu überstreichenden Meßbereiche. Hieran läßt sich ahnen, welche Vielfalt an Gerätetechnik verfügbar sein muß, wenn alle Teilforderungen erfüllt werden sollen.

Weiterführende Aussagen zur automatisierungstechnisch orientierten Meßtechnik und detailliertere Literaturhinweise findet man in [5].

2.5.2. Stellen

Stellen ist in der Automatisierungstechnik die zielgerichtete Beeinflussung von Prozessen durch Eingriffe in den Energie- und Massenstrom oder den Informationsstrom. Diese

Meßgröße	Häufiger Meßbereich	Abbildgröße	Beispiel für typische Meßmittel (Anmerkungen)
Temperatur	$-220 \ldots 500\,°C \ldots (850\,°C)$ $-200 \ldots 1600\,°C \ldots (1800\,°C)$ $(-100) \ldots 20 \ldots 4200\,°C$	*elektrischer Widerstand* *elektrische Spannung*	Widerstandsthermometer Thermoelement Strahlungspyrometer
Druck (Absolut- und (Differenzdruck)	$-0,1\,MPa \ldots 1,0\,MPa$ Differenzdruck: $0 \ldots 0,4\,MPa$ $0 \ldots 100\,MPa$	*Weg*, Winkel, *Kraft* elektrischer Widerstand	Membran-, Tauchglocken- und U-Rohr-Manometer bzw. Meßumformer, Ring- waage, Bartonzelle (zum Teil $p_n = 64\,MPa$) Feder- und Kolbenmano- meter bzw. Meßumformer Meßumformer
Durchfluß, *Volumen*	$0 \ldots 0,3\,m^3 \cdot s^{-1} \ldots 3\,m^3 \cdot s^{-1}$ max. $(30\,m^3 \cdot s^{-1})$ entspr. $0 \ldots 1000\,m^3 \cdot h^{-1}$ bis $10000\,m^3 \cdot h^{-1}$ max. $(1\,000\,000\,m^3 \cdot h^{-1})$ $0 \ldots 3000\,kg \cdot s^{-1}$	*Differenzdruck*, Kraft *elektrische Spannung* Weg Drehzahl, *Frequenz* *Impulszahl*, Zeit	standardisierte Drossel- geräte in Verbindung mit Meßumformern, Stau- druckdurchflußmesser induktiver Durchfluß- messer Schwebekörperdurch- flußmesser (häufig induk- tive Abtastung) Wälzkolben-, Ringkolben-, Hubkolben-, Flügelrad-, Turbinen-, Trommelgas- Zähler, Drall-, Wirbel-, Ultraschall- und Laser- Durchflußmesser
Füllstand	$0 \ldots 40\,m\,(100\,m)$ entspr. Behälterinhalt: – Flüssigkeit $5000\,m^3$ $(30000\,m^3)$ – Gas $300000\,m^3$	*Weg, Winkel* *Kraft,* Masse *Druck* elektrische Kapazität	Schwimmerstandmesser, Ultraschall- und γ-Strah- lenschranken, Seilsonden Kraftmeßdosen, Auf- triebskörper, Behälter- waagen Manometer, Druck- und Differenzdruck-Meß- umformer kap. Füllstandmesser
Masse	$0 \ldots 3,5 \cdot 10^5\,kg\,(6 \cdot 10^5\,kg)$ $0 \ldots 6000\,kg \cdot s^{-1}$	*Kraft*	Band-, Kran-, Behälter- und Fahrzeugwaagen Wägemaschinen
Kraft, Moment	$0 \ldots 10^6\,N\,(2 \cdot 10^7\,N)$	*Weg, Dehnung* *Permeabilität* elektrische Spannung	(Verformungskörper-) Kraftmeßdose mit Diffe- rentialdrossel oder Deh- nungsmeßstreifen magnetoelastische Kraft- meßdose Piezoelektrische Kraft- meßdose (vorzugsweise dynamische Messung)

Bild 2.24. Wichtige technologische Meßgrößen der Automatisierungstechnik [5]

Meßgröße	Häufiger Meßbereich	Abbildgröße	Beispiel für typische Meß-mittel (Anmerkungen)
Kraft, Moment	$0 \dots 10^6$ N $(2 \cdot 10^7$ N)	Frequenz Dualzahl	Freisaitengeber digitale Kraftmeßdosen
Dichte	Flüssigkeiten: $5 \cdot 10^2 \dots 10^4$ kg $\cdot$ m^{-3}	*Weg* *Kraft,* Masse	Schwimmerdichtemesser Auftriebskörperdichte-messer, Waagen
	Gase: $0{,}1 \dots 10$ kg $\cdot$ m^{-3}	*Absorption* Brechungsindex Druck, Differenzdruck	radioaktiver Dichtemesser Refraktometer Perlrohr-Dichtemesser
Viskosität	$10^{-4} \dots 3{,}5 \cdot 10^3$ Pa $\cdot$ s $(1{,}3 \cdot 10^4$ Pa $\cdot$ s) entspr. 0,1 cP $\dots$ 3,5 $\cdot 10^4$ P $(13 \cdot 10^4$ P)	*Drehmoment* *Zeit* Differenzdruck mechanische Dämpfung	Rotationsviskosimeter Kugelfallviskosimeter Kapillarviskosimeter Ultraschallviskosimeter
Feuchte	$1 \dots 99\,\%$ relative Feuchte $-100 \dots +100\,°$C Taupunkt $-110 \dots +20\,°$C Taupunkt	*Weg* *elektrischer Widerstand* komplexer Widerstand	Haarhygrometer LiCl-Feuchtefühler Aluminiumoxid-Hygro-meter
pH-Wert Stoffzusammen-setzung	$0 \dots 14$ $0 \dots 1$ ppm[1]) bis $0 \dots 100$ Vol.-% (abhängig vom jeweiligen Gemisch)	*elektrische Spannung* sehr vielfältig (z. B. Zeit, Permeabilität, Absorption, Bre-chungsindex, Schall-geschwindigkeit)	pH-Wert-Meßgeräte Gas- und Flüssigkeits-chromatographen, Mas-senspektrographen, Re-fraktometer
Weg, Länge, Dicke	$\pm 10^{-6} \dots \pm 10$ m (>100 m)	*Winkel* *elektrischer Widerstand* *Induktivität* *Koppelfaktor* *elektrische Kapazität* Dehnung Impulszahl *Dualzahl*	Drehpotentiometer (Linear-)Potentiometer Differentialdrossel Differentialtransformator Differentialkondensator Biegefeder mit Dehnungs-meßstreifen Rasterstab mit kondukti-ver, induktiver, kapazitiver oder optischer Abtastung Kodelineal, CCD-Kamera
Winkel, Winkel-geschwindigkeit	Drehwinkel: $0 \dots 360°$ ($>7200°$) Drehwinkelgeschwindigkeit: $0 \dots 2000°$/s entsprechend ~ 300 U/min	*elektrische Spannung* *elektrischer Widerstand* Weg Induktivität Koppelfaktor elektrische Kapazität Dehnung Impulszahl *Dualzahl*	Drehmelder Dreh- und Wendelpoten-tiometer (Linear-)Potentiometer Differentialdrossel Differentialtransformator Differentialkondensator Biegefeder mit Dehnungs-meßstreifen Rasterscheibe Kodescheibe
Schichtdicke	($<0{,}1$ nm) 1 nm $\dots$ 2 mm (einige mm)	*Weg, Induktivität,* Kapazität elektrischer Widerstand *komplexer Widerstand*	Feinzeigergeräte Leitfähigkeitsmeßgeräte Wirbelstromschichtdicken-meßgerät

Bild 2.24. (Fortsetzung)

Meßgröße	Häufiger Meßbereich	Abbildgröße	Beispiel für typische Meß-mittel (Anmerkungen)
Schichtdicke	(< 0,1 nm) 1 nm ... 2 mm (einige mm)	*Impulszahl* elektrische Spannung	radiometrische Schicht-dickenmesser thermoelektrische Tast-sonde
Drehzahl	0,1 ... 10000 U/min^{-1} (> 100000 U/min^{-1})	*elektrische Spannung* elektrischer Strom Weg, Winkel, Frequenz	Tachogenerator Wirbelstromtachometer Rasterscheibe mit Initiator
Stückzahl (Zählgröße)	0 ... 10000 Hz (Schaltunsicherheit: ±0,01 ... 5 mm)	elektrischer Strom und Spannung Impulszahl	Initiatoren (Schranken)

[1]) 1 ppm (parts per million) = 10^{-4} Vol.-%.

Bild 2.24. (Fortsetzung)

Eingriffe werden auf Grund von Informationen z. B. aus Meßsystemen durch Verstellung von Hand oder automatisch ausgeführt. So erfolgt die Beeinflussung der Schnitt-geschwindigkeit an einer Drehmaschine z. B. durch Verstellung der Drehzahl des An-triebsmotors und/oder des Vorschubmotors; dies geschieht durch Eingriffe in die Anker- bzw. Feldspannung oder durch Veränderung der Übersetzung im Haupt- oder Vor-schubgetriebe. Ist dagegen etwa die Temperatur eines gasbeheizten Industrieofens zu verändern, so wird über ein Stellventil der Heizgaszufluß und evtl. gleichzeitig der Luftzufluß über Ventile verändert. Die Art der Stelleingriffe ist, wie bereits aus diesen Beispielen erkennbar, weitgehend prozeßabhängig.
Stelleingriffe sind erforderlich, um

– in der An- und Abfahrphase und zur Führung von Prozessen
– bei der Veränderung von Arbeitspunkten sowie
– bei Abweichungen vom gewünschten Betriebsverhalten auf Grund von Störungen

den *Energie- oder Massestrom* im Sinne der Aufgabenstellung *beeinflussen* zu können.
Stelleinrichtungen werden vorwiegend mit einem energiearmen Eingangssignal an-gesteuert, sind aber meist in der Lage, große Kräfte und Leistungen zu erzeugen und da-durch erhebliche Energie und Masseströme zu stellen. Sie bestehen häufig aus den zwei Komponenten Stellantrieb (z. B. Motor) und Stellglied (z. B. Ventil). Die Vielfalt der Stell-möglichkeiten ist sehr groß; oft erfolgt die Entwicklung der Stelleinrichtungen im Rah-men der Entstehung von Aggregaten und Anlagen. Für ständig wiederkehrende Stell-aufgaben, z. B. bei elektrischen und fluidischen Systemen, werden Stelleinrichtungen in Standardform angeboten. Typische Beispiele dafür zeigt das Bild 2.25.
Der Rahmen der Stelltechnik läßt sich außerordentlich weit spannen. So sind Leistun-gen vom Milliwatt- bis zum Megawattbereich, Durchflüsse im Bereich von ml/min bis zum Bereich von m³/min, Wege vom Mikrometer- bis zum Meterbereich zu stellen. Die Mittel dazu reichen vom Kleinstmotor und pneumatischen Ministellkolben bis zum „Kraftwerk als Stellglied im Elektroenergiesystem".
Das *statische Verhalten von Stelleinrichtungen* ist sehr wichtig; es wird gekennzeichnet durch eine Kennlinie, bei der die Ausgangsgröße (z. B. der Durchlaß durch ein Ventil) über die Eingangsgröße (z. B. ein Hub oder ein Drehwinkel) aufgetragen wird (Bild 2.26). Die Eingangsgröße der Stelleinrichtung bezeichnen wir meist als Stellgröße *Y*. Ferner

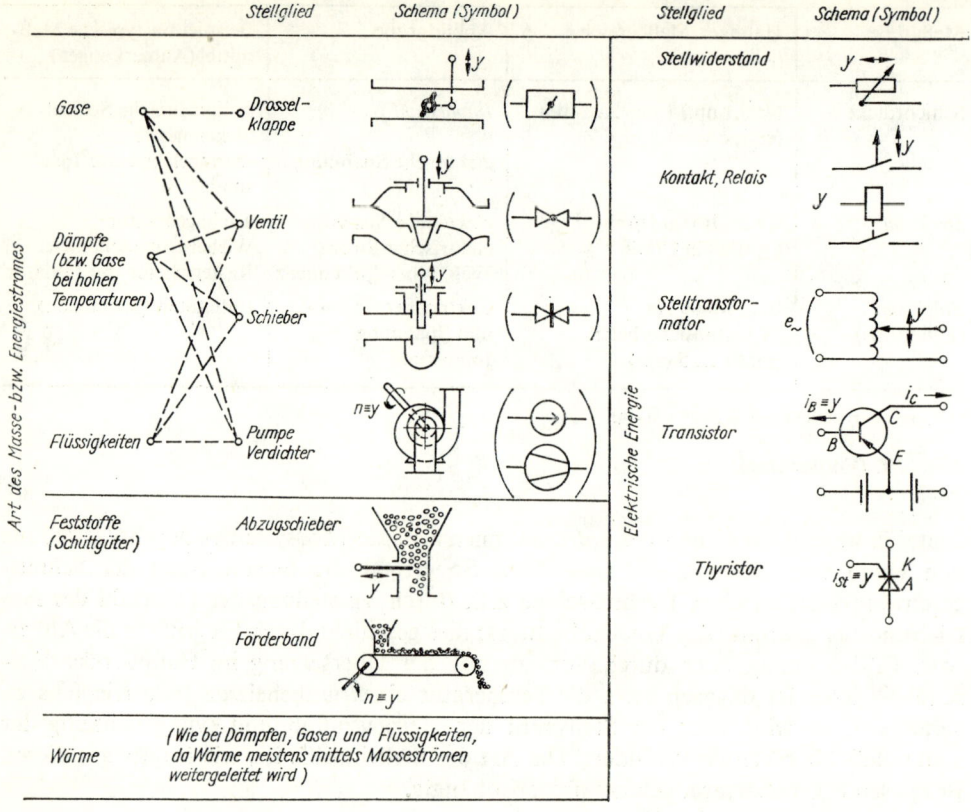

Bild 2.25. *Stellglieder für Masse- und Energieströme (Auswahl)* [5]

sind

Y_0 Nennwert der Stellgröße
Y_{max} Maximalwert der Stellgröße
Y_{min} Minimalwert der Stellgröße
$Y_h = Y_{max} - Y_{min}$ der *Stellbereich*.

Wenn kleine Buchstaben benutzt werden, dann sollen damit immer Abweichungen dargestellt sein, so daß gilt

$$y = Y - Y_0.$$

Das ist die *Stellabweichung* vom Nennwert.

Bild 2.27 könnte z. B. als Kennlinie des Stellventils aus Bild 2.8 interpretiert werden. Die mittlere Kennlinie gilt hier für den Fall, daß der Gasdruck p_0 in der Leitung dem Nennwert entspricht; die Kennlinien für p_{max} und p_{min} weisen einen größeren bzw. kleineren Durchfluß auf. Die Abweichung des Druckes von p_0 bezeichnen wir als Störung und kennzeichnen sie mit dem Buchstaben z.

Da die Aufgabe in der Automatisierungstechnik stets darin besteht, durch den Stelleingriff eine oder mehrere Prozeßgrößen zu beeinflussen, interessiert im Endeffekt die Auswirkung des Stelleingriffs auf die Prozeßgröße (n). Für den Fall des Ofens wäre also die Temperatur ϑ in Abhängigkeit vom Stellsignal Y interessant. Wir nehmen jetzt an, es wirkten zwei Störgrößen, die Änderung des Gasdrucks sei z_1, der Einfluß einer mehr oder weniger geöffneten Tür des Ofens z. B. bei seiner Beschickung werde durch z_2 beschrieben.

Die Zusammenhänge zwischen der Temperatur im Ofen und der Position Y des Stellventils, also das statische Verhalten des Ofens, sind im Bild 2.28 dargestellt.

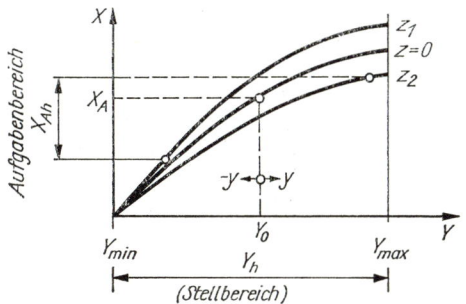

Bild 2.26. *Statische Kennlinie einer Stelleinrichtung (Ventil, Bild 2.25) zur Beeinflussung eines Stoffstroms*

X_A Aufgabenwert; X_{Ah} Aufgabenbereich; Y Eingangsgröße; X Ausgangsgröße; Y_h Stellbereich; Z Störungen (z. B. durch Änderung des Drucks) beeinflussen den Kennlinienverlauf

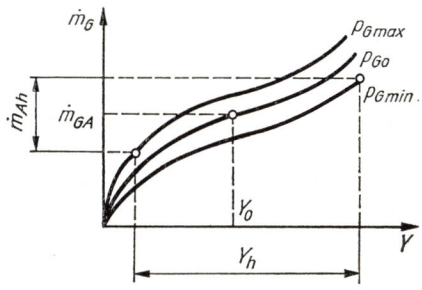

Bild 2.27. *Statische Kennlinie für den Fall nach Bild 2.8*

m_G Gasmenge; Y Stellgröße; p Störgröße Gasdruck; m_{GAI}; Y_0 Arbeitspunkt (ungestört)

Die zu automatisierenden Maschinen, Aggregate und Anlagen sind deshalb vor allem hinsichtlich Art und Ort der Stelleingriffe genau zu analysieren. Die statischen Kennlinien geben über die Wirksamkeit des Stelleingriffs auf die interessierende Prozeßgröße eindeutige Auskunft. Daraus können klare Entscheidungen zur Lösung der Stellaufgabe abgeleitet werden. Weitere Betrachtungen sind erforderlich; sie betreffen besonders die Frage, ob der Eingriff die Prozeßgröße schnell genug verändert, die technologische Anlage nicht unzulässig beansprucht usw.

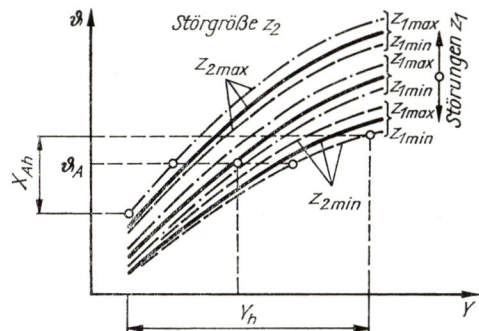

Bild 2.28
Statische Kennlinien für den Zusammenhang zwischen Temperatur eines Ofens (Bild 2.8), Stellgröße und Störgrößen
(Durch Störungen schrumpft möglicher Aufgabenbereich spürbar.)

Als Beispiel wird die Einstellung der Drehzahl an einem fremderregten Gleichstrom-Nebenschlußmotor betrachtet. Für den stationären Betriebszustand gilt als Zusammenhang zwischen Drehzahl n und Lastmoment M

$$n = \frac{U_0}{K_1 \Phi} - \frac{R_1}{K_2 \Phi^2} M.$$

Nach Bild 2.29 kann über R_2 das Feld Φ und über R_1 die Ankerspannung U verändert werden, d. h., mit wachsendem R_1 sinkt die Ankerspannung und damit die Drehzahl, mit wachsendem R_2 tritt eine Feldschwächung und damit eine Erhöhung der Drehzahl ein. Es folgt, daß über die Widerstände R_1 und R_2 als Stellglieder eine Beeinflussung der Drehzahl möglich ist. Ob dieser Weg optimal ist, soll in diesem Zusammenhang nicht näher diskutiert werden.

Weitere Ausführungen zu Problemen des Stellens sind in [5; 7] dargestellt.

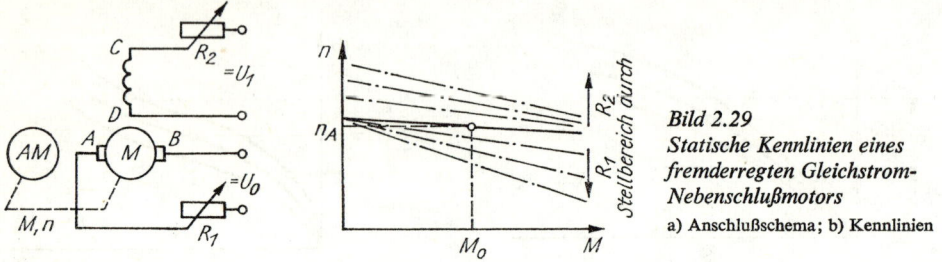

Bild 2.29
Statische Kennlinien eines fremderregten Gleichstrom-Nebenschlußmotors
a) Anschlußschema; b) Kennlinien

2.5.3. Steuern

Unter Steuern verstehen wir die zielgerichtete Erfüllung von Aufgaben im Produktionsprozeß entsprechend den Darlegungen in den Abschnitten 1.3., 1.5. und 1.7. Steuern ist ein Vorgang, bei dem eine oder mehrere Größen (Eingangsgrößen) andere Größen (die Ausgangsgrößen) auf Grund der dem Steuerungssystem eigenen Gesetzmäßigkeit – Algorithmus genannt – beeinflussen.

Am Beispiel der Steuerung der Heizung eines Raumes soll das deutlich gemacht werden. Nehmen wir an, daß die Aufgabe bestehe, die Wärmezufuhr zu einem Raum in Abhängigkeit von der Außentemperatur zu steuern; so könnte eine Lösung nach Bild 2.30 verwendet werden, die folgendermaßen arbeitet: In Abhängigkeit von der Außentemperatur ϑ_A, die über ein Thermoelement gemessen wird und dessen Thermospannung (natürliches Abbildsignal) in ein Standardsignal zur Ansteuerung eines Stellmotors umzuwandeln ist, erfolgt die Verstellung des Ventils zur Warmwasserzufuhr. Der Steueralgorithmus fordert qualitativ, daß bei sinkender Außentemperatur ϑ_A die Wärmezufuhr zu steigern, bei zunehmenden ϑ_A zu verringern ist, d.h., einer konkreten Außentemperatur ist eine bestimmte Wärmezufuhr, also eine vorgegebene Position des Stellventils, zugeordnet. Man geht bei dieser Lösung davon aus, daß damit das Gleich-

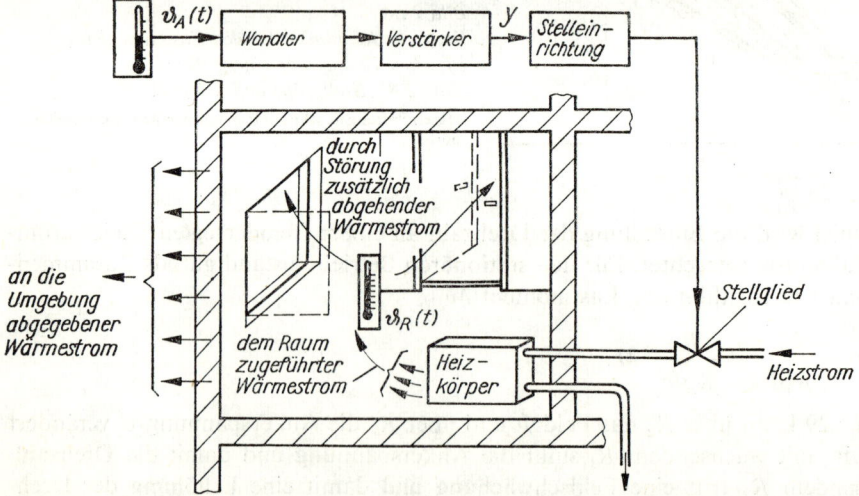

Bild 2.30. Temperatursteuerung eines Raumes in Abhängigkeit von der Außentemperatur

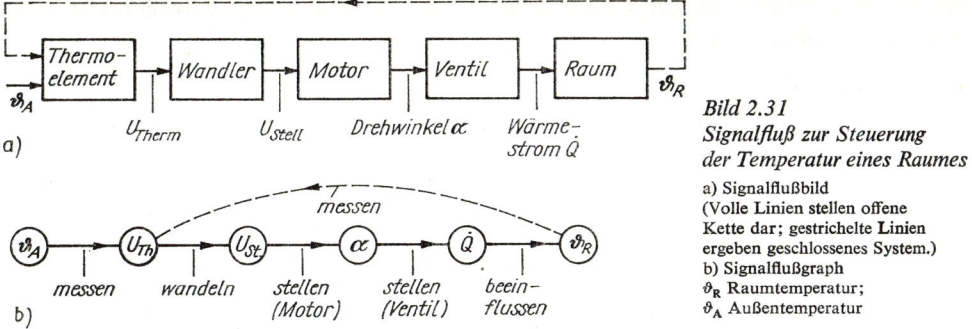

a)

b)

Bild 2.31
*Signalfluß zur Steuerung
der Temperatur eines Raumes*
a) Signalflußbild
(Volle Linien stellen offene
Kette dar; gestrichelte Linien
ergeben geschlossenes System.)
b) Signalflußgraph
ϑ_R Raumtemperatur;
ϑ_A Außentemperatur

gewicht zwischen zugeführter und abgeführter Wärme erhalten wird. Den zu dieser Lösung gehörenden Signalfluß zeigt das Bild 2.31; es ist ein *offener Wirkungsablauf*.

Die hier skizzierte Lösung hat den Nachteil, daß nicht automatisch reagiert werden kann, wenn im Raum Türen oder Fenster geöffnet werden. Dann erfüllt der Algorithmus der Zuordnung „Außentemperatur – Wärmestrom zum Raum" nicht die Bedingung, die genügt, um die Raumtemperatur auf einen konstanten Wert zu halten. Da aber nur Informationen über die Außentemperatur ϑ_A die Steuerung bestimmen, jedoch keine Informationen über weitere Einflüsse, z.B. über Störungen durch Öffnen oder Schließen der Fenster, vorliegen, kann dem auch nicht Rechnung getragen werden. Im Signalfluß (vollausgezogener Teil) äußert sich das durch eine offene Kette, einen offenen Wirkungsablauf.

Das Problem läßt sich sofort lösen, wenn das Thermometer im zu steuernden Raum untergebracht wird. Dann erfolgt eine ständige Messung der Raumtemperatur; der Steueralgorithmus erfüllt jetzt die Bedingung, daß soviel Wärme zuzuführen ist, wie für die Konstanz von ϑ_R erforderlich ist. Der Signalfluß zeigt jetzt einen *geschlossenen Wirkungsablauf* (gestrichelt dargestellt); er sichert sozusagen durch das im Raum befindliche Thermometer, daß eine Rückmeldung darüber erfolgt, wie sich der Stelleingriff über das Ventil auswirkt, und auf Störungen durch Einflüsse, z.B. von Kaltluftzufuhr über die Fenster und Türen, wird reagiert, wenn sich ϑ_R ändert.

Wie die zwei dargestellten Wege zur Steuerung der Raumtemperatur zeigen, ist es offensichtlich wichtig, für den jeweiligen Anwendungsfall die für ihn günstigste Lösung zu finden, d.h. die geeignete(n)

– Struktur (offen, geschlossen)
– Signalform (diskret, analog)
– Gerätevariante (Genauigkeit, Hilfsenergie, Funktion)
– Steuerungsalgorithmen

zu wählen.

Durch den *Steuerungsalgorithmus* wird praktisch festgelegt, wie bzw. wann ein Stelleingriff erfolgt, also ob z.B. sofort und kräftig, oder langsam und vorsichtig oder vorausschauend, d.h. mit Vorhalt, eingegriffen wird. Als Beispiel seien dafür die Wirkungen einiger Steuerungsalgorithmen (X_e Eingang; X_a Ausgang) erläutert:

$$X_a = K_1 X_e \tag{1}$$

sehr schnelle Wirkung, Stärke des Eingriffs hängt von K_1 (einstellbar) ab

$$X_a = K_2 \int_0^t X_e \, dt \tag{2}$$

mit wachsender Zeit stärker werdende Wirkung, die Änderungsgeschwindigkeit hängt von K_2 (einstellbar) ab

$$X_a = K_3 \dot{X}_e \tag{3}$$

die zeitlichen Änderungen von X_e bestimmen die Stärke des mit „Vorhalt" versehenen Eingriffs.

■ Wir betrachten abschließend noch ein allgemeines Beispiel: die Steuerung eines Kraftfahrzeugs. Die Eingangsinformationen sind hier u. a. das Fahrtziel, Verlauf und Zustand der Straße und die Verkehrsbedingungen. Das System zur Informationsumwandlung ist in diesem Fall der Fahrer des Fahrzeugs.

– Das Fahrzeug nach dem im Algorithmus (1) zu steuern geht nur, wenn K_1 ausreichend klein ist, damit „starke ruckartige" Steuerung keine Havarie zur Folge hat.

– Die Steuerung nach dem Algorithmus (2) verläuft zwar „sanfter", kann aber bei zu geringem K_2 zu langsam sein und so auch zu einer Havarie führen.

– Die Steuerung nach (3) ist mit besonderer Vorsicht auszuführen, wenn rasche Änderungen von X_e vorliegen.

Man erkennt, daß offensichtlich eine Kombination der Verhaltensweise (1) bis (3) angebracht ist und daß für jeden Fall (Straße trocken, glatt, schlecht; Verkehr stark, gering) eine andere Kombination (Parameter der Algorithmen) erforderlich ist. Anpassung an die jeweilige Situation ist geboten. Dazu gehören Kenntnisse zum System (Auto–Straße–Verkehr–Fahrer), und es ist für den diskutierten Fall bekannt, wie lange es dauern kann, bis man durch Erfahrung den richtigen Steuerungsalgorithmus gefunden hat – manche finden ihn nie –, und wie schwer man sich rasch wechselnden Bedingungen anpassen kann. Die Sache wird natürlich komplizierter, wenn man nach Bild 2.32 bedenkt, daß außer der Lenkung noch weitere Stellmöglichkeiten existieren, von denen einige in den Algorithmus der Steuerung (Gas, Bremse) einzubauen sind.

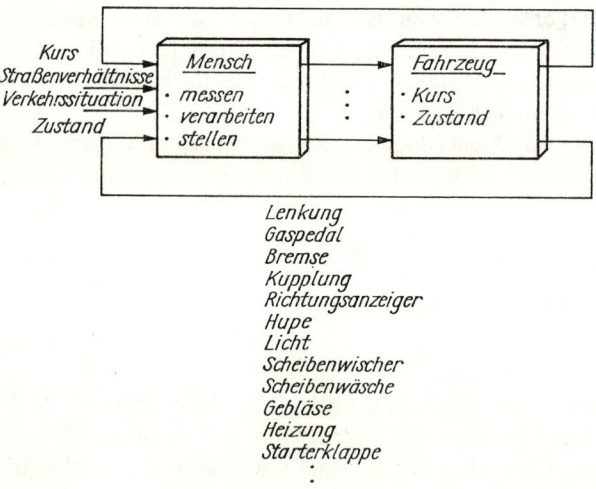

Bild 2.32. Steuerung eines Fahrzeugs (Eingangsinformationen, Stelleingriffe)

Die Güte der Lösung einer Steuerungsaufgabe wird also wesentlich vom gewählten Steuerungsalgorithmus bestimmt, der deutlich auf die Steuerungsziele, das Steuerungsobjekt und die Umgebungsbedingungen zugeschnitten sein muß, d. h., beides muß gut bekannt sein, wenn optimale Lösungen entstehen sollen.

3.   Grundkonzepte der Automatisierungstechnik

Die zur Lösung von Automatisierungsaufgaben verfügbaren Mittel sind bereits im Bild 1.4 angedeutet worden. Beim Betrieb von Automatisierungsanlagen wird man vor allem mit den beiden Komponenten Hardware (Geräte) und Software (Programme) konfrontiert. Zur Vielfalt der gerätetechnischen Einrichtungen vermittelt Bild 3.1 einen Überblick. Dabei handelt es sich entweder um klassische/konventionelle Geräte und Funktionseinheiten der Elektrotechnik/Elektronik bzw. der Fluidtechnik (Pneumatik/Hydraulik) oder um moderne Einrichtungen der Mikroelektronik (Mikroprozessoren/Mikrorechner) und der Optoelektronik. In der Praxis treten die klassischen und modernen Mittel noch in gemischter Form auf. Die nachstehend besprochenen Grundkonzepte können durch Nutzung der genannten Techniken bei Anwendung unterschiedlichster Signalformen realisiert werden und reichen damit vom einfachen Binärsignal über das Analogsignal bis zu Systemen, die mit rein digitalen Signalen arbeiten.

▶ Die im Bild 3.1 enthaltenen Hauptgruppen von Geräten und Funktionseinheiten sind Einrichtungen zur

Erfassung von Informationen, Abschnitt 2.5., einschließlich Interface (Anpaßschaltungen) zur Kopplung an die Steuerungseinrichtung

Informationseingabe, wie Potentiometer, Tastaturen, Magnetbänder usw.

Informationsübertragung, wie elektrische, optische oder fluidische Leitungen zur Übertragung analoger oder diskreter Signale und zugehöriges Interface

Informationsverarbeitung, wie Regler, Mikroprozessoren, Mikrorechner

Informationsausgabe (Kommunikation mit dem Menschen), Anzeige- und Registriergeräte, Bildschirme, Speicher zur Archivierung, akustische Mittel

Stelleingriffe (s. Abschn. 2.5.) werden durch Ventile, Schalter u. a. realisiert.

Die im Bild 3.1 dargestellten Mittel werden genutzt, um die bereits im Abschnitt 1. genannten *Grundaufgaben* zu lösen; es sind dies Aufgaben der

– Prozeßsicherung
– Prozeßüberwachung
– Prozeßstabilisierung
– Prozeßführung und
– Prozeßoptimierung.

▶ Im Bild 3.2 sind die weitgehend allgemeingültigen *Strukturen von Automatisierungslösungen* angegeben; ihre Grundprinzipien bzw. *Unterscheidungsmerkmale* lassen sich wie nachfolgend beschrieben kennzeichnen:

Offene Steuerung

Der Begriff (auch Vorwärtssteuerung genannt) resultiert daher, daß zwischen der Zielgröße x und der Stellgröße bzw. Steuergröße *y kein geschlossener Wirkungsablauf* vorliegt. Das Prinzip funktioniert nur so lange automatisch, wie keine Störungen z vorliegen. Wir erinnern uns dabei an die Steuerung der Raumtemperatur (s. Bild 2.30). Für

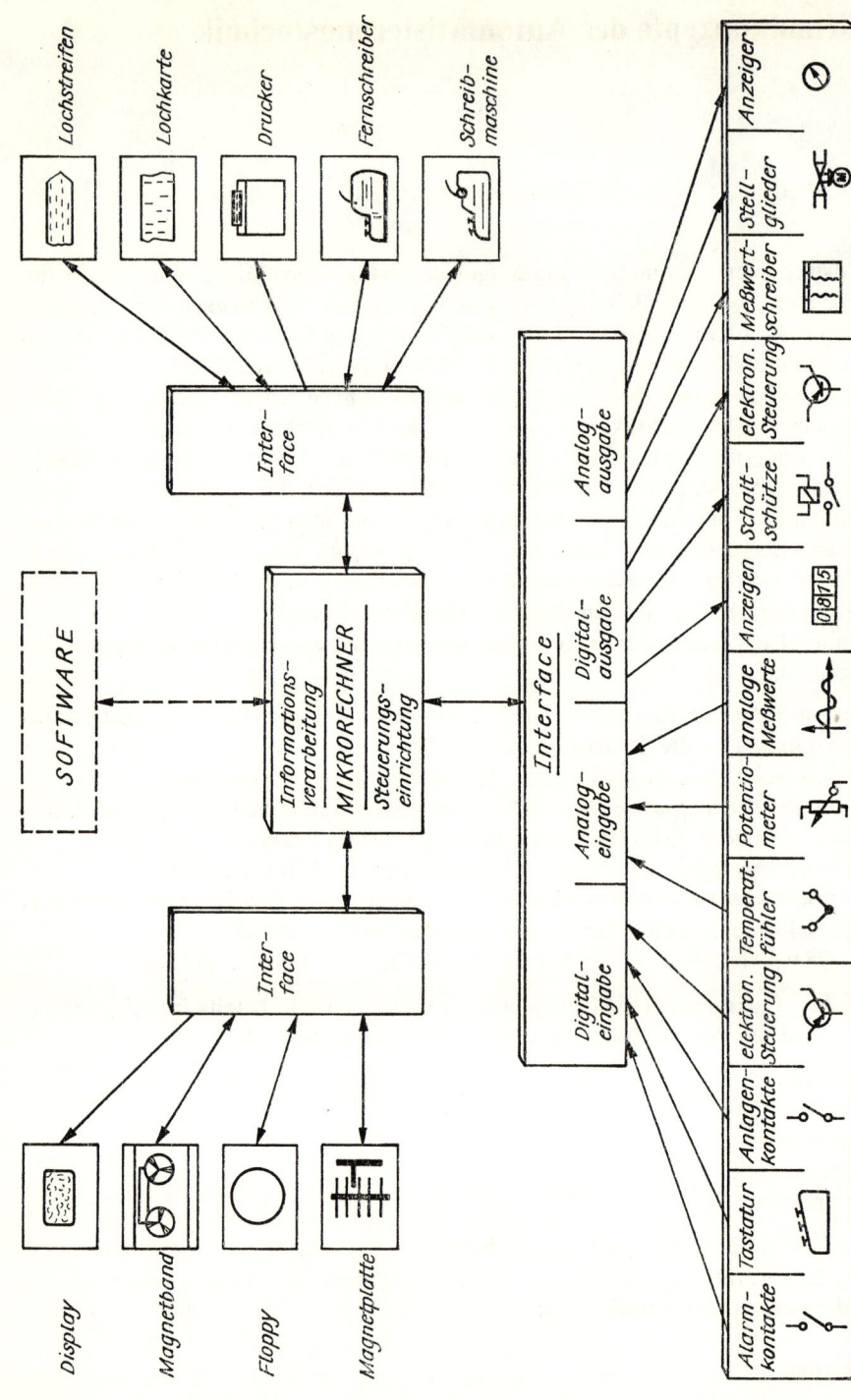

Bild 3.1. Konfiguration eines Automatisierungssystems

den Fall, daß Störungen auftreten, die meßbar sind, können diese u. U. im Steuerungs-algorithmus berücksichtigt werden, wie im Bild 3.2b gestrichelt dargestellt.

Die *Vorteile offener Steuerungen* können darin bestehen, daß

a) das Verhalten offener Wirkungsabläufe einfacher zu überschauen ist als das von ge-schlossenen Wirkungsabläufen

b) falls eine Störgröße wirkt, sofort und unmittelbar in den Prozeß eingegriffen werden kann; es besteht insofern Unabhängigkeit von der Zielgröße, weil nicht erst auf die Auswirkung der Störgröße in der Zielgröße gewartet werden muß, wie das bei ge-schlossenen Wirkungsabläufen der Fall ist

c) die Zielgröße nicht gemessen werden muß.

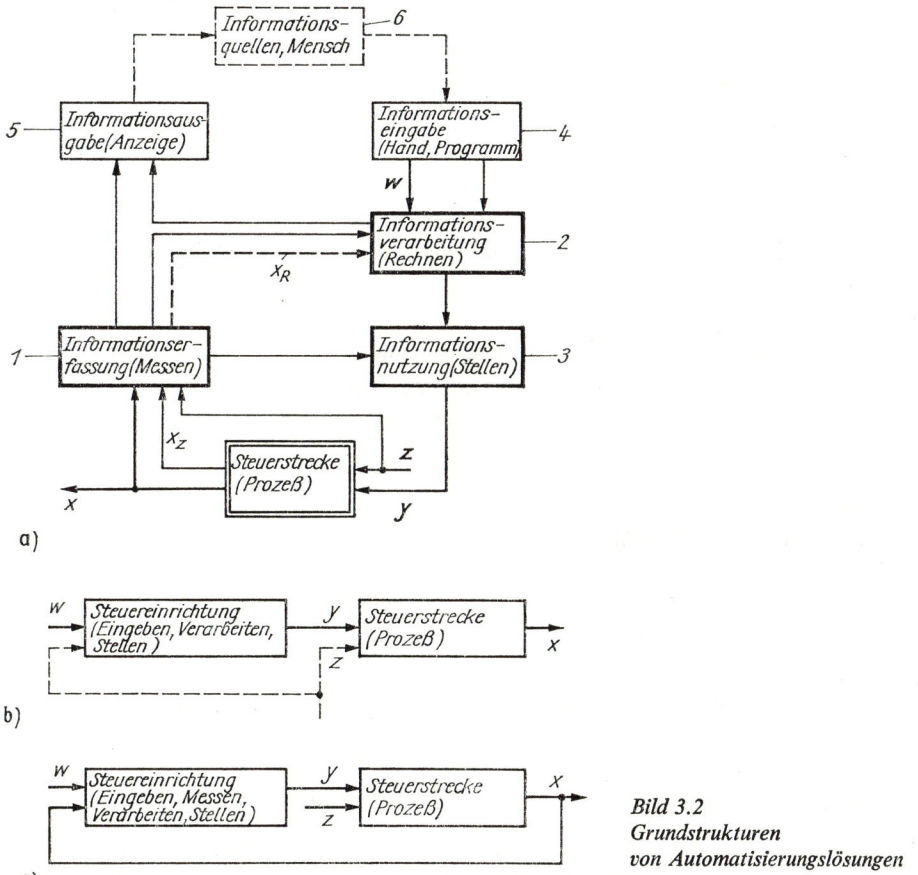

Bild 3.2
Grundstrukturen
von Automatisierungslösungen

Die *Probleme offener Steuerungen* bestehen darin, daß

d) bei Berücksichtigung von Störgrößen diese gemessen werden müssen

e) der Prozeß (sein Verhalten bzw. Modell) sehr genau bekannt sein und stets dem aktu-ellen Stand entsprechen muß, um den erforderlichen Steuerungsalgorithmus ständig zu ermitteln und gleichzeitig zu aktualisieren

f) keine ständige Rückmeldung darüber vorhanden ist, ob durch den Steuereingriff die gewünschte Änderung der Zielgröße erreicht wurde.

Geschlossene Steuerung

Der Begriff resultiert daher, daß durch Rückführung z. B. der Zielgröße x ein geschlossener Wirkungsablauf vorhanden ist. Die Begriffe *Steuerung mit Rückführung* oder *Kreisstruktur* sind ebenfalls geläufig. Die Auswirkungen von Störungen (z) oder Führungsgrößenänderungen (w) werden mit der Zielgröße x erfaßt und brauchen deshalb nicht extra gemessen zu werden. Es ist auch möglich, ausschließlich oder zusätzlich innere Größen – Zustandsgröße (X_z) genannt – des Prozesses zurückzukoppeln (s. Bild 3.2a).

Vorteile geschlossener Steuerungen können darin bestehen, daß

a) eine ständige Rückmeldung über die Wirkung der Steuereingriffe (Stelleingriffe) vorhanden ist

b) die Störungen meist nicht gemessen werden müssen, weil ihre Auswirkungen durch die Messung der Zielgröße x mit erfaßt und damit berücksichtigt werden.

Die *Probleme geschlossener Steuerungen* können darin bestehen, daß

a) durch das Rückkopplungsprinzip bedingt erst dann Maßnahmen z. B. gegen Störauswirkungen eingeleitet werden, wenn sich die Zielgröße x unter dem Einfluß von z bereits geändert hat

b) durch die Rückkopplung relativ komplizierte Verhaltensweisen der Systeme entstehen können, die nicht ohne weiteres (d. h. nicht ohne Rechnung oder Simulation) durchschaubar sind.

▶ Die Einschätzung zu den offenen und geschlossenen Steuerungen macht deutlich, daß sich keine eindeutigen Grundsätze für die Anwendung dieser oder jener Struktur angeben lassen. Die Wahl hängt sehr stark vom jeweiligen Anwendungsfall ab, und stets müssen irgendwie geartete Kompromisse eingegangen werden.

3.1. Prozeßüberwachung

Ziel der Prozeßüberwachung ist die laufende *Kontrolle der Prozeßdaten und der Bedieneingriffe* in den Prozeßablauf, um

– wichtige Größen anzuzeigen, zu protokollieren oder zu registrieren
– Grenzwertüberschreitungen und Störungen anzuzeigen, zu protokollieren, zu signalisieren, zu registrieren
– Betriebsabläufe und Eingriffe zu protokollieren
– daraus weitere Kenngrößen zu berechnen und zu überwachen.

▶ Die Lösungen sind so konzipiert, daß kein unmittelbarer automatischer Eingriff in den Prozeß ausgelöst wird; diese Systeme arbeiten somit gewissermaßen *passiv*. Einen evtl. erforderlichen Eingriff hätte der Mensch auf Grund der durch die Überwachung gewonnenen Information vorzunehmen. Die für die Überwachung typische Struktur reduziert sich nach Bild 3.2a auf die Blöcke 1, 5 und evtl. 2.

– Eine etwas detailliertere Struktur wird im Bild 3.3 gezeigt; es handelt sich hier um einen offenen Wirkungsablauf, gesteuert werden Geräte zur *Ausgabe von Informationen*, wie Anzeiger, Schreiber, Drucker, Lampen, Signalhörner, Speicher, Bildschirme. Einfachste Anwendungen sind z. B. die Anzeigen der Prozeßgrößen vor Ort; hier reduziert sich die Struktur (Meßkette) meist auf den Sensor und das Anzeigegerät.

– *Höhere Formen der Prozeßüberwachung* stellen *Aufgaben der Diagnose* von Maschinen, Anlagen und Prozessen, aber auch von Automatisierungseinrichtungen selbst dar. Hier werden aus den Meßsignalen vor allem Aussagen über den Zustand von Anlagen, über Fehler, sich anbahnende Fehler, Fehlerart u. a. abgeleitet. Diese Anwendungen gewinnen zunehmend an Bedeutung.

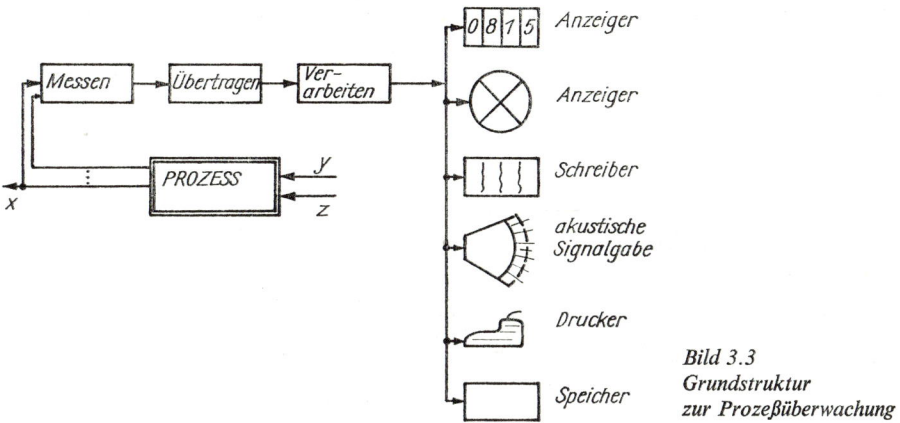

Bild 3.3
Grundstruktur
zur Prozeßüberwachung

– Die Forderungen an die Statik (Genauigkeit) und Dynamik (Schnelligkeit) der Überwachung der Prozeßgrößen hängen stark von deren weiterer Nutzung ab; sie sind aufgabenspezifisch bedingt.

3.2. Prozeßsicherung

Sicherheit bedeutet frei sein von Gefahren bzw. Schutz vor Gefahren. Während die Einrichtungen zur Prozeßüberwachung als passive Mittel einzuordnen sind, heben sich die Einrichtungen der *Prozeßsicherung* dadurch ab, daß sie *im Störungs- und Havariefall automatisch in den Prozeß eingreifen.* Durch die Einrichtungen zur Prozeßsicherung soll der Prozeß, die Maschine, das Aggregat, die Anlage *in einen sicheren Zustand übergeführt* werden, um z. B.

– die Produktion aufrechtzuerhalten
– Schäden und Qualitätsminderungen der Produkte zu vermeiden bzw. zu verringern
– Schäden an den Produktionsanlagen zu verhindern (Anlagenschutz)
– Gefahrenzustände für den Menschen auszuschalten.

▶ Die Struktur eines Systems zur Prozeßsicherung nach Bild 3.4 unterscheidet sich von der nach Bild 3.3 dadurch, daß hier Stellmöglichkeiten zum Eingriff in den Prozeß vorhanden sind und somit aus dem offenen System ein geschlossenes System – im vorliegenden Fall (Bild 3.4a) als Abschaltkreis bezeichnet – entsteht. Die auch gestrichelt eingezeichneten zusätzlichen Einrichtungen – hier am Beispiel für das Messen – werden bei besonders kritischen Anlagen aus Redundanzgründen (Reserve zur Erhöhung der Zuverlässigkeit) vorgesehen, falls eine Meß- oder Stelleinrichtung u. a. ausfallen sollte.

Die Struktur nach Bild 3.4a wird genutzt, wenn die prozeßsichernden Maßnahmen aus der gesteuerten Größe abgeleitet werden.

Eine andere Lösung wird im Bild 3.4b gezeigt; hier werden die prozeßsichernden Maßnahmen aus der Messung der Störgrößen *z* abgeleitet. Strukturell liegt jetzt wieder ein offener Wirkungsablauf vor. Die Struktur nach Bild 3.2a reduziert sich auf die Blöcke 1,

3 und evtl. 2, falls noch eine Informationsverarbeitung erforderlich ist. Häufig werden die Strukturen auch kombiniert.

Sehr einfache Lösungen zur Prozeßsicherung bestehen z.B. in der Anwendung von Sicherheitsventilen zur Vermeidung der Überschreitung von Grenzwerten des Druckes bei Dampferzeugern oder von Fliehkraftabschaltern bei Drehzahlüberschreitungen, die allerdings oft auch als zur Anlagensicherung gehörende (integrierte) Elemente eingeordnet werden, weitere Beispiele s. auch [8; 9].

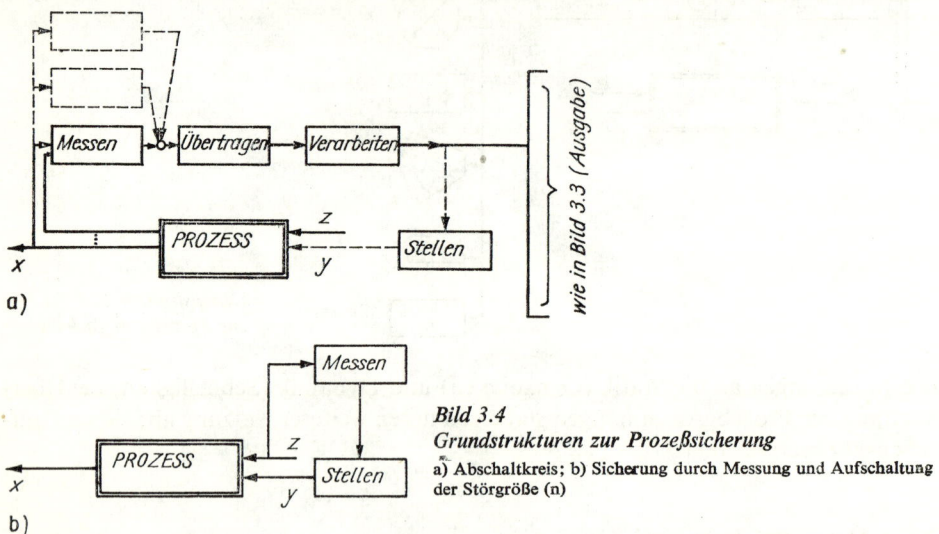

a)

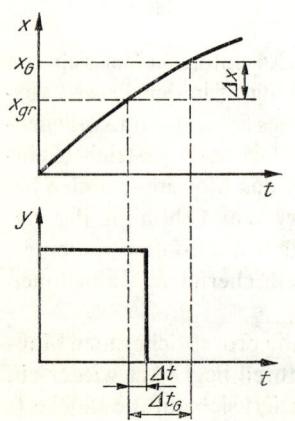

b)

Bild 3.4
Grundstrukturen zur Prozeßsicherung
a) Abschaltkreis; b) Sicherung durch Messung und Aufschaltung der Störgröße (n)

Die Entwicklung großer Automatisierungssysteme führt zu umfassenden Sicherungsaufgaben, die komplexere, meist hierarchisch strukturierte Sicherheitssysteme erfordern.

Während im Bereich der Prozeßüberwachung häufig noch keine besonderen Forderungen an die Dynamik vorliegen, sind diese in Fällen der Prozeßsicherung meist schärfer; es sind oft sehr schnelle und genaue Eingriffe erforderlich. Nach Bild 3.5 ist von einem Abschaltkreis z.B. die Einhaltung eines vorgegebenen Abstands Δx zwischen dem Grenzwert X_{gr} (Aktivierung des Sicherungssystems) und dem Gefahrenwert X_G gefordert. Gleichzeitig muß der Eingriff bei Erreichen von X_{gr} so rasch erfolgen, daß $\Delta t < \Delta t_G$ erfüllt wird, wobei diese Forderungen durchaus im ms-Bereich liegen können.

Bild 3.5
Verhalten eines Abschaltkreises
X_{gr} Grenzwert; X_G Gefahrenwert; ΔX Toleranzbereich;
Δt Aktivierungszeit des Sicherheitssystems;
Δt_G maximal zulässige Aktivierungszeit

Das im Abschnitt 1.12. besprochene Beispiel eines Durchlauferhitzers zeigt ein typisches Objekt für die Prozeßsicherung in Haushaltgeräten. Zu dem Beispiel der Fertigungssteuerung haben wir erfahren, daß eine Überwachung z. B. auf Werkzeugbruch erfolgt und im Fall des erkannten Bruches die Maschine sofort abzuschalten ist. Das Beispiel Dampfkraftwerk würde bei genauer Analyse deutlich machen, daß für die einzelnen Objekte hinsichtlich der zulässigen Werte für Druck, Temperatur, Drehzahl, Spannung usw. hohe Sicherungsaufwendungen – vor allem auch aus der Sicht des Anlagenschutzes – getrieben werden. Der Sicherung wird hierbei nicht nur das Objekt, sondern auch die Automatisierungseinrichtung unterworfen.

3.3.   Prozeßstabilisierung

Im Abschnitt 1.5. wurde bereits darauf hingewiesen, daß die Aufgaben der Prozeßstabilisierung vor allem darin bestehen, die *Auswirkung der* die Prozeßgrößen beeinflussenden *Störgrößen zu eliminieren* oder bei Veränderung der Führungsgröße w die Zielgröße x dementsprechend zu verändern. Wie bereits im Abschnitt 2.5.3. angedeutet, lösen wir diese Aufgabe durch Nutzung einer *Struktur mit geschlossenem Wirkungsablauf.* Nach Bild 3.2a enthält diese Struktur mindestens die Blöcke 1, 2, 3 und 4. Eine so geartete Struktur (Kreisstruktur) nennen wir für den Fall der Prozeßstabilisierung auch *Regelkreis*. Im Bild 3.2a ist der Regelkreis durch die dicken Vollinien hervorgehoben; seine Wirkungsweise (s. auch Bild 3.6) ist folgende:

Durch die *Führungsgröße (Sollwert)* w wird der gewünschte Wert der gesteuerten Größe x bzw. dessen Verlauf als Funktion der Zeit oder anderer Größen vorgegeben. Bei w = konst. sprechen wir von einer *Festwertregelung*, bei $w \ne$ konst. von einer Führungsregelung oder *Folgeregelung*.

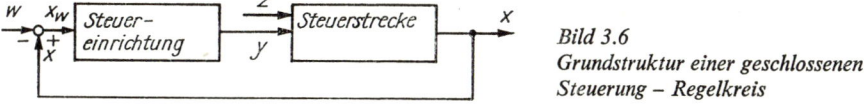

Bild 3.6
Grundstruktur einer geschlossenen
Steuerung – Regelkreis

Die Einhaltung des vorgegebenen Wertes w der gesteuerten Größe x ist bei vorhandener Wirkung von Störgrößen (s. auch Abschn. 2.5., Bilder 2.30 und 2.31) mit einer offenen Kette nicht gewährleistet. Deshalb wird nach Bild 3.2a die Zielgröße x gemessen (Block 1) und mit der vorgegebenen Führungsgröße w (Block 4) verglichen. Aus diesem Vergleich resultiert eine Abweichung $x_w = x - w$; sie ist ein Maß dafür, wie stark und in welcher „Richtung $(+, -)$" in den Prozeß einzugreifen ist. Der konkrete Algorithmus für den Eingriff wird durch den Block 2 realisiert; hier wird ständig die für den Eingriff geeignete Stellgröße y ermittelt, die zur Beseitigung von x_w erforderlich ist. Das Vorzeichen des Eingriffs von y (z. B. Ventil öffnen oder schließen) ist so festzulegen, daß die Regelabweichung x_w abgebaut, also z. B. der Auswirkung der Störgröße entgegengewirkt wird.

Der *Ablauf einer* Steuerung im geschlossenen Wirkungsablauf *(Regelung)* läßt sich wie folgt erklären (Bild 3.2a): Durch ständige oder zeitlich quantisierte Messung (Block 1) der zu steuernden Größe x und deren Vergleich mit der vorgegebenen Führungsgröße w (Block 4) wird im Block 2 die Regelabweichung x_w und daraus das Signal für den Block 3 gebildet. Über den Block 3 erfolgt durch y der Eingriff in den Prozeß; dies hat eine Änderung von x zur Folge; jetzt werden wieder x und w verglichen usw. Der Ablauf vollzieht sich im Regelkreis so lange, bis x_w den Wert Null oder das erzielbare Minimum erreicht hat und damit die durch eine Störung hervorgerufene Abweichung beseitigt ist.

Im Bild 3.6 ist der Regelkreis mit allen an ihm wirkenden Größen dargestellt; sie heißen:

x Regelgröße; w Führungsgröße (Sollwert); x_w Regelabweichung; z Störgröße; y Stellgröße.

Die im Bild 3.2a dargestellten Blöcke 1, 2, 3, 4 bilden die Steuer- bzw. Regeleinrichtung.

▶ Wir wollen nun den Ablauf einer Regelung anhand der statischen Kennlinien der Steuereinrichtung und der Steuerstrecke analysieren. Die *statische Kennlinie* $x = f(y, z)$ *der Steuerstrecke* ist im Bild 3.7a und die *statische Kennlinie der Steuereinrichtung* in der Form $x = f(y, w)$ im Bild 3.7b dargestellt. Diese beiden Kennlinien lassen sich bei Wahl gleicher Maßstäbe im Bild 3.7c gemeinsam darstellen.

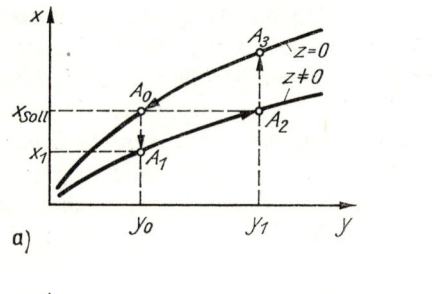

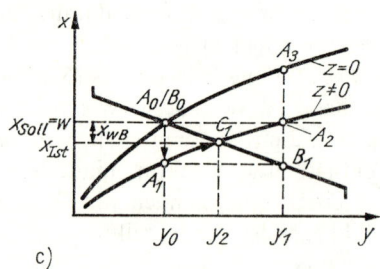

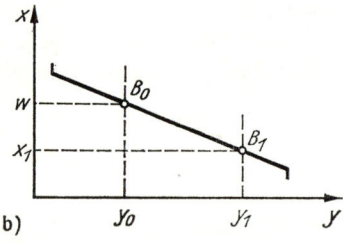

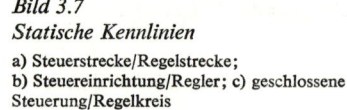

Bild 3.7
Statische Kennlinien
a) Steuerstrecke/Regelstrecke;
b) Steuereinrichtung/Regler; c) geschlossene
Steuerung/Regelkreis

Bild 3.7a zeigt, daß sich bei nichtvorhandener Störung ($z = 0$) und einem Stellsignal y_0 im Arbeitspunkt A_0 der gewünschte Wert (Sollwert) x_{Soll} einstellt. Tritt eine Störung auf ($z \neq 0$), dann ändert sich x_{Soll} in x_1; der Arbeitspunkt wandert von A_0 nach A_1. Um aber den Wert x_{Soll} wieder zu erreichen, muß A_1 nach A_2 gelangen. Dies wird durch einen Stelleingriff y_0 nach y_1 erreicht. Würde in diesem Zustand die Störung wieder verschwinden ($z = 0$), so gelangten wir nach A_3 und erreichten den Sollwert x_{Soll} im Punkt A_0 durch Änderung von y_1 nach y_0.

Nach Bild 3.7b gehört zu $x = x_{\text{Soll}} = w$, also $x_w = 0$ im Punkt B_0, die Stellgröße y_0 und zu x_1 das Stellsignal y_1 im Punkt B_1, d.h., bei y_1 kann der gewünschte Wert x_{Soll} nicht erreicht werden. Das wäre nur möglich, wenn die Kennlinie der Steuereinrichtung horizontal verliefe.

Entsprechend Bild 3.7c ergeben die beiden Kennlinien von Steuerstrecke und Steuereinrichtung im ungestörten Zustand einen Schnittpunkt in $A_0 = B_0$ bei $x_{\text{Soll}} = w$ und einem Stellwert y_0. In diesem Schnittpunkt ist der Ausgang der Steuereinrichtung y gleich dem Eingang der Steuerstrecke und der Ausgang x der Steuerstrecke gleich dem Eingang der Steuereinrichtung (vermindert um w). Damit repräsentiert der Schnittpunkt beider Kennlinien den Arbeitspunkt des geschlossenen Systems für den Fall $z = 0$. Wird

$z \neq 0$, dann ist die andere Kennlinie der Steuerstrecke gültig, und der Arbeitspunkt liegt im Punkt C_1.

Die Einstellung auf C_1 hat zur Folge, daß x_{Soll} nicht erreicht wird; es entsteht eine bleibende Abweichung $x_{WB} = x_{Soll} - x_{Ist}$. Die ursprüngliche Abweichung x_w ist damit verkleinert, d.h., der Regelkreis ist in der Lage, die Auswirkung der Störung zu vermindern. $x_{WB} = 0$ könnte nur bei einem Regler mit horizontaler Kennlinie erreicht werden; dann läge der Schnittpunkt in A_2, und die zugehörige Stellgröße wäre y_1. Welchem Regelalgorithmus das entspricht, erfahren wir im Abschnitt 5.

Fassen wir den Ablauf der Regelung in Anlehnung an Bild 3.7c zusammen: Beim Auftreten einer Störung ($z \neq 0$) wird A_0 nach A_1 wandern; es tritt eine Regelabweichung $x_w = x_{Soll} - x_1$ auf, und der Regler verstellt y so lange, bis im Punkt C_1, d.h. bei y_2, der Schnittpunkt beider Kennlinien erreicht ist. Die Auswirkung der Störung ist also um $|x_{Ist} - x_1|$ vermindert worden; die bleibende Regelabweichung beträgt $x_{WB} = x_{Soll} - x_{Ist}$.

▶ Neben dem statischen Verhalten interessiert auch das dynamische Verhalten (die Dynamik) der geschlossenen Steuerung. Wichtig ist deshalb die Frage, wie durch die Regelung A_1 nach C_1 (Bild 3.7c) gelangt. Wir betrachten dazu den Fall, daß sich z sprungförmig vom Wert Null auf einen endlichen Wert ändert, und beobachten daraufhin den Verlauf der gesteuerten Größe x_w (Bild 3.8). Der Verlauf wird sicher davon abhängen, welche Art und Parameter wir für den Steueralgorithmus wählen (s. auch Abschnitt 2.5.). Stellt sich eine zu langsame Veränderung von x_w ein (Kurve *1*), dann kann dies z.B. durch eine andere Parameterwahl verändert werden, und man kommt z.B. zum Verlauf nach Kurve *2*. Das aber ist eine zu „hastige" Reaktion; wir ändern die Parameter wiederum und erreichen z.B. mit Kurve *3* einen Verlauf, der unseren Forderungen entspricht, weil die Zeit bis zum Erreichen des Endwerts genügend klein ist und auch nur geringes Überschwingen über den Endwert auftritt.

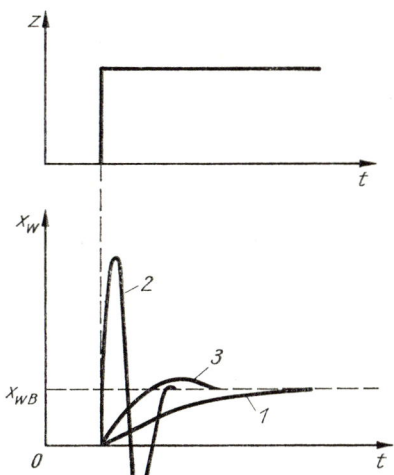

Bild 3.8
Dynamisches Verhalten eines Regelkreises
1 Regelvorgang ohne Überschwingungen, aber mit Einschwingzeit;
2 Regelvorgang mit starken Überschwingungen und Einschwingzeit;
3 Kompromiß zwischen *1* und *2*, wenig Überschwingungen und relativ kurze Einschwingzeit

Wir stellen also fest, daß vor allem bei geschlossenen Steuerungssystemen die Einhaltung/Erzielung vorgegebener statischer und dynamischer Bedingungen u.a. eine Aufgabe der Wahl der richtigen Algorithmen und geeigneter Parameter der Algorithmen ist.

So könnte z.B. der Verlauf der Kurve *1* im Bild 3.8 bei einer Fahrzeugsteuerung zu lange dauern; Kurve *2* würde zeitweise zu starke Abweichungen vom Kurs zur Folge haben, während z.B. Kurve *3* die Wünsche erfüllt. Die Forderungen liegen natürlich in jedem Anwendungsfall anders, und es bedarf stets der an die Steuerungsziele angepaßten Wahl der Steuerungseinrichtung.

Die gleichen Betrachtungen, wie wir sie soeben für den Fall einer Festwertregelung mit Störung angestellt haben, interessieren auch dann, wenn wir im Fall einer Führungsregelung (Folgeregelung) untersuchen, mit welcher statischen Genauigkeit und mit welcher Dynamik die Zielgröße x der Änderung der Führungsgröße w folgt.

▶ Die Ziele bei geschlossenen Steuerungen können allerdings auch so geartet sein, daß eine Steuerung zu entwerfen ist, die y stets so einstellt, daß trotz vorhandener Störungen ein Extremum von x (falls vorhanden) erreicht wird. Im Bild 3.9 soll ein System z. B. auf maximalen Durchsatz (Bild 3.9a) und im Bild 3.9b auf minimalen Brennstoffverbrauch eingestellt werden. Der hierfür geeignete Algorithmus ist natürlich meist komplizierter als bei einer einfachen Festwert- oder Folgeregelung; diese Aufgaben gehören dann zum Komplex der Prozeßoptimierung (s. Abschn. 3.5.).

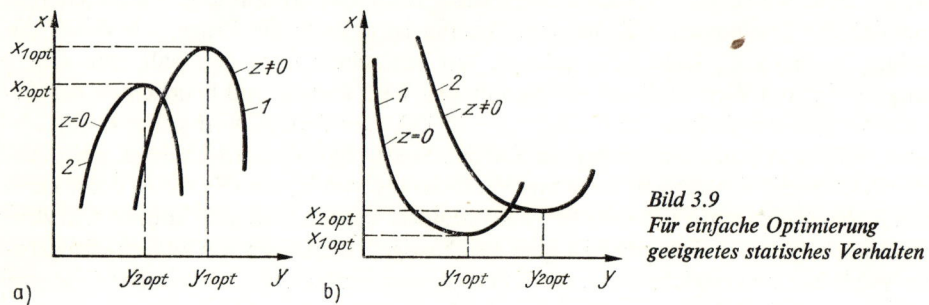

Bild 3.9
Für einfache Optimierung
geeignetes statisches Verhalten

3.4.   Prozeßführung

Die Aufgabe der Prozeßführung besteht darin, die z. B. auf Grund der Betriebsführung und der Technologie vorgegebenen Prozeßabläufe und Anlagenzustände in einem vorgegebenen funktionellen und zeitlichen Rahmen einzuhalten. Wichtige Aufgaben der Prozeßführung sind z. B. die Steuerung von An- und Abfahrvorgängen, von Umsteuerprozessen u. a.

Die Prozesse oder Vorgänge werden automatisch, von Hand oder in Kombination beider Mittel gesteuert; dies erfolgt nach bestimmten Vorgaben und Strategien. Beispiele sind die Steuerung nach

– einem *Zeitprogramm* (z. B. bei Waschvorgängen)
– *meßbaren Einflußgrößen* (z. B. nach typischen Prozeßparametern)
– *Vorhersagemodellen* (z. B. des erwarteten Energieverbrauchs)
– internen *Aspekten der Betriebsführung* (z. B. Reparatur)
– *weiteren Wissens- oder Informationsquellen* (z. B. Datenbanken, Erfahrung des Bedienpersonals).

Die Prozeßführung vollzieht sich ebenfalls auf der Basis solcher Strukturen, wie sie im Bild 3.2 dargestellt sind. Dem Block 6 kommt hier als Informationsquelle besondere Bedeutung zu, wenn es gilt, geeignete Führungsgrößen festzulegen oder die Ableitung von bestimmten Entscheidungen und Bedienhandlungen unter bewußter Einbeziehung des Menschen zu vollziehen. Diese Aufgaben der Prozeßlenkung unter Einbeziehung des Menschen vollziehen sich zunehmend in der Form, daß der Mensch weitgehende Unterstützung (Entscheidungshilfe) durch die Anwendung von Datenbanken/künstlicher Intelligenz u. a. auf Basis der Rechentechnik erhält.

▶ Häufig handelt es sich bei Automatisierungsaufgaben zur Prozeßführung um die Beherrschung außerordentlich komplexer Prozesse der Mittel- und Großautomatisierung. Wie die Steuerung von Walzwerken, verfahrenstechnischen Anlagen oder ganzen Fertigungssystemen unter Einbeziehung von Transport- und Lagerprozessen. In solchen Fällen werden meist hierarchisch strukturierte Automatisierungssysteme (s. Bild 1.7) eingesetzt. Der Prozeß wird hier in möglichst überschaubare und weitgehend autarke Teilsysteme zerlegt, deren Arbeitsweise durch die übergeordneten Steuerungsebenen koordiniert wird. *Koordinierung* heißt in diesem Fall

– Vorgabe von Betriebsdaten, Zielbereichen
– Vorgabe, Berechnung von Führungsgrößen
– Anpassung an sich verändernde Betriebsregime, wie
   An- und Abfahrvorgänge, Umsteuerprozesse
   Materialumstellungen, Materialmangel, Absatzprobleme
   Ausfall von Anlagenteilen
   Reparatur und Wartung.

Der *Mensch wird im Sinne der operativen Steuerung oder Lenkung* gezielt in das Automatisierungskonzept *einbezogen*. Das reicht bis zu solchen Fällen, wo man auf den Menschen nicht verzichten kann oder will, wenn z. B. schlecht oder nicht meßbare Rückkopplungen aus dem Prozeß (z. B. Geräusche) mit in die Prozeßführung einbezogen werden oder solche Entscheidungen in die Steuerung einfließen, die nur der Mensch fällen kann.

Die genannten Probleme der Prozeßführung machen deutlich, daß dabei vor allem auch solche Fragen zu klären sind,

– ob die Zielstellung allein durch automatische Einrichtungen oder
– in welcher Form und in welchem Umfang der Mensch in das Steuerungskonzept einbezogen werden soll.

Dabei muß vermieden werden, die Aufgabenteilung allein so vorzunehmen, daß der Mensch nur die Aufgaben übertragen bekommt, die durch technische Mittel nicht lösbar sind.

3.5. Prozeßoptimierung

Unter Optimierung verstehen wir hier die Optimalsteuerung von Prozessen. Ihre Aufgabe besteht z. B. darin, ein vorgegebenes Ziel oder mehrere vorgegebene Ziele – dann spricht man von Polyoptimierung – unter Berücksichtigung vorgegebener Nebenbedingungen bestmöglich zu erreichen.

Optimierungsziele können z. B. in der maximalen Anlagenauslastung, im minimalen Rohstoff- oder Energieverbrauch bestehen (s. Bild 3.9), d. h., es sind prozeßabhängige Zielfunktionen nach maximalem Durchsatz, minimalen Verlusten, kürzester Bearbeitungszeit u. ä. exakt zu formulieren. Mit den Mitteln der Theorie sind daraus die Algorithmen zur Optimalsteuerung zu ermitteln. In der Automatisierungstechnik treten bei dieser Zielstellung zwei Kategorien von Aufgaben auf, nämlich die Optimierung des statischen Verhaltens *(statische Optimierung)* und die Optimierung des dynamischen Verhaltens *(dynamische Optimierung)*.

Die Optimalsteuerung des *statischen Verhaltens* von Prozessen läuft meist darauf hinaus, einen Algorithmus zu finden, der geeignet ist, das vorgegebene Gütekriterium, wie etwa die Einhaltung eines bestimmten optimalen Arbeitspunktes durch Steuerung der elementaren Prozeßparameter, wie Druck, Temperatur u. a., zu erreichen.

Die Optimalsteuerung des *dynamischen Verhaltens* eines Prozesses erfordert dagegen Algorithmen, die vorgegebene Gütefunktionen hinsichtlich des Ablaufs von Übergangsvorgängen erfüllen, wie sie etwa bei der Umsteuerung eines Prozesses von einem Arbeitspunkt zu anderen, unter Berücksichtigung von gegebenen Nebenbedingungen, zeitoptimale Abläufe gefordert sein könnten.

Die Realisierung möglichst optimaler Vorgänge ist zwar für die meisten Aufgaben ein Idealziel, dessen Erfüllung ist jedoch nur schwer realisierbar, weil

– sehr detaillierte Prozeßkenntnisse nötig sind, um einerseits die Zielstellung so formulieren zu können (z. B. mathematisch fixierbares Gütekriterium), daß daraus die Algorithmen ableitbar sind, und um andererseits überhaupt genau zu wissen, was für den jeweiligen Prozeß wirklich die optimale Zielstellung ist. Die Beschaffung dieser Information ist häufig in bestimmten Entwicklungsstadien überhaupt nicht oder nur bei sehr hohem Aufwand (Kosten) möglich.

– die Realisierung gerätetechnisch und rechentechnisch teilweise sehr aufwendig wäre und weil auch keine allgemeinen Lösungsverfahren zur Ermittlung der Algorithmen zur Optimalsteuerung existieren.

Aus den genannten Gründen muß man sich in vielen Fällen mit suboptimalen Lösungen begnügen, die aber meist geeignet sind, die Zielstellungen zufriedenstellend zu erfüllen.

▸ Die Aufgaben der Optimalsteuerung von Prozessen werden sowohl mit offenen als auch mit geschlossenen Strukturen gelöst; häufig dienen die ermittelten Algorithmen lediglich als Handlungsanweisung für das Bedienpersonal und werden nicht in Hard- und Software umgesetzt.

4.   Diskrete Steuerungen

4.1.   Allgemeines

Unter *Steuern* verstehen wir, wie bereits im Abschnitt 2.5.3. erläutert wurde, das zielgerichtete Beeinflussen von Größen in Systemen. Der *Steueralgorithmus* bestimmt dabei
die funktionelle Abhängigkeit der Ausgangsgrößen von den Eingangsgrößen. Durch
Steuerungen können Aufgaben im Produktionsprozeß qualitätsgerecht und in der erforderlichen zeitlichen Folge erfüllt werden.

4.1.1.   Einteilung und prinzipieller Aufbau von diskreten Steuerungen

▶ In vielen Fällen erfordern Aggregate, Maschinen und Anlagen noch den bedienenden
Menschen, der mit Hilfe von Stelleinrichtungen oder durch unmittelbaren Eingriff auf
die Stellglieder einen gewünschten Prozeßzustand oder -ablauf herbeiführt oder auf-
rechterhält. Beispiele derartiger *nichtselbsttätiger* oder *Handsteuerungen* sind die Führung
eines Kraftfahrzeugs (s. Bild 2.32), die Bedienung eines Kranes, die Lageeinstellung von
Werkstücken bzw. Werkzeugen an handbedienten Werkzeugmaschinen. Die Automatisierung dieser Tätigkeiten erfolgt, indem eine Steuereinrichtung an die Stelle des Menschen tritt.
▶ Voraussetzung für den Aufbau einer *selbsttätigen* oder *automatischen Steuerung* ist,
daß eine Handlungsvorschrift, ein Algorithmus, angegeben werden kann, den die Steuereinrichtung zu realisieren hat. Bild 4.1 gibt einen Überblick über die Einteilung der
Steuerungen.

- Besteht die Vorschrift darin, einen festen Wert der interessierenden Prozeßgröße einzustellen, z.B. eine bestimmte Menge eines Stoffes zu dosieren oder beim Erreichen eines
  festgelegten Behälterstandes einen Füllvorgang zu beenden, so kann diese Aufgabe
  durch eine *Festwertsteuerung* erfüllt werden.
- Soll dagegen der Verlauf der Prozeßgröße von einer veränderlichen Eingangsgröße, der
  Führungsgröße, abhängen, deren zeitlicher Verlauf vorher nicht bekannt ist, so wird
  dieser Zusammenhang durch eine *Führungssteuerung* realisiert. Führungssteuerungen
  finden wir bei Heizungsanlagen, bei denen die Vorlauftemperatur des Heizmediums in
  Abhängigkeit von der Außentemperatur verändert wird, oder beim Einschalten der
  Straßenbeleuchtung durch eine Fotozelle, die die Tageshelligkeit erfaßt (Dämmerungs-
  schalter).
- Ist der zeitliche Verlauf der Prozeßgröße vorgegeben, z.B. bei einer Verkehrsampel,
  bei Einschaltvorgängen mit Hilfe einer Schaltuhr, bei thermischen Prozessen, die einen
  bestimmten Temperaturverlauf erfordern, so liegt eine *Zeitplansteuerung* vor.
- Bei Fertigungsprozessen ist dagegen der Wegverlauf des Werkzeugeingriffs (Kontur
  des Werkstücks) vorgegeben; die selbsttätige Steuerung dieses Vorgangs erfolgt hier
  durch eine *Wegplansteuerung*.

– Schließlich kann es erforderlich sein, daß einzelne Schritte eines technologischen Ablaufs koordiniert nacheinander ablaufen, z.B. der Werkzeugwechsel, die Werkzeugpositionierung, die Bearbeitung und die nachfolgende Neupositionierung des Werkzeugs bei einem Werkzeugautomaten oder das Anlaufen einer Motorpumpe, wenn der untere Grenzwert des Wasserstands in einem Vorratsbehälter unterschritten wird, sowie das selbsttätige Ausschalten der Pumpe, sobald der obere Grenzwert erreicht ist. Hierbei werden durch prozeßabhängige *Fortschaltsignale* (z.B. das Ansprechen eines Endlagenschalters oder Grenzwertmelders) nachfolgende Operationen ausgelöst. Derartige Steuerungen werden *Ablaufsteuerungen* genannt; ihnen liegt ein Programm zugrunde, das festlegt, wie die Steuerung in einer bestimmten Phase auf die Eingangssignale zu reagieren hat. Es sind auch Kombinationen der einzelnen Steuerungen möglich. So enthält z.B. eine Waschautomatensteuerung Elemente der Ablaufsteuerung und der Zeitplansteuerung.

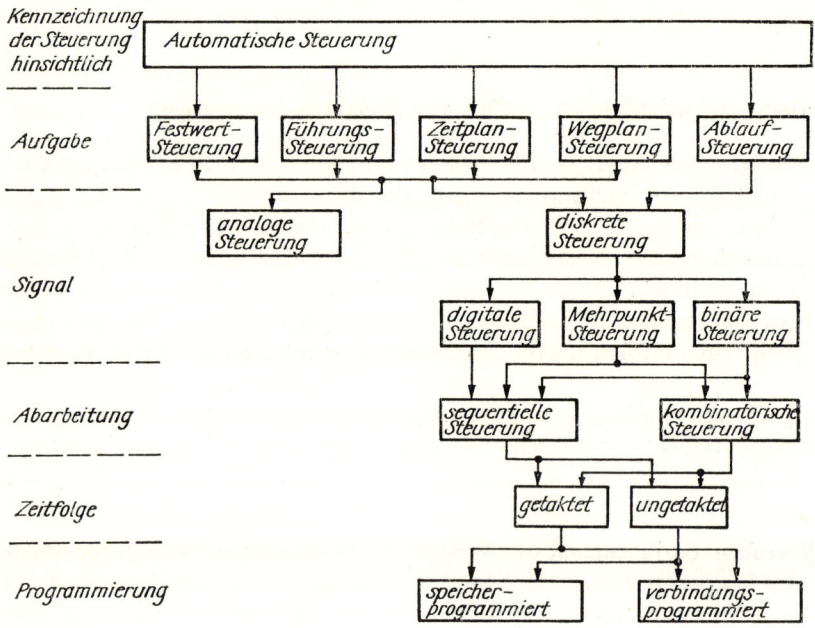

Bild 4.1. Einteilung der Steuerung

▶ Die Informationen, die durch die Steuereinrichtung verarbeitet werden, können also entweder Führungsgrößen sein, die von außen auf die Steuereinrichtung wirken, oder Prozeßgrößen des gesteuerten Objekts, die auf den Eingang der Steuereinrichtung zurückwirken, oder es sind Werte und Funktionen, die in dafür geeigneten Speichern enthalten sind. Als Speicher können Kurvenscheiben, Schablonen, Schaltwalzen, Lochstreifen, optisch abzutastende Datenträger, steckbare Verbindungen auf Programmierfeldern, Magnetplatten und -bänder, Halbleiterbauelemente und integrierte Schaltkreise dienen (s. Abschn. 2.2.). Die Beispiele zeigen, daß die zu verarbeitenden Signale entweder analog oder diskret sein können. Dementsprechend wird zwischen *analogen* und *diskreten* *Steuerungen* unterschieden.

Die Unterteilung diskreter Steuerungen in *digitale Steuerungen*, *Mehrpunktsteuerungen* und *binäre Steuerungen* berücksichtigt die Art der Signale, die in der Steuereinrichtung verarbeitet werden. Die weiteste Verbreitung haben dabei binäre Steuerungen gefunden, die auch als *Schaltsysteme* bezeichnet werden.

▶ Bei jedem Prozeßablauf sind bestimmte Bedingungen für den Übergang eines Prozeßzustands in einen anderen zu berücksichtigen. Die Werte der Prozeßgrößen, die einen Prozeßzustand kennzeichnen, müssen durch die Steuereinrichtung erfaßt werden, um daraus die erforderlichen Stellgrößen zu bilden. Die Aufgabe derartiger Steuereinrichtungen besteht also darin, die Eingangsgrößen miteinander zu verknüpfen und bestimmten Kombinationen von Werten der Eingangsgrößen Werte der Ausgangsgrößen zuzuordnen. Auf diese Weise kann der Prozeßablauf so beeinflußt werden, daß die vorgegebenen Bedingungen erfüllt werden und damit der Steueralgorithmus verwirklicht wird. Diese Steuerungen heißen *kombinatorische Steuerungen*. Ein Beispiel dafür sind Schutz und Sicherheitseinrichtungen von Maschinen, die die Forderung zu erfüllen haben, daß ein Einschalten nur erfolgen darf, wenn die für den sicheren Betrieb erforderlichen Voraussetzungen gegeben sind, und daß die Maschine abgeschaltet wird, wenn ein gefährlicher Betriebszustand eintritt, der durch bestimmte Eingangsgrößen signalisiert wird (vgl. dazu das Beispiel, Bild 4.8).

▶ Häufig sind für einen Steuerungsablauf nicht nur die aktuellen Werte der Eingangsgröße von Bedeutung, sondern auch Informationen über die „Vorgeschichte" notwendig. Das ist immer dort der Fall, wo eine zeitliche Reihenfolge eingehalten werden muß, z. B. bei Ablaufsteuerungen. Die Steuereinrichtung muß hierbei eine Information darüber festhalten (speichern), welcher Programmschritt abgearbeitet wurde, d. h., an welcher Stelle das Programm zum betrachteten Zeitpunkt fortgesetzt werden muß. Diese Steuerungen müssen also *Speicher* enthalten. In diesen werden innere Zustandsgrößen verändert, die Informationen über den jeweiligen Schaltzustand der Steuereinrichtung geben. Die Wirkungsweise einer Steuereinrichtung, die keinen Speicher enthält, ist im Bild 4.2 dargestellt. Solange der Taster betätigt wird ($x = 1$), leuchtet die Lampe ($y = 1$); ist kein Signal am Eingang vorhanden ($x = 0$), verlischt die Lampe ($y = 0$). Damit das Ausgangssignal erhalten bleibt, muß der Schaltzustand nach Betätigung des Kontakts gespeichert werden. Hierzu kann ein Schalter, ein Relais mit zwei stabilen Ruhelagen oder ein Relais mit Haltekontakt (Bild 4.3) verwendet werden. Bei Betätigung des Schalters ($x_0 = 1$) wird nicht nur das Ausgangssignal verändert ($y = 1$), sondern auch der Speicher „*gesetzt*" ($q = 1$), d. h., das Ausgangssignal bleibt erhalten, wenn die Eingangsgröße

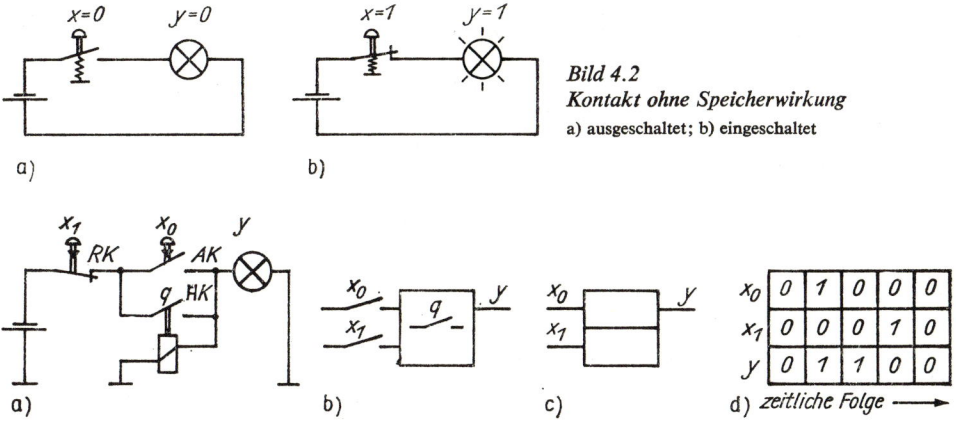

Bild 4.2
Kontakt ohne Speicherwirkung
a) ausgeschaltet; b) eingeschaltet

Bild 4.3. Kontaktschaltung mit Speicherwirkung

a) Relais mit Haltekontakt; b) vereinfachte Darstellung; c) Schaltsymbol eines Binärspeichers; d) Schaltfolgediagramm
AK Arbeitskontakt; *HK* Haltekontakt; *RK* Ruhekontakt (Öffner)

wieder $x_0 = 0$ ist. Durch Betätigung des Aus-Tasters $x_1 = 1$ wird der Speicher „*gelöscht*" oder „*rückgesetzt*" ($q = 0$). Die Speicherwirkung wird also durch eine oder mehrere innere *Zustandsgrößen*, die unterschiedliche Werte annehmen können – hier mit q bezeichnet –, dargestellt. Auf diese Weise kann ein Wert oder eine Folge von Werten als Ausgangsgröße ausgegeben werden, ohne daß ständig der entsprechende Wert der Eingangsgröße der Steuereinrichtung anliegt. Der Einfluß vorhergehender Prozeßzustände, der für die Wirkungsweise der Steuerung zu berücksichtigen ist, wird deutlich, wenn eine Folge unterschiedlicher Zustände und Ausgangsgrößen der Steuereinrichtung angegeben wird (Bild 4.3 d). Diese Steuerungen werden *sequentielle Steuerungen* (Sequenz = Folge) genannt.

▶ Bei *ungetakteten Steuerungen* werden die Schaltbefehle unmittelbar nach einer Veränderung der Eingangsgrößen ausgegeben, z.B. sprechen Alarmanlagen an, sobald sie durch ein geeignetes Signal, das eine Gefährdung der zu überwachenden Anlage meldet, ausgelöst werden. Ist dagegen ein Taktgeber vorhanden, der Veränderungen der Ausgangsgrößen nur in den durch die Taktfolge festgelegten Zeitpunkten zuläßt, so liegt eine *getaktete Steuerung* vor. Auf diese Weise ist es z.B. möglich, eine zeitliche Koordinierung mehrerer Ausgangsgrößen zu erreichen.

▶ Während früher das Programm zur Realisierung eines Algorithmus vorwiegend durch die Verdrahtung elektrischer Funktionselemente, durch Schlauch- oder Rohrverbindungen pneumatischer bzw. hydraulischer Bauglieder oder auch nur durch eine mechanische Verbindung zwischen den Eingängen, den Programmträgern (Schaltwalzen, Kurven-

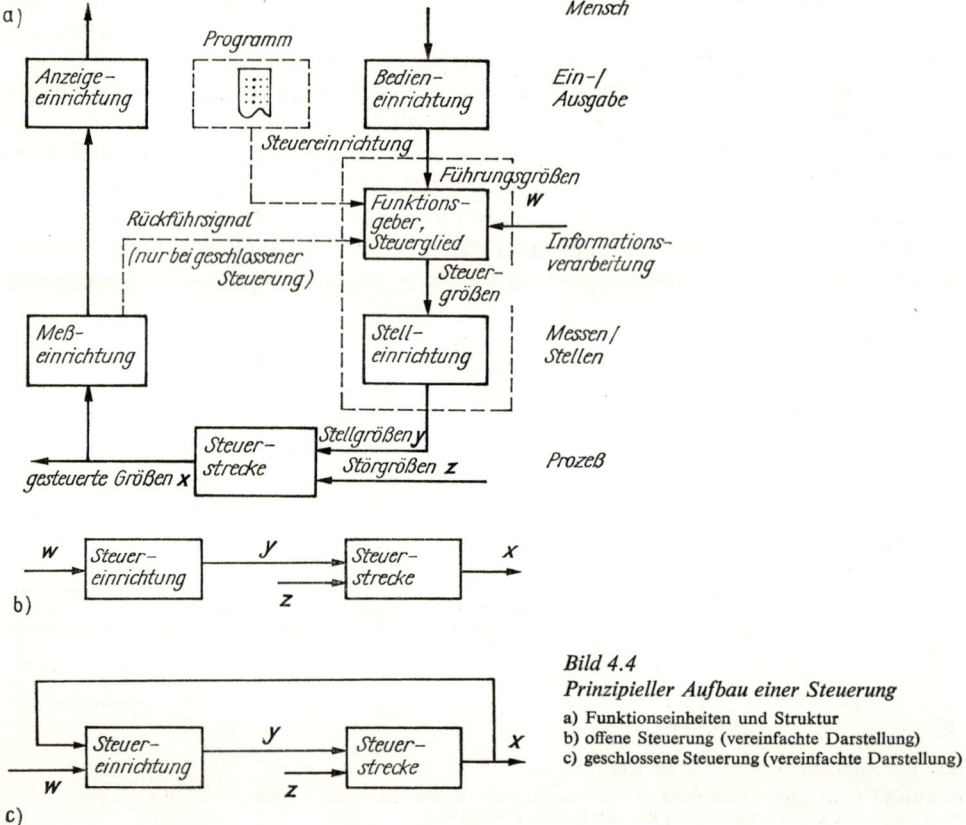

Bild 4.4
Prinzipieller Aufbau einer Steuerung

a) Funktionseinheiten und Struktur
b) offene Steuerung (vereinfachte Darstellung)
c) geschlossene Steuerung (vereinfachte Darstellung)

scheiben o.ä.) und den Stelleinrichtungen mit Hilfe von Gestängen, Hebeln oder Seil-
zügen festgelegt wurde *(verbindungsprogrammierte Steuerungen)*, werden mit der Entwicklung der Rechentechnik und der Mikroelektronik hauptsächlich digitale elektronische Speicherschaltkreise zur Aufnahme von Programmen für Steuerungen verwendet
(speicherprogrammierbare Steuerungen). Die Anwendung speicherprogrammierbarer
Steuerungen führt in vielen Gebieten der Technik zu völlig neuartigen Lösungen bei allen
Prozessen, die mit der Gewinnung, Übertragung, Verarbeitung und Nutzung von Informationen verbunden sind. Den prinzipiellen Aufbau einer Steuerung zeigt Bild 4.4 (vgl.
auch Bild 3.2). Das gesteuerte Objekt ist die *Steuerstrecke*. Die Erzeugung der erforderlichen Stellgrößen zur gezielten Beeinflussung der Steuerstrecke ist Aufgabe der *Steuereinrichtung*, die aus dem eigentlichen *Steuerglied* oder *Funktionsgeber* und der *Stelleinrichtung* besteht. Die Führungsgrößen können entweder von der Steuerung unabhängige Prozeßgrößen oder Eingangsgrößen sein, die durch die *Bedieneinrichtung* vorgegeben
werden. Bei programmierbaren Steuerungen muß ein *Programm* in die Steuereinrichtung
eingegeben werden, das den Algorithmus zur Bildung der Stellgrößen enthält. Der funktionelle Aufbau im Signalflußbild ergibt entweder eine Reihenschaltung – in diesem Fall
spricht man von einer *offenen Steuerung* (Steuerkette) –, oder es werden Ausgangsgrößen
wieder als Eingangsgrößen (z. B. als auslösende Kriterien für Schalthandlungen oder zum
Vergleich mit vorgegebenen Führungsgrößen) verwendet. Die auf diese Weise gebildete
Rückführ- oder Kreisschaltung wird als *geschlossene Steuerung* bezeichnet. Es sind auch
Reihenschaltungen mehrerer Kreise möglich. Alle Regelkreise können also auch als geschlossene Steuerungen bezeichnet werden. Auch Ablaufsteuerungen haben durch die erforderlichen Rückführsignale eine geschlossene Struktur. Über den Aufbau von Steuerungen entscheiden u. a. die Forderungen nach der Genauigkeit und der Geschwindigkeit
für das Erreichen bestimmter Prozeßzustände und die dafür zulässigen Kosten. So werden i. allg. Rückführschaltungen mit einem höheren Aufwand verbunden sein; sie gestatten aber durch den Vergleich zwischen einem Führungswert (Sollwert) und dem Ist-
wert der gesteuerten Größe eine genauere Anpassung an das geforderte Verhalten auch
unter dem Einfluß sich ändernder Umweltbedingungen oder anderer prozeßbedingter
Störungen. Kann der Einfluß von Störungen vernachlässigt werden, so werden offene
Steuerungen, die meist einfacher und billiger sind, die Anforderungen erfüllen können.
Der Ingenieur wird also bestrebt sein, die Lösung zu finden, die bei einwandfreier Erfüllung der gestellten Bedingungen und sicherer Funktion den geringsten Aufwand erfordert, also eine möglichst ökonomische Lösung der Aufgabenstellung zu erreichen.

4.1.2. Zur Bearbeitung von Steuerungsaufgaben

▶ *Steuereinrichtungen sind Bestandteil von Anlagen, Aggregaten und Maschinen und müssen deshalb mit ihnen zusammen entworfen und projektiert werden.* Dabei müssen die
Steueralgorithmen und die zu ihrer Realisierung notwendigen gerätetechnischen Mittel so
festgelegt werden, daß damit die Funktion des gesteuerten Objekts gewährleistet wird.
▶ Manchmal wird allerdings auch die Aufgabe gestellt, eine Maschine oder Anlage nach-
träglich mit einer Steuereinrichtung auszurüsten, um ihre Funktionsweise zu verbessern,
den Bedienaufwand zu verringern oder zu spät erkannte Unzulänglichkeiten zu beseitigen.
Hierbei ist der Projektant jedoch meist an die vorhandenen Gegebenheiten der technologischen Anlage gebunden, so daß eine optimale Lösung im Sinne einer auf die Automatisierung orientierten Anlagengestaltung nicht mehr möglich ist oder einen hohen Aufwand für die dazu notwendigen Veränderungen erfordert.

▶ Im Abschnitt 1. wurden die Ziele der Automatisierung, die wesentlichen Automatisierungsfunktionen und Aufgaben von Automatisierungseinrichtungen zusammenfassend dargestellt. Aus den übergeordneten Zielstellungen des Produktionsprozesses leiten sich ökonomische, technologische und technische Forderungen ab, die mit Hilfe von Steuereinrichtungen zu realisieren sind.

▶ Der Entwurf einer diskreten Steuerung erfolgt in der Regel in folgenden Etappen und Arbeitsschritten [10]:

1. Aufgabenstellung

– Beschreibung des technologischen Prozesses auf der Grundlage eines Prozeßmodells
– Angabe der ökonomischen, technologischen und technischen Forderungen (Einsatzbedingungen, Sicherheitsanforderungen, Flexibilität, Bedienungsanforderungen, Kommunikationsanforderungen, Anforderungen an die Zuverlässigkeit, Instandhaltung, zulässiger Aufwand usw.)
– Formulierung der Aufgabe ausgehend von der technologischen Funktion der Steuerung

2. Systementwurf

– Festlegung der Eingangs- und Ausgangssignale
– Grobkonzept der Steuerung
– Zerlegung in Teilaufgaben, Dekomposition

3. Logikentwurf

– Erarbeitung von Signalflußbildern, Graphen, Belegungstabellen zur Festlegung des Steuerungsablaufs und zur funktionellen Verknüpfung der Größen
– Beschreibung des Verhaltens und Überprüfung des Entwurfs, ggf. Korrektur des Entwurfs

4. Technischer Entwurf

– Auswahl gerätetechnischer Lösungsmöglichkeiten, Funktionsaufteilung auf Bauglieder und Geräte
– Erarbeitung der Ausführungsunterlagen (Stromlaufpläne, Anordnungspläne, Gerätelisten usw.)

5. Ausführung und Inbetriebnahme

– Montage und Verkabelung (bei verbindungsprogrammierten Steuerungen)
– Programmierung (bei speicherprogrammierbaren Steuerungen), Programmerprobung
– Funktionserprobung (Hard- und Software).

▶ Die genannten Arbeitsschritte sind jedoch nicht unabhängig voneinander zu bearbeiten, sondern *bedingen sich gegenseitig*. So kann es zweckmäßig sein, für die Formulierung der Aufgabenstellung Beschreibungsmittel zu verwenden, die erst in der Entwurfsphase präzisiert werden (Schaltbelegungstabelle, Signalflußbild, Programmablaufplan). Dabei sollte jedoch eine solche Beschreibung gewählt werden, daß keine Lösungskomponenten vorweggenommen und damit die Optimierungsmöglichkeiten unzulässig eingeschränkt werden. Die Entwurfsmethoden und die Darstellung der Lösung sind wiederum von der gewählten Ausführung der Steuerung (kombinatorisch oder sequentiell, verbindungs- oder speicherprogrammiert) abhängig, so daß bei der Präzisierung der Aufgabenstellung eine Entscheidung über die gerätetechnische Realisierung getroffen werden muß. Häufig werden deshalb mehrere Varianten zu betrachten sein, um eine technisch und ökonomisch optimale Lösung zu finden.

▶ Bei der *Aufgabenstellung* ist vor allem auf die vollständige Angabe aller Bedingungen zu achten, die durch die Steuerung zu erfüllen sind. Fehler, Lücken, mehrdeutige Auslegungsmöglichkeiten, nicht genannte Forderungen können nicht nur die Sicherheit der Anlage gefährden, sondern auch deren Funktionsfähigkeit insgesamt in Frage stellen.

▶ Aus diesem Grunde wird beim *Systementwurf* die Aufgabenstellung durch eine Zerlegung in Teilschritte und die Festlegung von Größen und Prozeßzuständen präzisiert. Auf die Verwendung von Graphen zur Zustandsbeschreibung wurde bereits im Abschnitt 2.3. hingewiesen. Weitere Grundlagen zur Anwendung graphenorientierter Beschreibungsmittel für die diskrete Prozeßbeschreibung werden im Abschnitt 4.1.3. gegeben.

▶ Durch den *Logikentwurf* wird die Aufgabenstellung in eine durch gerätetechnische Mittel realisierbare formale Darstellung übergeführt. Hierfür bilden die binären Logikelemente und die Schaltalgebra, die im Abschnitt 4.2. behandelt werden, die Grundlage.

▶ Bei der *gerätetechnischen Realisierung* von Binärsteuerungen werden in wachsendem Maße integrierte Schaltkreise eingesetzt [11; 12]. Diese enthalten entweder mehrere logische Verknüpfungsfunktionen (Gatter) und können damit für kombinatorische und sequentielle Steuerungen eingesetzt werden, oder sie sind Bestandteil von Mikrorechnern bzw. Programmsteuereinrichtungen und ermöglichen in Verbindung mit Mikroprozessoren und Speicherschaltkreisen eine sequentielle Abarbeitung der Steuerungsalgorithmen. Abschnitt 4.3. enthält die Grundlagen für die Anwendung von Mikroprozessoren und Mikrorechnern für Steuerungsaufgaben.

▶ Behandelt werden im folgenden *diskrete Steuerungen*, bei denen die Prozeßzustände der Steuerstrecke und der Steuereinrichtung durch diskrete Werte ihrer Zustandsgrößen gekennzeichnet sind. Der Entwurf analoger Steuerungen erfolgt auf der Grundlage der Verfahren, die im Abschnitt 5. näher beschrieben werden.

4.1.3. Prozeßbeschreibung durch Graphen

Die Steuerung diskreter Prozesse erfordert

▶ die Festlegung der für den Prozeßablauf wichtigen *Prozeßzustände*

Jeder Prozeßzustand, der für das sichere Arbeiten der Maschine oder Anlage und zur Erfüllung ihrer technologischen Funktion notwendig ist, wird durch *zusammengehörende Werte von Prozeßgrößen* gekennzeichnet. Dabei dürfen auch Prozeßzustände wie der Stillstand der Anlage, notwendige Zwischenzustände beim Anfahren und Abstellen, Betriebszustände zur Durchführung von Hilfsprozessen (Beschicken, Prüfen, Entnahme) nicht vergessen werden.

▶ die Festlegung der notwendigen *Operationen zur Überführung* eines Prozeßzustands in einen anderen

Das sind Änderungen der Stellgrößen auf einen anderen Wert oder auch Änderungen innerer Prozeßgrößen, die damit einen neuen Prozeßzustand bewirken. Hierbei ist sowohl zu überlegen, auf welche Weise ein gewünschter Prozeßzustand erreicht werden kann, als auch, welche Auswirkungen die Veränderung einer Eingangs- oder Prozeßgröße hat.

▶ die Festlegung der *Reihenfolge*, in der sich die Prozeßzustände durch innere oder äußere Einwirkungen verändern können

Diese Reihenfolge ist meist technologisch bedingt. Sie kann bei sich wiederholenden Prozeßabläufen immer wieder durchlaufen werden, oder es treten je nach Art der einwirkenden Operationen Abweichungen (Verzweigungen) innerhalb einer Folge von Zuständen auf.

▶ die *Prüfung* der durch die Steuerung zu realisierenden Prozeßzustände *auf Vollständigkeit*

Dabei sind alle unterschiedlichen Prozeßzustände zu erfassen, die durch Kombinationen der unterscheidbaren Werte der Eingangsgrößen und der inneren Prozeßgrößen möglich sind. Hierdurch soll sichergestellt werden, daß nicht mögliche Prozeßzustände unberücksichtigt bleiben, die u. U. zur Gefährdung der Sicherheit und der Arbeitsfähigkeit der Anlage führen können.

Werden nun die einzelnen aufeinander folgenden bzw. ineinander überführbaren Prozeßzustände durch Kreise dargestellt und durch gerichtete Linien miteinander verbunden, so erhält man eine Darstellung, die als *Zustandsgraph* bezeichnet wird. Im Gegensatz zur Darstellung des Signalflußgraphen (s. Abschn. 2.3.) werden durch die *Knoten des Graphen* keine Signale, sondern *Prozeßzustände* gekennzeichnet; die *Kanten* kennzeichnen den *Übergang* von einem Prozeßzustand zu einem anderen. An den Kanten der Graphen können die Bedingungen für die Überführung eines Prozeßzustands in einen anderen (z.B. die Werte der Eingangsgrößen, die Zeitdauer u.a.) notiert werden. Der Zustandsgraph kann Reihenschaltungen, Verzweigungen, Parallelzweige, Zusammenführungen, Kreisläufe, aber auch Anfangs- und Endzustände enthalten.

Im Bild 4.5a ist eine Schaltung dargestellt, in der zwei Lampen *L1* und *L2* durch die Schalter *S1* und *S2* eingeschaltet werden können. Die zwei Binärwerte in einem Knoten zeigen den Zustand der Lampen in der Reihenfolge *L1*, *L2*; 0.0 bedeutet, daß beide Lampen ausgeschaltet sind, 1.0, daß nur die Lampe *L1* leuchtet. Die Binärwerte an den Kanten stellen den Zustand der Schalter *S1/S2* dar; 0/1 bedeutet, daß nur der Schalter *S2* geschlossen ist. Bei Veränderung einer Schalterstellung erfolgt der Übergang über die betreffende Kante zu einem neuen Prozeßzustand, so wird z.B. bei der Schalterstellung 0/0, d.h., beide Schalter sind geöffnet, aus allen Zuständen ein Übergang zum Knoten 0.0, d.h., beide Lampen sind ausgeschaltet, bewirkt. Wird der Schalter *S2* betätigt (Bezeichnung 0/1 an der Kante), wird dieser Zustand nicht verändert. Die betreffende Kante führt also wieder auf den Knoten 0.0 zurück. Durch Betätigung des Schalters *S1* wird die Lampe *L1* eingeschaltet. Die Kante 1/0 führt also zum Knoten 1.0. Im Bild 4.5b können alle Prozeßzustände und die Möglichkeiten ihrer Veränderung verfolgt werden.

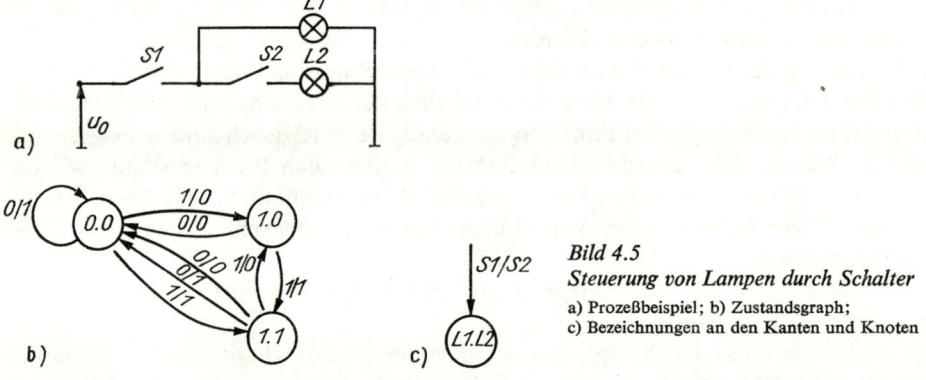

Bild 4.5
Steuerung von Lampen durch Schalter
a) Prozeßbeispiel; b) Zustandsgraph;
c) Bezeichnungen an den Kanten und Knoten

Bild 4.6 zeigt den Zustandsgraphen einer Verkehrsampel. Hierbei sind nur die drei Lampen für eine Fahrtrichtung dargestellt. Es ergibt sich ein Zyklus von fünf unterschiedlichen Zuständen der Ampel. Die Zeitdauer bis zum Übergang auf den jeweils nachfolgenden Zustand ist an den Kanten des Graphen angegeben. Wird auch die Gelbphase, die als Warnsignal beim Einschalten (Einschaltsignal *E*), beim Ausschalten (Ausschaltsignal *A*) sowie nach Lampenausfall (*LA*) des „rot" zeigenden Signals notwendig ist, als gesonderter Zustand dargestellt, so können auch die Übergänge zum und vom abgeschalteten Zustand verfolgt werden. Vom ausgeschalteten Zustand führt, wenn das Einschaltsignal *E* vorhanden ist, eine Kante zum Zustand „gelb"; nach 5 s wird über die nachfolgende Kante der Zustand „rot" erreicht. Danach beginnt der Zyklus mit dem Übergang nach 16 s zum Zustand „rot/gelb". Aus jedem Zustand wird, wenn das Ausschaltsignal *A* auftritt, der Zustand „aus" über eine Gelbphase von 5 s Dauer erreicht. Das Signal Lampenausfall *LA* führt aus dem Zustand „rot" ohne Zeitverzögerung zum Warnsignal „gelb".

Der Zustandsgraph für ein technisches Objekt (Maschine, Anlage, Aggregat) stellt ein *diskretes Modell der Steuerstrecke* dar, dessen Verhalten durch die interessierenden Prozeßzustände (Knoten des Graphen) und die zu ihrer gezielten Beeinflussung notwendigen Eingangsgrößen und Bedingungen (Bezeichnungen an den Kanten des Graphen) beschrieben wird. Durch die Steuereinrichtung müssen nun diese Stellgrößen der Steuerstrecke so gebildet werden, daß damit der Algorithmus der Steuerung realisiert wird.

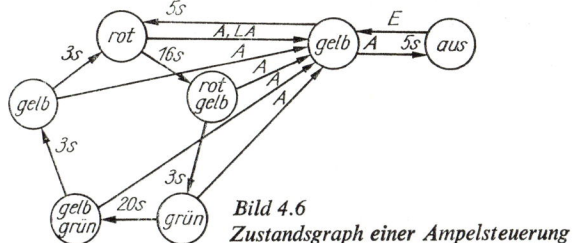

Bild 4.6
Zustandsgraph einer Ampelsteuerung

Werden die dazu notwendigen Zustände der Steuereinrichtung ebenfalls als Zustandsgraph dargestellt, in dessen Knoten die zusammengehörenden Werte der Stellgrößen (Schaltbefehle) eingetragen und an dessen Kanten die Bedingungen für das Erreichen dieser Zustände notiert werden, so erhält man den *Steuergraphen* der Steuereinrichtung. Je nach Aufgabe der Steuereinrichtung (Führungssteuerung, Zeitplansteuerung, Ablaufsteuerung usw.) können die Bedingungen für den Übergang zu einem bestimmten Zustand der Steuereinrichtung durch Werte der Führungsgrößen, durch Übergangszeiten und Schaltzeitpunkte, die durch Zeitglieder und Taktgeber in der Steuereinrichtung vorgegeben werden, durch innere Zustandsgrößen, die in Speichern der Steuereinrichtung enthalten sind oder durch Prozeßgrößen der Steuerstrecke, die erfaßt und auf die Steuereinrichtung zurückgemeldet werden, gebildet werden.

Da im Beispiel der Ampelsteuerung (Bild 4.6) der Zustand der Ampel dem der zugehörigen Schaltbefehle für die einzelnen Signallampen entspricht, stellt dieser Zustandsgraph bereits den Steuergraphen der Steuereinrichtung dar. Ein Zeitgeber erzeugt nach Ablauf der angegebenen Haltezeit das Umschaltsignal. Daneben sind von Hand einzugebende Einschalt- und Ausschaltsignale sowie das nach Ausfall einer Signallampe erzeugte Ausschaltsignal zu berücksichtigen.

Für den Entwurf einer Steuerung hat sich eine Darstellung bewährt, bei der die durchzuführenden Operationen durch Kreise, die jeweiligen Endzustände im Ergebnis dieser Operationen durch Striche senkrecht zu den Verbindungslinien zwischen den Kreisen gekennzeichnet werden. An ihnen werden die Bedingungen angegeben, die für den Übergang zur nächsten Operation erfüllt sein müssen. Aus dieser Darstellung – *Petri-Netz* genannt – kann dann in einfacher Weise ein Steuerungsablaufplan abgeleitet werden [10].

■ Bild 4.7a zeigt einen Behälter mit Zufluß und Abfluß. Während der *Signalflußgraph* (Bild 4.7b) nur die Prozeßgrößen und ihre Verknüpfung enthält, sind im *Zustandsgraphen* (Bild 4.7c) alle Zustände des Systems angegeben. Zu ihrer Kennzeichnung ist außer der Angabe des Flüssigkeitsstands ($H = 0$; Zwischengröße $H_z = $ konst.; $H = H_{max}$) auch von Interesse, ob dieser konstant ist ($\dot{H} = 0$), steigt ($\dot{H} > 0$) oder fällt ($\dot{H} < 0$) (Bild 4.7d). Die Ventilstellungen werden an den Kanten notiert, wobei nur die Fälle geschlossen ($V1 = 0$; $V2 = 0$) oder geöffnet ($V1 = 1$; $V2 = 1$) betrachtet werden sollen. Bei geöffneten Ventilen soll der zufließende Volumenstrom gleich dem abfließenden sein.

Durch die Ventilstellung 0/1 ($V1 = 0$; $V2 = 1$) wird der Zustand „H fällt" erreicht. Während dieser zunächst durch die Ventilstellung 0/1 erhalten bleibt (Kante im Bild 4.7c gestrichelt dargestellt), ergibt sich nach genügend langer Zeit der Zustand „$H = 0$", aus dem nur durch die Eingangsgröße 1/0 wieder ein Übergang zu anderen Zuständen möglich ist. Wird ein bestimmter Prozeßablauf vorgegeben, z.B. die im Bild 4.7e dargestellte zeitliche Änderung der Prozeßgröße *H,* so sind nur die Teilzustände von Interesse, die in einer bestimmten Folge durchlaufen werden. Sie sind durch die Zahlen 1 bis 8 und im Bild 4.7c durch stärkere Linienzüge hervorgehoben worden. Das Petri-Netz dieser Steuerung wird im Bild 4.7f gezeigt.

Im Zustandsgraphen werden also alle Zustände eines Systems, die durch Änderungen der Eingangs- oder Zustandsgrößen erreichbar sind, dargestellt. Damit kann das Verhalten des Systems unabhängig von einer konkreten Steuerungsaufgabe oder einer vorgegebenen Folge von Operationen beschrieben werden. Dagegen liegt dem Petri-Netz bereits ein bestimmter Steueralgorithmus zugrunde. Weitere Beispiele zur Anwendung von Petri-Netzen enthält Abschnitt 7.2.6.

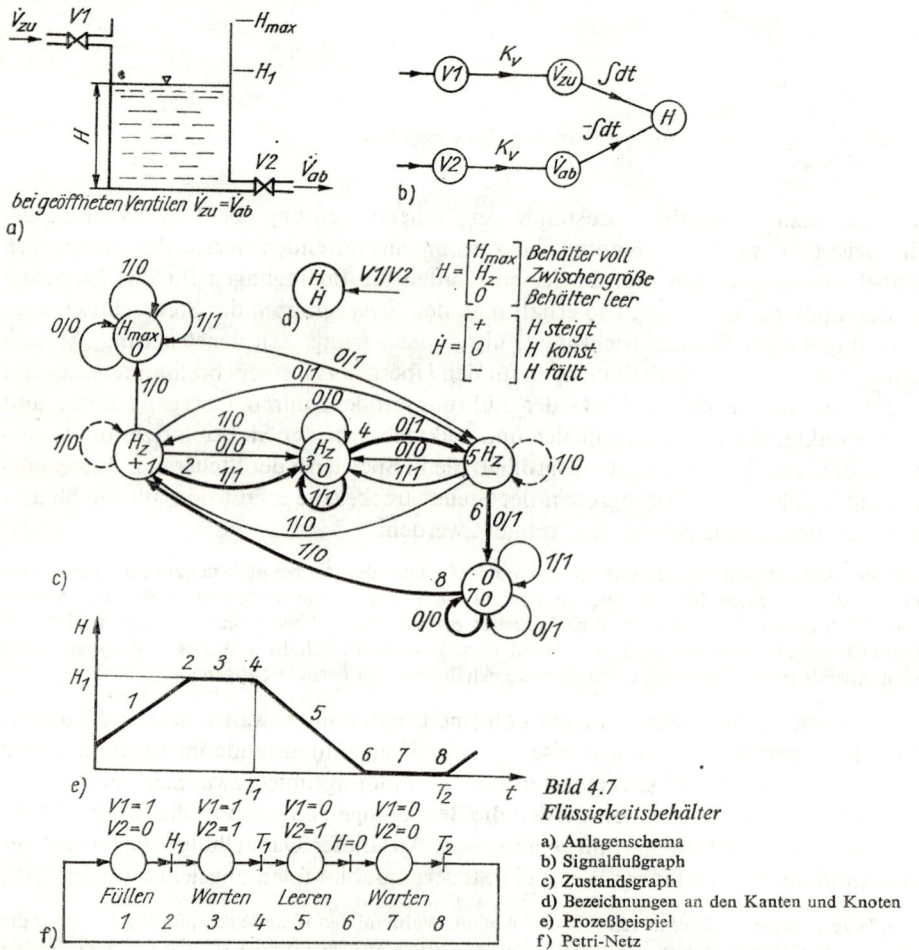

Bild 4.7
Flüssigkeitsbehälter

a) Anlagenschema
b) Signalflußgraph
c) Zustandsgraph
d) Bezeichnungen an den Kanten und Knoten
e) Prozeßbeispiel
f) Petri-Netz

4.2. Schaltsysteme

Im Abschnitt 2.2. wurde der Signalbegriff erläutert. Als einfachstes Signal haben wir das binäre Signal kennengelernt. Im folgenden Abschnitt sollen Steuerungen betrachtet werden, deren Eingangs- und Ausgangsgrößen binäre Signale sind. Sie werden als *binäre Systeme* oder *Schaltsysteme* bezeichnet [10].

4.2.1. Schaltelemente

▶ Die einfachste Funktion, die eine Steuereinrichtung erfüllen kann, ist das Ein- oder Ausschalten eines Stromkreises, einer Maschine oder Anlage. Dabei denken wir zunächst an einen Schalter, ein Relais oder Schaltschütz, können uns aber ebenso das Öffnen eines Ventils oder eines Schiebers, das Einrasten einer Kupplung o.ä. vorstellen. Wir unterscheiden dabei nur zwei Zustände der Schalteinrichtung: eingeschaltet oder ausgeschaltet. Es interessiert oft gar nicht, wie groß der Strom nach dem Einschalten ist oder welcher genaue Wert einer physikalischen Größe sich einstellt. Viele technische Sachverhalte lassen sich auf die Angabe einer von zwei Möglichkeiten zurückführen, z.B.

Anlage:	in Betrieb	– außer Betrieb
Grenzwert:	erreicht	– nicht erreicht
Spannung:	vorhanden	– nicht vorhanden
Störung:	ja	– nein
Pegel:	hoch	– tief.

Diese Information wird durch ein binäres Signal übertragen. Ein *binäres Signal* ist ein Signal, dessen Informationsparameter zwei Werte annehmen kann. Die beiden Werte sollen mit 0 und 1 gekennzeichnet werden. Welcher Wert dabei welchen Sachverhalten zugeordnet wird, ist gleichgültig und kann nach Zweckmäßigkeit entschieden werden. Eine derartige Zuordnung, die Auswahl zwischen zwei Möglichkeiten, ist eine Elementarentscheidung; als zweiwertige Ziffer (binary digit), die die Werte 0 oder 1 annehmen kann, wird sie *bit* genannt. Auch die Bedingungen, die für die Betätigung einer Schalteinrichtung erfüllt sein müssen, können oft auf binäre Entscheidungen zurückgeführt werden, z.B., eine Pumpe ist auszuschalten, wenn ein bestimmter Flüssigkeitsstand in einem Behälter erreicht ist oder wenn der Druck in einer Rohrleitung einen Grenzwert überschreitet. Die Aufgabe der Schalteinrichtung besteht in diesem Fall darin, aus der Verknüpfung der binären Eingangssignale eine Entscheidung über das auszugebende binäre Ausgangssignal zu treffen.

■ Im Bild 4.8 ist eine Anlage zur Wasserversorgung dargestellt. Der Motor der Wasserpumpe soll eingeschaltet werden, wenn der untere Grenzwert (*UG*) des Wasserstands *L* unterschritten wird. Das Einschalten, das auch von Hand möglich sein soll, darf nur erfolgen, wenn der obere Grenzwert (*OG*) des Wasserstands nicht erreicht ist und die Ventile *V1* und *V2* an der Pumpe geöffnet sind. Der Motor soll ausgeschaltet werden, wenn der Wasserstand den oberen Grenzwert (*OG*) erreicht, wenn der Motor überlastet wird (Temperatur in der Motorwicklung zu hoch) oder der Druck im Druckstutzen der Pumpe einen zulässigen Wert überschreitet. Jede der genannten Bedingungen kann als binäre Größe dargestellt werden.

Wird von den technischen Sachverhalten abstrahiert, so sind binäre Größen mit Aussagen vergleichbar, die nur die Entscheidung über eine von zwei Möglichkeiten zulassen. *ja* oder *nein*, *wahr* oder *falsch*. Diese fallen in das Gebiet der Aussagenlogik. Oft werden daher Schaltelemente auch als *Logikelemente* bezeichnet. Meist sind für die Betätigung eines Schaltelements mehrere Bedingungen gegeben, die in geeigneter Weise miteinander verknüpft werden müssen. So kann es notwendig sein, daß das Einschalten eines Motors nur zulässig ist, wenn mehrere Sicherheitsforderungen oder technische Voraussetzungen erfüllt sind; dagegen soll der Motor abgeschaltet werden, wenn bereits eine der zu überwachenden Größen einen Grenzwert überschreitet. Während im ersten Fall alle Größen die an sie zu stellenden Bedingungen erfüllen müssen, genügt im letzten Fall, daß eine einzige Größe einen Grenzwert erreicht, um das Abschaltsignal auszulösen (Bild 4.8). Die mathematischen Beziehungen zur Berechnung von binären Systemen werden als *logische Funktionen* (genauer: zweiwertige logische Funktionen) bezeichnet und unter dem Begriff Algebra der Logik, *Boolesche Algebra* (nach dem englischen Juristen und Mathematiker *George Boole*, 1815–1864) oder für technische Anwendungen *Schaltalgebra* zusammengefaßt.

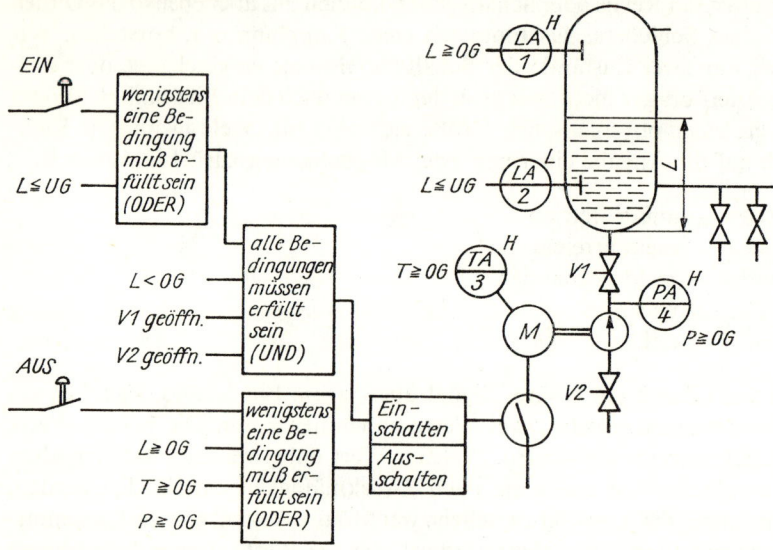

Bild 4.8. Steuerung einer Wasserversorgungsanlage

L Wasserstand; T Temperatur; P Druck; A Alarmierung; Grenzwertanzeige; OG oberer Grenzwert; UG unterer Grenzwert; $V1$, $V2$ Ventile

Logische Grundfunktionen

▶ Es soll vereinbart werden, daß binären Größen der Wert $x = 0$ zugeordnet wird, wenn die Bedingung, über die die Größe eine Aussage enthält, nicht erfüllt ist, dagegen der Wert $x = 1$, wenn die Bedingung erfüllt ist. Der einfachste Fall liegt vor, wenn nur eine binäre Eingangs- und eine binäre Ausgangsgröße vorhanden sind. In diesem Fall sind zwei logische Verknüpfungen denkbar:

JA-Funktion, auch *Identität* genannt $y = x$.

NICHT-Funktion oder *Negation* $y = \bar{x}$ (die Negation wird durch Überstreichen der betreffenden Größe gekennzeichnet).

Soll die Ausgangsgröße eines Schaltelements nur dann den Wert $y = 1$ haben, wenn zwei Bedingungen erfüllt sind ($x_0 = 1$ und $x_1 = 1$), so müssen die Eingangsgrößen durch eine *UND-Funktion* verbunden werden. In der Aussagenlogik wird diese logische Verknüpfung *Konjunktion* genannt. Sie wird als Schaltgleichung

$$y = x_0 \wedge x_1, \qquad y = x_0 x_1 \quad \text{oder} \quad y = x_0 \,\&\, x_1$$

geschrieben.

Muß mindestens eine von zwei Bedingungen erfüllt sein (x_0 oder $x_1 = 1$), so liegt eine *ODER-Funktion* – auch *Disjunktion* genannt – vor:

$$y = x_0 \vee x_1.$$

Als Funktionssymbole für die Darstellung von Schaltelementen im Signalflußbild werden heute Rechtecke benutzt, in die das Logiksymbol (& für die UND-Funktion; 1 für die ODER-Funktion) eingetragen wird. Ein Kreis am Eingang oder Ausgang des Logikelements bedeutet eine Negation der Größe (Bild 4.9).

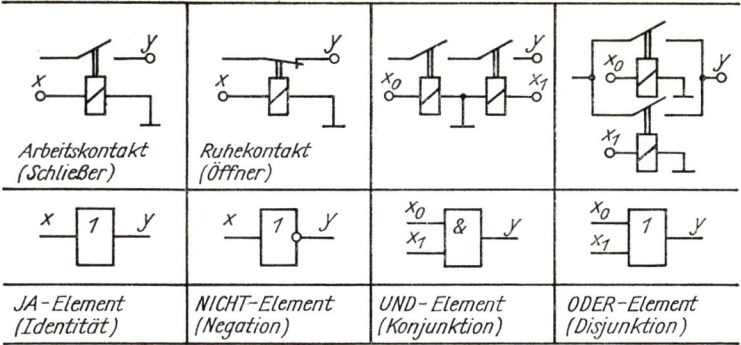

Bild 4.9. Logische Verknüpfungen mit elektromechanischen Relais

► Eine einfache Möglichkeit zur *Realisierung logischer Funktionen* ist die Verwendung elektromechanischer Relais (Bild 4.9). Ein Relais mit einem Arbeitskontakt, der bei Betätigung ($x = 1$) einen Stromkreis schließt ($y = 1$), wird als JA-Glied bezeichnet. Dagegen stellt ein Relais mit einem Ruhestromkontakt, der bei Betätigung ($x = 1$) den Stromkreis öffnet ($y = 0$), einen Negator dar. Eine UND-Funktion wird durch eine Reihenschaltung, eine ODER-Funktion durch eine Parallelschaltung zweier Relais realisiert. Wie die Bilder 4.10 bis 4.12 zeigen, können logische Funktionen auch mit mechanischen, hydraulischen, pneumatischen oder elektronischen Mitteln gebildet werden [4; 13], wobei eine große Vielfalt von Ausführungsformen verwendet wird [5]. Neben optischen und optoelektrischen Bauelementen zur Übertragung und logischen Verknüpfung binärer Signale gewinnen mit der Entwicklung der Mikroelektronik immer mehr *integrierte Schaltkreise* an Bedeutung. Diese enthalten mehrere logische Grundschaltungen (Gatter) in einem Bauelement, zeichnen sich durch kleine Abmessungen, geringen Energie- und Materialbedarf aus und gestatten damit einen kostengünstigen Aufbau von Schaltsystemen. Daneben setzen sich vor allem Lösungen durch, die eine Realisierung logischer Verknüpfungen mit programmtechnischen Mitteln ermöglichen. Diese programmierbaren Steuerungen enthalten mikroelektronische Bauelemente als *Speicherschaltkreise* und *Prozessoren* und können den speziellen Forderungen einer Vielzahl von Steuerungsaufgaben angepaßt werden. Da sie als komplette Steuereinrichtungen von der Industrie angeboten werden, ist hiermit auch eine Kosteneinsparung bei der Projektierung durch Anwendung von Programmiergeräten und rechnergestützten Entwurfsmethoden zu erwarten. Die Grundlagen zur Anwendung von Mikroprozessoren und Mikrorechnern in Steuereinrichtungen werden im Abschnitt 4.3. dargestellt.

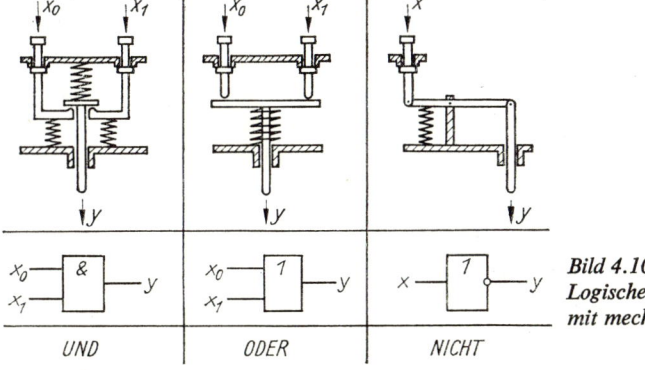

*Bild 4.10
Logische Verknüpfungen
mit mechanischen Mitteln*

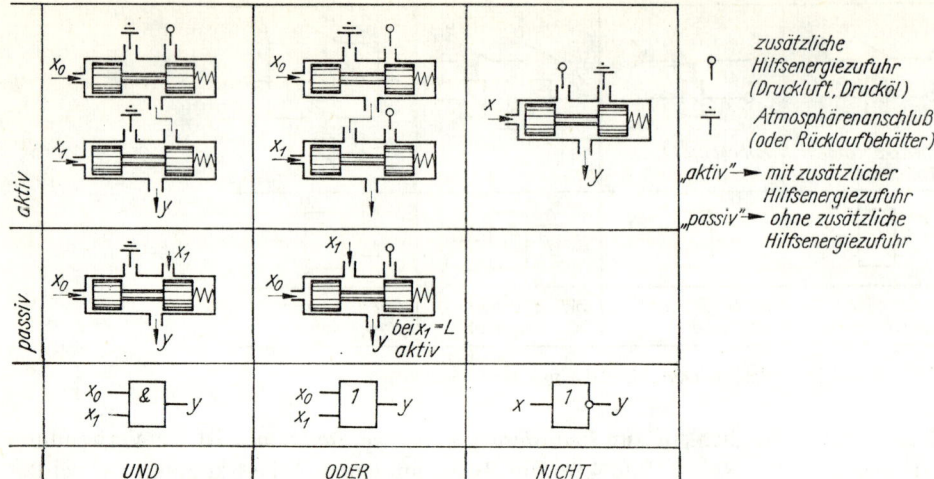

Bild 4.11. Kolbenelemente

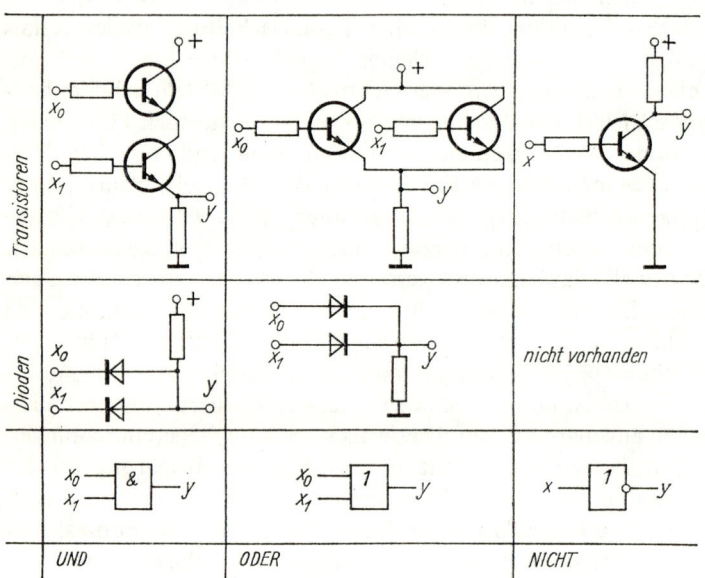

Bild 4.12. Logische Verknüpfungen mit kontaktlosen Elementen

Darstellungsarten binärer Systeme

▶ Für die Notierung von Steuerungsaufgaben, die mit Schaltsystemen realisiert werden können, sind mehrere Darstellungsarten gebräuchlich, die im folgenden an einem einfachen Beispiel der Steuerung eines Elektromotors (Bild 4.13) erläutert werden sollen. Dabei geht es darum, aus der verbalen Formulierung der Aufgabenstellung eine widerspruchsfreie, vollständige und übersichtliche Angabe der logischen Verknüpfungen abzuleiten. Da hiermit bereits die Funktion des Schaltsystems festgelegt wird, ist besondere Sorgfalt darauf zu verwenden, alle Bedingungen und technologischen Forderungen zu erfassen, die die Logikschaltung zu erfüllen hat. Eine nachträgliche Änderung oder Ergänzung stellt häufig die Funktion der ganzen Schaltung in Frage und erfordert daher meist einen Neuentwurf von Beginn an.

■ Die Einschaltung eines Motors soll sowohl von der Warte aus (Signal x_2) als auch vor Ort (Signal x_1) möglich sein. Ist der Betrieb des Motors aus technologischen oder Sicherheitsgründen nicht erlaubt, so soll ein Sperrsignal (x_0) die Einschaltung verhindern (Bild 4.13a). Wird das Ausgangssignal y nur aus der Verknüpfung der Eingangssignale gebildet, so liegt, wie wir aus Abschnitt 4.1.1. wissen, eine *kombinatorische Schaltung* vor; sie könnte mit Hilfe von Relais realisiert werden. Die Wirkungsweise der Schaltung wird jedoch bereits deutlich, wenn anstelle der Relais nur die Kontakte, die entweder als Öffner oder als Schließer wirken, angegeben werden. Diese Darstellung wird *Kontaktplan* genannt (Bild 4.13b).

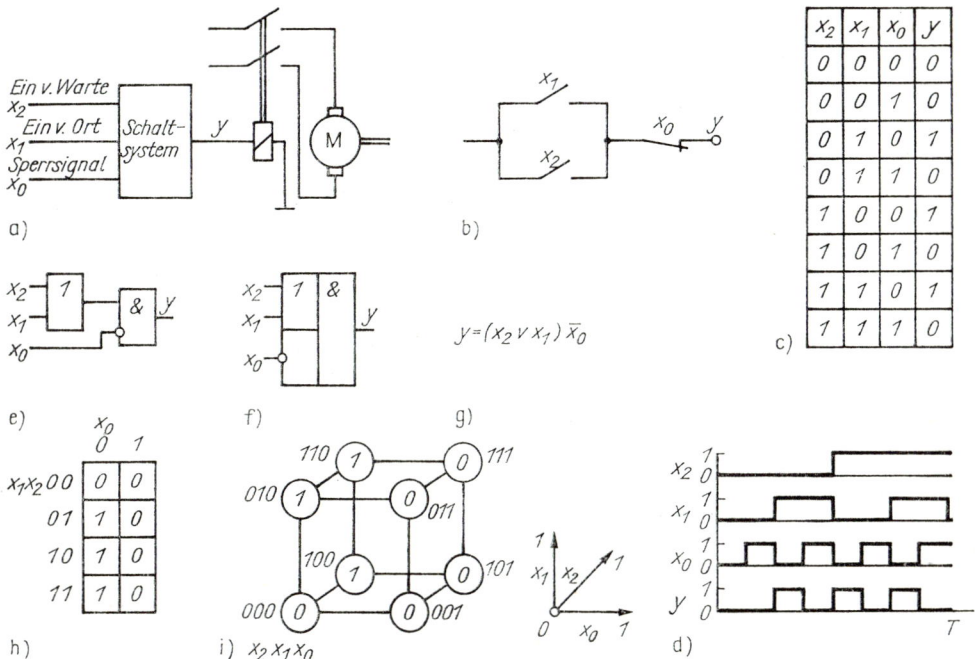

Bild 4.13. Schaltsystem zur Steuerung eines Elektromotors

a) Anlagenschema; b) Kontaktplan; c) Schaltbelegungstabelle; d) Schaltdiagramm; e) Signalflußbild; f) Schaltzeichen; g) Schaltgleichung; h) Karnaugh-Plan; i) Belegungsgraph

Der *Kontaktplan* ist die funktionelle Darstellung eines Schaltsystems, bei der den Eingangsgrößen Kontakte zugeordnet sind, die untereinander entsprechend ihrer logischen Verknüpfung zusammengeschaltet sind.

Werden alle Möglichkeiten betrachtet, die sich aus der Zuordnung der Werte 0 und 1 zu den Eingangsgrößen ergeben, so ergeben sich bei n Eingangsgrößen 2^n unterschiedliche Wertekombinationen. Entsprechend der Aufgabenstellung muß jeder dieser Wertekombinationen, soweit sie technisch sinnvoll ist, ein Wert der Ausgangsgröße zugeordnet werden. Diese Zuordnung wird in Form einer Tabelle, der *Schaltbelegungstabelle* (Bild 4.13c), angegeben. Die Schaltbelegungstabelle gibt die Zuordnung der Werte der Ausgangsgröße zu allen Wertekombinationen der Eingangsgrößen an. Die gleiche Information enthält das *Schaltdiagramm* (Bild 4.13d), in dem die Zuordnung der Werte der Ausgangsgröße zu den Wertekombinationen der Eingangsgröße in aufeinander folgenden

Schalttakten dargestellt werden. Die Zusammenschaltung von einfachen Logikelementen im *Signalflußbild* (Bild 4.13 e) kann auch verkürzt als *Schaltzeichen* (Bild 4.13 f) angegeben werden. Jede Verknüpfungsoperation wird dabei in einem gesonderten Feld dargestellt.

In der *Schaltgleichung* (Bild 4.13 g) werden die logischen Verknüpfungen als Gleichung geschrieben. Für die Vereinfachung komplizierter logischer Funktionen wird häufig die *Karnaugh-Tafel* benutzt (Bild 4.13 h). Diese enthält bei n Eingangsgrößen 2^n Felder, in die der jeweilige Wert der Ausgangsgröße eingetragen wird, der sich aus einer am Rand der Tafel notierten Kombination der Eingangsgrößen ergibt. Die Tafel ist so aufgebaut, daß sich benachbarte Felder immer nur durch die Veränderung eines Wertes in der Kombination der Eingangsgrößen unterscheiden. Schließlich können die Zustände eines Schaltsystems auch durch einen *Graphen* beschrieben werden (Bild 4.13 i). Hierbei wird die Änderung eines Wertes der Eingangskombination durch eine Kante dargestellt und der sich ergebende Wert der Ausgangsgröße durch einen Knoten des Graphen. Entsprechend

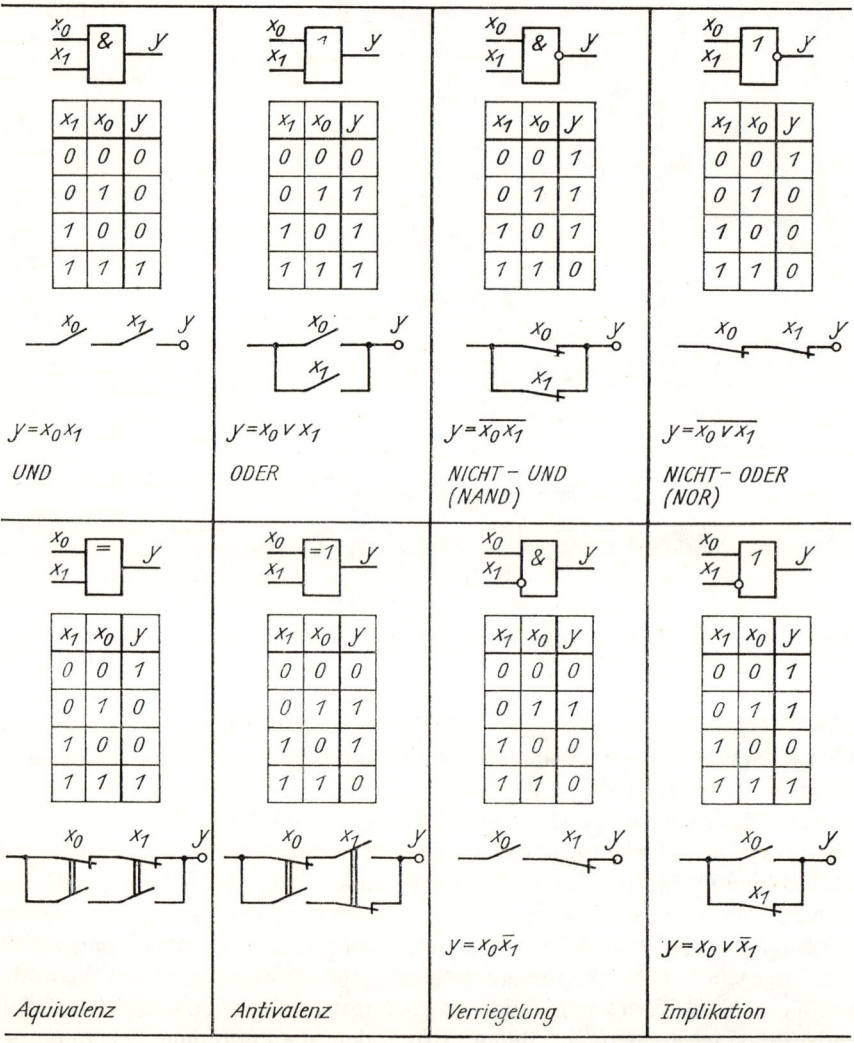

Bild 4.14. Logische Verknüpfung zweier Größen

der Zahl der Eingangsgrößen kann die Änderung der Belegung in den drei Dimensionen des Raumes dargestellt werden (x_0 links/rechts; x_1: unten/oben; x_2 vorn/hinten).

Wie aus Bild 4.13 zu erkennen ist, enthalten alle Darstellungsarten für binäre Systeme und logische Funktionen die gleichen Informationen. Sie unterscheiden sich nur durch den Grad der Anschaulichkeit und den Aufwand zur zeichnerischen Darstellung.

▶ Für den *Entwurf von Schaltsystemen* sind Programme für Digitalrechner und auch spezielle Programmiergeräte entwickelt worden, mit denen u. a. komplizierte Ausdrücke vereinfacht und zweckmäßig verknüpft werden können. Sie ermöglichen auch die Ausgabe der entworfenen Schaltung in einer der beschriebenen Darstellungsarten auf einem geeigneten Ausgabegerät (Bildschirm, Drucker, Schreibmaschine) und tragen zu einer weitgehenden Rationalisierung der Projektierungsarbeit bei.

Bild 4.14 zeigt die wichtigsten *logischen Verknüpfungen*, die sich mit zwei Eingangsgrößen bilden lassen. Wird das Ausgangssignal eines Schaltelements durch eine Rückführung als zusätzliche Eingangsgröße benutzt, so können logische Elemente aufgebaut werden, die die Eigenschaft haben, die Ausgangsgröße auf dem Wert $y = 1$ festzuhalten, d. h. den Wert zu *speichern*. Wie wir aus Bild 4.15 erkennen, wird der *Speicher* durch das Signal x_1 *gesetzt* und durch das Signal x_0 *gelöscht*. Der Unterschied zwischen den Schaltungen besteht darin, daß bei gleichzeitiger Betätigung von x_1 und x_0 in der Schaltung a das Setzsignal dominiert, in der Schaltung b dagegen das Löschsignal. Im Funktionssymbol eines Speicherglieds wird das Setzsignal mit S, der Eingang für das Löschsignal mit R (reset) bezeichnet.

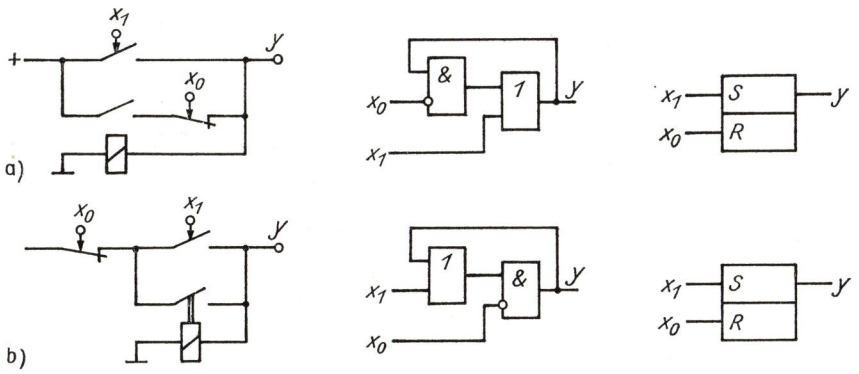

Bild 4.15. Speicherschaltungen
a) Setzsignal dominiert; b) Löschsignal dominiert

Im Beispiel (s. Bild 4.13) ist bisher nur die kombinatorische Verknüpfung der Eingangssignale betrachtet worden. Da jedoch der Taster zum Einschalten des Motors nur kurz betätigt wird, der Motor danach aber eingeschaltet bleiben soll, ist eine Speicherung der Ausgangsgröße des Tasters erforderlich. Die Ausgangsgröße des Schaltsystems soll nunmehr mit y_1 bezeichnet werden. Im Bild 4.3 wurde bereits die Wirkungsweise eines Speichers erläutert. Die Speicherfunktion kann auch mit Hilfe der Ersatzschaltung im Bild 4.16 verdeutlicht werden. Solange das Signal x_3 den Wert 0 hat, wird nach dem Einschalten durch $y_0 = 1$ das Ausgangssignal $y_1 = 1$ erzeugt, das nun über das ODER-Glied den Eingang auf dem Wert 1 festhält. Erst durch $x_3 = 1$ wird die Ausgangsgröße $y_1 = 0$ und damit der Motor ausgeschaltet. Dieser Zusammenhang ist in der Schaltbelegungstabelle nicht mehr eindeutig darstellbar (Bild 4.17a). Der Wert von y_1 kann aus den Eingangsgrößen $y_0 = 0$ und $x_3 = 0$ allein nicht bestimmt werden; es muß außerdem der Wert von y_1 im vorhergehenden Schaltzustand bekannt sein. Es ist deshalb notwendig, den Steuerungsablauf in einer Weise zu notieren, die die Aufeinanderfolge der Schaltzustände in Abhängigkeit von den Veränderungen der Eingangsgrößen wiedergibt. Geeignete Beschreibungsmittel für derartige Steuerungen sind die *Schaltfolgetabelle* und das *Schaltdiagramm* (Bild 4.17b und c). Der Wert von y_0 in einem beliebigen Schalttakt $k + 1$ kann aus den Werten von y_0, y_1, x_3 im vorhergehenden Schalttakt k bestimmt werden. Die Schaltgleichung lautet

$$^{k+1}y_1 = {}^k[(y_0 \lor y_1\bar{x}_3)].$$

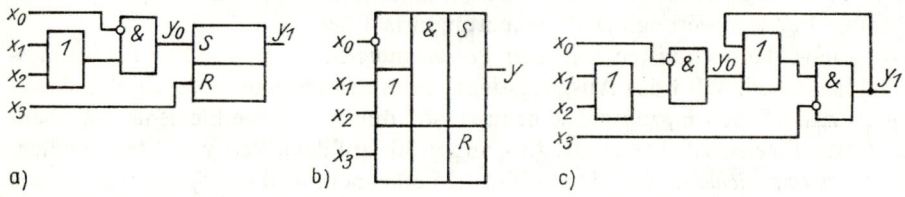

a)   b)   c)

Bild 4.16. Schaltsystem mit Speicherglied
a) Signalflußbild; b) vereinfachtes Schaltzeichen; c) Ersatzschaltung mit kombinatorischen Logikelementen

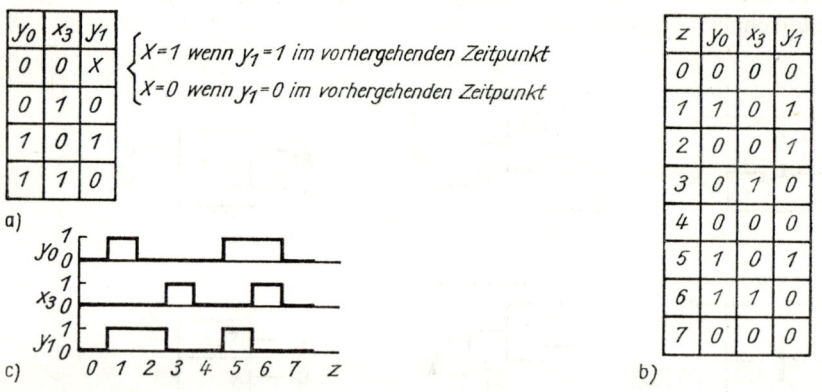

a)

c)

b)

Bild 4.17. Schaltsystem mit Speicherglied
a) Schaltbelegungstabelle; b) Schaltfolgetabelle; c) Schaltdiagramm

Wie wir bereits aus Abschnitt 4.1. wissen, werden diskrete Systeme, die Speicher enthalten, bei denen also die Werte der Ausgangsgrößen und der gespeicherten Größen (Zustandsgrößen) von der Reihenfolge der Eingangssignale abhängen, *sequentielle Systeme* genannt. Aus Bild 4.16 ist zu erkennen, daß unabhängig von den Werten y_0 und y_1 das Signal $x_3 = 1$ immer zum Löschen des Speichers führt. Das Signal x_3 hat also in dieser Schaltung Vorrang vor dem Einschaltsignal y_0.

4.2.2. Einführung in die Schaltalgebra

Das Ziel des Entwurfs von Schaltsystemen besteht darin, eine gerätetechnische Lösung zu finden, die die gestellte Aufgabe mit dem geringsten Aufwand vollständig löst. Die Aufgabe wird zunächst verbal formuliert und dann in einer im vorigen Abschnitt beschriebenen Darstellungsart angegeben. Betrachten wir zunächst die im Beispiel (s. Bild 4.13) beschriebene kombinatorische Schaltung. Ist die Schaltbelegungstabelle (s. Bild 4.13 c) gegeben, so kann eine Lösung gefunden werden, indem alle Wertekombinationen von x_0, x_1, x_2, für die die Ausgangsgröße y den Wert 1 haben soll, durch eine ODER-Funktion miteinander verbunden werden. Das ist in der 3., 5. und 7. Zeile der Fall:

3. Zeile: $x_2 = 0$, $x_1 = 1$, $x_0 = 0$, $y = 1$,   d.h. $y = \bar{x}_2 x_1 \bar{x}_0$

5. Zeile: $x_2 = 1$, $x_1 = 0$, $x_0 = 0$, $y = 1$,   d.h. $y = x_2 \bar{x}_1 \bar{x}_0$

7. Zeile: $x_2 = 1$, $x_1 = 1$, $x_0 = 0$, $y = 1$,   d.h. $y = x_2 x_1 \bar{x}_0$.

Damit haben wir alle Wertekombinationen, die eine Ausgangsgröße $y = 1$ zur Folge haben. Es ist also

$$y = \bar{x}_2 x_1 \bar{x}_0 \vee x_2 \bar{x}_1 \bar{x}_0 \vee x_2 x_1 \bar{x}_0.$$

Diese Schaltgleichung nennt man *vollständige disjunktive Normalform*. Hiermit ist die Funktion des Schaltsystems vollständig und eindeutig bestimmt. Die Aufgabe besteht jetzt darin, diesen Ausdruck, falls möglich, zu vereinfachen. Dazu werden die Rechengesetze der Schaltalgebra angewendet.

Rechengesetze der Schaltalgebra

Vertauschungsgesetz (Kommutativgesetz)

$$x_1 x_0 = x_0 x_1$$

$$x_1 \vee x_0 = x_0 \vee x_1$$

Verbindungsgesetz (Assoziativgesetz)

$$x_2 x_1 x_0 = x_2 (x_1 x_0) = (x_2 x_1) x_0$$

$$x_2 \vee x_1 \vee x_0 = x_2 \vee (x_1 \vee x_0) = (x_2 \vee x_1) \vee x_0$$

Verteilungsgesetz (Distributivgesetz)

$$x_2 x_1 \vee x_2 x_0 = x_2 (x_1 \vee x_0)$$

$$(x_2 \vee x_1)(x_2 \vee x_0) = x_2 \vee (x_1 x_0)$$

Umkehrungsgesetz (Inversionsgesetz)

$$y = x_1 x_0 \qquad \bar{y} = \overline{x_1 x_0} = \bar{x}_1 \vee \bar{x}_0$$

$$y = x_1 \vee x_0 \qquad \bar{y} = \overline{x_1 \vee x_0} = \bar{x}_1 \bar{x}_0$$

$$y = \overline{x_1 x_0} \qquad \bar{y} = x_1 x_0 = \overline{\bar{x}_1 \vee \bar{x}_0}$$

$$y = \overline{x_1 \vee x_0} \qquad \bar{y} = x_1 \vee x_0 = \overline{\bar{x}_1 \bar{x}_0}$$

Eine weitere Hilfe zur Vereinfachung von Schaltgleichungen sind die im Bild 4.18 dargestellten Beziehungen. Durch Anwendung dieser Gesetze und Rechenregeln läßt sich das kombinatorische Schaltsystem des vorhergehenden Beispiels, ausgehend von der vollständigen disjunktiven Normalform, wie folgt vereinfachen:

$$y = \bar{x}_2 x_1 \bar{x}_0 \vee x_2 \bar{x}_1 \bar{x}_0 \vee x_2 x_1 \bar{x}_0 = (\bar{x}_2 x_1 \vee x_2 \bar{x}_1 \vee x_2 x_1) \bar{x}_0$$

$$= ((\bar{x}_2 \vee x_2) x_1 \vee x_2 \bar{x}_1) \bar{x}_0 = (x_1 \vee x_2 \bar{x}_1) \bar{x}_0 = (x_2 \vee x_1) \bar{x}_0.$$

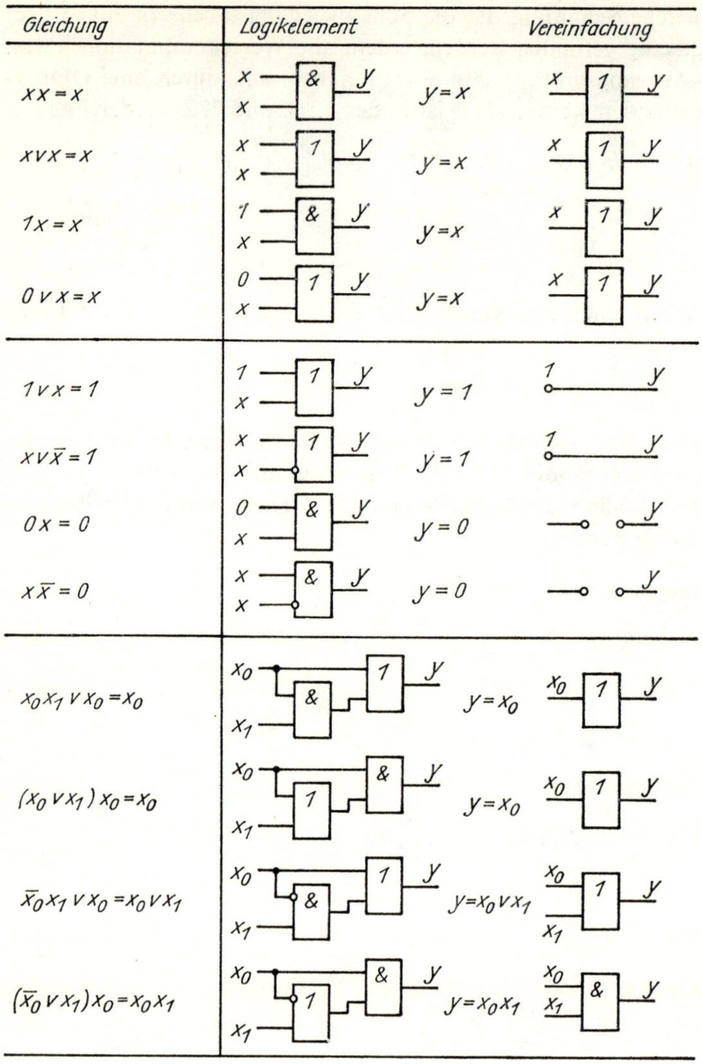

Gleichung	Logikelement	Vereinfachung
$xx = x$	& $y = x$	1
$x \vee x = x$	1 $y = x$	1
$1x = x$	& $y = x$	1
$0 \vee x = x$	1 $y = x$	1
$1 \vee x = 1$	1 $y = 1$	
$x \vee \bar{x} = 1$	1 $y = 1$	
$0x = 0$	& $y = 0$	
$x \bar{x} = 0$	& $y = 0$	
$x_0 x_1 \vee x_0 = x_0$	$y = x_0$	1
$(x_0 \vee x_1) x_0 = x_0$	$y = x_0$	1
$\bar{x}_0 x_1 \vee x_0 = x_0 \vee x_1$	$y = x_0 \vee x_1$	1
$(\bar{x}_0 \vee x_1) x_0 = x_0 x_1$	$y = x_0 x_1$	&

Bild 4.18. Vereinfachende Rechenregeln

Weitere Beispiele

Einige Beispiele sollen das grundsätzliche Vorgehen bei der Formulierung der Aufgabenstellung und beim Lösungsansatz zum Entwurf der Schaltung zeigen.

■ *Steuerung eines Aufzugs (vereinfacht).* Ein Aufzug kann über einen Außenschalter oder einen Innenschalter in Bewegung gesetzt werden. Das Einschalten darf nur erfolgen, wenn die Tür des Aufzugs geschlossen ist. Ist der Aufzug besetzt, darf eine Betätigung von außen nicht möglich sein. Wir wollen zunächst nur danach fragen, unter welchen Bedingungen der Aufzugmotor eingeschaltet werden darf. Die Fahrtrichtung und das Fahrtziel (Wahl des Stockwerks) sollen uns hier nicht interessieren. Das Anlagenschema ist im Bild 4.19a dargestellt.

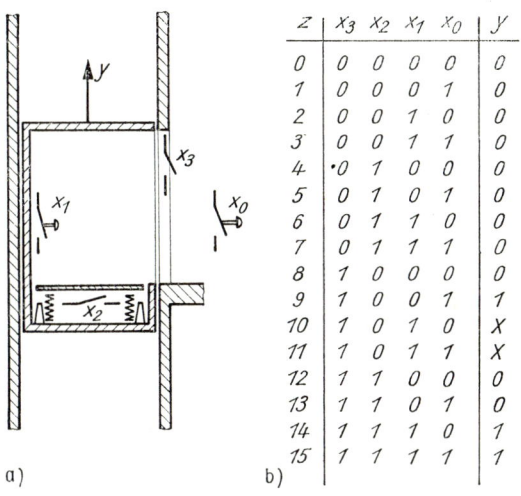

z	x_3	x_2	x_1	x_0	y
0	0	0	0	0	0
1	0	0	0	1	0
2	0	0	1	0	0
3	0	0	1	1	0
4	0	1	0	0	0
5	0	1	0	1	0
6	0	1	1	0	0
7	0	1	1	1	0
8	1	0	0	0	0
9	1	0	0	1	1
10	1	0	1	0	X
11	1	0	1	1	X
12	1	1	0	0	0
13	1	1	0	1	0
14	1	1	1	0	1
15	1	1	1	1	1

Bild 4.19
Aufzugsteuerung

a) Anlagenschema; b) Schaltbelegungstabelle
x_0 Außenschalter; x_1 Innenschalter;
x_2 Bodenkontakt; x_3 Türkontakt

a) b)

Es kann nun die Schaltbelegungstabelle entwickelt werden (Bild 4.19b). Da vier binäre Eingangsgrößen vorhanden sind, sind $2^4 = 16$ Wertekombinationen möglich; sie werden mit $z = 0$ bis $z = 15$ bezeichnet. Wenn alle Kombinationen systematisch durchdacht werden, so ergeben sich drei Zustände ($z = 9, 14, 15$), bei denen der Aufzugmotor eingeschaltet werden darf. Zeile 10 und 11 ergeben keine sinnvollen Kombinationen, da eine Betätigung des Innenschalters bei geschlossener Tür, ohne daß die Fahrkabine besetzt ist, nicht möglich ist. Das Zeichen × soll bedeuten, daß hier ein beliebiger Wert für y angenommen werden darf. Nehmen wir zunächst für $z = 10$ und 11 eine 0 an. Die vollständige disjunktive Normalform lautet hier

$$y = x_0\bar{x}_1\bar{x}_2x_3 \lor \bar{x}_0x_1x_2x_3 \lor x_0x_1x_2x_3.$$

Die Anwendung des Verteilungsgesetzes und die Kürzungsregel $\bar{x} \lor x = 1$ ermöglichen eine Vereinfachung der Schaltgleichung

$$y = (x_0\bar{x}_1\bar{x}_2 \lor \bar{x}_0x_1x_2 \lor x_0x_1x_2)\,x_3$$

$$y = (x_0\bar{x}_1\bar{x}_2 \lor (\bar{x}_0 \lor x_0)\,x_1x_2)\,x_3$$

$$y = (x_0\bar{x}_1\bar{x}_2 \lor x_1x_2)\,x_3.$$

Das zugehörige Signalflußbild, der Kontaktplan und die Schaltgleichung sind im Bild 4.20a bis c dargestellt. Wird nun in Zeile 10 und 11 eine 1 angenommen, so lautet die vollständige disjunktive Normalform

$$y = x_0\bar{x}_1\bar{x}_2x_3 \lor \bar{x}_0x_1\bar{x}_2x_3 \lor x_0x_1\bar{x}_2x_3 \lor \bar{x}_0x_1x_2x_3 \lor x_0x_1x_2x_3.$$

Es werden nun wieder die Kürzungsregeln (s. Bild 4.18) angewendet. Mit $\bar{x} \lor x = 1$ ergibt sich

$$y = x_0\bar{x}_1\bar{x}_2x_3 \lor x_1\bar{x}_2x_3 \lor x_1x_2x_3$$

$$y = x_0\bar{x}_1\bar{x}_2x_3 \lor x_1x_3 = (x_0\bar{x}_1\bar{x}_2 \lor x_1)\,x_3.$$

Mit der Kürzungsregel $x\bar{x}_1 \lor x_1 = x \lor x_1$ folgt daraus

$$y = (x_0\bar{x}_2 \lor x_1)\,x_3.$$

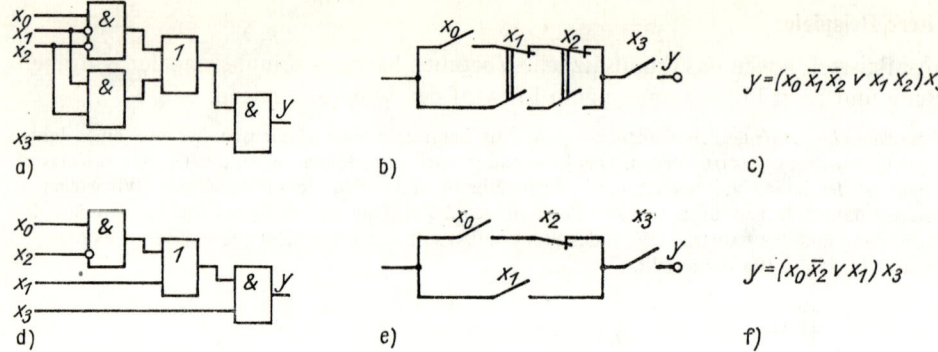

a)   b)   c)

$$y = (x_0 \bar{x}_1 \bar{x}_2 \vee x_1 x_2) x_3$$

d)   e)   f)

$$y = (x_0 \bar{x}_2 \vee x_1) x_3$$

Bild 4.20. Schaltsystem zur Aufzugsteuerung
a) Signalflußbild *A*; b) Kontaktplan *A*; c) Schaltgleichung *A*; d) Signalflußbild *B*; e) Kontaktplan *B*; f) Schaltgleichung *B*

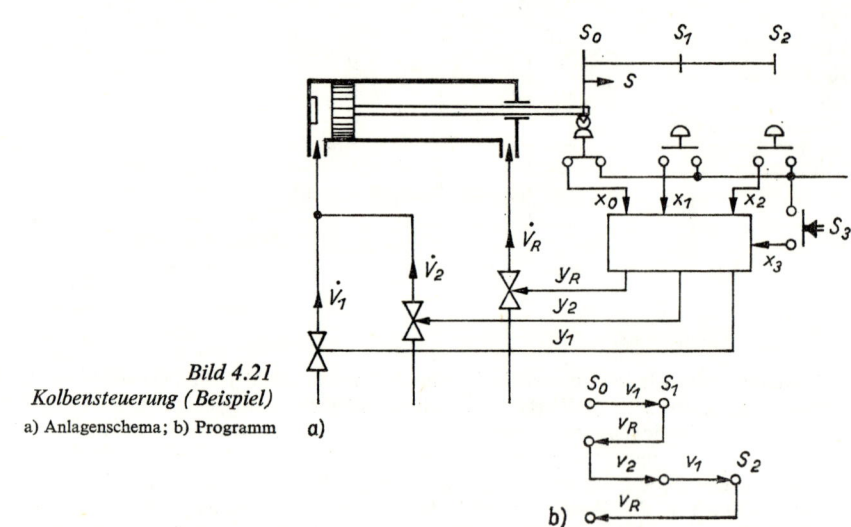

Bild 4.21
Kolbensteuerung (Beispiel)
a) Anlagenschema; b) Programm

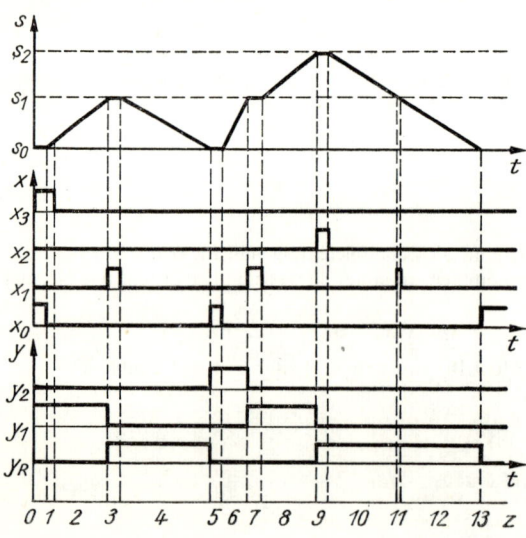

Bild 4.22
Schaltfolgediagramm
zur Kolbensteuerung (Beispiel)

Bild 4.20d bis f zeigt das Signalflußbild, den Kontaktplan und die Schaltgleichung. Wir erkennen, daß sich hier die vollständige disjunktive Normalform, obwohl sie umfangreicher als im ersten Teil ist, weiter vereinfachen läßt. Dadurch kann die Schaltung mit einem geringeren Aufwand realisiert werden.

■ *Steuerung eines Stellkolbens*

Aufgabenstellung. Ein zweiseitig beaufschlagter Hydraulik- oder Pneumatikstellkolben ist zu steuern [4]. Folgendes Programm soll realisiert werden:

– Nach Betätigung der Handtaste läuft der Kolben von seiner Ausgangsposition S_0 mit der Geschwindigkeit v_1 vorwärts.
– Wird die Position S_1 erreicht, so wird der Kolben auf Rücklauf mit der Geschwindigkeit v_R umgeschaltet. Er läuft zur Ausgangslage S_0 zurück.
– Beim Erreichen der Ausgangsposition wird der Kolben erneut auf eine Vorwärtsbewegung mit der Geschwindigkeit v_2 umgesteuert. Er läuft bis zur Stellung S_1.
– Die weitere Vorwärtsbewegung des Kolbens von S_1 bis S_2 soll mit der Geschwindigkeit v_1 erfolgen.
– Beim Erreichen der Endlage S_2 soll sich der Kolben mit der Geschwindigkeit v_R in die Ausgangsstellung zurück bewegen. Dort kann er erneut von Hand gestartet werden.

Systementwurf. Im Bild 4.21 ist der prinzipielle Aufbau der Steuerstrecke dargestellt. Durch Schalter an den Positionen S_0, S_1, S_2 wird die jeweilige Stellung des Kolbens signalisiert. Für die Handbetätigung dient ein Schalter S_3. Die Ausgangssignale des Schaltsystems sind y_1, y_2 und y_R. Sie steuern über Magnetventile den Zu- bzw. Abfluß zum bzw. vom Stellzylinder. Die Querschnitte sind so bemessen, daß sich die Geschwindigkeiten v_1, v_2 und v_R ergeben.

Z	x_3	x_2	x_1	x_0	y_2	y_1	y_R
0	1	0	0	1	0	1	0
1	1	0	0	0	0	1	0
2	0	0	0	0	0	1	0
3	0	0	1	0	0	0	1
4	0	0	0	0	0	0	1
5	0	0	0	1	1	0	0
6	0	0	0	0	1	0	0
7	0	0	1	0	0	1	0
8	0	0	0	0	0	1	0
9	0	1	0	0	0	0	1
10	0	0	0	0	0	0	1
11	0	0	1	0	0	0	1
12	0	0	0	0	0	0	1
13	0	0	0	1	0	0	0

Bild 4.23
Schaltfolgetabelle zur Kolbensteuerung

Logikentwurf. Der Verlauf des Kolbenwegs s ist im Bild 4.22 in Abhängigkeit von der Zeit dargestellt. Dabei ist berücksichtigt worden, daß zwischen der Betätigung eines Schalters und dem Beginn der Kolbenbewegung eine Zeitverzögerung vorhanden ist. Dem Wegverlauf können die Eingangssignale x und die Ausgangssignale y zugeordnet werden. Durch eine kombinatorische Steuerung ist die Aufgabe, wie eine kurze Überlegung ergibt, nicht zu lösen. Der Kolben durchläuft z.B. mehrmals die Position S_1. Während bei der ersten Vorwärtsbewegung hierbei die Rückwärtsbewegung ausgelöst werden soll, muß bei der zweiten

Vorwärtsbewegung eine Umschaltung auf die Geschwindigkeit v_1 vorgenommen werden. In einer Schaltbelegungstabelle können diese Forderungen nicht eindeutig notiert werden. Es müssen Speicher in der Steuerschaltung enthalten sein, die vorangegangene Schaltzustände festhalten und damit die Möglichkeit bieten, die nächstfolgenden Schaltbefehle eindeutig zu bestimmen. Es handelt sich also um eine sequentielle Steuerung. Wie bereits im vorigen Abschnitt dargelegt wurde, stellt hier die Schaltfolgetabelle bzw. das Schaltfolgediagramm das geeignete Beschreibungsmittel zur Notierung des Steueralgorithmus dar.

In die *Schaltfolgetabelle* (Bild 4.23) tragen wir nacheinander die *Schaltzustände z* der Steuereinrichtung ein, die durch eine bestimmte Belegung der *Eingangssignale x* und der *Ausgangssignale y* gekennzeichnet sind. Die Ausgangssignale müssen so gewählt werden, daß ein Übergang vom Zustand k zum nächstfolgenden Zustand $k + 1$ der Steuerung gewährleistet wird. Dieser wird wieder durch eine bestimmte Kombination der Eingangssignale x signalisiert. Wie aus der Schaltfolgetabelle oder dem Schaltfolgediagramm zu erkennen ist, muß die Ausgangsbelegung y gespeichert werden, damit die Bewegung des Kolbens fortgesetzt wird, auch wenn das auslösende Eingangssignal verschwindet. So müssen z.B. die

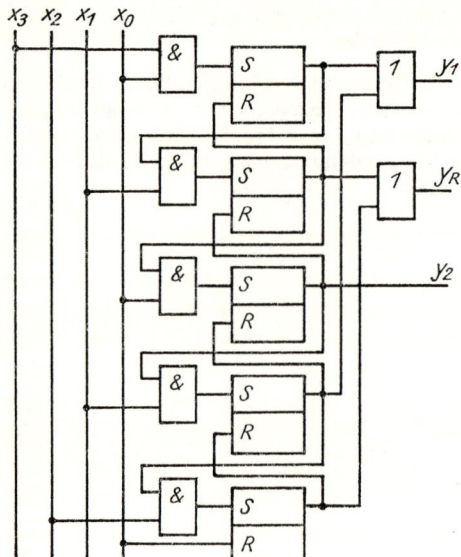

Bild 4.24
Signalflußbild zur Kolbensteuerung (Beispiel)

Werte der Ausgangsgrößen $y_2 y_1 y_R = 0\ 0\ 1$ im Schaltzustand $z = 4$ erhalten bleiben, auch wenn die Eingangsgrößen $x_3 x_2 x_1 x_0 = 0\ 0\ 0\ 0$ sind. Die Zustände $z = 2, 4, 6, 8, 10, 12$ haben jeweils die gleiche Belegung der Eingangsgrößen x, während die erforderlichen Ausgangsgrößen y unterschiedlich sind. Das zeigt wiederum, daß mit einer kombinatorischen Steuerung die gestellte Aufgabe nicht realisiert werden kann. Aus dem *Schaltfolgediagramm* Bild 4.22 kann nun das Signalflußbild unter Verwendung von binären logischen Elementen mit Speichergliedern entwickelt werden.

Bild 4.24 zeigt die Schaltung.

4.3.   Mikrorechner in Steuereinrichtungen

4.3.1.   Entwicklung mikroelektronischer Schaltkreise

▶ Der Aufbau diskreter Steuerungen erfolgte in früheren Jahren ausschließlich mit Einzelbausteinen, die die benötigten Verknüpfungs- und Speicherfunktionen realisierten. Beispiele derartiger als *diskrete*[1]) *Bauelemente* bezeichneten Funktionseinheiten, wie elektromechanische Relais, pneumatische und hydraulische Logikelemente, Transistoren,

---

[1]) Als „diskrete Bauelemente" werden Einzelbauelemente im Unterschied zu integrierten Schaltungen bezeichnet (nicht zu verwechseln mit „diskreten Signalen").

wurden bereits in Abschnitt 4.2.1. vorgestellt. Sie zeichnen sich vor allem aus durch

- einfachen Aufbau
- relativ hohe Schaltleistung
- geringe Anforderungen hinsichtlich der Stabilität der Hilfsenergieversorgung
- Unempfindlichkeit gegenüber elektrischen bzw. pneumatischen Störsignalen

und werden deshalb auch heute für einfache Aufgaben der Steuerungstechnik (Ansteuerung von Motoren, Stellgliedern und Anzeigeelementen, Verriegelungsschaltungen, Schutzeinrichtungen o. dgl.) eingesetzt. Ein Kennzeichen dieser diskreten Technik ist der überwiegend verbindungsprogrammierte Schaltungsaufbau und damit die auf einen speziellen Anwendungsfall zugeschnittene gerätetechnische Lösung. Mit den steigenden Anforderungen an die Prozeßsteuerung und die dadurch bedingte Zunahme von informationsverarbeitenden Funktionen fallen jedoch die Nachteile dieser Funktionselemente stärker ins Gewicht. Sie bestehen u. a. in

- einem großen Raum- und Leistungsbedarf
- einem hohen Aufwand für die Projektierung, die Montage und Verschaltung
- einer geringen Flexibilität gegenüber Änderungen der Steuerungsfunktion
- einer begrenzten Lebensdauer und Zuverlässigkeit bei mechanisch bewegten Teilen sowie der Störanfälligkeit infolge ihrer Empfindlichkeit gegenüber Erschütterungen und Stößen.

▶ Durch die Einführung neuer Technologien wurde die Herstellung elektronischer Halbleiterbauelemente möglich, die eine große Zahl elementarer Logikfunktionen in einem Schaltkreis vereinen. Ein solches Bauelement wird *integrierter Schaltkreis* (IS) genannt. Er besteht aus einem Siliziumplättchen – auch als Chip bezeichnet – mit einer Fläche von nur 10 bis 20 mm², das in einem sehr komplizierten Herstellungsverfahren mit einer inneren Organisationsstruktur ausgerüstet ist, die praktisch einer Schaltung von einigen tausend Transistoren, Widerständen und anderen elektrischen Bauelementen entspricht. Dieses Halbleiterplättchen ist in einem Gehäuse aus Keramik oder Plast untergebracht und mit der notwendigen Zahl von Anschlüssen versehen. Die Möglichkeit, diese Schaltkreise durch Wertezuweisung zu internen Speichern mit einem bestimmten Programm auszurüsten, das die Abarbeitung eines speziellen, auf die jeweilige Aufgabe zugeschnittenen Algorithmus realisiert, gestattet eine universelle Einsatzbarkeit und führt in vielen Gebieten der Technik zu völlig neuartigen Lösungen bei allen Prozessen, die mit der Gewinnung, Übertragung, Verarbeitung und Nutzung von Informationen verbunden sind. Der Einsatz integrierter Schaltkreise ist die Grundlage einer *neuen Generation von Automatisierungsgeräten*, mit der eine Vielzahl von Aufgaben der Prozeßüberwachung, Prozeßsicherung, Prozeßstabilisierung, Prozeßführung und Prozeßoptimierungkostengünstig lösbar ist. Darüber hinaus ermöglicht die Anwendung der Mikroelektronik prinzipiell neuartige Lösungen bei allen informationellen Prozessen. Das führt zu grundlegenden Änderungen technischer Verfahren, des Aufbaus von Geräten, Maschinen und Anlagen, der Arbeitsmethoden in allen Bereichen der Technik sowie darüber hinaus zu einer Rationalisierung formalisierbarer geistiger Tätigkeiten.

▶ Integrierte Schaltkreise können im Prinzip die gleichen Funktionen ausführen wie konventionelle elektronische Schaltungen. Entsprechend den zu verarbeitenden Signalen wird zwischen *analogen* und *digitalen IS* unterschieden. Werden analoge und digitale Schaltungen zusammen auf einem Chip angeordnet, so wird ein solches Bauelement *hybrider Schaltkreis* genannt. Dieser ermöglicht die Durchführung unterschiedlicher Signaloperationen, die für die Informationsübertragung und -verarbeitung erforderlich sind, wie z. B. die Verstärkung elektrischer analoger Signale, die Analog-Digital-Umsetzung und die anschließende Verarbeitung der digitalen Signale in einem Bauelement. Darüber hinaus ist es möglich, auch noch die Funktion der Informationsgewinnung in dem Schaltkreis zu integrieren. Der Meßfühler wird hierbei ebenfalls aus Halbleitermaterial hergestellt und mit auf dem Chip untergebracht. Derartige Schaltkreise gestatten die Erfassung, Verstärkung, Umformung, Verarbeitung und Übertragung von Meßgeräten (z. B. Druck, Temperatur, Kraft, Dehnung, Lichtintensität) und werden als *intelligente Sensoren* bezeichnet.

▶ Im folgenden werden wir uns ausschließlich mit der digitalen Informationsverarbeitung beschäftigen. Digitale Informationen werden, wie im Abschnitt 2.2. bereits gezeigt wurde, in Form von *Binärimpulsen* übertragen und verarbeitet. Für die Informationsverarbeitung zur Realisierung diskreter Steuerungen werden dabei vor allem folgende Funktionen benötigt:

– Signal- und Kodeumsetzung
– Zählung
– logische Verknüpfung
– arithmetische Verknüpfung
– Speicherung.

Alle diese Operationen lassen sich auf einfache logische Funktionen, sog. *Elementarfunktionen* oder *Binärfunktionen*, zurückführen. Diese wurden bereits im Zusammenhang mit den Schaltsystemen behandelt (s. Abschn. 4.2.). Je nach Anzahl der Elementarfunktionen (EF), die in einem Bauelement realisiert werden, wird zwischen *Klein-*, *Mittel-*, *Groß-* und *Höchstintegration* unterschieden (Bild 4.25). Die zeitliche Entwicklung der *Integrationsdichte* ist im Bild 4.26 dargestellt. Die damit verbundene Miniaturisierung bei der technischen Realisierung führte zu einer Verringerung der Masse, des Raumbedarfs und der Leistungsaufnahme um mehrere Zehnerpotenzen [14]. Die Erweiterung der funktionellen Möglichkeiten elektronischer Bauelemente um derartige Größenordnungen beschleunigen die technische Entwicklung in starkem Maße. Sie haben bereits mehrfach zu einem *Generationswechsel* informationsverarbeitender Geräte und Anlagen geführt, wobei durch qualitativ neue Eigenschaften weitere Anwendungsgebiete erschlossen wurden. Dieser Entwicklungstrend setzt sich auch in den nächsten Jahren fort. Im Bild 4.27 sind die Kennzeichen der Bauelemente- und Gerätegenerationen zusammengefaßt [5].

Bezeichnung	Abk.	Anzahl der Binärfunktionen in einem BE	Beginn der Entwicklung (Einführung)
Kleinintegration small scale integration	SSI	$< 10^2$	1959 (1961)
Mittelintegration medium scale integration	MSI	$10^2 \dots 10^3$	1964 (1966)
Großintegration large scale integration	LSI	$10^3 \dots 10^4$	1968 (1970)
Höchstintegration very large scale integration	VLSI	$> 10^4$	1978 (1980)

Bild 4.25. Integrationsgrade mikroelektronischer Schaltkreise

▶ Der Zugriff zu einer derart hohen Zahl von Speichern, wie sie in integrierter Technik ausgeführt werden kann, und die Verarbeitung großer Datenmengen erfordern *neue Prinzipien der Übertragung digitaler Informationen.* Eine solche Möglichkeit bietet die *Adressierbarkeit* der Speicher und Verarbeitungseinheiten und die bitserielle Übertragung der Informationen über eine *gemeinsame Datensammelleitung,* an die alle Systemelemente und externen Einrichtungen angeschlossen sind. Über die gemeinsame Übertragungsleitung, die aus mehreren parallelen Einzelleitungen besteht und als *Bussystem* bezeichnet wird, müssen drei Arten von Signalen übertragen werden:

Steuersignale für die Koordinierung der Übertragungs- und Verarbeitungsoperationen

Adreßsignale zur Anwahl der jeweils benötigten Speicher und Verarbeitungseinheiten

Datensignale, die die Eingangs- und Ausgangsinformationen, Meßwerte, Sollwerte, Stellbefehle, Zahlenwerte für die Parameter u. a. enthalten.

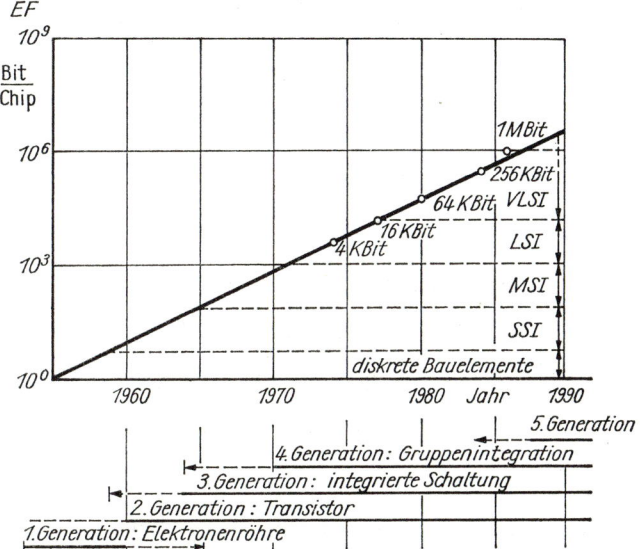

Bild 4.26
Zeitliche Entwicklung
der Integrationsdichte
von Speicherschaltkreisen
und Generationsfolge
elektronischer
Funktionseinheiten

EF Elementarfunktion je Bauelement

Die zugehörigen Signalleitungen werden daher als

– Steuerbus
– Adreßbus
– Datenbus

bezeichnet. Mit der Arbeitsweise des Bussystems werden wir uns im Abschnitt 4.3.3.4. näher beschäftigen.

▶ Für die Anwendung mikroelektronischer Schaltkreise sind ökonomische Erwägungen von entscheidender Bedeutung. Der Preis eines IS wird bei den außerordentlich hohen Entwicklungs-, Anlagen- und Produktionskosten der Mikroelektronikindustrie vor allem von der Zahl der gefertigten Bauelemente bestimmt. So beträgt die Mindeststückzahl für die wirtschaftliche Herstellung eines Schaltkreistyps etwa 10^5 bis 10^6 Stück. Mit einer Verringerung des Preises für ein einzelnes Bauelement ist also erst bei einer Produktion von mehreren Millionen Stück zu rechnen. Ein solcher Bedarf ist gegeben, wenn

a) universell einsetzbare *Standardtypen* von IS zum Aufbau flexibler Automatisierungseinrichtungen und anderer informationsverarbeitender Geräte verwendet werden, die durch Programmierung einem bestimmten Anwendungsfall angepaßt werden können. Solche Standard-IS sind z.B. Mikroprozessoren, Speicherschaltkreise, Zähler- und

Generation (Bauelemente/ cm^3)	Typisches Bauelement (Einsatz in der Automatisierungstechnik)	Charakter Ausführungsform	Bemerkungen
1. ($10^{-3} \ldots 10^{-1}$)	Elektronenröhre ab 1907 (bis 1960/65)	dreidimensionale Verbindung diskreter Bauelemente in Chassisbauweise	Bauelement und Schaltung trennbar
2. ($10^{-1} \ldots 10$)	Transistor ab 1948 (ab 1960)	diskrete Bauelemente auf Leiterkarten (gedruckte Schaltungen, zweidimensional); Varianten: Modul- und Mikromodultechnik	
3. ($10 \ldots 10^2$)	Mikroelektronik (integrierte Schaltung) ab 1959 bis 61 (ab 1965 bis 70)	überwiegend zweidimensionale Verbindung von Materialbereichen (z. B. Silizium) zu untrennbaren Grundschaltungen und Systemen; Halbleiterblocktechnik (meist), Filmschaltungen und Kombinationen	Einheit von Bauelement und Schaltung; aktive Bauelemente grundsätzlich wie bei der 2. Generation
4. ($10^2 \ldots 10^7$)	Gruppenintegration (LSI) ab 1963 bis 64 (ab 1970 bis 75) VLSI ab 1980	Weiterentwicklung der 3. Generation (hochintegriert, systemorientiert, schaltungsorientiert), meist Halbleiterblocktechnik (Bipolar- und MOS-Technik)	
5.	Funktionselektronik nach 1985 ... 90	hochintegrierte system- und funktionsorientierte Geräteteilsysteme; nicht mehr schaltungsorientiert	Bauelemente im klassischen Sinn nicht mehr lokalisierbar

Bild 4.27. *Kennzeichen von Bauelemente- und Gerätegenerationen*

Zeitgeberschaltkreise oder Schaltkreise für die Ein- und Ausgabe von binären Signalfolgen.

b) *Spezialschaltkreise* für die Massenproduktion von industriellen Erzeugnissen, z. B. für Uhren, Waschmaschinen, Taschenrechner, Meßgeräte, Kraftfahrzeuge, Erzeugnisse der Unterhaltungselektronik. Wird ein solcher Schaltkreis speziell für einen Hersteller von Massenprodukten entworfen und gefertigt, so wird dieser als „kundenspezifischer" oder „Kundenwunsch-Schaltkreis" bezeichnet.

▶ Integrierte Schaltkreise erweitern die funktionellen Möglichkeiten von Steuereinrichtungen beträchtlich. So können eine Vielzahl von Eingangssignalen miteinander verknüpft, komplizierte Steueralgorithmen ausgeführt und Steuerprogramme mit umfangreichen Befehlsfolgen realisiert werden. Die hohe *Flexibilität* beim Einsatz mikroelektronischer Funktionseinheiten und ihre *Anpassung* an die vielfältigen Aufgaben der Prozeßsteuerung waren jedoch nur durch eine weitgehende *Vereinheitlichung* aller Eigenschaften zu erreichen, die für das Zusammenwirken in einem Gerätesystem notwendig sind. Dazu gehören

– Funktionsprinzipien und Grundaufbau
– konsequente Anwendung binärer Signale
– Signalpegel- und Leistungsanpassung
– Verarbeitungsgeschwindigkeit, Schaltzeiten, Taktfrequenzen
– Abmessungen, Fassungen, Kartenbausteine.

● Die Erhöhung der Integrationsdichte, die Erweiterung der funktionellen Möglichkeiten und die Senkung der Kosten wurden vor allem durch die Weiterentwicklung der Herstellungstechnologien von IS möglich. Schaltkreise, die nach der gleichen Fertigungstechnologie hergestellt werden und sich damit durch weitgehend einheitliche Eigenschaften auszeichnen, werden zu *Schaltkreisfamilien* zusammengefaßt. Die Zahl von Schaltkreisfamilien nimmt durch die Entwicklung neuer Technologien ständig zu.

Eine weite Verbreitung haben *TTL-Schaltkreise* gefunden (TTL Transistor-Transistor-Logik). Sie zeichnen sich durch hohe Schaltgeschwindigkeiten und gute Kombinierarbeit aus.

Weitere Schaltkreisfamilien und ihre wichtigsten Kenndaten sind im Bild 4.28 dargestellt [5; 13]. Schaltkreise einer Schaltkreisfamilie können wegen ihrer einheitlichen Signalpegel, Taktfrequenzen und Schaltzeiten zusammengeschaltet werden. Dabei ist die Belastbarkeit der Ein- und Ausgänge der Schaltkreise zu beachten, die durch den *Lastfaktor* F_L angegeben wird.

Schaltkreis-familie	Spannung	Verzögerungs-zeit je Gatter	Statische Verlustleistung je Gatter	Statischer Störabstand	Schaltfrequenz
	V	ns	mW	V	MHz
TTL	5	10	10	0,4 ... 1	5 ... 35
L-TTL	5	30	1	0,4 ... 1	1 ... 5
LS-TTL	5	10	2	0,4 ... 1	5 ... 40
MOS	±3 ... 10	50 ... 300	1 ... 5	1 ... 3	3 ... 20
CMOS	±3 ... 15	20 ... 50	10^{-5}	1,5 ... 7	5 ... 16

Bild 4.28. Technische Daten häufig verwendeter Schaltkreisfamilien (Richtwerte)

TTL   Transistor-Transistor-Logik
L-TTL   Low-power-TTL (TTL mit geringer Leistungsaufnahme)
LS-TTL Low-power-Schottky-TTL (Schottky-TTL mit geringer Leistungsaufnahme)
MOS   Metall–Oxid–Silizium (auch metal oxid semiconductor)
CMOS   Complement-MOS

▶ Integrierte Schaltkreise besitzen ein großes Leistungsvermögen hinsichtlich ihrer Fähigkeit zur Informationsübertragung und -speicherung. Die hohe Integrationsdichte war jedoch, wie bereits dargelegt wurde, nur durch Verringerung des elektrischen Leistungsbedarfs auf sehr kleine Werte zu erreichen. Für eine direkte Informationsausgabe oder Informationsnutzung reicht damit die Leistung der Ausgangssignale dieser Schaltkreise nicht aus. Da darüber hinaus alle Eigenschaften von IS, die für die Signalübertragung von Bedeutung sind (Signalpegel, zeitliche Signalfolge, Anschlußbedingungen usw.) durch die spezielle Schaltkreistechnologie bestimmt werden, können nur Funktionseinheiten einer Schaltkreisfamilie miteinander zusammengeschaltet werden. Für eine Kopplung mit systemfremden Einheiten sind Anpaßschaltungen – auch *Interfaceschaltungen* genannt – notwendig, die als standardisierte Funktionseinheiten ausgeführt sein können, oft aber auch durch den Anwender selbst entworfen und aufgebaut werden müssen. Die Interfaceschaltungen haben die Aufgabe,

– die Eingangssignale von den Meßwertgebern oder von den Eingabeeinheiten (Schalter, Tastaturen, Magnetbandgeräte, Lochbandleser u. a.) so umzuformen, umzusetzen und anzupassen, daß die Anschlußbedingungen der IS erfüllt werden
– die Ausgangssignale der IS so umzusetzen und zu verstärken, daß die Stelleinrichtungen oder Ausgabeeinheiten (Relais, Lampen, Anzeigeelemente, Bildschirm, Drucker,

Schreibmaschine u. a.) mit der dazu notwendigen Leistung und Signalform angesteuert werden können

– die Eingangs- und Ausgangssignale unterschiedlicher Schaltkreisfamilien einander anzupassen.

Der Wirkungsablauf und häufige Operationen in digitalen Steuerungen werden schematisch im Bild 4.29 dargestellt. Für viele Geräte, die in der Meßtechnik oder in der Rechentechnik verwendet werden, sind die Anschlußbedingungen standardisiert; sie werden als *Standardinterfaces* bezeichnet.

▶ Die Lösung einer Steuerungsaufgabe mit Hilfe mikroelektronischer Funktionseinheiten erfordert

– die Auswahl und den Aufbau der erforderlichen Bauelemente, Baugruppen und Geräte; sie werden als *Hardware* bezeichnet

– die Erarbeitung und Eingabe von Programmen, die den durch die Aufgabe festgelegten Algorithmus realisieren; sie werden als *Software* bezeichnet.

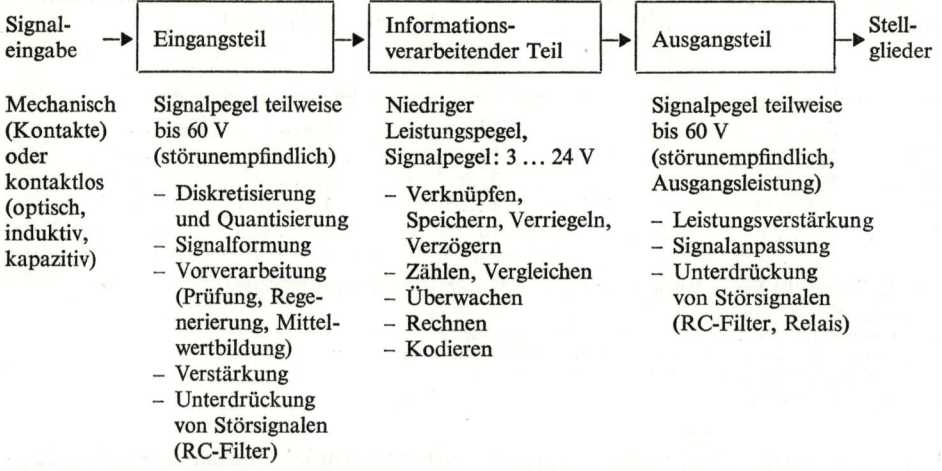

Hilfsfunktionen: Taktimpulserzeugung, Stromversorgung

Bild 4.29. Wirkungsablauf und häufige Operationen bei digitalen Steuerungen

Sowohl Hardware- als auch Softwarekomponenten für die Lösung typischer Steuerungsaufgaben werden von der Industrie als *Module* (Bausteine) angeboten, die entsprechend dem Anwendungszweck zusammengestellt werden können. Trotzdem sind in vielen Fällen Fragen der Prozeßkopplung, des Anschlusses der mikroelektronischen Funktionseinheiten an die Meßgeber und Stelleinrichtungen, der Anpassung der Programme an die zu lösende Aufgabe, die Ermittlung und Eingabe der Einstellwerte sowie Probleme der Bedienung und Instandhaltung durch den Anwender selbst zu lösen.

4.3.2. Darstellung und Kodierung digitaler Informationen

▶ Bevor die Struktur und die Arbeitsweise mikroelektronischer Funktionseinheiten erläutert werden, müssen wir uns zunächst mit der Darstellungsart von Signalen beschäftigen, wie sie für eine Verarbeitung durch digitale Einrichtungen erforderlich ist. Alle digital arbeitenden Systeme der Informationsverarbeitung – unabhängig davon, ob es sich um Großrechenanlagen oder Taschenrechner, um numerische Steuerungen oder Mikroprozessoren handelt – führen die gleichen Elementaroperationen aus, wie die im Abschnitt 4.2.1. behandelten binären logischen Elemente [17]. Ihre *Grundfunktionen* sind also die *logische Verknüpfung* und die *Speicherung* binärer Signale. Andere arithmetische Operationen, wie Addition und Subtraktion, werden auf diese Grundfunktionen zurückgeführt. Durch fortgesetzte Anwendung solcher einfachen Rechenoperationen lassen sich auch Werte miteinander multiplizieren, durcheinander dividieren, können Werteverläufe integriert oder differenziert und andere kompliziertere funktionelle Verknüpfungen ausgeführt werden. Es müssen dazu nur eine genügend große Zahl von binären Elementaroperationen und Speicherungen möglich sein, die in einer hinreichend kurzen Zeit ausgeführt werden können. Diese Voraussetzung ist aber bei der Anwendung digitaler integrierter Schaltkreise erfüllt.

▶ Da in den meisten Fällen die Eingangsgröße in einer anderen Form vorliegt, muß sie so umgewandelt, umgesetzt und kodiert werden (s. Abschn. 2.2.), daß sie als binäre Impulsfolge in den Mikrorechner eingegeben und verarbeitet werden kann. Dazu dienen *Wandler* und *Analog-Digital-Umsetzer* (ADU).

Im Abschnitt 2.5.1. wurde bereits der Aufbau einer Meßkette beschrieben (siehe Bild 2.19). Diese besteht aus dem Meßfühler (Sensor, Meßwertgeber), nachgeschalteten Wandlern – deren Ausgangsgröße ein elektrisches analoges Einheitssignal ist –, dem ADU und Funktionseinheiten zur digitalen Informationsverarbeitung.

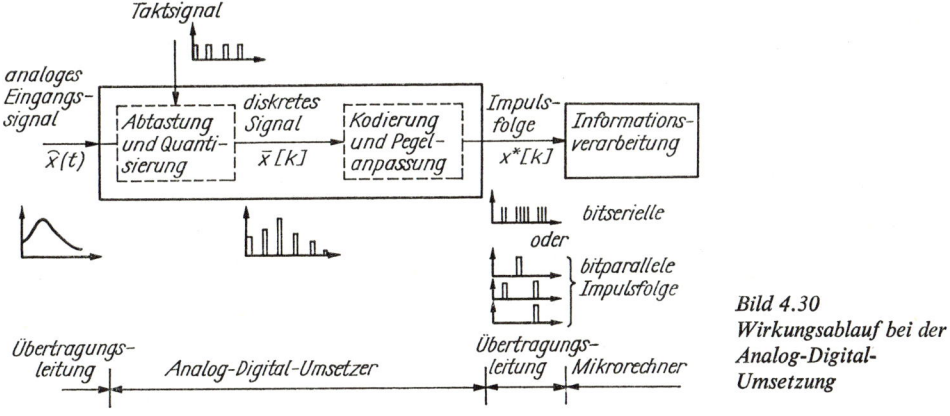

Bild 4.30
Wirkungsablauf bei der
Analog-Digital-
Umsetzung

▶ Die Aufgaben des Analog-Digital-Umsetzers sind folgende (Bild 4.30):
– Abtastung des analogen Eingangssignals
– Quantisierung in diskrete (digitale) Werte
– Kodierung in eine binäre Impulsfolge
– Anpassung an die Signalpegel der Eingangsschaltkreise des Mikrorechners (vgl. Abschnitt 4.3.1.).

Im Bild 4.31 ist die Abtastung, Quantisierung und Kodierung eines elektrischen Eingangssignals dargestellt. Die Abtastfrequenz und die Abtastzeitpunkte müssen so gewählt werden, daß der Signalverlauf ohne unzulässige Verfälschung aus der abgetasteten Impulsfolge reproduziert werden kann.

Dieser gesetzmäßige Zusammenhang wird als *Abtasttheorem* bezeichnet, welches besagt, daß die Abtastfrequenz mehr als doppelt so groß sein muß wie die höchste zu übertragende Frequenz des Eingangssignals.

Zur Quantisierung wird hier eine Unterteilung des Eingangssignalbereichs in 16 diskrete Werte angenommen. (Auf eine Angabe der Maßeinheit V bzw. mA soll hier verzichtet werden.) Hat das Eingangssignal zum Abtastzeitpunkt einen Wert zwischen 4,5 und 5,5, so wird ihm ein diskreter Wert von 5 zugeordnet.

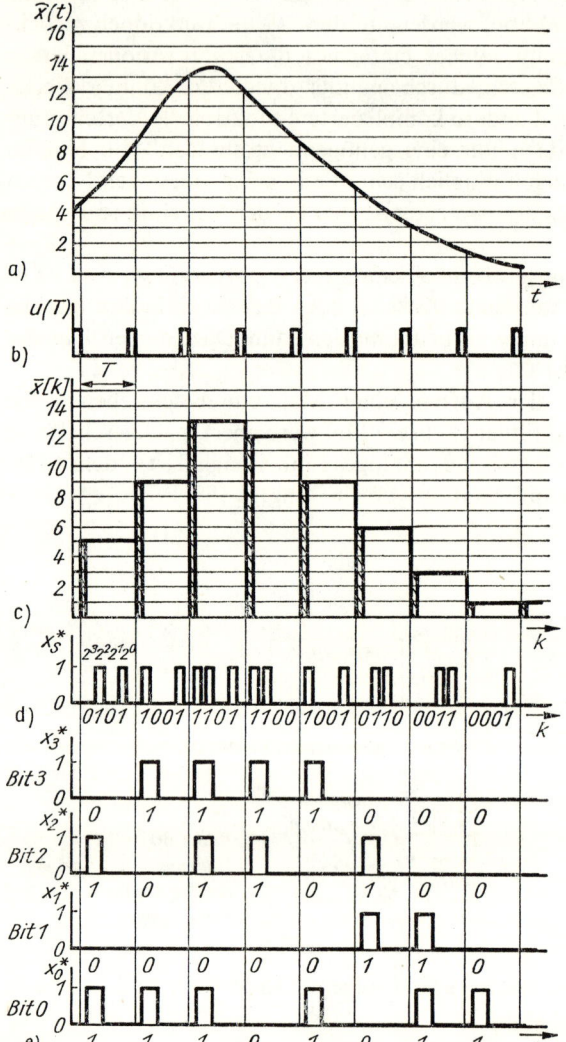

Bild 4.31
Signalumsetzung und -kodierung
a) analoges Eingangssignal; b) Taktsignal;
c) diskrete Werte des Eingangssignals
und abgetastete Impulsfolge; d) bitserielles
Signal; e) bitparalleles Signal

Eine Zahl zwischen 0 und 15 kann durch vier Binärentscheidungen eindeutig erreicht werden. Die Zahl 5 wird durch

$$0 \cdot 2^3 + 1 \cdot 2^2 + 0 \cdot 2^1 + 1 \cdot 2^0 = 5,$$

d.h.

$$\text{Bit } 3 = 0, \quad \text{Bit } 2 = 1, \quad \text{Bit } 1 = 0, \quad \text{Bit } 0 = 1$$

bestimmt. Die binäre Darstellung dieser Zahl ist also 0101. Werden die Bits als Signale nacheinander über eine Leitung übertragen, so sprechen wir von einer *bitseriellen* Signalfolge (Bild 4.31 d). Bei der Übertragung über vier den entsprechenden Bits zugeordnete Leitungen ergibt sich eine *bitparallele* Signalfolge (Bild 4.31 e).

Wie aus Bild 4.31 weiter hervorgeht, darf die Abtastfrequenz bei der seriellen Übertragung nur so groß gewählt werden, daß die Impulse – deren Zahl durch die erforderlichen Binärschritte bestimmt wird – während einer Abtastperiode noch mit Sicherheit übertragen und verarbeitet werden können.

Die Möglichkeit, die Übertragungssicherheit durch Einfügen zusätzlicher Bits zu erhöhen, die zur Erkennung von Übertragungsfehlern dienen oder eine Korrektur fehlerbehafteter Signale ermöglichen, soll hier nur am Rande erwähnt werden.

Diese zusätzliche Information, die zur Kompensation unvermeidlicher Informationsverluste bei der Signalübertragung notwendig ist, wird *Redundanz* genannt.

Wichtig ist, daß bei der Festlegung der Abtastfrequenzen sowohl die zu übertragende Frequenz des Eingangssignals (Abtasttheorem) als auch die erforderliche Redundanz zur Erhöhung der Übertragungssicherheit zu beachten ist.

Die einfachste Möglichkeit zur Darstellung diskreter Zahlenwerte durch binäre Signale ist – wie wir aus Bild 4.31 erkennen – die Umwandlung von Dezimalzahlen in Binärzahlen. Im Bild 4.32 ist in den Spalten 2 und 4 die Zuordnung angegeben.

Hexadezimal	Dezimal	Oktal	Binär	
0	0	0	0000	
1	1	1	0001	
2	2	2	0010	
3	3	3	0011	BCD-Kode
4	4	4	0100	für eine
5	5	5	0101	Dezimalziffer
6	6	6	0110	
7	7	7	0111	
8	8	10	1000	
9	9	11	1001	
A	10	12	1010	
B	11	13	1011	
C	12	14	1100	
D	13	15	1101	
E	14	16	1110	
F	15	17	1111	

Bild 4.32. Zahlendarstellungen

Die gerätetechnische Realisierung logischer Verknüpfungen und Speicherungen von Binärzahlen erfordert die Festlegung einer bestimmten Stellenzahl – auch *Wortbreite* genannt. Allgemein wird unter einem *Wort* die Darstellung einer geordneten Menge von Zeichen verstanden, die eine Bedeutung besitzt. Eine Binärzahl kann also, wie auch jede andere Zahl, als ein Wort bezeichnet werden. Häufig verwendete Wortbreiten in mikroelektronischen Schaltkreisen sind

4, 8, 16 oder 32 Bit.

Viele Mikrorechner, die heute eingesetzt werden, sind für die Verarbeitung von 8 Bit ausgelegt. Ein Wort, das aus 8 Bit besteht, wird ein *Byte* genannt.

1 Byte = 8 Bit.

▶ Mit 8 Bit können natürliche Zahlen von 0 bis 255 als Binärzahl dargestellt werden, z. B.

$215_D = 11010111_B$.

Eine derartige Ziffernfolge von acht oder noch mehr Stellen ist jedoch nur schlecht zu überblicken; auch sind Fehler bei einer manuellen Eingabe oder beim Ablesen einer binär kodierten Anzeige leicht möglich. Als vorteilhaft hat sich deshalb eine Zahlendarstellung im Oktal- oder im Hexadezimalsystem erwiesen. Mit Hilfe des *Oktalsystems* können drei Binärzeichen durch ein oktales Zahlzeichen ausgedrückt werden; ein *Hexadezimalzeichen* faßt jeweils vier Binärzeichen zusammen.

Für Mikrorechner mit 4, 8, 16 oder 32 Bit Wortbreite eignet sich besonders das Hexadezimalsystem zur verkürzten Darstellung von binären Datenwörtern.

Obwohl Mikrorechner häufig über Tastaturen verfügen, die die Ein- und Ausgabe von Hexadezimalzeichen gestatten, darf nicht vergessen werden, daß die interne Verarbeitung und Speicherung stets mit Binärsignalen erfolgt. Jedem Zahlzeichen einer hexadezimalen Zahl ist das im Bild 4.32 gezeigte Bitmuster einer Tetrade (also vier aufeinander folgender Binärzeichen) zugeordnet; damit genügen zwei Hexadezimalzeichen zur Darstellung eines Bytes.

Bit Nr. 7 6 5 4 3 2 1 0

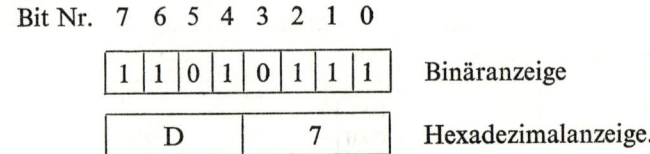

Binäranzeige

Hexadezimalanzeige.

Die Stellen eines binären Wortes werden von rechts nach links, also beginnend mit dem Bit der niedrigsten Wertigkeit, das die Nr. 0 erhält, numeriert. Damit kann jede Stelle einer binären Darstellung durch eine Bitnummer gekennzeichnet werden. Das Bitmuster eines Binärworts braucht jedoch nicht in jedem Fall eine Zahl zu sein. Es genügt, jedem unterschiedlichen Muster eine bestimmte Bedeutung zuzuordnen, die einen vereinbarten Sachverhalt ausdrückt. Informationen, die in diskreter (digitaler oder binärer) Form gespeichert und verarbeitet werden, bezeichnet man als *Daten*. Enthält ein Wort derartige Informationen (Zahlen, Betriebszustände, Schaltbefehle u. dgl.), spricht man von einem *Datenwort*. Ein Byte, das in einem digitalen Schaltkreis verarbeitet wird, kann $2^8 = 256$ unterschiedliche Werte oder Elemente einer Menge, die eine beliebige Bedeutung haben können, abbilden. Es muß nur dafür gesorgt werden, daß durch einen Zuordner (z. B. eine Tabelle) aus dem Bitmuster wieder die vereinbarte Bedeutung erkennbar ist.

Es ist aber auch möglich, jedem Bit einzeln eine Bedeutung zuzuordnen, z. B. den Schaltzustand eines Motors (Motor ein- oder ausgeschaltet), das Signal eines Grenzwertgebers (Grenzwert erreicht oder nicht erreicht) oder das Vorhandensein einer Versorgungsspannung (vorhanden oder nicht vorhanden). Bei Eingangswörtern kann das Bitmuster damit den Zustand einer Anlage abbilden. Jedem Bit eines Ausgangsworts kann ein Stellbefehl zugeordnet werden, mit dem entweder ein Stellglied an der Anlage oder auch eine Anzeige (Signallampe, Leuchtfeld, akustische Einrichtung) gesteuert wird. Der Wert 0 eines Bits kennzeichnet hierbei z. B. den Stillstand oder die Ruhelage eines Stellantriebs; der Wert 1 löst die Stellbewegung aus. Für Stellantriebe müssen also immer zwei Bit des Steuerworts vorgesehen werden: ein Bit für das Schließen des Stellglieds (bzw. Rechtslauf des Motors), das zweite Bit für das Öffnen des Stellglieds (bzw. Linkslauf des Motors).

Handelt es sich bei binären Datenwörtern um Zahlenwerte, so muß angegeben werden, welchen Wertebereichen die binäre Darstellung zugeordnet werden soll, z. B. dem Bereich zwischen 0 und 1, wobei bei einer Wortbreite von 1 Byte die kleinsten Änderung der diskreten Werte in Stufen von 1/256 möglich ist. Wird der binäre Kode eines Bytes einer physikalischen Größe zugeordnet, z.B. einer Temperatur im Bereich zwischen 150 und 200°C, so ergibt die Veränderung des niedrigsten Bits eine Temperaturdifferenz von ungefähr 0,2 K. Kleinere Temperaturänderungen können nicht abgebildet werden. Diese Spanne kann als *Abbildungsunsicherheit* oder *Quantisierungsbreite* bezeichnet werden. Soll eine Drehzahl zwischen 0 und 3000 U/min durch ein Byte dargestellt werden, so beträgt die Abbildungsunsicherheit etwa 12 U/min. Auch hier kann eine Zuordnungsvorschrift zwischen dem Bitmuster des binären Datenworts und der Drehzahl angegeben werden. Eine genauere Angabe der Drehzahl ist nur möglich, wenn entweder der abzubildende Drehzahlbereich verkleinert wird oder wenn 2 Bytes für die Darstellung der Drehzahl verwendet werden. Im letzten Fall kann die Abbildungsunsicherheit für den angegebenen Drehzahlbereich auf weniger als 0,05 U/min verringert werden. Die Steigerung der Genauigkeit wird jedoch in diesem Fall durch einen wesentlich höheren Aufwand für die Informationsverarbeitung von Binärzahlen mit einer Wortbreite von 2 Byte erkauft. Ein 16-Bit-Mikroprozessor wäre hierfür besser geeignet.

4.3.3. Aufbau und Arbeitsweise von Mikrorechnern

4.3.3.1. Mikroprozessoren und Mikrorechner als Teil eines Steuerungssystems

Mikroprozessoren (MP) und *Mikrorechner* (MR) sind Funktionseinheiten mit binären Eingangs- und Ausgangsgrößen sowie binärer Informationsverarbeitung. Ihr Übertragungsverhalten wird durch ein *Programm* festgelegt, das in die Speicher dieser Bauglieder eingegeben wird (Bild 4.33). Durch die Möglichkeit der Datenspeicherung sowie der Durchführung logischer und arithmetischer Operationen lassen sich auch komplizierte Aufgaben der Informationsverarbeitung kostengünstig lösen. Ein Hauptanwendungsgebiet von MR und MP ist ihr Einsatz in Steuereinrichtungen.

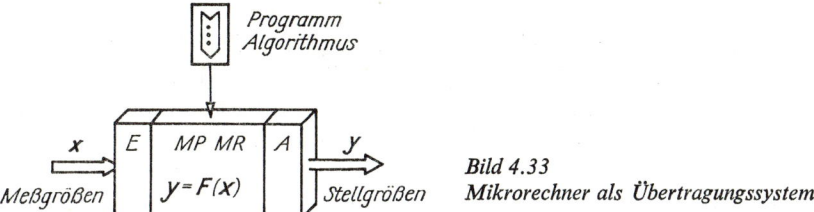

Bild 4.33
Mikrorechner als Übertragungssystem

▶ Wie im Abschnitt 4.3.1. bereits erläutert wurde, ist eine direkte Zusammenschaltung mikroelektronischer Funktionseinheiten mit Meßgebern und Stelleinrichtungen einer Maschine oder Anlage nicht möglich. Neben Wandlern, Umsetzern und Verstärkern sind dafür *Interfaceschaltungen* zur Signalanpassung erforderlich. Im Bild 4.34 sind die für eine Prozeßkopplung notwendigen Bauglieder schematisch dargestellt.
Die – meist analogen – Prozeßgrößen, die durch Sensoren erfaßt werden, müssen zunächst in binär kodierte Signale umgesetzt werden, die der Mikrorechner verarbeiten kann. Dazu wird die analoge Ausgangsgröße des Meßgrößenwandlers, der ein elektrisches Einheitssignal (z.B. ein Stromsignal von 0 bis 20 mA) abgibt, in einem Analog-Digital-Umsetzer (ADU) in eine Folge von Binärsignalen umgeformt (s. Bilder 4.30 und 4.31). Sind mehrere Meßgrößen vorhanden, können sie nacheinander abgefragt und auf einen ADU geschaltet werden. Die Umschalteinrichtung, die diese Aufgabe erfüllt, wird

Meßstellenumschalter oder *Multiplexer* genannt. In gleicher Weise müssen die Ausgangsgrößen des Mikrorechners so umgeformt werden, daß damit die Stelleinrichtungen betätigt werden können. Dazu ist, wenn Analogsignale benötigt werden, eine *DigitalAnalog-Umsetzung* (DAU) oder wenn digitale Stelleinrichtungen angesteuert werden, eine Umsetzung in elektrische Impulse und eine Leistungsverstärkung erforderlich. Innerhalb des Mikrorechners werden die digitalen Eingangssignale, die an den Eingangsanschlüssen – auch *Eingangsports* genannt – anliegen, eingelesen, gespeichert, mit Operanden verknüpft, übertragen und an die Ausgabeanschlüsse *(Ausgangsports)* übergeben.

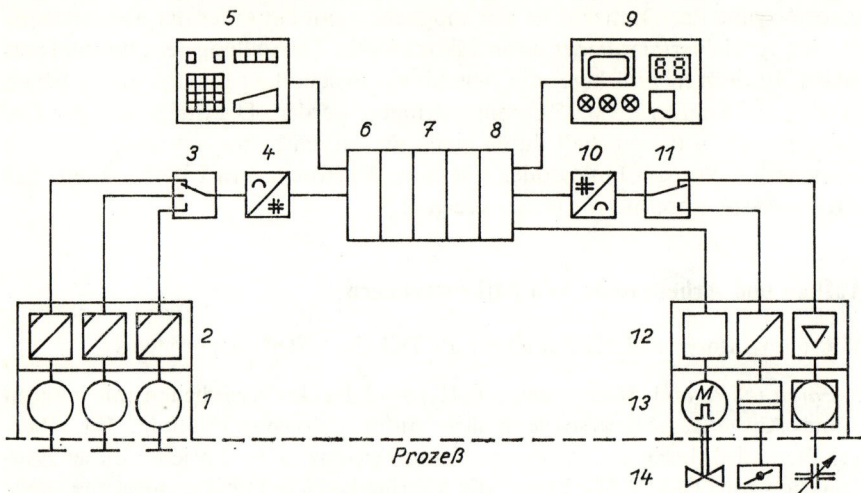

Bild 4.34. *Prozeßkopplung eines Mikrorechners*

1 Meßwertgeber; *2* Meßwandler; *3* Meßstellenumschalter (Multiplexer); *4* Analog-Digital-Umsetzer; *5* Bedieneinrichtungen; *6* Eingabekanäle; *7* Mikrorechner; *8* Ausgabekanäle; *9* Anzeige-, Registriereinrichtungen, Protokolldrucker; *10* Digital-Analog-Umsetzer; *11* Umschalter; *12* Signalwandler und Verstärker; *13* Stellantriebe; *14* Stellglieder

▶ Die funktionelle Verknüpfung der eingelesenen bzw. in den Speichern enthaltenen Daten ist Aufgabe der *zentralen Verarbeitungseinheit* (ZVE) des MR. Diese als integrierter Schaltkreis ausgeführte Funktionseinheit wird *Mikroprozessor* (MP) genannt und bildet zusammen mit Speicherschaltkreisen, Eingabe- und Ausgabeeinheiten, Zäh-

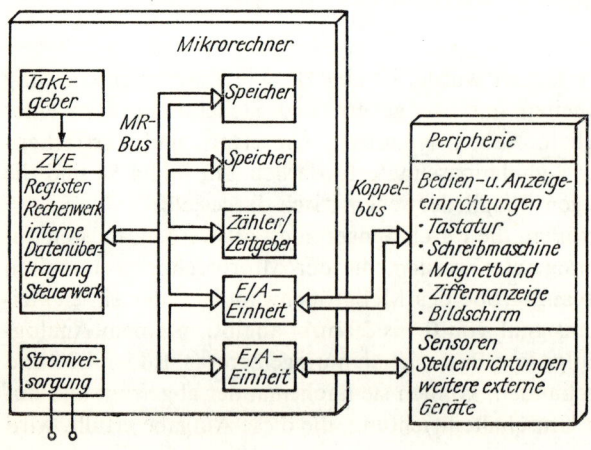

Bild 4.35
Hauptbestandteile
eines Mikrorechners

lern, Zeitgebern und einem Stromversorgungsmodul den MR (Bild 4.35). Die technische Realisierung eines MR in Form von Leiterkarten, die mit den IS bestückt sind, zeigt Bild 4.36 [16].

▶ Für den Betrieb des Mikrorechners sind darüber hinaus eine Tastatur zur Bedienung, Handeingabe, Anzeige- und Ausgabegeräte (Bildschirm, Drucker, Schreibmaschine), Interfaceschaltungen, die die Verbindung mit Meßgeräten und Stelleinrichtungen herstellen und ggf. weitere externe Speichereinrichtungen (Magnetbandgeräte, Diskettenlaufwerke u. a.) notwendig (s. Bild 3.1). Diese Geräte werden als *Peripherie* des Mikrorechners bezeichnet. Die einzelnen Baugruppen und Geräte müssen so aufgebaut sein, daß sie paßfähig zusammengeschaltet werden können. Auf diese Weise kann ein MR-System aus Bausteinen zusammengestellt und damit dem gegebenen Aufgabenumfang bestmöglich angepaßt werden.

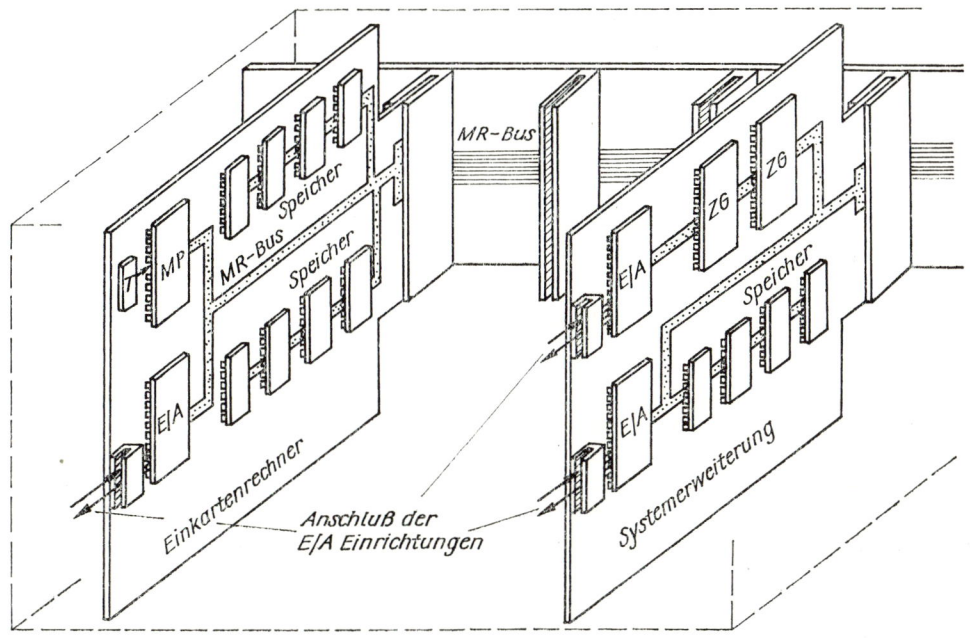

Bild 4.36. Realisierungsform eines Einkartenrechners mit Erweiterungsbaugruppen (aus [16])

Die Gesamtheit des für eine bestimmte Aufgabe gewählten Baugruppen- und Geräteumfangs wird als *Konfiguration* des MR bezeichnet.

4.3.3.2. Grundaufbau des Mikroprozessors

▶ Um die Arbeitsweise eines MR kennenzulernen, soll zunächst in groben Zügen der Grundaufbau und Arbeitsweise des MP, der ZVE des MR, erläutert werden [16; 17; 19; 20].

Ein MP hat die Aufgabe, Daten (Operanden) miteinander zu verknüpfen, d.h. arithmetische und logische Operationen auszuführen, Werte miteinander zu vergleichen und Entscheidungen zu treffen.

Obwohl der MP als integrierter Schaltkreis ausgeführt ist und somit ein sehr kleines Volumen hat, lassen sich Teile (Funktionsbereiche) der inneren Schaltung unterscheiden, die spezielle Aufgaben erfüllen. Die wichtigsten Funktionsbereiche eines MP sind (Bild 4.37)

– das Rechenwerk
– das Steuerwerk
– die Register
– die Ein-/Ausgabe-Ports
– die interne Datenübertragung.

▶ In den MP müssen zunächst die zu verarbeitenden Daten und die Befehle, die die Art der Verknüpfungsoperation festlegen, eingegeben werden – wenn diese nicht bereits in inneren Speichern des MP enthalten sind. Ohne den Vorgang der Datenübertragung im einzelnen zu beschreiben (s. dazu Abschn. 4.3.3.4.), nehmen wir an, daß über die *externe Datensammelleitung* ein Signal in Form von binären bitparallelen Spannungswerten an den Eingang des MP übertragen wird. Das zu einem bestimmten Zeitpunkt auf der Datenleitung anliegende Signal stellt ein Datenwort dar und kann z.B. einen Meßwert, einen Prozeßzustand, einen Zahlenwert oder einen Befehl übertragen. Wird die Datenübernahme in den MP durch ein Steuersignal freigegeben, so gelangt das Datenwort über die *Eingangs-Ports* in die interne Datenleitung des MP.

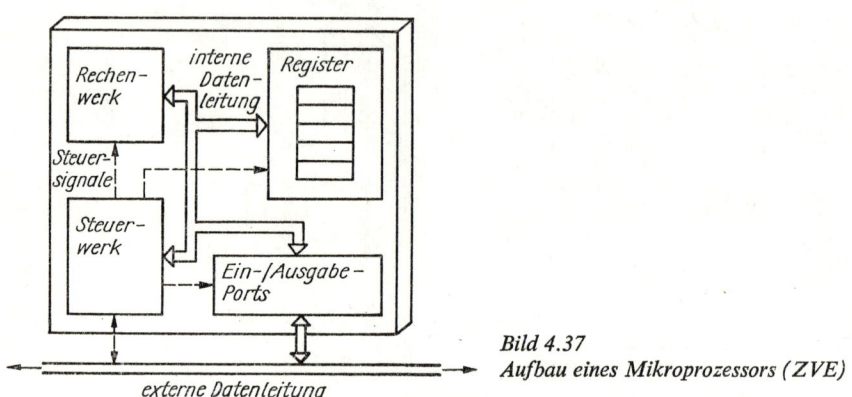

Bild 4.37
Aufbau eines Mikroprozessors (ZVE)

Damit das eingegebene Datenwort im MP festgehalten und für nachfolgende Operationen bereitgestellt werden kann, muß es gespeichert werden. Dazu dienen die *Register* des MP (Arbeitsregister, Befehlsregister, Eingabe- und Ausgaberegister). Das Hauptarbeitsregister, in das die Daten bei der Eingabe übernommen werden und in denen das Ergebnis von Operationen erscheint, wird *Akkumulator* (A) genannt.

▶ Die Verknüpfung von Daten erfolgt im *Rechenwerk*, dessen wichtigster Teil die *Arithmetik-Logik-Einheit* ist. Die Art der Verknüpfung (logische Operation, arithmetische Operation, Vergleichsoperation, Sprung zu einer anderen Stelle des Programmablaufs) wird durch den Befehl festgelegt. Dieser muß zum richtigen Zeitpunkt im *Befehlsregister* des Steuerwerks enthalten sein. Das *Steuerwerk* zerlegt jeden Befehl in Teilschritte (Takte) und wählt durch eine Folge von Sperr- und Freigabesignalen jeweils die internen Funktionsbereiche aus, zwischen denen Daten zu übertragen sind oder in denen Daten miteinander verknüpft werden sollen. Ein *Befehlszyklus* besteht aus soviel Takten, wie der MP benötigt, um ein Wort aus einem Speicher oder Register zu lesen, zu verarbeiten und das Ergebnis wieder in den Speicher oder in das Ausgaberegister zu übertragen. Da die Taktfrequenz durch einen Taktgeber vorgegeben ist, läßt sich aus der Zahl der Takte und ihrer Zeitdauer die Zykluszeit bestimmen. Auf diese Weise kann berechnet werden, wieviel Zeit der MP für die Abarbeitung einer Befehlsfolge benötigt.

▶ Die zu verarbeitende *Wortbreite* ist durch den Aufbau des MP festgelegt. Es gibt MP mit Wortbreiten von 4 bis 32 Bit. Am weitesten verbreitet sind 8-Bit-MP, zu ihnen gehört auch der in der DDR häufig verwendete Schaltkreis U 880 D, der z. B. im MR K 1520, im Kleincomputer KC 85/1 und im Bürocomputer A 5120 als ZVE eingesetzt wird.

Mit steigenden Anforderungen an die Informationsverarbeitung gewinnen MP mit einer Wortbreite von 16 Bit zunehmend an Bedeutung. Diese werden in modernen Automatisierungsanlagen eingesetzt, in denen eine größere Zahl von Meßwerten in kurzer Zeit zu verarbeiten ist, höhere Rechengenauigkeiten und kompliziertere Algorithmen erforderlich sind. Die modernsten MR-Systeme, die z. Z. entwickelt werden, sind mit 32-Bit-MP ausgerüstet.

Für eine genauere Darstellung der Arbeitsweise müssen nun einige weitere Einzelheiten des Aufbaus eines MP betrachtet werden (Bild 4.38).

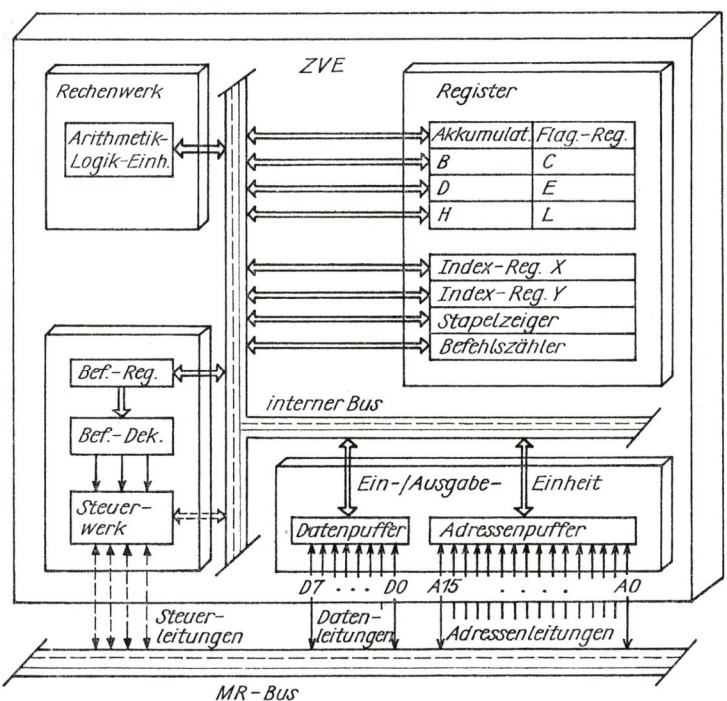

Bild 4.38. Strukturbild eines Mikroprozessors (ZVE)

▶ Die Informationsübertragung zwischen dem MP und anderen Funktionseinheiten des MR (z. B. Speicher, Zähler, E/A-Schaltkreise) erfolgt über Signalleitungen, die als *Bus* des MR bezeichnet werden. Jeder Befehl, der über den Datenpuffer – einem Zwischenspeicher der E/A-Einheit – in den MP eingegeben wird, besteht aus dem *Operationskode* (OP-Kode) und *Operanden* (Daten und Adressen). Zur Identifizierung eines Befehls, dessen OP-Kode in das Befehlsregister (BR) übertragen wird, dient der *Befehlsdekoder*. Durch das Steuerwerk des MP werden daraus die notwendigen Taktsignale, Freigabe- und Sperrsignale abgeleitet, die für die Abarbeitung des Befehls, d. h. für die richtige

Reihenfolge der Datenübertragung in die Register des MP, das Rechenwerk und die Ausgaberegister erforderlich sind. Auch die Richtung der Datenübertragung (Eingabe = Schreiben in ein Register oder Ausgabe = Lesen aus einem Register) wird auf diese Weise festgelegt. Die Datenwörter (OP-Kode, Zahlenwerte, Adressen) werden byteweise aus dem Programmspeicher des MR in die ZVE übertragen. Die jeweilige Adresse des Speicherplatzes, aus dem das nächste Byte gelesen wird, ist im *Befehlszähler* (Program Counter PC) enthalten. Bei jedem Byte, das über den Datenpuffer in den MP übernommen und identifiziert wird, erhöht sich der Inhalt des Befehlszählers (PC) um eins.

▶ Die *Register*, die mit A, B, C usw. bezeichnet werden, nehmen in der Regel 1 Byte eines Datenworts auf; einige Spezialregister (z. B. die Indexregister, der Befehlszähler und der Adressenpuffer) sind für eine Wortbreite von 2 Byte vorgesehen. Das Ergebnis aller Rechenoperationen wird grundsätzlich im Hauptarbeitsregister A, dem *Akkumulator*, festgehalten. Da es für weitere Operationen frei gemacht werden muß, sind Daten, die später erneut benötigt werden, in andere Register oder Arbeitsspeicher zu übertragen.

▶ Mit Hilfe der *Statusanzeige* – auch *Flag-Register* genannt – kann festgestellt werden, ob das Ergebnis einer Operation die Wortbreite von 8 Bit überschreitet, also ein Übertrag (= *C*arry) gebildet wird, ob es positiv oder negativ ist (Vorzeichen = *S*ignum) oder ob es den Wert Null hat (Zero). Dazu werden bestimmte Bits des Flag-Registers, die mit Cy, S und Z bezeichnet werden, in Abhängigkeit vom Ergebnis der jeweiligen Operation gesetzt oder gelöscht. Diese Bits werden *Flags* (Fähnchen, Hinweiszeichen) genannt. Sie spielen bei Vergleichsoperationen und Entscheidungen eine wichtige Rolle.

4.3.3.3. Speicherbausteine

Die Speicher ermöglichen die Aufnahme von Daten und Programmen. Es muß zwischen *Festspeichern* (ROM) und *flüchtigen Speichern* (RAM) unterschieden werden.

▶ Die ROM (Nur-Lese-Speicher, read only memory) enthalten Daten und Programme, die bereits bei der Herstellung fest eingegeben werden und deren Löschung nicht möglich ist. Sie können auch nicht verändert werden und bleiben beim Ausschalten des MR erhalten.

Sie enthalten u. a.

– das *Betriebssystem* des MR, das die Ein- und Ausgabe und die interne Programmabarbeitung organisiert
– wichtige, häufig wiederkehrende *Unterprogramme* sowie
– *Anwendungsprogramme*, wenn der MR für einen bestimmten Einsatzfall vorgesehen ist.

▶ In den RAM (Schreib-Lese-Speicher, Speicher mit wahlfreiem Zugriff, random access memory) können Datenwörter, Befehlskodes, Adressen gespeichert werden, die für die Abarbeitung eines Anwenderprogramms notwendig sind. Der Inhalt eines RAM-Speichers kann beliebig oft gelesen, d. h. zu anderen Speichern oder zu Registern der ZVE übertragen werden. Durch Eingabe eines neuen Datenworts wird der bisherige Inhalt zerstört und das neue Wort gespeichert. Die RAM benötigen eine ständige Spannungsversorgung zur Erhaltung der gespeicherten Daten (Auffrischung der Daten). Wird der MR ausgeschaltet oder tritt eine Spannungsunterbrechung auf, so gehen die Daten in dem RAM verloren.

▶ Programmierbare ROM, in die Daten einmal eingegeben werden können, wobei jedoch eine nachträgliche Änderung dann nicht mehr möglich ist, werden als PROM (programmable read only memory) bezeichnet. Darüber hinaus gibt es Festspeicher, deren Inhalt durch UV-Licht löschbar ist, so daß sie sich dann wieder neu programmieren lassen. Sie werden EPROM (erasable programmable read only memory) genannt. Elektrisch löschbare Festspeicher heißen EEPROM (electrical erasable programmable read only memory).

4.3.3.4. Datenübertragung im Mikrorechner

▶ Die Datenübertragung zwischen den Bausteinen des MR und den peripheren Geräten erfolgt durch Bündel paralleler Signalleitungen, den *Bus* des MR. Die Bezeichnung „Bus" soll darauf hinweisen, daß der Datentransport nicht „individuell" über eine dafür speziell vorgesehene Verbindung vom Sender zum Empfänger erfolgt, sondern durch ein „allgemeines Transportmittel" vorgenommen wird. Für die Übertragung der Daten sind Datenleitungen vorhanden, die als *Datenbus* bezeichnet werden. Jeder Stelle eines Datenworts und damit auch jeder Stelle eines Registers oder Speichers ist eine Datenleitung zugeordnet. Der Datenbus eines 8-Bit-MR besteht also aus acht parallelen Leitungen (D_0 bis D_7).

▶ Jeder Speicherplatz der Speicherschaltkreise ist durch eine Nummer – die *Adresse* – gekennzeichnet. Wir können sie mit einer Telefonnummer vergleichen, durch die die Verbindung mit einem bestimmten Anschluß hergestellt werden kann. Sollen Daten in einen Speicherplatz eingeschrieben oder aus dem Speicherplatz gelesen werden, so wird die Nummer dieses Speichers angewählt, indem die Adresse auf den *Adressenbus* gegeben wird. Der Adressenbus besteht ebenfalls aus parallelen Leitungen, deren Zahl durch das Adressenformat festgelegt ist.

Für Mikrorechner mittlerer Größe hat sich ein Adressenformat von 2 Byte = 16 Bit bewährt, so daß der Adressenbus hier aus 16 parallelen Leitungen (A_0 bis A_{15}) besteht. Ein 16-Bit-Wort bietet die Möglichkeit der Adressierung von $2^{16} = 65536$ Speicherplätzen. Diese brauchen nicht immer alle tatsächlich vorhanden zu sein; viele Aufgaben lassen sich bereits mit einer wesentlich kleineren Speicherkapazität lösen. Jedoch kann ein MR mit einem 2-Byte-Adressenformat bis zu 64 KByte Speicherplätze direkt adressieren.

Die Abkürzung K bedeutet bei der Angabe von Informationsmengen oder Speicherkapazitäten $2^{10} = 1024$.

▶ Für die Übertragung von Steuersignalen dient der *Steuerbus*. Mit Hilfe dieser Signale wird die Befehlsabarbeitung, die in festgelegten Zyklen erfolgt, organisiert. So wird durch Steuersignale z. B. die Taktfolge für die Durchführung der Einzeloperationen, aus denen ein Befehlszyklus besteht, vorgegeben; es wird die Dateneingabe von einem Speicher oder einem externen Gerät (s. Bild 4.35) angefordert oder die Dateneingabe gesperrt, damit die Verarbeitung zuvor übernommener Daten nicht gestört wird. Durch spezielle Befehle, für die ebenfalls Signalleitungen im Steuerbus vorhanden sind, kann auch die Abarbeitung eines Programms unterbrochen oder gestoppt werden.

4.3.3.5. Befehlsabarbeitung im Mikrorechner

Die wichtigsten Bestandteile eines MP und ihre Funktion sind im Abschnitt 4.3.3.2. (s. Bild 4.38) beschrieben worden. Mit Bild 4.39 a bis h soll nun die Arbeitsweise eines Mikrorechners bei einer einfachen Befehlsfolge veranschaulicht werden. Hierbei wird – des besseren Verständnisses wegen – nur auf das Zusammenwirken von Befehlszähler (PC), Speichern, Registern, Befehlsregister (BR), Adressen- und Datenbus eingegangen. Auf die Darstellung der Steuerung der Befehlszyklen durch das Steuerwerk und den Steuerbus wird verzichtet.

● Das Programm, das durch den MR abgearbeitet werden soll, besteht aus einzelnen Befehlen. Ein Befehl kann aus 1, 2, 3 oder 4 Bytes bestehen (s. Abschn. 4.3.5.1.). Die Befehle sind hintereinander in aufeinanderfolgenden Speicherplätzen des Programmspeichers enthalten. Es sind also für einen Befehl je nach Länge ein bis vier Speicherplätze erforderlich.

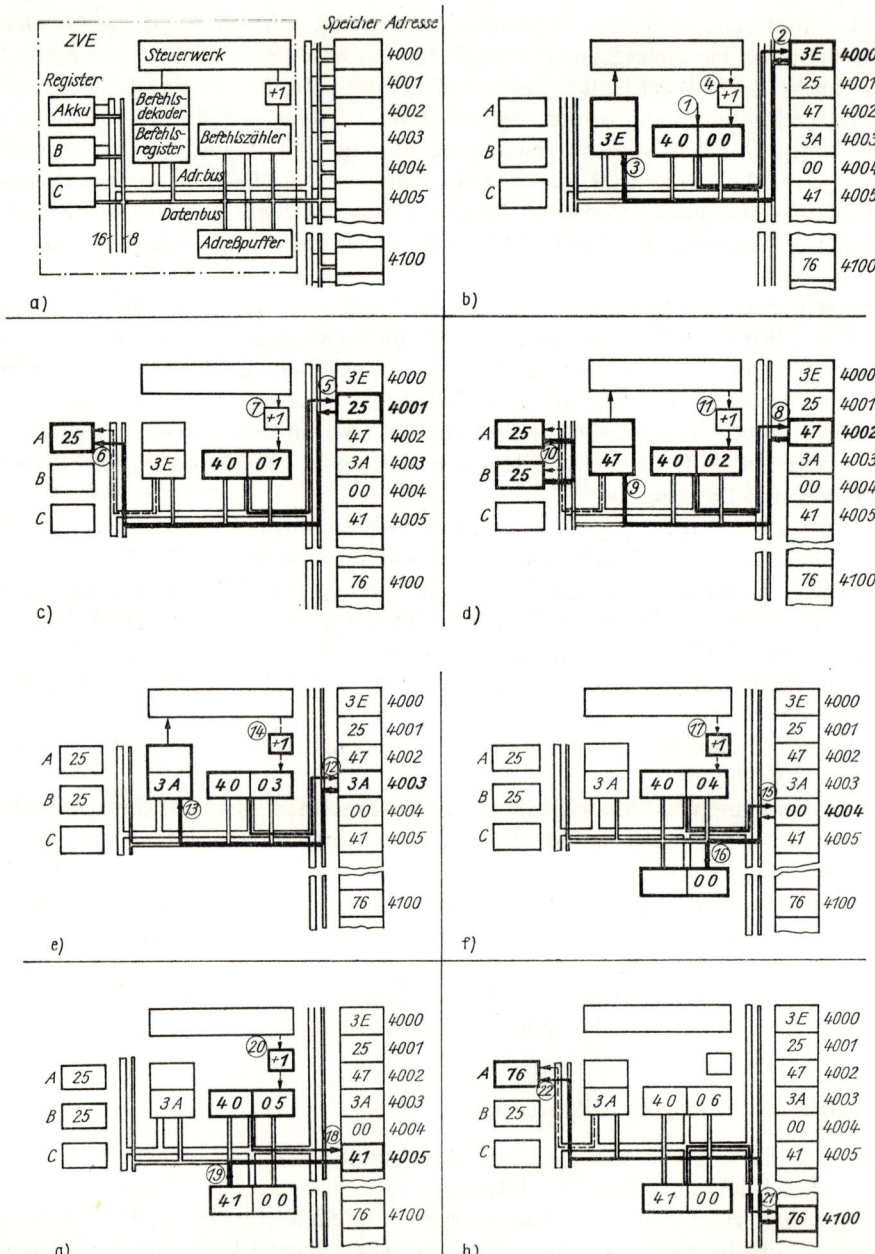

Bild 4.39. Arbeitsweise eines Mikrorechners

a) vereinfachte Struktur; b) und c) Laden eines Zahlenwerts (unmittelbarer Ladebefehl); d) Zwischenspeicherung (Registerladebefehl); e) bis h) Laden eines Speicherinhalts (direkter Ladebefehl)

Damit der MR die Abarbeitung des Programms an der richtigen Stelle beginnt, muß zunächst der PC mit der Startadresse geladen werden (Schritt 1). Wird nun das Programm gestartet, so wird der Inhalt des PC auf den Adressenbus ausgegeben und damit über den RAM-Dekoder der bezeichnete Speicherplatz angewählt (Schritt 2). Über den Datenbus gelangt daraufhin der Speicherinhalt in das Befehlsregister (Schritt 3) und wird anschließend durch den Befehlsdekoder interpretiert. Gleichzeitig erhöht das Steuerwerk den PC um eins (Schritt 4). Nehmen wir an, es handele sich bei dem ersten Befehl um einen Transportbefehl, mit dem ein Zahlenwert unmittelbar in den Akkumulator geladen werden solle. Das erste Byte des Befehls, das als Operationskode (OP-Kode) bezeichnet wird, wird in diesem Fall vom Befehlsdekoder als ein *unmittelbarer* Ladebefehl interpretiert. Damit ist bereits festgelegt, daß das nächste Byte, das nun aus dem Speicher geholt wird, als ein Datenwort gelesen werden muß. Indem der Inhalt des PC auf den Adressenbus ausgegeben wird (Schritt 5) und nunmehr die Verbindung mit dem nächstfolgenden Speicherplatz hergestellt ist, gelangt das dort gespeicherte Datenwort über den Datenbus unmittelbar in den Akkumulator (Schritt 6). Gleichzeitig wird der PC wieder um eins erhöht (Schritt 7). Bei dem unmittelbaren Ladebefehl handelt es sich also um einen 2-Byte-Befehl, dessen Ausführung damit abgeschlossen ist. Das nächstfolgende Byte im Speicher muß damit wieder der OP-Kode des nächsten Befehls sein.

Dieser zweite Befehl könnte z.B. ein 1-Byte-Befehl sein, mit dem der Transport von einem Register der ZVE in ein anderes Register vorgenommen wird. Derartige Befehle, bei denen OP-Kode und Adreßinformation in einem Byte enthalten sind, werden *implizite Befehle* genannt. Die im PC stehende Adresse wird also wieder auf den Adressenbus gegeben und damit die Verbindung zum folgenden Speicherplatz hergestellt (Schritt 8). Der Befehlskode gelangt daraufhin über den Datenbus zum Befehlsregister und wird durch den Befehlsdekoder interpretiert (Schritt 9). Unmittelbar danach wird das Register *B* mit dem Inhalt des Akkumulators geladen (Schritt 10). Gleichzeitig wird wieder der PC erhöht (Schritt 11).

Wird nun ein Transportbefehl verwendet, mit dem ein in einem Speicher befindlicher Zahlenwert in den Akkumulator gebracht werden soll, so geben die auf den OP-Kode folgenden Bytes die Adresse dieses Speicherplatzes an. Es werden also für den Operandenteil 2 Bytes zur Kennzeichnung der Adresse benötigt, so daß sich zusammen mit dem OP-Kode ein 3-Byte-Befehl ergibt. Er wird als *direkter* Ladebefehl bezeichnet. Die Abarbeitung dieses Befehls erfolgt so, daß nach dem Holen des OP-Kodes, seiner Interpretation (Schritte 12 und 13) und der Erhöhung des Befehlszählerstands (Schritt 14) zunächst das niederwertige Byte der Speicherplatzadresse in den Adressenpuffer transportiert wird (Schritte 15 und 16) und im nächsten Zyklus das höherwertige Byte ergänzt wird (Schritte 17, 18, 19). Der Inhalt des Adressenpuffers wird durch den Adressenbus übernommen und damit die Verbindung zu dem adressierten Speicherplatz hergestellt (Schritt 21). Das gespeicherte Datenwort kann somit über den Datenbus in den Akkumulator transportiert werden (Schritt 22). Der PC, der inzwischen erhöht wurde (Schritt 20), bereitet die Übernahme des nächsten OP-Kode vor. Dieser könnte jetzt eine Verknüpfung der Daten in den Registern *A* und *B* bewirken.

4.3.3.6. Sprünge und Programmverzweigungen

Mit den genannten Befehlen kann bereits ein einfaches „lineares" Programm aufgebaut werden. Häufig enthält aber ein Programm Rücksprünge und Schleifen, so daß die im Programmspeicher enthaltene Befehlsfolge verlassen werden muß. Diesem Zweck dienen *Sprungbefehle*.

Die Leistungsstärke eines MR wird nicht so sehr von seinen rechentechnischen Möglichkeiten bestimmt, sondern von seiner Fähigkeit, Eingangsgrößen zu verarbeiten, die den Zustand von Maschinen oder Anlagen kennzeichnen, und Entscheidungen zu treffen. Ein Programm kann in Abhängigkeit von Bedingungen verzweigt werden, so daß – je nachdem, ob diese Bedingungen erfüllt oder nicht erfüllt sind – unterschiedliche Steueralgorithmen realisiert werden. Die Programmverzweigungen werden *bedingte Sprünge* genannt.

Für die interne Befehlsabarbeitung bei bedingten Sprüngen ist die Statusanzeige, die das Flag-Register ermöglicht, von Bedeutung. Bei bedingten Sprüngen wird in der ZVE geprüft, ob ein Flag gesetzt wurde oder nicht. Lautet der Befehl: „Sprung, wenn das Ergebnis Null ist", dann wird das Z-Flag geprüft. Ist $Z = 1$, also das vorhergehende Ergebnis Null, so ist die Bedingung erfüllt. Das Programm wird nun bei der Adresse fortgesetzt, die im Sprungbefehl als Operand angegeben ist. Ist dagegen $Z = 0$, d.h., ist die Bedingung nicht erfüllt, so wird der Sprungbefehl ignoriert und – indem der Befehlszählerstand fortlaufend erhöht wird – das Programm mit den unmittelbar folgenden Befehlen fortgesetzt. Als Bedingungen für Programmverzweigungen können auch das Vorhandensein eines Übertrags (C-Flag), ein negatives Ergebnis (S-Flag) u.a. benutzt werden.

4.3.3.7. Interrupt

▶ Ein typisches Merkmal von MR ist ihre Fähigkeit, Programme zu unterbrechen und durch eine Vorrangsteuerung andere Programme einzuschieben, die ohne Zeitverzug bearbeitet werden müssen. Diese Programmunterbrechung wird *Interrupt* genannt. Ein Interrupt wird angewendet, wenn die Notwendigkeit besteht, besonders wichtige Programmteile, z.B. zur Abwendung von Gefahren im Störungsfall oder zur Steuerung von Zeitabläufen durch Taktsignale von Zeitgebern, abzuarbeiten. Darüber hinaus ist es durch die Festlegung von Prioritäten, d.h. einer Vorrangfolge unterschiedlicher Programmteile, möglich, die Reihenfolge der Bearbeitung der Programme und damit die Auslösung bestimmter Steuerbefehle dem MR zu überlassen. Durch das Prüfen der jeweiligen Priorität einzelner Programmanforderungen können hierbei verschiedene Programme ineinander verschachtelt werden und damit auf verschiedenen Ebenen nahezu gleichzeitig ablaufen. Wenn die Notwendigkeit zur Bearbeitung eines Vorrangprogramms besteht, wird dies durch ein *Unterbrechungssignal* an die ZVE gemeldet. Daraufhin wird unmittelbar nach Abschluß des gerade ablaufenden Befehlszyklus der aktuelle Befehlszählerstand gespeichert und eine vorher vereinbarte Adresse in den PC geladen. Unter dieser Adresse ist das einzuschiebende Sonderprogramm, das auch als *Interruptbedienungsroutine* bezeichnet wird, im Programmspeicher enthalten. Dieses Programm sollte möglichst kurz sein. Es muß die Steuerbefehle, die für diesen Fall notwendig sind, enthalten. Das Programm beginnt meist damit, daß der Inhalt der Arbeitsregister gespeichert („gerettet") wird, um nach Abschluß des Sonderprogramms wieder den Zustand herstellen zu können, in dem sich die ZVE vor der Programmunterbrechung befand. Mit dem Rücktransport der gespeicherten Daten und Adressen in die Register und den PC wird das Interruptprogramm beendet, worauf das Hauptprogramm fortgesetzt werden kann. Um die Bearbeitung einer vorliegenden Programmunterbrechung nicht zu stören oder um in bestimmten Fällen eine Programmunterbrechung zu verhindern, wenn das Hauptprogramm eine Befehlsfolge hintereinander abarbeiten muß, gibt es Sperr- und Freigabesignale für einen Interrupt.

4.3.4.   Datenflußplan und Programmablaufplan

Auch bei der Lösung von Steuerungsaufgaben mit Hilfe programmierbarer Einrichtungen muß der Entwurfsprozeß in Teilschritte zerlegt werden (vgl. Abschn. 4.1.3.). Diese dienen der Präzisierung der Aufgabenstellung und ihrer Anpassung an die Realisierungsmöglichkeiten durch Hardware- und Softwarekomponenten.

▶ In der *Aufgabenstellung* sind insbesondere die notwendigen prozeßspezifischen Bedingungen (Prozeßmodell, technologische Forderungen, Koppelstellen zwischen Prozeß und Rechner), der Steuerungsablauf (Algorithmus), die zeitlichen Bedingungen (Echtzeitforderungen) und die Vorrang- und Sicherheitsbedingungen (evtl. notwendige Unterbrechungen des Programmablaufs) festzulegen.

▶ Durch den *Systementwurf* müssen die notwendigen Grundlagen für

– den *Hardwareentwurf*, d.h. die Festlegung der Rechnerkonfiguration und des Aufbaus der gerätetechnischen Einheiten

– den *Softwareentwurf*, d.h. die Strukturierung der Algorithmen und die nachfolgende Programmierung

bereitgestellt werden.

Diesem Zweck dienen geeignete grafische Darstellungen der Signalübertragung und der Aufeinanderfolge der erforderlichen Operationen.

▶ Die Eingangsgrößen sind entweder Signale von Meßgebern, die Prozeßzustände kennzeichnen oder Signale, die mit Hilfe von Bedieneinrichtungen (Taster, Schalter, Tastaturen), eingegeben werden. Die Ausgangsgrößen sind Steuersignale, die auf Stelleinrichtungen wirken, oder Signale zur Informationsausgabe (Anzeige, Registrierung).

Für die Informationsübertragung interessiert, von welchen angeschlossenen Geräten Signale durch den MR empfangen und verarbeitet werden und zu welchen Geräten die Ausgangssignale des MR übertragen werden. Diese Angaben enthält der Datenflußplan.

Der *Datenflußplan* ist die bildliche Darstellung des Signalflusses zwischen den Geräten. Er enthält die für die Informationsübertragung und -verarbeitung wichtigen Gerätekomponenten, sowie ihre Eingangs- und Ausgangsgrößen.

▶ Durch das Programm der Steuereinrichtung müssen die durch die Aufgabenstellung festgelegten Forderungen sequentiell abgearbeitet werden. Dazu ist der Algorithmus soweit aufzugliedern, daß einzelne Operationen entstehen, die der MR ausführen kann.

Die bei der Zerlegung von Handlungsvorschriften entstehenden Elementarschritte heißen *Operationen*. Sie bestehen u.a. in der Verknüpfung, dem Transport und der Speicherung von Informationen.

Um die Aufeinanderfolge und die gegenseitige Abhängigkeit aller Einzelschritte zu verdeutlichen, muß eine Darstellung gewählt werden, die es ermöglicht, den ordnungsgemäßen Ablauf der Steueroperationen zu verfolgen und die Erfüllung aller Forderungen bereits im Entwurfsstadium zu überprüfen. Diese Darstellung wird Programmablaufplan genannt. Der *Programmablaufplan* (PAP) ist die bildliche Darstellung aller Operationen zur Realisierung eines Steuerungsablaufs. Die Sinnbilder und Darstellungsarten für Programmablaufpläne sind standardisiert.

Danach sind eine Kästchendarstellung und eine Liniendarstellung möglich. Hier soll eine Liniendarstellung gewählt werden, die einen geringeren Zeichenaufwand erfordert. Einen Auszug aus den standardisierten Sinnbildern zeigt Bild 4.40.

■ Bei der Fertigung von Hohlzylindern werden die Höhe H, der Außendurchmesser D_a und der Innendurchmesser D_i geprüft. Die Über- oder Unterschreitung eines zulässigen Grenzwerts wird durch ein binäres Signal angezeigt. Entsprechend dem Ergebnis der Prüfung soll das Werkstück entweder zur weiteren Bearbeitung transportiert, einer Nachbearbeitung zugeführt oder als Ausschuß ausgesondert

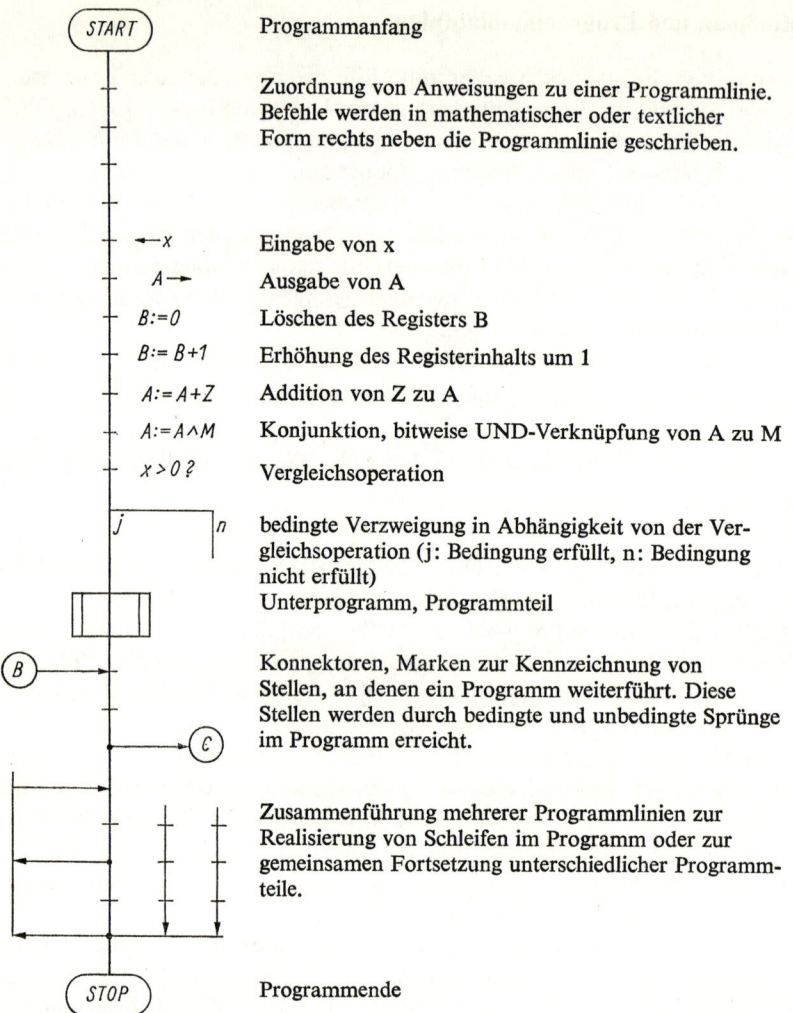

Programmanfang

Zuordnung von Anweisungen zu einer Programmlinie.
Befehle werden in mathematischer oder textlicher
Form rechts neben die Programmlinie geschrieben.

←x   Eingabe von x

A→   Ausgabe von A

B:=0   Löschen des Registers B

B:=B+1 Erhöhung des Registerinhalts um 1

A:=A+Z Addition von Z zu A

A:=A∧M Konjunktion, bitweise UND-Verknüpfung von A zu M

x>0?   Vergleichsoperation

j   n bedingte Verzweigung in Abhängigkeit von der Ver-
          gleichsoperation (j: Bedingung erfüllt, n: Bedingung
          nicht erfüllt)

Unterprogramm, Programmteil

Konnektoren, Marken zur Kennzeichnung von
Stellen, an denen ein Programm weiterführt. Diese
Stellen werden durch bedingte und unbedingte Sprünge
im Programm erreicht.

Zusammenführung mehrerer Programmlinien zur
Realisierung von Schleifen im Programm oder zur
gemeinsamen Fortsetzung unterschiedlicher Programmteile.

Programmende

Bild 4.40. Programmablaufplan

werden. Bild 4.41 zeigt das Anlagenschema des automatisierten Prüfprozesses, Bild 4.42 den Datenflußplan. In dem binär kodierten Eingangswort der Steuereinrichtung wird jedem Grenzwert ein Bit zugeordnet. Die Bitbelegung soll wie folgt festgelegt werden:

Bit	7	6	5	4	3	2	1	0
Eing. X	nicht belegt	nicht belegt	$D_i > oG$	$D_i < uG$	$D_a > oG$	$D_a < uG$	$H > oG$	$H < uG$

Durch das Ausgangssteuerwort werden die Weichen zu den Fertigungsprozessen bzw. zur Aussonderung
als Ausschuß gestellt; gleichzeitig wird ein Befehl zum Weitertransport des Werkstücks und zur Zuführung des nächsten Hohlzylinders gegeben. Das Ausgangswort hat folgende Bitbelegung:

Bit	7 bis 4	3	2	1	0
Ausg. Y	nicht belegt	Ausschuß	Nacharbeit	Weiter-bearbeitung	Transport

Auf der Grundlage des Datenflußplans kann nun der Steueralgorithmus entworfen werden, der die Bedingungen für die Bildung der Ausgangsgröße enthält. Die erforderliche Signalverknüpfung kann hier mit Logikelementen veranschaulicht werden. Bild 4.43 zeigt das Signalflußbild.

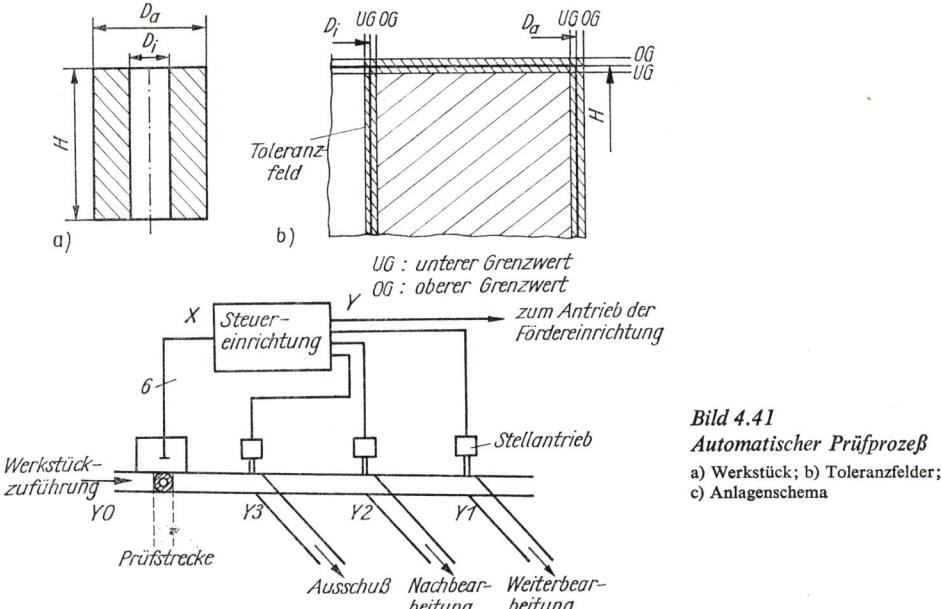

UG : unterer Grenzwert
OG : oberer Grenzwert

Bild 4.41
Automatischer Prüfprozeß
a) Werkstück; b) Toleranzfelder;
c) Anlagenschema

Der Programmablauf muß damit beginnen, das Eingangssignal von den Meßeinrichtungen zu übernehmen und auszuwerten. Dazu müssen die Bits isoliert werden, die eine Information über eine Grenzwertüberschreitung enthalten. Zu diesem Zweck wird ein Vergleichswort benutzt, das mit dem Eingangssignal konjunktiv, also durch ein logisches UND, verknüpft wird. Das Vergleichswort wird auch *Maske* genannt. Die Isolierung oder „Maskierung" der interessierenden Bits kann mit dem Auflegen einer Schablone verglichen werden, die nur die betreffenden Stellen freigibt.

Sollen z.B. Bit 3 und Bit 1 isoliert werden, so lautet das Vergleichswort $B = 00001010_B = 0A_H$. Die UND-Verknüpfung (Maskierung) ergibt nur dann ein Ergebnis, das von Null verschieden ist, wenn mindestens eine der betreffenden Stellen mit einer Eins besetzt ist.

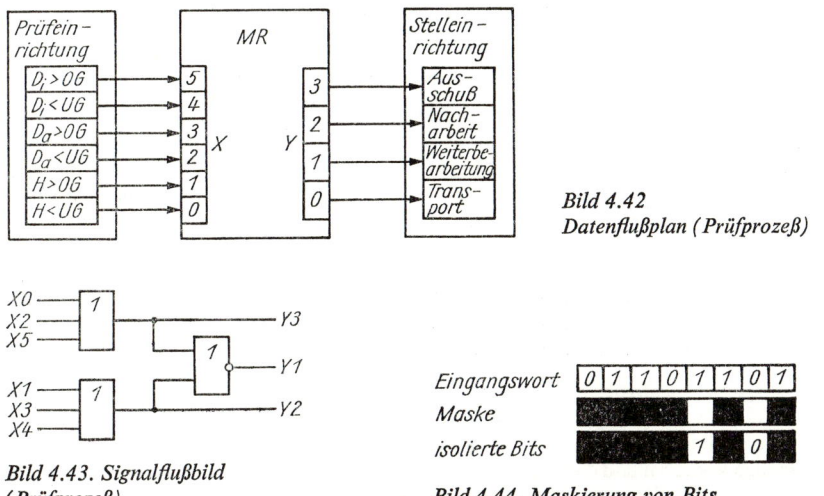

Bild 4.42
Datenflußplan (Prüfprozeß)

Bild 4.43. Signalflußbild
(Prüfprozeß)

Bild 4.44. Maskierung von Bits

Eingangswort | 0 1 1 0 1 1 0 1
Maske
isolierte Bits | 1 0

Beispiel: Eingangswort $\quad A = 01101101_B = 6E_H$

Maske $\qquad\qquad B = 00001010_B = 0A_H$

Isolierte Bits $A \wedge B = 00001000_B = 08_H$

Der Programmablauf des Prüfprozesses ist im Bild 4.45 dargestellt. Das Vergleichswort (die Maske) B enthält an den Stellen eine Eins, an denen im Eingangswort eine Grenzwertüberschreitung auftreten kann:

$$B = 00111111_B = 3F_H.$$

Das Vergleichswort C enthält an den Stellen eine Eins, bei denen die Grenzwertüberschreitung durch Nacharbeit nicht beseitigt werden kann, das Werkstück also als Ausschuß aussortiert werden muß:

$$C = 00100101_B = 1A_H.$$

Nach dem Einlesen des Eingangsworts erfolgt die UND-Verknüpfung mit der Maske B. Danach wird geprüft, ob im Akkumulator das Ergebnis Null ist. Der MR prüft also den Sachverhalt:

● Sind die zulässigen Toleranzen eingehalten?

– Wenn ja, d.h. $A = 0$, so ist das Werkstück in Ordnung. Das Programm soll mit der Ausgabe eines Steuerworts STW1 fortgesetzt werden; es wird also ein bedingter Sprung ausgeführt.

– Wenn nein, d.h. $A \neq 0$, so ist mindestens ein Grenzwert überschritten; das Programm soll ohne Sprung fortgesetzt werden.

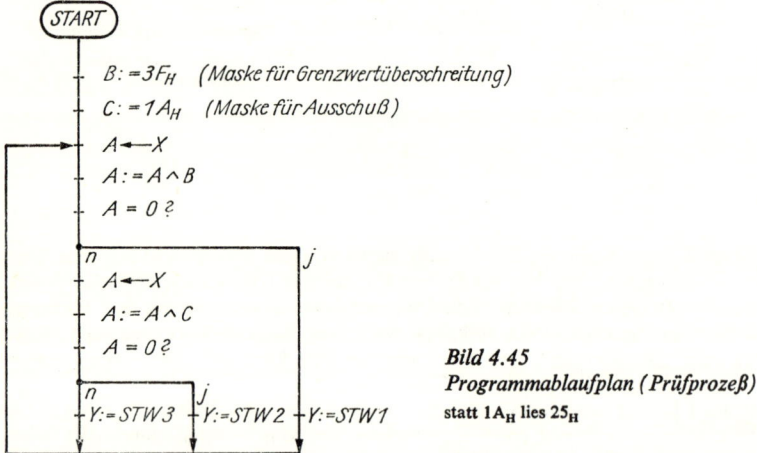

Bild 4.45
Programmablaufplan (Prüfprozeß)
statt $1A_H$ lies 25_H

Nach dem Einlesen des Eingangsworts erfolgt nun eine UND-Verknüpfung mit der Maske C. Der MR prüft den Sachverhalt:

● Können die fehlerhaften Abmessungen durch Nacharbeit beseitigt werden?

– Wenn ja, d.h. $A = 0$, so soll das Programm durch einen bedingten Sprung mit der Ausgabe des Steuerworts STW2 fortgesetzt werden.

– Wenn nein, d.h., wenn mindestens ein Bit besetzt ist, das den Ausschuß des Werkstücks zur Folge hat, so ist $A \neq 0$, und das Programm wird ohne Sprung durch die Ausgabe des Steuerworts STW3 fortgesetzt.

Die Steuerwörter ergeben sich aus der erforderlichen Bitbelegung:

STW1 $= 00000011_B = 03_H$ Transport → Weiterbearbeitung

STW2 $= 00000101_B = 05_H$ Transport → Nacharbeit

STW3 $= 00001001_B = 09_H$ Transport → Ausschuß.

Da mit dem Ausgangssignal auch ein Transportbefehl gegeben wird, der den Weitertransport des geprüften und die Zuführung eines neuen Werkstücks bewirkt, kann das Programm durch einen unbedingten Sprung wieder mit dem Einlesen des neuen Eingangsworts fortgesetzt werden. Die für die praktische Realisierung notwendige Wartezeit und das Freigabesignal, mit dem die richtige Positionierung des Werkstücks in der Meßstrecke angezeigt wird, sind zur Vereinfachung hier nicht dargestellt.

4.3.5. Zur Programmierung von Mikrorechnern

▶ Alle Programme, die für einen MR zur Verfügung stehen, werden unter der Bezeichnung *Software* zusammengefaßt. Dabei muß zwischen den für den Betrieb des MR notwendigen aufgabenunabhängigen Programmen – dem *Betriebssystem* – und den aufgabenspezifischen Programmen – der *Anwendersoftware* – unterschieden werden.

▶ Als *Betriebssystem* werden die Programme bezeichnet, die für die Grundfunktion des Rechners erforderlich sind, wie die Herstellung eines bestimmten Betriebszustands, die Organisation der Befehlseingabe, die Koordinierung der Informationsübertragung zwischen den Hardwarekomponenten, sowie wichtige Unterprogramme, die ständig benötigt werden. Das Betriebssystem bildet zusammen mit der Konfiguration des MR die Grundlage für die Lösung einer bestimmten Klasse von Aufgaben (z. B. der Prozeßsteuerung, der Meßdatenverarbeitung, der Kommunikationstechnik u. dgl.).

▶ Für die Erarbeitung der *Anwendersoftware* stehen heute Hilfsmittel zur Verfügung, die es ermöglichen, die Steuerungsaufgabe in einer *Programmiersprache* zu formulieren, die vom Rechnertyp unabhängig ist und keine speziellen Kenntnisse über den internen Aufbau und die Art der Befehlsabarbeitung im MR erfordert. Damit ist es möglich, eine numerisch gesteuerte Werkzeugmaschine für eine bestimmte Fertigungsaufgabe zu programmieren oder eine Logikschaltung an einem Bildschirmarbeitsplatz zu entwickeln, ohne die Einzelheiten der Arbeitsweise des MR zu kennen. Im folgenden soll jedoch zunächst auf die für das Verständnis der Funktion eines MR notwendigen Grundlagen eingegangen werden.

▶ Die bisherigen Ausführungen zum Einsatz von Mikrorechnern zur Prozeßsteuerung betrafen die Erarbeitung und Präzisierung der Aufgabenstellung und den Systementwurf. Während der Datenflußplan eine Grundlage für den Hardwareentwurf und die Auswahl der benötigten gerätetechnischen Einheiten darstellt, dient der Programmablaufplan der Problemanalyse und der Zerlegung des Steuerungsablaufs in Teilschritte (Operationen). Damit werden die Voraussetzungen für die Erarbeitung der aufgabenspezifischen Software geschaffen.

Durch den PAP werden die Operationen, die der MR ausführen soll, und die Reihenfolge ihrer Abarbeitung festgelegt. Eine Eingabe und Verarbeitung von Informationen durch einen MR ist jedoch – wie wir aus Abschnitt 4.3.3. wissen – nur möglich, wenn diese in Form binärkodierter Daten vorliegen. Deshalb müssen die Operationen in eine maschinenlesbare, d. h. in eine für den MR verständliche Form übergeführt werden. Diese Aufgabe wird durch die *Programmierung* gelöst.

▶ Eine Anweisung, die zur Ausführung einer bestimmten Operation in den MR eingegeben werden kann, wird *Befehl* genannt. Die Befehle, die ein bestimmter Prozessortyp ausführen kann, sind in der *Befehlsliste* zusammengefaßt. In der Reihenfolge ihrer Abarbeitung bilden die Befehle das *Programm*.

Die Befehle bestehen aus einem oder mehreren Bytes und müssen neben der Anweisung zur Ausführung einer bestimmten Operation – dem Operationskode (OK) – auch die dabei zu verwendenden Daten, Register oder Speicherplätze – die Operanden – enthalten. Die Übertragung der Befehle in die Maschinensprache des Prozessors wird *Kodierung* genannt.

Für die Formulierung des Programms wäre jedoch die Verwendung der Befehlskodes unübersichtlich und beschwerlich, so daß hierfür eine besser verständliche Notierung, eine sog. Symbolsprache, benutzt wird. Jeder Befehl wird dabei durch eine Abkürzung gekennzeichnet, die sich bei der Programmierarbeit leicht einprägt. Die meist aus der

englischen Sprache übernommenen, vom Schaltkreishersteller festgelegten Original-
abkürzungen werden als Mnemoniks (Merkkode) bezeichnet. Sie lassen sich auch maschi-
nell in die Maschinensprache des Prozessors übersetzen. Das dafür notwendige Übersetzungsprogramm wird *Assembler* genannt.

4.3.5.1. Befehlsformate

Im Abschnitt 4.3.3. wurde der Befehlszyklus eines MR an einem einfachen Beispiel erläutert (s. Bild 4.39). Die hierbei benutzten Befehle benötigten eine unterschiedliche Anzahl von Speicherplätzen im Programmspeicher. Damit kann eine Einteilung der Befehle
nach ihrer Länge vorgenommen werden.

Ein Befehlswort besteht nach Bild 4.46 aus

– dem Operationskode (OK), der die durchzuführende Operation festlegt, und
– dem Operandenteil (*n*), der Zahlenwerte oder Adressen enthält.

Bild 4.46 zeigt die für einen 8-Bit-Prozessor üblichen Befehlsformate.
Nach ihrer Länge unterscheiden wir 1-, 2-, 3- und 4-Byte-Befehle.

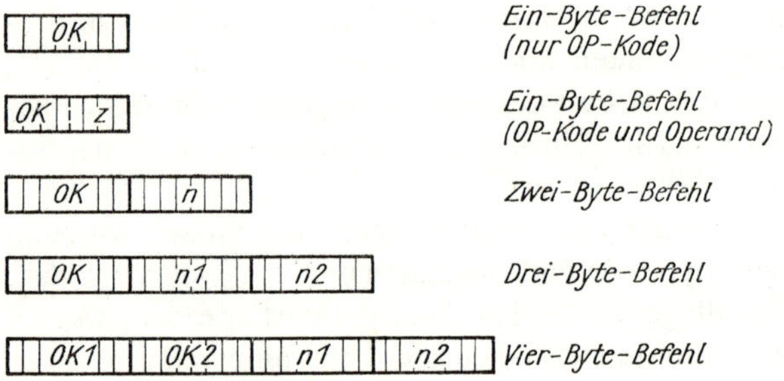

Ein-Byte-Befehl
(nur OP-Kode)

Ein-Byte-Befehl
(OP-Kode und Operand)

Zwei-Byte-Befehl

Drei-Byte-Befehl

Vier-Byte-Befehl

Bild 4.46
Befehlsformate
OK Operationskode; *OK1*, *OK2* erweiterter
Operationskode; *n* 8-Bit-Wort
(Zahlenwert oder Adresseninformation,
z.B. relative Adresse); *n1* niederwertiger Teil
einer Adresse; *n2* höherwertiger Teil
einer Adresse; *z* Adressenteil des Befehlswerts
(z.B. Registeradresse)

4.3.5.2. Programmgestaltung

▶ Wenn die Befehlsliste des verwendeten MP vorliegt, kann damit begonnen werden,
ein Programm zu entwickeln. Dazu muß der im PAP angegebene Algorithmus in
Operationen zerlegt werden, die durch den MP ausgeführt werden können. Diese Operationen aus der Befehlsliste des MP werden durch Operationskodes oder durch symbolische Befehlsbezeichnungen (Mnemokodes) gekennzeichnet. Die Programmierung erfolgt, indem die Befehle fortlaufend in eine Liste eingetragen und ihnen Adressen des
Programmspeichers zugeordnet werden.
▶ Bei der Notierung des Programms sind jedoch einige Grundsätze zu beachten, die
sichern sollen, daß es auch von einem anderen Nutzer verstanden wird und – daß man
sich selbst zu einem späteren Zeitpunkt wieder darin zurechtfindet. Bewährt hat sich eine
Tabellenform, die einen guten Überblick über den Ablauf des Programms gestattet
(Bild 4.48).
Die ersten beiden Spalten sind für die fortlaufenden Adressen des Programmspeichers
und den Maschinenkode vorgesehen. Sie werden zunächst freigelassen und erst ausgefüllt, wenn das Programm bereits vorliegt. Diese als Kodierung bezeichnete Aufgabe ist
meist nicht vom Programmierer auszuführen, sondern erfolgt durch Anwendung von Über-
setzungsprogrammen selbsttätig (s. Abschn. 4.3.5.3.). In die dritte Spalte werden Namen
oder Marken eingetragen. Das sind beliebig gewählte Buchstaben und Ziffern; sie bezeichnen Adressen (sog. Symboladressen), die als Datenspeicher oder Einsprungstellen

genutzt werden sollen. Die vierte Spalte enthält die Operationen im Mnemokode und die zugehörigen Daten oder Adressen. Auch diese können symbolisch durch einen Namen (eine Kombination alphanumerischer Zeichen) gekennzeichnet werden. Durch Kommentare in der fünften Spalte wird der jeweilige Programmschritt erläutert.

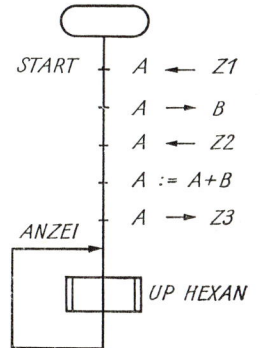

■ Als Beispiel sind in einem PAP (Bild 4.47) die Operationen zur Addition zweier Zahlenwerte dargestellt.

Zur Eingabe der beiden Summanden werden zwei Speicherplätze $Z1$ und $Z2$ festgelegt. Der PAP wurde soweit in Einzeloperationen aufgegliedert, daß diese durch Befehle aus der Befehlsliste des MP ausgeführt werden können. Dazu wird ein einfacher MR mit dem MP U880D verwendet. Das Programm wird in eine Tabelle (Bild 4.48) eingetragen, wobei uns zunächst nur die Spalten 3, 4 und 5 interessieren.

Bild 4.47
PAP zur Addition zweier Zahlen

1	2	3	4	5
Adr.	Masch.-Kode	Name	Operation	Kommentar
4000	3A 00 41	START	LD A,(Z1)	Inhalt von Sp. 4100 in den A
4003	47		LD B,A	Zwischenspeicherung im Reg. B
4004	3A 01 41		LD A,(Z2)	Inhalt von Sp. 4101 in den A
4007	80		ADD B	Addition A + B
4008	32 02 41		LD (Z3),A	Ergebnis in Sp. 4102
400B	CD 20 41	ANZEI	CALL HEXAN	UP Hexadezimalanzeige
400E	C3 0B 40		JMP ANZEI	Halteschleife
4100		Z1		Speicher 1. Summand
4101		Z2		Speicher 2. Summand
4102		Z3		Speicher Ergebnis
4120		HEXAN		Unterprogramm Hexadezimalanzeige

Bild 4.48. Programmbeispiel (Addition)

Der erste Befehl LD A ($Z1$) bedeutet:

– Lade den Inhalt von $Z1$ in den Akkumulator!

$Z1$ ist eine Symboladresse und wird am Ende des Programms durch die Zuordnung einer Adresse des Programmspeichers definiert. Da die arithmetischen und logischen Operationen immer durch Verknüpfung von Registerinhalten vorgenommen werden, muß der eingelesene Wert in einem Register – hier im Register B – zwischengespeichert werden. Nachdem mit dem dritten Befehl der zweite Summand aus dem Speicher $Z2$ in den A transportiert wurde, erfolgt die Verknüpfung durch den Additionsbefehl ADD B. Schließlich kann das Ergebnis wieder in einen RAM-Speicher $Z3$ übertragen werden. Das Programm kann auf verschiedene Weise abgeschlossen werden. Hier wurde angenommen, daß ein Unterprogramm HEXAN (Hexadezimalanzeige) zur Verfügung steht, das die in den Speicherplätzen $Z1$, $Z2$ und $Z3$ befindlichen Daten in der Anzeige, z. B. durch Ziffernanzeigeelemente, sichtbar macht. Dieses Unterprogramm ist durch UP-Aufruf der Adresse 4120_H verfügbar. Nach der Rückkehr aus dem Unterprogramm folgt ein unbedingter Sprung zu der Programmzeile, die das Unterprogramm aufruft. Sie wurde durch den Namen ANZEI gekennzeichnet. Dadurch entsteht eine Halteschleife, die die Anzeige, die sonst nur für die Dauer von einigen Millisekunden sichtbar wäre, ständig wieder auffrischt und damit so lange erhält, bis durch ein Rücksetzen des Betriebssystems in den Ausgangszustand die Schleife verlassen wird.

Eine andere Möglichkeit wäre der Abschluß des Programms durch den Befehl HALT. Hierbei wird die Arbeit der ZVE unterbrochen. Das Ergebnis der Rechnung erhält man dann, indem der Inhalt des Speicherplatzes $Z3$ geprüft wird.

Am Ende des Programms müssen den verwendeten Symboladressen, hier $Z1$, $Z2$, $Z3$, konkrete Adressen zugewiesen werden sowie die verwendeten Unterprogramme und die zugehörigen Programmadressen genannt werden. Nachdem das Programm so weit entwickelt wurde, erfolgt die Kodierung der Befehle unter Verwendung der Befehlsliste des MP. Die Anzahl der benötigten Adressen im Programmspeicher ist von der Länge der Befehle abhängig. In die Speicher $Z1$ und $Z2$ können nun beliebige Hexadezimalzahlen von 00 bis FF_H eingegeben werden. Welcher Wert zu Beginn im Speicher Z3 steht, ist gleichgültig: der Inhalt kann auch durch Eingabe von 00 gelöscht werden.

Nachdem das Programm in den Programmspeicher eingegeben wurde, kann es von der Adresse 4000_H aus gestartet werden. Das Ergebnis der Addition wird als Hexadezimalwert in $Z3$ gespeichert. Dabei ist zu beachten, daß hierfür auch nur ein Byte zur Verfügung steht, ein Übertrag also nicht angezeigt wird. Um festzustellen, ob der Zahlenbereich überschritten wurde, müßte nach der Addition das Flag-Register geprüft werden.

4.3.5.3. Programmierung in Assemblersprache

▶ Wie wir bereits wissen, ist es sinnvoll, die Befehle des MR nicht durch einen Binärkode, sondern durch Mnemoniks zu kennzeichnen. Das auf diese Weise in einer Symbolsprache formulierte Programm wird als *Quellprogramm* bezeichnet. Die Kodierung der Befehle, d. h. die Übersetzung in den Maschinenkode oder *Objektkode* des MR, ist eine mühevolle Aufgabe für den Programmierer. Sie läßt sich jedoch leicht automatisieren, indem ein Übersetzungsprogramm benutzt wird, das auf einem Rechner abläuft. Hat der verwendete MR eine ausreichende Speicherkapazität und ist eine alphanumerische Tastatur oder Schreibmaschine als Eingabegerät angeschlossen, so kann er selbst diese Aufgabe übernehmen. Das Übersetzungsprogramm wird als *Assembler* bezeichnet (das englische Wort „to assemble" bedeutet zusammensetzen, montieren). Läuft das Übersetzungsprogramm auf einer anderen Rechenanlage, so wird es *Cross-Assembler* genannt.

Das übersetzte Programm kann entweder sofort in die festgelegten Speicher des MR eingelesen werden, oder es wird ein Datenträger (Lochstreifen, Magnetband) erzeugt, der dann zur Eingabe des Programms in den verwendeten MR dient. Zum Vergleich des Objektkodes mit dem Quellprogramm kann über einen Drucker eine Liste ausgegeben werden, in der zeilenweise die Quellanweisungen durch Speicheradressen und Maschinenkode ergänzt werden. Außerdem wird der Kommentar ausgedruckt. Diese als *Listing* bezeichnete Dokumentation ist nicht nur für die Programmentwicklung, Fehlerkorrektur und die Vorbereitung des praktischen Einsatzes am Prozeß von Bedeutung, sondern auch für eine Sammlung der vorhandenen Programme (Programmbibliothek) und eine Nutzung für gleichartige Einsatzfälle von großem Wert. Durch das mit dem MR vom Hersteller gelieferte Listing sind auch der Aufbau des in den ROM gespeicherten Betriebssystems und die zu verwendenden Unterprogramme erkennbar.

■ In dem Programmbeispiel Bild 4.49 wird die bereits im Abschnitt 4.3.5.2. erläuterte Addition zweier Hexadezimalzahlen mit dem MR K 1520 gezeigt. Für das Programm wird ein Speicherbereich, beginnend mit der Adresse 4000_H, festgelegt. Als Name des Programms wird ADHEX gewählt. Für die Formulierung des Programms in Assemblersprache genügt die rechte Seite des Programmausdrucks. Die vier Felder jeder Programmzeile sind durch die Anordnung deutlich erkennbar. Der Assembler ergänzt die Zeilen links durch die fortlaufenden Adressen und den Befehlskode.

Es wird angenommen, daß ein Unterprogramm zur Verfügung steht, das den Inhalt der Speicherzellen $Z1$, $Z2$ und $Z3$ als Hexadezimalzeichen auf einem Display anzeigt. Dieses Programm ist unter der Adresse 4120_H zu erreichen. Durch die Halteschleife wird die Anzeige ständig aufgefrischt und bleibt so lange erhalten, bis durch einen Rücksetzbefehl wieder das Betriebssystem aufgerufen wird. Bild 4.50 zeigt das Assemblerprogramm zum Prüfprozeß (Beispiel Bilder 4.41 bis 4.45).

ADR	OBJ-KODE	NR	QUELLANWEISUNG		
		1		PN	ADHEX
		2	; PROGRAMMBEISPIEL: ADDITION ZWEIER		
		3	; HEXADEZIMALZAHLEN		
		4	;		
4000		5		ORG	4000H
4000	3A 00 41	6	START: LD	A,(Z1)	; 1.ZAHL NACH A
4003	47	7	LD	B,A	; ZWISCHENSPEICHERUNG
4004	3A 01 41	8	LD	A,(Z2)	; 2.ZAHL NACH A
4007	80	9	ADD	B	; ADDITION A + B
4008	32 02 41	10	LD	(Z3),A	; ERGEBNIS NACH Z3
400B	CD 20 41	11	ANZEI: CALL	HEXAN	; ANZEIGEPROGRAMM
400E	C3 0B 40	12	JMP	ANZEI	; HALTESCHLEIFE
		13	; SPEICHERSTELLEN		
4100		14		ORG	4100H
4100	25	15	Z1: DB	25H	; 1. Zahl
4101	76	16	Z2: DB	76H	; 2. Zahl
4102	00	17	Z3: DB	0	; ERGEBNIS
		18	; BENUTZTES UNTERPROGRAMM		
		19	HEXAN: EQU	4120H	
		20		END	

Bild 4.49. Programmbeispiel in Assemblersprache

1		PN	PRUEF	
2	; PROGRAMMBEISPIEL : PRUEFPROZESS			
3	;			
4		ORG	4020H	
5	PRUEF:	CALL	INIT	; INITIALISIERUNG
6		LD	B,3FH	; GRENZWERTUEBERSCHREITUNG
7		LD	C,25H	; AUSSCHUSS
8	PR1:	IN	EING	; EINLESEN X
9		LD	D,A	; ZWISCHENSPEICHERUNG
10		AND	B	; GW-UEBERSCHR. PRUEFEN
11		JPZ	S1	; SPRUNG, WENN KEINE GW-UEBER
12		LD	A,D	; HOLEN X
13		AND	C	; AUSSCHUSS PRUEFEN
14		JPZ	S2	; SPRUNG, WENN KEIN AUSSCHUSS
15		LD	A,STW3	; TRANSPORT – AUSSCHUSS
16		OUT	AUSG	; AUSGABE Y
17		JMP	PR1	; NAECHSTES WERKSTUECK
18	S2:	LD	A,STW2	; TRANSPORT – NACHARBEIT
19		OUT	AUSG	; AUSGABE Y
20		JMP	PR1	; NAECHSTES WERKSTUECK
21	S1:	LD	A,STW1	; TRANSPORT – WEITERBEARBEIT.
22		OUT	AUSG	; AUSGABE Y
23		JMP	PR1	; NAECHSTES WERKSTUECK
24	; SPEICHERSTELLEN UND UNTERPROGRAMM			
25		ORG	4050H	
26	STW1:	DB	3H	; STEUERWORT 03H
27	STW2:	DB	5H	; STEUERWORT 05H
28	STW3:	DB	9H	; STEUERWORT 09H
29	EING:	DB	84H	; EINGABEKANAL
30	AUSG:	DB	86H	; AUSGABEKANAL
31	INIT:	EQU	4060H	; UNTERPROGRAMM ZUR FESTLEGUNG
32				; DER EIN- UND AUSGABEKANAELE
33		END		

Bild 4.50. Assemblerprogramm zum Prüfprozeß (Beispiel)

Durch Verwendung der vom Schaltkreishersteller festgelegten Mnemoniks ist die Programmierung auf dem Niveau der Assemblersprache an den jeweiligen Prozessortyp gebunden; sie ist *maschinenorientiert.* Die Assemblerprogrammierung setzt also viele Kenntnisse über den Aufbau und die Arbeitsweise des MR voraus. Soll das gleiche Problem auf einem MR anderer Bauart gelöst werden, so ist die Neuentwicklung des Programms erforderlich.

▶ Der Vorteil der Assemblerprogrammierung besteht darin, daß die speziellen Eigenschaften des MP voll ausgenutzt werden können. Die Befehle werden im Maschinenkode direkt abgearbeitet. Damit kann sowohl die Laufzeit eines Programms als auch der Speicherplatzbedarf minimiert werden. Sollen Mikroprozessoren für einen speziellen Einsatzfall angewendet werden, sind dabei Echtzeitanforderungen durch Kopplung mit Sensoren oder Stelleinrichtungen zu erfüllen. Sind mehrere MP mit dem gleichen Programm für einen bestimmten Zweck auszurüsten – so daß auf eine kostengünstige Variante Wert gelegt werden muß –, so ist die Programmierung auf dem Assemblerniveau zweckmäßig und vorteilhaft.

Die Programmentwicklung wird hierbei nicht an dem MP oder MR vorgenommen, der in der Steuereinrichtung zum Einsatz kommt, sondern an einem MR des gleichen Typs, der über eine umfangreiche Ausrüstung, wie Bildschirmgerät, Bediendrucker oder Schreibmaschine, externe Speichereinrichtungen (Disketten, Magnetbänder), sowie spezielle Software für die Programmentwicklung und -prüfung verfügt. Eine solche MR-Konfiguration wird als *MR-Entwicklungssystem* bezeichnet. Sind die Anwenderprogramme auf dem Entwicklungssystem erarbeitet und geprüft worden, werden sie meist mit Hilfe eines Programmiergeräts in einen PROM oder EPROM geladen, mit dem dann der einzusetzende MR bestückt wird.

4.3.5.4. Anwendung höherer Programmiersprachen

▶ Bei der Anwendung von MR werden die Kosten für die Lösung von Automatisierungsaufgaben in wachsendem Maße durch den Aufwand für die Softwareentwicklung bestimmt. Gegenwärtig beträgt bei der Großautomatisierung der Softwareanteil an den Gesamtkosten eines Automatisierungssystems etwa 50 %. Die steigende Tendenz ist eine Folge der sinkenden Hardwarekosten, der Erhöhung des Anspruchniveaus und der Komplexität der zu lösenden Aufgaben (s. Abschn. 1.). Aus diesem Grunde ist es notwendig, auch die Einsatzvorbereitung von MR, insbesondere die Softwareentwicklung, zunehmend zu rationalisieren und zu automatisieren. Diesem Ziel dient die Anwendung höherer Programmiersprachen. Ihre Vorteile bestehen in

– der Verbesserung der Nutzerfreundlichkeit
  (gute Erlernbarkeit, Handhabbarkeit, logischer Aufbau)
– der Effektivität der Programmerarbeitung
  (Anwendung von Standardfunktionen und -prozeduren, Unterprogrammtechnik, Anweisungen für Wiederholvorgänge [Zyklen], für Vergleiche und Entscheidungen, leistungsfähige Steueranweisungen)
– der problemorientierten Lösung von Aufgaben
  (vom Rechnertyp unabhängige Formulierung des Programms)
– der Kompatibilität der Software
  (Austauschbarkeit der Programme, Mehrfachnutzung auf unterschiedlichen Rechnern).

▶ Zur Übertragung der Programme in die Maschinensprache des MR dienen Übersetzungsprogramme, die auf Großrechnern oder auch auf MR mit großer Speicherkapazität laufen. Diese werden als *Compiler* bezeichnet. Sie ersetzen nicht nur die Anweisungen des in einer höheren Programmiersprache formulierten Programms durch eine Befehlsfolge des MR, sondern setzen auch das Programm so zusammen, daß es in der richtigen Reihenfolge auf dem MR abläuft.

Besonders vorteilhaft ist es, wenn Programme an einem Bildschirmarbeitsplatz mit Hilfe eines *Editors*, eines Unterstützungsprogramms zur Prüfung, Ein- und Ausgabe von Programmstücken, entwickelt werden können. Hierbei wird das zu erarbeitende Programm zeilenweise über eine Tastatur eingegeben. Jede Programmzeile erscheint auf dem Bildschirm, wird im Rechner auf Vollständigkeit und richtige Schreibweise (Syntax) geprüft, kann korrigiert und geändert werden und wird schließlich an der richtigen Stelle in das Programm eingefügt. Durch eine Marke – *Kursor* genannt – wird das zu ändernde, zu löschende oder neu zu beschreibende Zeichen oder Leerfeld gekennzeichnet. Die Entwicklung problemorientierter Programmiersprachen erfolgt in zwei Richtungen

a) für einen möglichst universellen Einsatz
b) für spezielle Anwendungsgebiete.

Bild 4.51 zeigt eine Auswahl *problemorientierter Programmiersprachen*. Programmiersprachen, die auf vielen Gebieten, besonders aber für wissenschaftlich-technische Rechnungen, angewendet werden, sind z.B. FORTRAN und PASCAL. Compiler

Sprache	Hauptanwendung Merkmale	Nachteile
FORTRAN (1955)	numerische Mathematik, Datenverarbeitung, sehr leistungsfähig	Ein- und Ausgabeoperationen nicht standardisiert, wenig geeignet für Textverarbeitung
ALGOL (1958)	wiss.- techn. Rechnungen, beliebige mathematische Ausdrücke können gebildet werden	Ein- und Ausgabeoperationen nicht standardisiert, keine Textverarbeitung möglich
COBOL (1960)	Ökonomie, Leitung, Planung. Verarbeitung großer Datenmengen möglich	nicht zweckmäßig für technische Anwendungen, hoher Aufwand
PL/1 (1965)	Universeller Einsatz, gebildet aus Elementen von FORTRAN, ALGOL und COBOL	nicht für Prozeßsteuerungen geeignet, großer Sprachumfang, Anwendung rückläufig
BASIC (1965)	Dialogsprache für Klein- und Mikrorechner	nur für einfache Anwendungen, viele Sprachversionen
PASCAL (1970)	Erweiterung von ALGOL. Strukturierte Programmierung, auch Versionen für Parallelverarbeitung vorhanden	keine Echtzeitvereinbarungen, keine dynamischen Feldvereinbarungen
PEARL (1973)	Prozeßsteuerung und Laborautomatisierung, Echtzeit- und Parallelverarbeitung, Ein-/Ausgabeoperationen standardisiert	Umfangreicher Compiler erforderlich, daher meist Verwendung von Cross-Compilern auf Großrechnern
ADA (1979)	Universeller Einsatz. Strukturierte Programmierung, auch Echtzeit- und Parallelverarbeitung	Vereinfachungen nicht zulässig, nur auf Großrechnern implementierbar

Bild 4.51. Problemorientierte Programmiersprachen

für diese Sprachen gehören zur Standardausrüstung großer Rechenanlagen. Diese Sprachen können auch für die Programmierung von MR genutzt werden. Das ist vor allem dann vorteilhaft, wenn für die Informationsverarbeitung anspruchsvolle numerische Verfahren notwendig sind oder MR vorwiegend für rechentechnische Aufgaben eingesetzt werden. Sollen FORTRAN- oder PASCAL-Compiler in MR-Systemen implementiert werden, so müssen diese über eine ausreichende Speicherkapazität verfügen. Eine andere Möglichkeit für die Programmentwicklung ist die Verwendung von Cross-Compilern, die auf Großrechenanlagen laufen und das Maschinenprogramm für den MR auf geeigneten Datenträgern zur Verfügung stellen.

Für kleinere MR mit einer Speicherkapazität von etwa 8 bis 48 KByte wurden Programmiersprachen mit einer begrenzten Zahl von Befehlen entwickelt, die sich leicht erlernen lassen und die es gestatten, einfache Aufgaben der Informationsverarbeitung mit geringem Programmieraufwand effektiv zu lösen. Derartige Sprachen sind z. B. BASIC und FOCAL. Für MR dieser Größenordnung, wie Heimcomputer, Bürocomputer, Organisationsautomaten, Prüfstands- und Laborrechner, ist BASIC die international am meisten benutzte und bekannte Programmiersprache. Im Gegensatz zu den Compilern, bei denen zunächst das gesamte Programm übersetzt werden muß, bevor es auf der Rechenanlage ablaufen kann, wird bei diesen Programmiersprachen jede Anweisung einzeln übersetzt und sofort auf dem Rechner abgearbeitet. Das hierzu benutzte Übersetzungsprogramm wird als *Interpreter* bezeichnet. BASIC-Interpreter für MR gibt es in vielen Versionen; ihre Programmlänge beträgt je nach Leistungsfähigkeit 2 bis 16 KByte. Da sich die verschiedenen BASIC-Versionen durch die zugelassenen Anweisungen unterscheiden, sind BASIC-Programme für verschiedene Rechnertypen nicht ohne weiteres austauschbar. Es ist aber leicht möglich, sich in eine andere BASIC-Variante einzuarbeiten und ein vorhandenes Programm so zu verändern, daß es auch auf einem anderen Rechner läuft. Einen Überblick über die wichtigsten BASIC-Anweisungen und die dabei zugelassenen Funktionen und Operationen gibt Bild 4.52.

Die genannten Programmiersprachen sind vorwiegend für die Durchführung von wissenschaftlich-technischen Rechnungen (BASIC auch für Spielprogramme) entwickelt worden. Für Aufgaben der Prozeßsteuerung müssen sich jedoch auch Operationen zur Kopplung des Rechners mit dem Prozeß programmieren lassen, wie die Abfrage von Meßgebern, die Überprüfung von Grenzwertmeldern, Eingabeoperationen von externen Geräten, die Ansteuerung von Stelleinrichtungen, die Ausgabe an Registrier- und Anzeigeeinheiten. Diese sind jedoch immer an die vorhandene Peripherie und Hardwareausrüstung eines Rechners gebunden und deshalb nicht allgemeingültig (rechnerunabhängig) zu formulieren. Außerdem läuft bei technologischen Prozessen eine Reihe von Vorgängen, die kontrolliert und gesteuert werden müssen, *parallel* ab. Es läßt sich also nicht von vornherein eine Reihenfolge (z. B. durch ein übergeordnetes Hauptprogramm) festlegen, in der diese Steuerprogramme abgearbeitet werden müssen. Die erforderliche Programmfolge wird vielmehr durch den Prozeßablauf festgelegt, der unterschiedlich sein kann. Auch müssen in bestimmten Fällen Vorrangprogramme (z. B. durch Interrupt gesteuert) eingeschoben werden, wenn dies der Prozeß erfordert. Die bisher genannten Programmiersprachen bieten zunächst keine Möglichkeit zur richtigen Formulierung dieser technologischen Bedingungen und des sich daraus ergebenden Steuerungsablaufs.

Programmiersprachen, die diesen Anforderungen entsprechen, sind z. B. ADA, PEARL und weiterentwickelte Versionen von PASCAL. Auch für BASIC wurden zusätzliche Befehle definiert, die für das Zusammenwirken mit Eingabe- und Ausgabeeinheiten erforderlich sind (z. B. BASEX, Real-time-BASIC, MSR-BASIC u. a.).

Im folgenden Beispiel wird eine einfache Anwendung von BASIC für die Meßwert-

Elemente der Programmiersprache BASIC

Hierbei bedeuten

a, b, c	Zahlenwert oder numerischer Ausdruck
d	Befehl
f	Feld, gekennzeichnet durch einen Buchstaben
k	Zählvariable
m	Speicherplatz
n	ganzzahliger Wert
q	beliebige Zeichenfolge
s	Stufung
v	Variable
z	Programmzeile

Operationen

()	Klammern	
=	gleich	
>	größer als	
<	kleiner als	
> =	größer oder gleich	
< =	kleiner oder gleich	
< >	ungleich	
$\wedge$	Potenz	
*	Multiplikation	
/	Division	
+	Addition	
—	Subtraktion	
a AND b	a $\wedge$ b	logisches UND
a OR b	a $\vee$ b	logisches ODER
NOT a	ā	Negation, NICHT

Funktionen

SQR (a)	$\sqrt{a}$	Quadratwurzel
EXP (a)	e^a	e-Funktion
LN (a)	ln a	natürlicher Logarithmus
ABS (a)	|a|	Betrag von a
SGN (a)	sgn a	Signum-Funktion (Vorzeichen)
INT (a)		ganzzahliger Teil von a
SIN (a)	sin a	Sinus-Funktion
COS (a)	cos a	Kosinus-Funktion
TAN (a)	tan a	Tangens-Funktion
ATN (a)	arctan a	Arkustangens-Funktion

Befehle

Eingabe

INPUT v	Der Rechner wartet auf die Eingabe eines Zahlenwertes und weist diesen der Variablen v zu
READ v	Es wird der nächstfolgende Wert der **DATA**-Anweisung gelesen und der Variablen v zugewiesen
DATA a, b, c	Eingabe der Zahlenwerte, die fortlaufend durch **READ**-Anweisungen gelesen werden

Bild 4.52. Elemente der Programmiersprache BASIC

Ausgabe

PRINT a	Der Wert a wird ausgedruckt
PRINT "q"	Die Zeichenfolge q wird ausgedruckt
LIST z	Das Programm wird ab Programmzeile z aufgelistet. **LIST** bedeutet **LIST** $\emptyset$
PLOT a, b	Drucken eines Punktes mit den Koordinaten a, b

Zuordnung

LET v = a	Der Variablen v wird der Wert a zugewiesen. (In einigen BASIC-Versionen kann **LET** weggelassen werden.)

Feldvereinbarung

DIM f $(n_1, \ldots, n_k)$	Vereinbarung eines Feldes f mit k Dimensionen, jede Dimension mit n_i-Werten

Unbedingter Sprung

GOTO z	Unbedingter Sprung zur Programmzeile z
RUN z	Start eines Programmes, Sprung zur Programmzeile z, dabei werden alle bisherigen Variablen gelöscht. **RUN** bedeutet **RUN** $\emptyset$

Bedingter Befehl

IF a **THEN** d	Wenn a $\neq \emptyset$, wird der Befehl d ausgeführt, sonst wird zur nächsten Programmzeile übergegangen

Laufanweisung

FOR k = a **TO** b **STEP** s	
	Der Zählervariablen k wird der Wert a zugewiesen. Die folgenden Anweisungen bis zum Befehl **NEXT** k werden ausgeführt. Dann wird k um s erhöht. Die Schleife wird so lange durchlaufen bis $k > b$. Fehlt in dem Befehl **STEP** s, so wird k jeweils um 1 erhöht.
NEXT k	Erhöhung von k um s, bzw. 1 und Rücksprung zur Programmzeile, die auf **FOR** k = a **TO** b folgt, falls k $\leq$ b, sonst wird zur nächsten Programmzeile übergegangen.

Unterprogramm-Aufruf und Rückkehr

GOSUB z	Unterprogramm-Aufruf. Das Unterprogramm beginnt mit der Programmzeile z.
RETURN	Rückkehr vom Unterprogramm zum Hauptprogramm

Kommentar

REM q	Die Zeichenfolge q wird als Kommentar in das Programm aufgenommen. Sie wird mit aufgelistet, bleibt aber bei der Ausführung des Programms unberücksichtigt.

Löschanweisungen

NEW	Löschen des Programms
CLS	Löschen des Bildschirms

Ein-/Ausgabe vom/zum Externspeicher

SAVE "q"	Der Inhalt des Arbeitsspeichers wird unter dem Namen q auf dem Externspeicher abgespeichert.
LOAD "q"	Der unter dem Namen q im Externspeicher befindliche Inhalt wird in den Arbeitsspeicher eingelesen.

Programmende

END	Programmende
STOP	Programmausführung wird unterbrochen

Bild 4.52. (Fortsetzung)

Schreiben und Lesen eines Bytes im Maschinenkode
POKE m, a   Der Wert a wird in den Speicherplatz m geladen
PEEK m   Liest den Inhalt des Speicherplatzes mit der Adresse m

Programmierung

Jede Programmzeile besteht aus einer Zeilennummer und einem Befehl. Damit bei späteren Programmänderungen noch Zeilen eingefügt werden können, werden die Programmzeilen mit einer Stufung von 5 oder 10 numeriert.
Befehle ohne Zeilennummer werden sofort ausgeführt, Befehle mit Zeilennummer in das Programm aufgenommen. Statt eines Zahlenwertes kann in einem Befehl auch ein beliebiger numerischer Ausdruck unter Verwendung der zugelassenen Funktionen und Operationen benutzt werden. Wird eine Variable verwendet, so muß ihr vor einer Rechenoperation ein Wert zugeordnet worden sein. Für die Rechenoperationen gelten die üblichen Vorrangregeln, es können beliebig oft Klammern verwendet werden.
Ein Programm wird mit **RUN**, mit **RUN** z oder mit **GOTO** z gestartet, durch **RUN**, bzw. **RUN** z werden alle bisherigen Wertzuweisungen zu den Variablen gelöscht.

Bild 4.52. (Fortsetzung)

verarbeitung vorgestellt, wobei für die Prozeßkopplung die erforderlichen Eingabe- und Ausgabebefehle festgelegt werden müssen.

■ Die Temperatur in einem thermischen Prozeß ist zu überwachen. In einem bestimmten Zeitraum sind der Mittelwert, der Maximalwert und der Minimalwert aus 20 Meßwerten zu bestimmen und auf einem Bildschirm anzuzeigen.
    Durch den Meßgrößenwandler und einen Analog-Digital-Umsetzer wird der zu überwachenden Temperatur im Bereich von 150 bis 175 °C ein Binärwert mit 8 Bit Wortbreite zugeordnet. Die Zuordnung der Meßgröße zu dem vom ADU ausgegebenen Binärwert wird im Bild 4.53 gezeigt. Eine Meßbereichsüberschreitung soll angezeigt werden, wenn die Temperatur unter 150 °C fällt oder über 175 °C ansteigt.

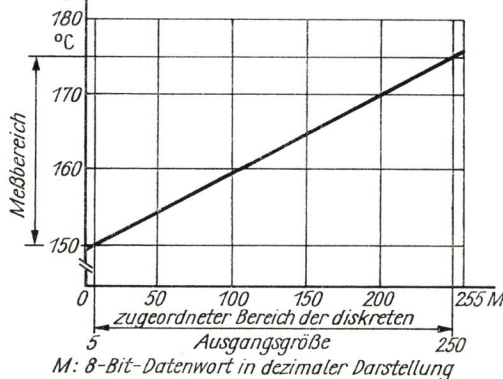

Bild 4.53
Zuordnung der Meßgröße zur Ausgangsgröße des ADU

M 8-Bit-Datenwort in dezimaler Darstellung

Der Algorithmus für die Meßwertverarbeitung ist im PAP Bild 4.54 dargestellt; Bild 4.55 zeigt das BASIC-Programm. Da die Eingabe- und Ausgabeoperationen in BASIC nicht festgelegt sind, wird hier angenommen, daß zwei Ein-/Ausgabe-Kanäle K1 = Port A und K2 = Port B zur Verfügung stehen, über die je ein 8-Bit-Wort ein- oder ausgegeben werden kann. Die Steuerung der Ein-/Ausgabe-Operationen erfolgt über den Kanal K3. Für die Ausgabe eines 8-Bit-Wortes – hier des erforderlichen Steuerworts STW für die Programmierung des E/A-Kanals – wird der Befehl

    OUT K3, STW

verwendet. Die Eingabe eines 8-Bit-Wortes vom Kanal K1 und die Zuordnung zu einer Variablen **M** wird durch den Befehl

    LET M = INP (K1)

vorgenommen.

Das eingelesene Datenwort muß im Bereich $5_D \dots 250_D$ liegen; anderenfalls wird die Überschreitung des zugelassenen Meßbereichs auf dem Bildschirm angezeigt. Nach der Umrechnung in den Temperaturmeßbereich von 150 bis 175°C werden die Meßwerte zur Mittelwertbildung aufsummiert. Der jeweilige Maximal- bzw. Minimalwert wird den Variablen TMAX bzw. TMIN zugeordnet. Die Zeitdifferenz zwischen zwei Temperaturmessungen bestimmt eine Zählschleife, deren oberer Wert so gewählt werden

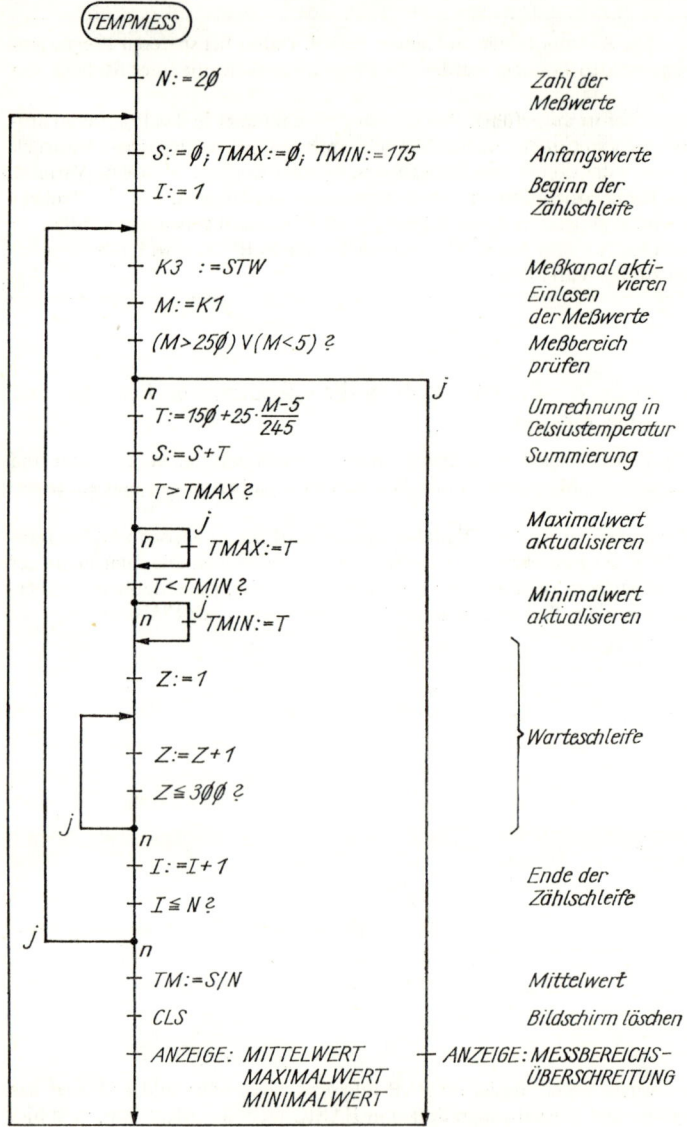

Bild 4.54. Programmablaufplan Meßwertverarbeitung

muß, daß die geforderte Abtastzeit eingehalten wird. (Für eine technische Realisierung, bei der die vorgegebene Abtastzeit eingehalten werden soll, wird meist ein Zeitgeberschaltkreis verwendet, dessen Ausgangsimpulse über ein Interruptsignal den Meßvorgang auslösen.) Wenn die vorgegebene Zahl von Meßwerten erreicht ist, kann aus der Summe der Mittelwert berechnet und – nachdem die vorhergehenden Anzeigen auf dem Bildschirm gelöscht wurden – die Temperaturwerte ausgegeben werden. Durch Verwendung der Integerfunktion wird dabei die Anzeigegenauigkeit auf zwei Stellen nach dem Komma begrenzt.

```
100 REM PROGRAMM-NAME "TEMPMESS"
110 REM MESSWERTVERARBEITUNG VON N TEMPERATURMESSWERTEN
120 REM ANZEIGE VON MITTELWERT, MAXIMALWERT, MINIMALWERT
130 LET N=20
140 LET S=0
150 LET TMAX=0
160 LET TMIN=175
170 REM AUSGABE DES STEUERWORTES STW UEBER K3
180 REM EINGABE VOM ADU UEB K1
190 FOR I=1 TO N
200 OUT K3,STW
210 LET M=INP (K1)
220 IF (M>250) OR (M<5) THEN GO TO 360
230 LET T=150+25*(M−5)/245
240 LET S=S+T
250 IF T>TMAX THEN LET TMAX=T
260 IF T<TMIN THEN LET TMIN=T
270 FOR Z=1 TO 300
280 NEXT Z
290 NEXT I
300 LET TM=S/N
310 CLS
320 PRINT "TM="; 0.01*INT (100*TM); "GRD.C"
330 PRINT "TMAX="; 0.01*INT (100*TMAX); "GRD.C"
340 PRINT "TMIN="; 0.01*INT (100*TMIN); "GRD.C"
350 GOTO 140
360 PRINT
370 PRINT "MESSBEREICH IST UEBERSCHRITTEN"
380 GOTO 140
```

Bild 4.55. BASIC-Programm Meßwertverarbeitung

▶ Für spezielle Anwendungen, z.B. die Programmierung numerisch gesteuerter Werkzeugmaschinen, von industriellen Steuerungen, MR-Reglern oder Meßsystemen, sind Programmiersprachen entwickelt worden, die auf die Standardoperationen dieser Einrichtungen zugeschnitten sind und eine bestimmte systemspezifische Peripherie voraussetzen. Die Erzeugung der Maschinenprogramme wird hierbei meist mit Hilfe von Programmiergeräten vorgenommen, die entweder dem Projektanten der Automatisierungseinrichtungen zur Verfügung stehen oder als Service- und Bedieneinrichtungen durch den Anwender selbst genutzt werden können.

▶ Die Anwendung von Programmiersprachen und -geräten erleichtert die Einsatzvorbereitung einer Maschine oder Anlage für eine bestimmte Produktionsaufgabe, weil damit dem Technologen Hilfsmittel zur Verfügung stehen, das Steuerprogramm in einer für ihn verständlichen Form zu entwerfen und die erforderlichen Kommunikationsbeziehungen mit der Maschine herzustellen.

Allgemein kann festgestellt werden, daß die Leistungsfähigkeit eines MR-Systems zunehmend von der verfügbaren Software bestimmt wird.

5. Mathematische Beschreibung analoger Steuerungselemente

In einer Vielzahl von Anlagen, Maschinen, Aggregaten und Geräten können Prozeßzustände durch Werte analoger physikalischer Größen gekennzeichnet werden. Diese Größen werden – soweit mit ihnen der Zustand des Objekts eindeutig beschrieben werden kann – *Zustandsgrößen* genannt. Da sie nicht immer direkt meßbar sind, werden für die Beschreibung des Verhaltens einer Steuerung die durch Meßgeber erfaßbaren Ausgangsgrößen benutzt. Die Eingangsgrößen der Steuerstrecke sind Stellgrößen, die entweder von Hand (Handsteuerung) oder durch eine Steuereinrichtung (automatische Steuerung) vorgegeben werden. Als *Übertragungsverhalten* wird die Abhängigkeit der *Ausgangsgrößen* eines Systems von den *Eingangsgrößen* bezeichnet. Nachdem im Abschnitt 4. diskrete Elemente und Systeme behandelt wurden, sollen im folgenden die Methoden zur Beschreibung des Übertragungsverhaltens kontinuierlicher analoger Systeme dargestellt werden [4; 21; 23].

5.1. Ziele der mathematischen Beschreibung

Die Beschreibung des Verhaltens technischer Prozesse gehört zu den wichtigsten Voraussetzungen für die Verfahrensentwicklung und Anlagengestaltung, für die Auslegung und den konstruktiven Entwurf von Maschinen und Geräten, sowie für deren wirtschaftlichen und sicheren Betrieb. Die Werte der Prozeßgrößen und ihr zeitlicher Verlauf müssen bekannt sein, um die Bauteile zu dimensionieren, geeignete Werkstoffe auszuwählen und die Festigkeit zu berechnen, aber auch um geeignete Stellmöglichkeiten für die Be-

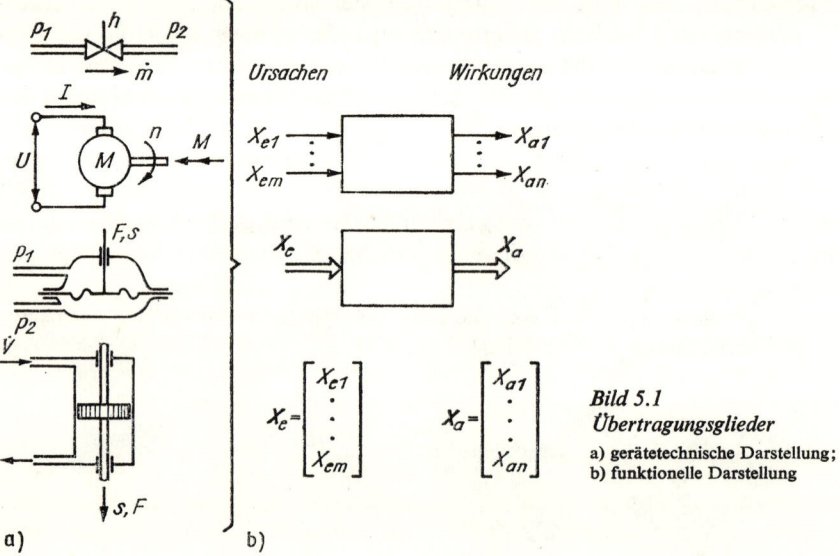

Bild 5.1
Übertragungsglieder
a) gerätetechnische Darstellung;
b) funktionelle Darstellung

einflussung der Prozeßgrößen vorzusehen, die Auswirkung von außen angreifender Störgrößen einzuschätzen und die Qualität des Erzeugnisses zu beurteilen.

Die Ermittlung des Übertragungsverhaltens von technischen Systemen wird *Prozeßanalyse* genannt. Die Methoden der Prozeßbeschreibung und Modellbildung werden im Abschnitt 7. näher behandelt.

Soll das Übertragungsverhalten auf theoretischem Wege gefunden werden, so ist es wegen der Vielfalt und Komplexität der zu betrachtenden Anlagen, Maschinen und Aggregate meist notwendig, den Wirkungszusammenhang in *Elementarprozesse* zu zerlegen. Damit wird es möglich, die Abhängigkeit zwischen den Eingangs- und Ausgangsgrößen jedes Elements oder Teilsystems durch eine physikalische Beziehung zu beschreiben. Eine vollständige Beschreibung aller Elemente und die Angabe der Verknüpfung ihrer Eingangs- und Ausgangsgrößen ermöglicht dann die Berechnung des *Übertragungsverhaltens des Gesamtsystems* durch *Zusammenschaltung aller Elemente*. Es ist außerdem zweckmäßig, dabei Beschreibungsformen anzuwenden, die eine allgemeine, von der technischen Realisierung des Prozesses unabhängige Darstellung ermöglichen. Dazu wird der Wirkungszusammenhang jedes Elements durch ein *Übertragungsglied* gekennzeichnet und die interessierenden Prozeßgrößen als Eingangsgrößen X_{ej} (Ursachen) bzw. als Ausgangsgrößen X_{ai} (Wirkungen) betrachtet (Bild 5.1). Die Eingangsgrößen X_{ej} können zu einem Vektor X_e, der aus m Komponenten bestehen soll, und die Ausgangsgrößen X_{ai} zu einem Vektor X_a, der aus n Komponenten bestehen soll, zusammengefaßt werden. Diese Vektoren werden als Spaltenmatrizen dargestellt:

$$X_e = \begin{bmatrix} X_{e1} \\ \vdots \\ X_{em} \end{bmatrix} \qquad X_a = \begin{bmatrix} X_{a1} \\ \vdots \\ X_{an} \end{bmatrix}.$$

5.2.   Voraussetzungen bei der mathematischen Beschreibung

Jede Beschreibung des Verhaltens eines technischen Systems muß von Annahmen und Vereinfachungen ausgehen, die es ermöglichen, die oft komplizierten Zusammenhänge mit einem vertretbaren Aufwand zu erfassen und mathematisch darzustellen (siehe Abschnitt 7.). So werden im Hinblick auf eine zu lösende Aufgabe bestimmte Teilaspekte des Verhaltens von Elementen und Systemen von Interesse sein, während andere in diesem Zusammenhang außer Betracht bleiben können. Aus diesem Grunde wird bei der mathematischen Beschreibung von Elementen und Systemen unterschieden zwischen

– statischem und dynamischem Verhalten
– stationärem und instationärem Verhalten
– linearen und nichtlinearen Elementen und Systemen
– zeitinvarianten und zeitvarianten Elementen und Systemen
– konzentrierten und verteilten Parametern.

Die Beschränkung auf die jeweils erstgenannten Klassifizierungsmerkmale ermöglicht i. allg. eine einfachere Beschreibung des Übertragungsverhaltens, die jedoch nur angewendet werden darf, solange die genannte Voraussetzung zulässig ist.

Statisches und dynamisches Verhalten

▶ Häufig interessiert nur der Zusammenhang zwischen den Eingangs- und Ausgangsgrößen eines Elements oder Systems im *Beharrungszustand*, der als *statisches Verhalten* bezeichnet wird. Die Abhängigkeit zwischen den *konstanten Eingangs- und Ausgangsgrößen* wird durch *statische Kennlinien* oder Kennlinienscharen (Kennfelder) dargestellt.

▸ Das *dynamische Verhalten* dagegen ist der Zusammenhang zwischen den *zeitlichen Änderungen* der Eingangs- und Ausgangsgrößen. Hierzu gehört auch die Beschreibung von Übergangsvorgängen, d. h. des zeitlichen Verlaufs der Ausgangsgrößen nach einer vorausgegangenen Änderung der Eingangsgrößen.

Stationäres und instationäres Verhalten

▸ Sind die Eingangsgrößen von Elementen und Systemen konstante oder zeitlich veränderliche Größen mit konstanten Änderungsgeschwindigkeiten oder harmonische Schwingungen mit konstanter Amplitude und Frequenz, so stellen sich bei den meisten Elementen und Systemen nach genügend langer Zeit ebensolche Ausgangsgrößen ein. Dieser Zustand wird *stationär* genannt.

Bleiben die Eingangsgrößen nach einer Änderung konstant, so ist der stationäre Zustand der Endwert des Übergangsvorgangs, der sich für $t \to \infty$ ergibt. Hierbei wird vorausgesetzt, daß sich ein solcher stationärer Zustand auch wirklich einstellt. Ein System, das ein solches Verhalten besitzt, wird *stabil* genannt.

▸ *Instationär* ist der Zustand eines Systems, solange die Ausgleichsvorgänge nicht abgeklungen sind. Wir werden bei der Beschreibung des dynamischen Verhaltens eines Systems also immer sowohl den instationären Zustand (z. B. den Einschwingvorgang nach einer vorausgegangenen Änderung der Eingangsgröße) als auch den stationären Zustand (nach Abklingen des Einschwingvorganges, also für $t \to \infty$) betrachten müssen. Der Zusammenhang zwischen den Eingangs- und Ausgangsgrößen eines Systems im stationären Zustand wird *stationäres Verhalten* genannt. Es ist bei konstanten Eingangs- und Ausgangsgrößen mit dem statischen Verhalten identisch.

Lineare und nichtlineare Elemente und Systeme

▸ Bei einem *linearen System* ist das *Überlagerungsgesetz* (Superpositionsprinzip) gültig, d. h., die Wirkungen voneinander unabhängiger Eingangsgrößen auf die Ausgangsgrößen können summiert werden.

Ist für $x_e = 0$ auch $x_a = 0$, so folgt aus

$$x_{a1} = f(x_{e1}) \quad \text{und} \quad x_{a2} = f(x_{e2})$$

bei einem linearen System

$$x_{a1} + x_{a2} = f(x_{e1} + x_{e2}).$$

Die *statische Kennlinie* eines linearen Systems ist eine *Gerade*, d. h., die Änderung der Ausgangsgröße ergibt sich aus der Eingangsgröße durch Multiplikation mit einem konstanten Faktor. Wegen der Gültigkeit des Überlagerungsgesetzes können die Ausgangsgrößen linearer Systeme mit mehreren Eingangs- und Ausgangsgrößen *(mehrvariabler Systeme)* durch Addition aus den Einzelwirkungen der Eingangsgrößen berechnet werden, d. h., derartige Systeme lassen sich in Elemente zerlegen, die jeweils nur eine Eingangs- und eine Ausgangsgröße haben (Bild 5.2). Meist ist die Voraussetzung der Linearität jedoch nur in einem bestimmten Bereich erfüllt, da bei großen Abweichungen von einem Arbeitspunkt Begrenzungen erreicht werden oder Ausgleichserscheinungen eintreten, die eine weitere proportionale Änderung der Ausgangsgröße mit der Eingangsgröße verhindern. Hier müssen also die Grenzen des *linearen Bereichs* beachtet werden, innerhalb derer die Beschreibungsmethoden für lineare Systeme angewendet werden dürfen.

▶ Für *nichtlineare Systeme*, bei denen das Überlagerungsgesetz nicht gilt, gibt es keine einheitlichen Beschreibungs- und Berechnungsmethoden, da die Arten der Nichtlinearität sehr vielfältig sein können. *Typische Nichtlinearitäten* stellen z. B. gekrümmte Kennlinien, Anschläge, Unempfindlichkeit, Hystereseerscheinungen dar. Um auch für nichtlineare Systeme mit gekrümmter Kennlinie oder mehreren voneinander nicht unabhängig wirkenden Eingangsgrößen die Vorteile einer linearen Beschreibung zu nutzen, wird häufig eine *lineare Näherung* verwendet. Die mit dem Ersatz der gekrümmten Kennlinie durch eine Gerade verbundenen Fehler sind bei kleinen Änderungen der Eingangs- und Ausgangsgrößen meist unerheblich. Hierauf wird im Abschnitt 5.3.2. näher eingegangen.

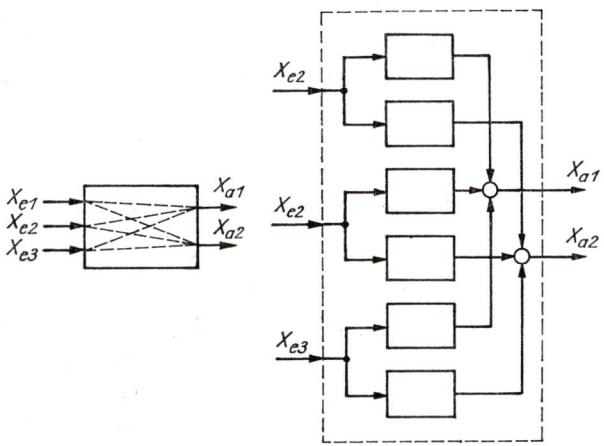

Bild 5.2
Zerlegung eines linearen
Übertragungssystems

Zeitinvariante und zeitvariante Elemente und Systeme

▶ Das Übertragungsverhalten jedes technischen Systems ist Änderungen unterworfen, die durch Verschleiß, Alterungserscheinungen u. dgl. hervorgerufen werden.

Im allgemeinen werden jedoch dynamische Änderungen, wie sie bei Automatisierungsaufgaben zu betrachten sind, in einem solchen Zeitraum ablaufen, in dem diese Einflüsse außer Betracht gelassen werden können. Wir werden deshalb in diesem Fall die Eigenschaften des Systems als zeitlich nicht veränderlich, d. h. als *zeitinvariant* ansehen. Unter dieser Voraussetzung ist der Zusammenhang zwischen den zeitlichen Änderungen der Eingangs- und der Ausgangsgrößen unabhängig davon, zu welchem Zeitpunkt das System betrachtet wird.

▶ Ein *zeitvariantes System* dagegen ist durch eine nicht vernachlässigbare zeitliche Änderung seiner Eigenschaften gekennzeichnet. Das Übertragungsverhalten

$$x_a(t) = F_{t1} [x_e(t)]$$

hat also nur zum Zeitpunkt t_1 Gültigkeit, weil sich der funktionelle Zusammenhang F_t ständig ändert.

Als zeitvariante Systemeigenschaften können z. B.

– die Änderung der Trägheit durch Masseverlust
  (Flugkörper, Fahrzeuge)
– die Änderung des Strömungswiderstands durch Ablagerungen
  (Filter, Rohrleitungen)
– die Änderung der Spannung oder des Druckes durch Entladungsvorgänge
  (Batterien, Speicherbehälter)

– die Änderung des Wärmeübergangs durch Rußansatz und Verschmutzungen
(Öfen, Feuerungen, Wärmeübertrager)

beschrieben werden, wenn sich diese Eigenschaften nicht in Abhängigkeit von Prozeßgrößen (Eingangs-, Ausgangs- und Zustandsgrößen), sondern als Funktionen der Zeit
beschreiben lassen. Die Koeffizienten der beschreibenden Differentialgleichung sind in
diesen Fällen zeitlich veränderlich.

Konzentrierte und verteilte Parameter

▸ Die in technischen Anlagen ablaufenden Prozesse vollziehen sich oft in Anlagenteilen
mit einer bestimmten räumlichen Ausdehnung. So sind z. B. Strömungen in Rohrleitungen, Mischvorgänge in Behältern, chemische Umsetzungen in Reaktionskolonnen oder
der Wärmeübergang an Begrenzungsflächen von Räumen über eine oder mehrere Weg-
koordinaten verteilt, und die kennzeichnenden Prozeßgrößen haben nicht an allen Orten
den gleichen Wert. Derartige Systeme werden *Systeme mit örtlich verteilten Parametern*
genannt. Die Werte der Prozeßgrößen sind hierbei von Ort und Zeit abhängig; es treten
also mehrere unabhängige Veränderliche auf. Eine mathematische Beschreibung ist mit
partiellen Differentialgleichungen möglich.

▸ Meist wird jedoch vereinfachend angenommen, daß die kennzeichnende Zustandsgröße an einem Ort konzentriert ist und sich die Wirkung der Eingangsgröße auf diese
Stelle konzentriert. Bei bewegten Körpern wird man z. B. den Weg des Schwerpunktes der
Masse betrachten, in beheizten Räumen kann eine Temperatur, die an einer geeigneten
Stelle gemessen wird, als repräsentativ für den gesamten Raum angenommen werden,
und in Rohrleitungen wird der Zustand (Druck, Temperatur) am Ende oder in der Mitte
des Rohres als interessierende Zustandsgröße festgelegt.

5.3.   Beschreibung des stationären Verhaltens

5.3.1.   Stationäres Verhalten von Proportionalgliedern

▸ Zur Darstellung des funktionellen Zusammenhangs physikalischer Größen in technischen Systemen werden oft Kennlinien oder Kennlinienscharen (Kennfelder) verwendet. Dabei wird vorausgesetzt, daß sich das System im Beharrungszustand befindet und
die Ausgangsgröße X_a sich eindeutig als Funktion einer Eingangsgröße X_e oder mehrerer
Eingangsgrößen X_{ej} darstellen läßt. Bild 5.3 zeigt einige Beispiele derartiger Bauglieder,
Maschinen und Anlagen.

■ Betrachten wir zunächst eine Druckfeder (Bild 5.4). Ist die Federkonstante nicht vom Federweg abhängig, so ist die Kennlinie eine Gerade; das Element hat also ein lineares Übertragungsverhalten. Die
Ausgangsgröße $X_a = s$ ist der Eingangsgröße $X_e = F$ proportional.
    Es gilt

$$F = \frac{1}{c} s$$

oder

$$X_a = K_P X_e.$$

Übertragungsglieder, deren stationäres Verhalten durch eine solche Gleichung beschrieben werden kann, werden *Proportionalglieder* oder kurz *P-Glieder* genannt. K_P ist der
proportionale Übertragungsfaktor.

▶ Der Änderung von Prozeßgrößen in technischen Systemen sind praktisch jedoch immer Grenzen gesetzt. So wird der Weg mechanischer Bauteile durch Einbaubedingungen und Anschläge begrenzt. Andere Prozeßgrößen, wie Drehzahl, Druck, Temperatur, Massenstrom, können nur soweit geändert werden, wie die verfügbare Energie, die Festigkeit der Bauteile oder die Sicherheitsforderungen dies zulassen. Daraus folgt, daß der durch

Bauelement, Funktionseinheit	Eingangsgröße	Ausgangsgröße
Hebel 	Weg s_1	Weg s_2
Getriebe 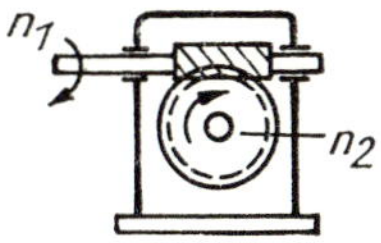	Drehzahl n_1	Drehzahl n_2
Feder 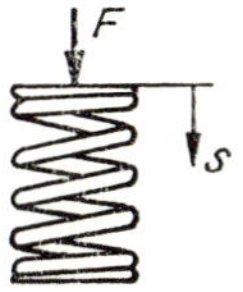	Kraft F	Federweg s
Thermometer 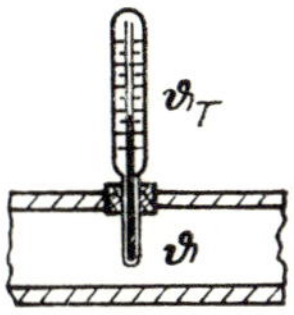	Temperatur ϑ	Skalenwert ϑ_T Länge der Flüssigkeitssäule
Elektromotor 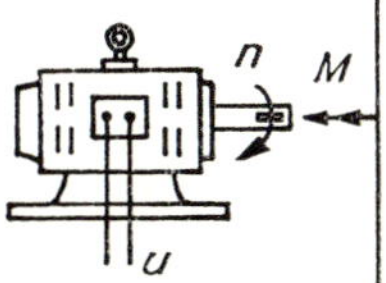	Spannung U Drehmoment M	Drehzahl n
Ventil 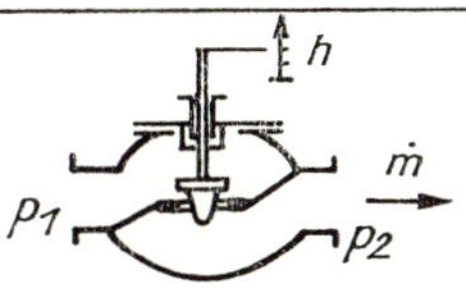	Ventilhub h Druckdifferenz $\Delta p = p_1 - p_2$	Massenstrom $\dot{m}$
Gebläse Pumpe 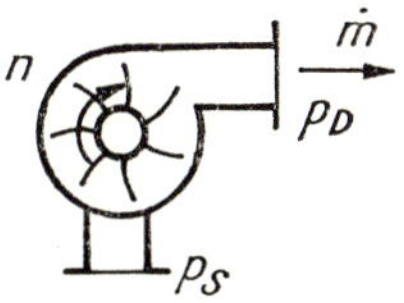	Förderhöhe $p_D - p_S$ Drehzahl n	Massenstrom $\dot{m}$
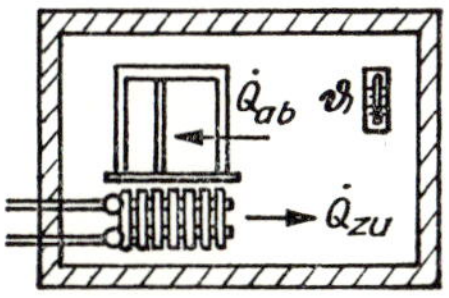 Raum-heizung	Wärmeströme $\dot{Q}_{zu}, \dot{Q}_{ab}$	Temperatur ϑ

Bild 5.3. Proportionalglieder

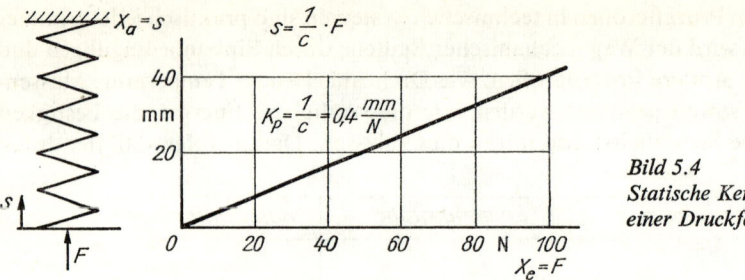

Bild 5.4
Statische Kennlinie
einer Druckfeder

eine Kennlinie oder Gleichung zu beschreibende Zusammenhang zwischen der Eingangs- und Ausgangsgröße nur in einem bestimmten Arbeitsbereich gültig ist. Da dieser Arbeitsbereich häufig nicht den Wert Null der Prozeßgröße umfaßt, ist es zweckmäßig, als Eingangs- und Ausgangsgrößen nur Abweichungen von einem Arbeitspunkt innerhalb des Gültigkeitsbereichs zu betrachten. Diese Abweichungen sollen im folgenden mit x_e und x_a bezeichnet werden. Wird ein gewählter statischer Arbeitspunkt durch die Werte X_{e0} und X_{a0} festgelegt, so ist

$$\left.\begin{aligned} x_e &= X_e - X_{e0} \\ x_a &= X_a - X_{a0}. \end{aligned}\right\} \tag{5.1}$$

Für die Druckfeder gilt also mit $X_{e0} = F_0$ und $X_{a0} = s_0$ (Bild 5.5)

$$x_e = \Delta F = F - F_0$$
$$x_a = \Delta s = s - s_0.$$

Welcher Punkt der Kennlinie als Bezugspunkt gewählt wird, ist gleichgültig; wichtig ist nur, daß seine Koordinaten bekannt sind, damit das Verhalten des Elementes eindeutig beschrieben werden kann.

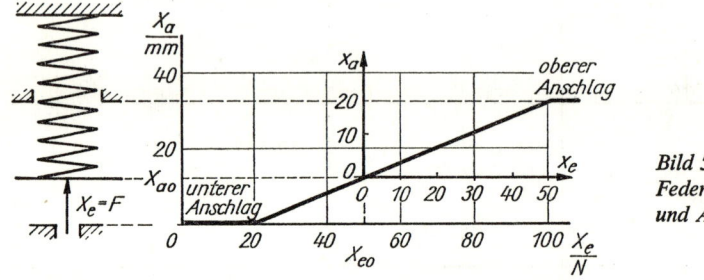

Bild 5.5
Feder mit Vorspannung
und Anschlägen

▶ Die *stationäre Kennlinie* im festgelegten linearen Gültigkeitsbereich ist eine Gerade durch den Nullpunkt des auf diese Weise gewählten Koordinatensystems. Die Gleichung der Kennlinie ist

$$x_a = K_P x_e. \tag{5.2.}$$

Der Übertragungsfaktor kann angegeben werden, wenn die stationären Änderungen der Eingangs- und Ausgangsgrößen bekannt sind

$$K_P = \frac{x_{a\infty}}{x_{e\infty}}.$$

Mit $x_\infty = x\,(t \to \infty)$ soll der sich nach Beendigung von Ausgleichsvorgängen einstellende stationäre Zustand gekennzeichnet werden. Ist bei P-Gliedern die Eingangsgröße $x_{e\infty}$ = konst., so stellt sich auch eine konstante Ausgangsgröße $x_{a\infty}$ = konst. ein. Dieser Zustand wird als *statischer Zustand* (Beharrungszustand, Ruhezustand) bezeichnet. Die stationäre Kennlinie wird deshalb bei P-Gliedern auch *statische Kennlinie* genannt.

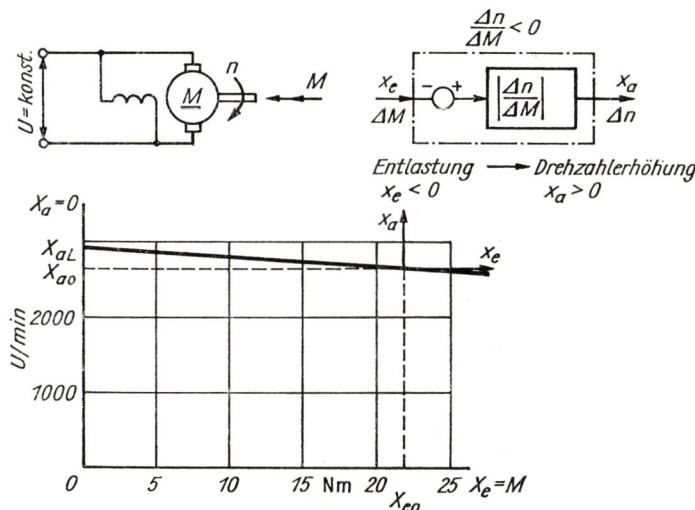

Bild 5.6. Drehmoment-Drehzahl-Kennlinie eines Gleichstromnebenschlußmotors

■ Bild 5.6 zeigt die Drehmoment-Drehzahl-Kennlinie eines Gleichstromnebenschlußmotors bei konstanter Spannung. Die Kennlinie zeigt, daß die Drehzahl n mit wachsendem Drehmoment M abnimmt. Auch hier soll (5.2) zur Beschreibung des statischen Verhaltens verwendet werden. Da in dem Übertragungsglied eine Vorzeichenumkehr erfolgt (positive Eingangsgröße ΔM hat eine negative Ausgangsgröße Δn zur Folge), wird der Übertragungsfaktor negativ. Um die Beeinflussung der Prozeßgrößen (in Richtung positiver oder negativer Werte) verfolgen zu können, ist es üblich, die Vorzeichen in der Signallinie zu berücksichtigen und die Übertragungsglieder durch positive Übertragungsfaktoren zu kennzeichnen.

5.3.2. Linearisierung statischer Kennlinien

Häufig muß der statische Zusammenhang zwischen den Eingangs- und Ausgangsgrößen technischer Systeme durch gekrümmte Kennlinien beschrieben werden, d. h., das Verhalten ist nichtlinear. In Bild 5.7 sind einige Beispiele angegeben. Durch theoretische Analyse der physikalischen Gesetzmäßigkeiten oder Approximation (Näherung) der meßtechnisch ermittelten Abhängigkeit der interessierenden Größen könnte der nichtlineare Zusammenhang in mathematischer Form dargestellt werden. Nichtlineare Übertragungsglieder erfordern jedoch – insbesondere bei der Untersuchung ihres dynamischen Verhaltens – einen wesentlich höheren mathematischen Aufwand, so daß es vorteilhaft ist, die linearen Beschreibungsmethoden näherungsweise auch auf nichtlineare Elemente und Systeme anzuwenden. Hierzu muß die gekrümmte Kennlinie durch eine Gerade ersetzt werden. Dieses Verfahren wird *Linearisierung* genannt.
▶ Ist die Abhängigkeit zwischen Eingangs- und Ausgangsgröße in analytischer Form gegeben, so wird bei der Linearisierung durch eine *Tangente* der Übertragungsfaktor als

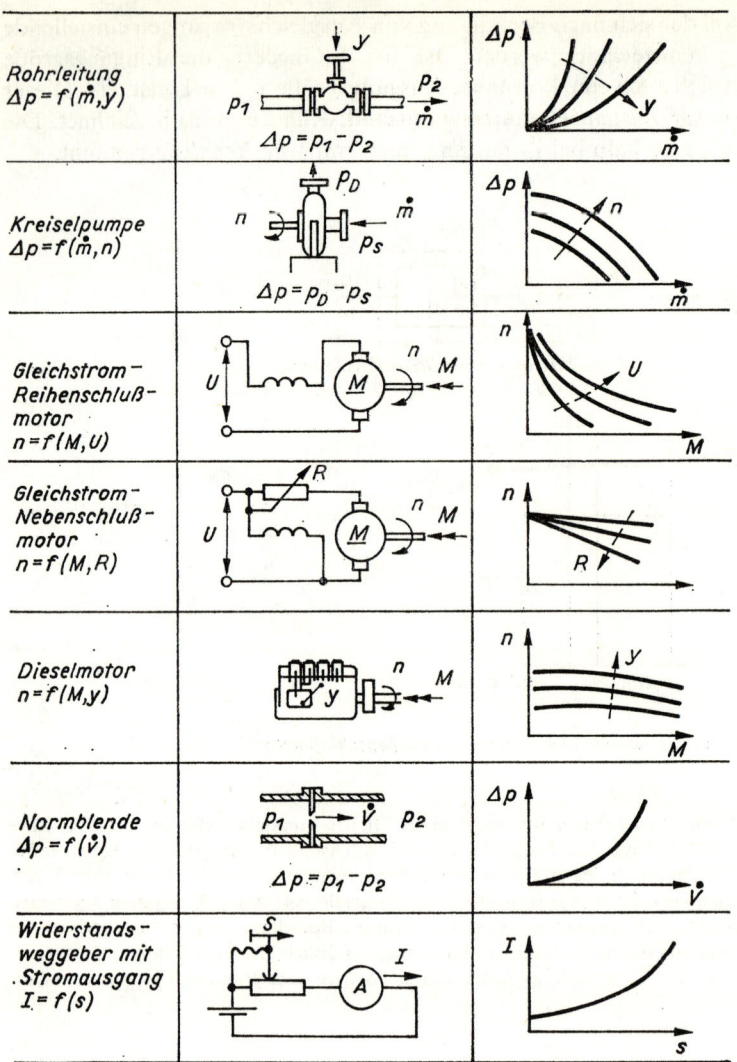

Bild 5.7. Statische Kennlinien

Differentialquotient der Funktion im Arbeitspunkt bestimmt.

$$K_\mathrm{P} = \left.\frac{\mathrm{d}X_\mathrm{a}}{\mathrm{d}X_\mathrm{e}}\right|_{X_\mathrm{e0}} = \left.\frac{\mathrm{d}x_\mathrm{a}}{\mathrm{d}x_\mathrm{e}}\right|_0 \tag{5.3}$$

Die lineare Näherung gilt für *kleine Abweichungen vom Arbeitspunkt*

$$x_\mathrm{a} \approx \left.\frac{\mathrm{d}x_\mathrm{a}}{\mathrm{d}x_\mathrm{e}}\right|_0 x_\mathrm{e} = K_\mathrm{P} x_\mathrm{e}. \tag{5.4}$$

Wenn die nichtlineare Funktion $X_\mathrm{a} = f(X_\mathrm{e})$ in der Umgebung des Punktes $X_\mathrm{a0} = f(X_\mathrm{e0})$ als Taylor-Reihe entwickelt wird, stellt die lineare Näherung das erste Glied dieser Reihe dar.

$$X_{a0} + x_a = f(X_{e0} + x_e)$$

$$= f(X_{e0}) + \frac{\partial f}{\partial X_e}\bigg|_{X_{e0}} x_e + \frac{\partial^2 f}{\partial X_e^2}\bigg|_{X_{e0}} x_e^2 + \frac{\partial^3 f}{\partial X_e^3}\bigg|_{X_{e0}} x_e^3 + \dots$$

$$x_a \approx \frac{\partial f}{\partial X_e}\bigg|_{X_{e0}} x_e = K_P x_e.$$

Aus den vernachlässigten Gliedern höherer Ordnung kann der Fehler bestimmt werden, der bei der Linearisierung entsteht.

▶ Wird dagegen eine *Sekante* für die Linearisierung benutzt, die durch die Punkte $X_{a0} = f(X_{e0})$ und $X_{a1} = f(X_{e1})$ der Kennlinie gelegt wird, so ist

$$X_{a0} + x_a = f(X_{e0} + x_e)$$

$$= f(X_{e0}) + \frac{f(X_{e1}) - f(X_{e0})}{X_{e1} - X_{e0}} (X_e - X_{e0})$$

$$= X_{a0} + K_P x_e. \tag{5.5}$$

Hier kann der Übertragungsfaktor aus den bekannten Koordinaten der Schnittpunkte der Sekante mit der Kennlinie berechnet werden:

$$K_P = \frac{X_{a1} - X_{a0}}{X_{e1} - X_{e0}}. \tag{5.6}$$

▶ Sind mehrere Eingangsgrößen vorhanden, müssen bei der Linearisierung mit der Tangente die Übertragungsfaktoren durch partielle Differentiation der Funktion nach den Eingangsgrößen bestimmt werden. Die partiellen Differentialquotienten geben den Anstieg der nichtlinearen Funktion bezüglich der jeweiligen Eingangsgröße an und gestatten eine näherungsweise Berechnung kleiner Abweichungen von einem Arbeitspunkt.

$$X_a = f(X_{e1}, X_{e2}, \dots, X_{en})$$

$$X_a = X_{a0} + \sum_{i=1}^{n} \frac{\partial X_a}{\partial X_{ei}} (X_{ei} - X_{ei0})$$

$$x_a = \sum_{i=1}^{n} K_{Pi} x_{ei} \tag{5.7}$$

Eine Linearisierung durch Sekanten ist ebenfalls möglich. Hierbei muß jedoch beachtet werden, daß bei der Bestimmung der Übertragungsfaktoren nacheinander jeweils bezüglich einer Eingangsgröße linearisiert werden muß.

5.3.3. Stationäres Verhalten von Integrier- und Differenziergliedern

Neben den Proportionalgliedern gibt es Elemente mit einem integrierenden oder differenzierenden Verhalten. Bei diesen Übertragungsgliedern kann im Beharrungszustand keine eindeutige Zuordnung zwischen Eingangs- und Ausgangsgröße angegeben werden.

▶ Der stationäre Zustand eines *Integrierglieds* oder *I-Gliedes* ist dadurch gekennzeichnet, daß eine konstante Eingangsgröße einer konstanten Änderungsgeschwindigkeit der Ausgangsgröße zugeordnet werden kann.

$$\frac{dX_a}{dt} = \dot{X}_a = \dot{x}_a = K_I x_e \tag{5.8}$$

Die Ausgangsgröße erhält man durch Integration dieser Beziehung über die Zeit:

$$X_a = K_I \int_0^t x_e \, dt + X_{a0}.$$

Wird wieder vorausgesetzt, daß mit x_a Abweichungen von einem Anfangswert X_{a0} bezeichnet werden, so ist

$$x_a = K_I \int_0^t x_e \, dt. \tag{5.9}$$

Der Integrationsbeiwert K_I wird als *integraler Übertragungsfaktor* bezeichnet.

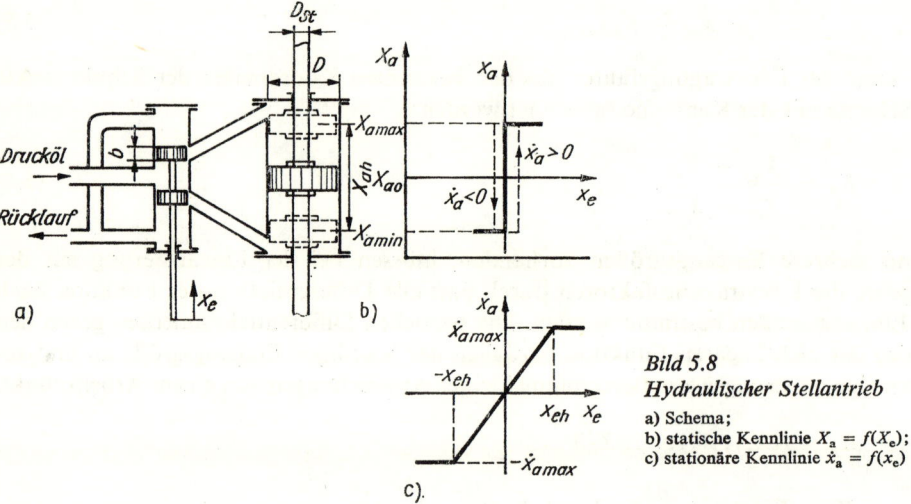

Bild 5.8
Hydraulischer Stellantrieb
a) Schema;
b) statische Kennlinie $X_a = f(X_e)$;
c) stationäre Kennlinie $\dot{x}_a = f(x_e)$

■ Bild 5.8a zeigt einen doppeltwirkenden hydraulischen Stellmotor. Werden durch den Steuerschieber die Kanäle zum Stellzylinder freigegeben (Eingangsgröße x_e), so strömt Drucköl in den Zylinder und bewegt den Kolben, wobei gleichzeitig das Öl auf der anderen Zylinderseite verdrängt wird und in den Ölbehälter zurückfließt. Ein Ruhezustand des Kolbens ist, abgesehen von den äußeren Anschlägen, nur möglich, wenn die Kanäle geschlossen sind, d.h. in der Mittelstellung des Steuerschiebers bei $x_e = 0$. Der Stellmotorkolben kann sich hierbei an irgendeiner Stelle innerhalb des Stellbereiches $X_{ah} = X_{a\,max} - X_{a\,min}$ befinden. Durch die statische Kennlinie (Bild 5.8b), der Senkrechten bei $x_e = 0$, kann keine quantitative Zuordnung zwischen Eingangs- und Ausgangsgröße dargestellt werden. Wird der Steuerschieber um einen bestimmten Betrag verstellt, so bewegt sich der Kolben mit einer konstanten Geschwindigkeit $\dot{x}_a$, die durch den bei dieser Öffnung sich einstellenden Ölstrom $\dot{V}$ bestimmt wird. Der Ölstrom $\dot{V}$ ist näherungsweise linear vom geöffneten Kanalquerschnitt, also vom Weg des Steuerschiebers x_e abhängig. Bei einer konstanten Eingangsgröße $x_e > 0$ bewegt sich der Kolben mit einer konstanten Geschwindigkeit $\dot{x}_a$ bis zum oberen Anschlag. Die gestrichelten Linien im Bild 5.8b stellen also keine Zuordnung statischer Werte von x_e und x_a dar, sondern werden mit der Geschwindigkeit $\dot{x}_a$ durchlaufen (Linien $\dot{x}_a$ = konst.). Wird der maximale Ölstrom, der sich bei voll geöffneten Kanälen einstellt, mit $\dot{V}_{max}$ bezeichnet, so ist

$$\dot{V} = \frac{\dot{V}_{max}}{x_{eh}} x_e.$$

$x_{eh} = b$ wird *Laufbereich* genannt und gibt den Bereich an, um den sich die Eingangsgröße ändern kann, um eine proportionale Änderung der Geschwindigkeit der Ausgangsgröße zu bewirken. Mit der wirksamen Kolbenfläche

$$A_K = \frac{\pi}{4}(D^2 - D_{St}^2)$$

ist

$$A_K \dot{x}_a = \dot{V} = \frac{\dot{V}_{max}}{x_{eh}} x_e.$$

Der integrale Übertragungsfaktor ist

$$K_I = \frac{\dot{V}_{max}}{A_K x_{eh}}.$$

Damit ist

$$\dot{x}_a = K_I x_e$$

$$x_a = K_I \int_0^t x_e \, dt.$$

Da sich bei jedem konstanten Wert x_e eine stationäre Änderungsgeschwindigkeit $\dot{x}_a$ einstellt, kann die im Bild 5.8 c dargestellte Gerade als *stationäre Kennlinie* bezeichnet werden.

Haben wie in dem genannten Beispiel Eingangs- und Ausgangsgröße die gleiche Dimension, so hat der *integrale Übertragungsfaktor* K_I die Maßeinheit s^{-1}.

Der Kehrwert $1/K_I$ ist in diesem Fall eine Zeitkonstante und wird als *Integralzeit* T_I bezeichnet:

$$x_a = \frac{1}{T_I} \int_0^t x_e \, dt \tag{5.10a}$$

oder

$$T_I \dot{x}_a = x_e. \tag{5.10b}$$

▸ Übertragungsglieder, bei denen eine konstante Änderungsgeschwindigkeit der Eingangsgröße einer konstanten Ausgangsgröße zugeordnet werden kann, bezeichnet man als *Differenzierglieder* oder *D-Glieder*.

Es gilt die Beziehung

$$X_a = K_D \frac{dX_e}{dt} = K_D \dot{X}_e.$$

Werden nur Abweichungen von einem Beharrungszustand (X_{e0}, X_{a0}) betrachtet, so ist

$$x_a = K_D \dot{x}_e. \tag{5.11}$$

Der Differenzierbeiwert K_D wird als *differentialer Übertragungsfaktor* bezeichnet.

■ Die Drehzahl einer Rolle wird durch die Geschwindigkeit eines ablaufenden Seiles bestimmt (Bild 5.9a). Wird als Eingangsgröße der Weg s des Seiles, als Ausgangsgröße die Winkelgeschwindigkeit ω der Rolle

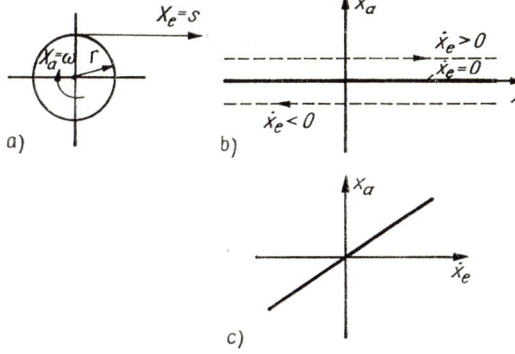

a)   b)   c)

Bild 5.9
Drehbewegung einer Rolle
durch ein ablaufendes Seil

a) Wirkungsschema;
b) statische Kennlinie $X_a = f(X_e)$;
c) stationäre Kennlinie $x_a = f(\dot{x}_e)$

betrachtet, so ist

$$\omega = \frac{1}{r}\,\dot{s}$$

und mit $K_D = 1/r$

$$x_a = K_D \dot{x}_e.$$

Im Ruhezustand $s = $ konst. ist die Winkelgeschwindigkeit $\omega = 0$. Die statische Kennlinie ist hier die Abszissenachse, d.h. alle Punkte x_e, für die $x_a = 0$ gilt (Bild 5.9b).

Bewegt sich die Eingangsgröße $x_e = s$ mit konstanter Geschwindigkeit $\dot{x}_e$, so ergibt sich eine Ausgangsgröße $x_a = \omega = $ konst. Die gestrichelten Linien im Bild 5.9b werden also mit der Geschwindigkeit $\dot{x}_e$ in Pfeilrichtung durchlaufen (Linien $\dot{x}_e = $ konst.). Es eignet sich deshalb hier besser eine Darstellung der Abhängigkeit zwischen der stationären Ausgangsgröße und der zeitlichen Ableitung der Eingangsgröße, die als stationäre Kennlinie bezeichnet werden soll (Bild 5.9c).

5.4.   Beschreibung des dynamischen Verhaltens im Zeitbereich

Während bisher nur das stationäre Verhalten von Übertragungsgliedern interessierte, das mit Hilfe von Kennlinien dargestellt werden konnte, soll nun der *zeitliche Verlauf* der Prozeßgrößen untersucht werden, der sich bei Veränderungen des stationären Zustands ergibt. Zur Kennzeichnung des dynamischen Verhaltens müssen daher die Zeitfunktionen der Eingangs- und Ausgangsgrößen $x_e = x_e(t)$ und $x_a = x_a(t)$ dargestellt werden (Bild 5.10).

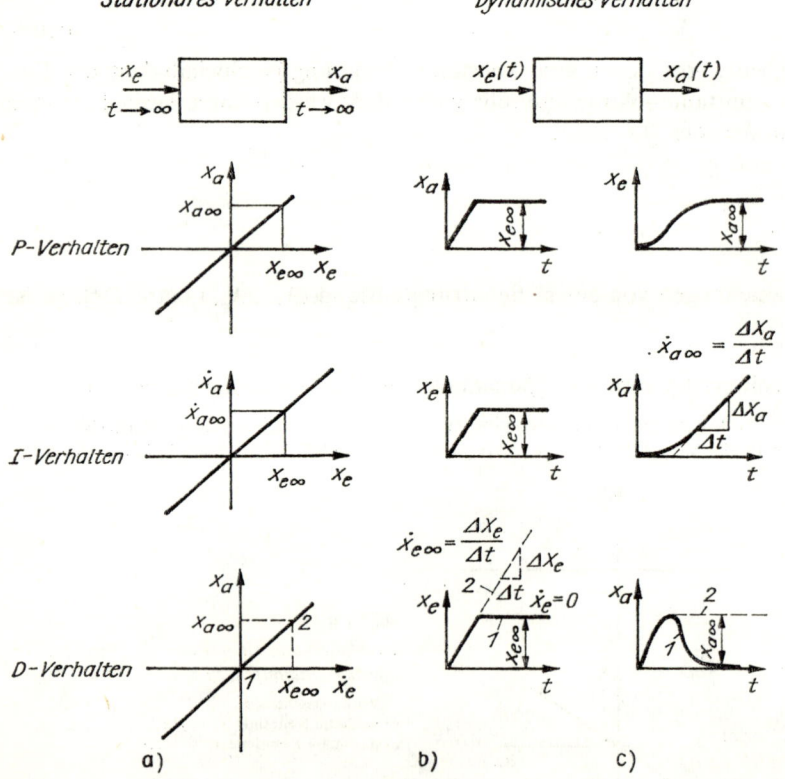

Bild 5.10. Stationäres und dynamisches Verhalten

a) stationäre Kennlinie; **b)** Testfunktion; **c)** Antwortfunktion

Unterschiede im dynamischen Verhalten von Übertragungsgliedern werden deutlich, wenn man untersucht, wie sich ein stationärer Zustand nach einer Veränderung der Eingangsgröße einstellt. Während beim Hebel und beim Zahnradgetriebe (Bild 5.3a und b) die Ausgangsgröße unverzögert dem Verlauf der Eingangsgröße folgt, wird bei einem Motor oder bei einem thermischen System (Bild 5.3e und h), auch bei plötzlicher Veränderung der Eingangsgröße, der stationäre Zustand erst nach einer bestimmten Zeit erreicht. Damit ist folgende grobe Einteilung von Übertragungsgliedern möglich

– nach dem stationären Verhalten in
  P-Glieder
  I-Glieder
  D-Glieder
– nach dem dynamischen Verhalten in
  Glieder ohne Zeitverzögerung
  Glieder mit Zeitverzögerung.

Die Zeitverzögerungen sind – wie später noch begründet wird – auf Speicherwirkungen und innere Ausgleichsvorgänge zurückzuführen. Sie müssen bei der Beschreibung des dynamischen Verhaltens berücksichtigt werden und führen bei der Aufstellung von Bilanzgleichungen zu Anteilen, die zeitliche Ableitungen der Eingangsgrößen und Ausgangsgrößen enthalten.

5.4.1. Beschreibung durch die Differentialgleichung

Das Ausgangssignal von *Proportionalgliedern ohne Zeitverzögerung* (Verzögerung 0. Ordnung) – kurz *P0-Glieder* genannt – ergibt sich durch Multiplikation des Eingangssignals mit dem Übertragungsfaktor

$$x_a = K_P x_e.$$

Hierbei sind $x_e = x_e(t)$ und $x_a = x_a(t)$ Funktionen der Zeit.

■ Die Ausgangsspannung u_a einer Schaltung aus einem Widerstand R und einem Kondensator C soll in Abhängigkeit von der Eingangsspannung u_e angegeben werden. Dabei wird angenommen, daß der Eingangswiderstand nachfolgender Glieder so hoch ist, daß der abgegebene Strom i_a vernachlässigt werden kann. Aus

$$i_R = \frac{u_e - u_a}{R}, \qquad i_C = C \frac{du_a}{dt}, \qquad i_a = 0$$

folgt, da

$$i_C + i_a = i_R$$

$$C \frac{du_a}{dt} = \frac{u_e - u_a}{R}$$

$$RC\dot{u}_a + u_a = u_e.$$

Durch den Auf- bzw. Entladevorgang des Kondensators folgt die Ausgangsspannung dem Verlauf der Eingangsspannung mit einer Zeitverzögerung, die durch diese Differentialgleichung 1. Ordnung beschrieben wird. Wir nennen ein Übertragungsglied mit einem derartigen Verhalten daher Proportionalglied mit Zeitverzögerung 1. Ordnung oder kurz PT1-Glied.
In allgemeiner Form lautet die Gleichung

$$T_1 \dot{x}_a + x_a = K_P x_e,$$

wobei hier $T_1 = RC$ und $K_P = 1$ ist.
Der Koeffizient T_1 wird Zeitkonstante genannt.

■ Das dynamische Verhalten eines Flüssigkeitsthermometers soll beschrieben werden. Die statische Kennlinie gibt die Zuordnung der Anzeige ϑ_a zur Temperatur ϑ_e des Mediums wieder. Wenn wir die an der Skale abgelesene Temperatur der Temperatur des Thermometers gleichsetzen, so ist der Übertragungsfaktor $K_P = 1$, und im Beharrungszustand gilt

$$\vartheta_{a\infty} = \vartheta_{e\infty}.$$

Obwohl die Änderung der Eingangsgröße des Thermometers sprunghaft erfolgen kann, z.B. durch Eintauchen in warmes Wasser (Bild 5.11a), erfordert der Übergang zum neuen Beharrungszustand, dem Punkt B der Kennlinie, eine bestimmte Zeit (Bild 5.11b).

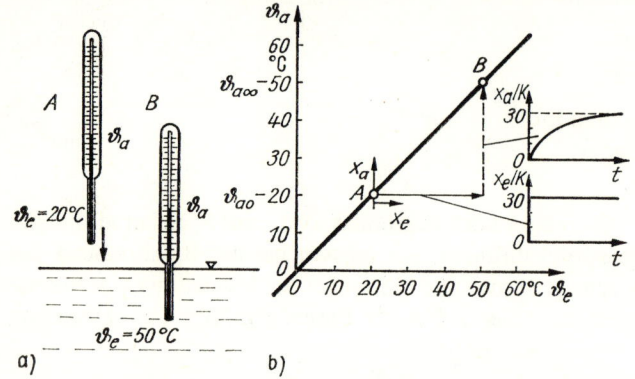

Bild 5.11
Statische Kennlinie und Sprungantwort eines Thermometers
a) Eingangssprung;
b) statische Kennlinie und Sprungantwort

Die Zeitverzögerung der Ausgangsgröße wird durch die Erwärmung des Thermometers bestimmt. Der dazu erforderliche Wärmestrom ist von der Wärmekapazität mc des Thermometers und dem Wärmeübergang vom Medium an den Temperaturfühler abhängig.

$$\frac{dQ}{dt} = mc\,\frac{d\vartheta_a}{dt} = \alpha A\,(\vartheta_e - \vartheta_a)$$

$$\frac{mc}{\alpha A}\cdot\frac{d\vartheta_a}{dt} + \vartheta_a = \vartheta_e$$

Hier ist $T_1 = mc/\alpha A$; für $m = 30$ g, $c = 0{,}4$ kJ/kg · K, $\alpha = 1$ kW/m² · K und $A = 4$ cm² wird z.B.

$$T_1 = \frac{0{,}03 \cdot 0{,}4 \text{ kJ} \cdot \text{K}}{0{,}0004 \cdot 1 \text{ K} \cdot \text{kW}} = 30 \text{ s}.$$

Der Koeffizient T_1 wird Zeitkonstante genannt.

Das Übertragungsverhalten eines *Proportionalglieds mit einer Zeitverzögerung 1. Ordnung* oder kurz *PT1-Glied* wird durch folgende Differentialgleichung beschrieben:

$$T_1\dot{x}_a + x_a = K_p x_e.$$

■ Schwingungserscheinungen in mechanischen Systemen lassen sich in vielen Fällen mit dem Modell eines Feder-Masse-Systems beschreiben. Eine Analyse derartiger Vorgänge ist z.B. für die Untersuchung der dynamischen Beanspruchung von Bauteilen in Maschinen und Anlagen, für Maßnahmen zur Schwingungsdämpfung, für die Anpassung von Meßgeräten, für die Bestimmung kritischer Frequenzbereiche u.a. von Bedeutung. Bild 5.12 zeigt das vereinfachte Modell derartiger Systeme. Als Eingangsgröße soll eine angreifende Kraft betrachtet werden, die auch zeitlich veränderlich sein kann. Damit wird es möglich, z.B. die Wirkung periodischer Kräfte, wie sie bei Maschinen durch die Unwucht rotierender Bauteile auftreten, oder von Kraftstößen, die Schwingungen der betrachteten Bauteile auslösen, zu untersuchen.

Die Masse wird als im Schwerpunkt konzentriert angenommen, und die Wirkung aller angreifenden Kräfte soll sich auf diesen Punkt beziehen. Die Ausgangsgröße ist der Weg des Massenschwerpunktes. Auch wenn nicht in jedem Fall ein Dämpfungszylinder vorhanden ist, muß eine Dämpfung berücksichtigt werden, die durch die Werkstoffeigenschaften, den Luftwiderstand, den Schmierfilm in Führungen und Lagern praktisch immer gegeben ist. Eine konstante Reibungskraft (sog. Coulombsche Reibung) wird hier nicht berücksichtigt, da sie zu einem nichtlinearen Anteil in der Differentialgleichung führen würde. Ihre Wirkung soll näherungsweise durch die Dämpfung mit erfaßt werden.

Das dynamische Kräftegleichgewicht, das als instationäre Anteile auch die Trägheitskraft und die Dämpfungskraft enthält, lautet

$$m\ddot{s} + d\dot{s} + cs = mg + F.$$

Die Anfangsbedingung wird durch einen statischen Zustand des Systems festgelegt, von dem aus die Abweichungen der interessierenden Prozeßgrößen betrachtet werden.

$$cs_0 = mg + F_0$$
$$x_e = \Delta F = F - F_0$$
$$x_a = \Delta s = s - s_0$$
$$\dot{x}_a = \Delta \dot{s} = \dot{s}$$
$$\ddot{x}_a = \Delta \ddot{s} = \ddot{s}$$

Werden diese Größen eingesetzt und die Gleichung durch c dividiert, so erhält man

$$\frac{m}{c}\ddot{x}_a + \frac{d}{c}\dot{x}_a + x_a = \frac{1}{c}x_e.$$

Als Kennwerte der Differentialgleichung werden eingeführt

$$T_2^2 = \frac{m}{c}, \qquad T_1 = \frac{d}{c}, \qquad K_P = \frac{1}{c}.$$

Die Differentialgleichung eines *Proportionalglieds mit Zeitverzögerungen 2. Ordnung* oder kurz eines *PT2-Glieds* lautet in allgemeiner Form

$$T_2^2\ddot{x}_a + T_1\dot{x}_a + x_a = K_P x_e.$$

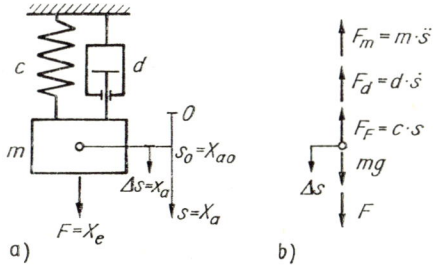

Bild 5.12. Feder-Masse-System mit Dämpfung
a) Wirkungsschema; b) Kräftebilanz

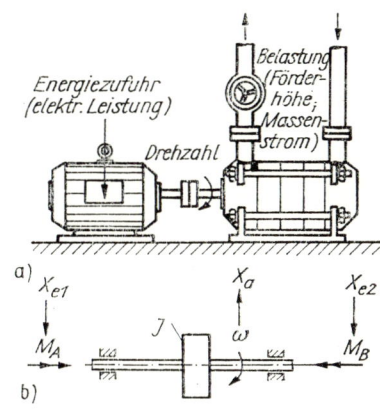

Bild 5.13
Rotierende Welle als Übertragungsglied
a) Beispiel Elektromotor und Kreiselpumpe;
b) vereinfachtes Modell;
c) Darstellung als Übertragungsglied

■ Die Drehzahl n oder Winkelgeschwindigkeit ω einer Welle wird durch die angreifenden Drehmomente bestimmt (Bild 5.13).

$$J\ddot{\varphi} = M_A - M_B$$

J ist das auf die Welle reduzierte Massenträgheitsmoment aller durch die Welle angetriebenen Massen.

Das Antriebsmoment M_A soll durch eine Stellgröße X_{e1} verändert werden. Es wird meist mit steigender Winkelgeschwindigkeit infolge zunehmender Verluste kleiner.

$$M_A = M_A(X_{e1}, \omega)$$

Das belastende oder Bremsmoment M_B soll mit der Eingangsgröße X_{e2} kleiner werden; es wird also eine Entlastung als positive Eingangsgröße X_{e2} festgelegt. Das Bremsmoment wächst i. allg. mit steigender Winkelgeschwindigkeit.

$$M_B = M_B\,(X_{e2}, \omega)$$

Im stationären Zustand bei konstanter Winkelgeschwindigkeit ist

$$0 = M_{A0} - M_{B0}.$$

Als Anfangswert kann z. B. für $M_{A0} = M_{B0}$ das Vollastdrehmoment angenommen werden. Werden linearisierte Beziehungen verwendet, so ist

$$M_A = M_{A0} + \left.\frac{\partial M_A}{\partial X_{e1}}\right|_{\omega_0} x_{e1} + \left.\frac{\partial M_A}{\partial \omega}\right|_{x_{e10}} \Delta\omega$$

$$M_A = M_{A0} + a_1 x_{e1} - a_2\,\Delta\omega$$

$$M_B = M_{B0} + \left.\frac{\partial M_B}{\partial X_{e2}}\right|_{\omega_0} x_{e2} + \left.\frac{\partial M_B}{\partial \omega}\right|_{x_{e20}} \Delta\omega$$

$$M_B = M_{B0} - b_1 x_{e2} + b_2\,\Delta\omega.$$

Die Vorzeichen sind so gewählt, daß sich positive Koeffizienten a_1, a_2, b_1, b_2 ergeben.
Mit

$$x_a = \Delta\omega = \omega - \omega_0$$

$$\dot{x}_a = \Delta\dot{\omega} = \dot{\omega} = \ddot{\varphi}$$

ist

$$J\dot{x}_a + (a_2 + b_2)\,x_a = a_1 x_{e1} + b_1 x_{e2}.$$

Es werden folgende Kennwerte eingeführt:

$$T_1 = \frac{J}{a_2 + b_2}, \qquad K_{P1} = \frac{a_1}{a_2 + b_2}, \qquad K_{P2} = \frac{b_1}{a_2 + b_2}.$$

Es ergibt sich die Differentialgleichung eines PT1-Gliedes mit zwei Eingangsgrößen

$$T_1 \dot{x}_a + x_a = K_{P1} x_{e1} + K_{P2} x_{e2}.$$

Kann die Änderung der Drehmomente mit der Drehzahl vernachlässigt werden, so ist

$$a_2 = b_2 = 0,$$

und mit

$$K_{I1} = \frac{a_1}{J} \qquad K_{I2} = \frac{b_1}{J}$$

ergibt sich

$$x_a = K_{I1} \int_0^t x_{e1}\,\mathrm{d}t + K_{I2} \int_0^t x_{e2}\,\mathrm{d}t.$$

Das Übertragungsglied ist in diesem Fall ein *Integrierglied ohne Zeitverzögerung* oder *I0-Glied*.

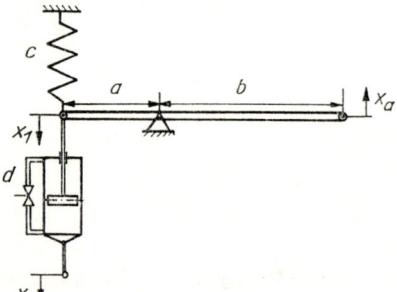

Bild 5.14
Hebel mit Feder und Dämpfungszylinder
(nachgebende Rückführung)

■ Als *Rückführung* für hydraulische Stellantriebe wird zur Erzeugung eines bestimmten Reglerverhaltens ein Hebelsystem mit einer Feder und einem Dämpfungszylinder verwendet (s. Abschn. 6.3.2.). Dieses als nachgebende Rückführung bezeichnete System ist im Bild 5.14 dargestellt. Die beschreibende Differentialgleichung kann aus dem Kräftegleichgewicht zwischen der Federkraft und der Dämpfungskraft abgeleitet werden.

$$cx_1 = dv$$

Mit d soll die Dämpfungskonstante bezeichnet werden. v ist die relative Geschwindigkeit des Kolbens im Dämpfungszylinder; sie ist die zeitliche Ableitung des Weges s, der sich als Differenz der Wege x_e und x_1 ergibt:

$$s = x_e - x_1$$

$$v = \dot{s} = \dot{x}_e - \dot{x}_1.$$

Damit wird

$$cx_1 = d\dot{x}_e - d\dot{x}_1.$$

Mit

$$x_a = \frac{a}{b} x_1 = K x_1$$

$$T_1 = \frac{d}{c}$$

$$K_D = K T_1 = \frac{a}{b} \frac{d}{c}$$

ist

$$\frac{d}{c} \dot{x}_a + x_a = K \frac{d}{c} \dot{x}_e$$

$$T_1 \dot{x}_a + x_a = K_D \dot{x}_e.$$

Dieses Übertragungsglied ist ein *D-Glied mit Zeitverzögerung 1.Ordnung* oder kurz *DT1-Glied.*

▶ Das Übertragungsverhalten eines linearen, analogen und zeitinvarianten Systems mit konzentrierten Parametern wird, wie die Beispiele zeigen, durch eine *gewöhnliche, lineare Differentialgleichung mit konstanten Koeffizienten* beschrieben:

$$a_n \overset{(n)}{x_a} + \ldots + a_2 \ddot{x}_a + a_1 \dot{x}_a + a_0 x_a = b_0 x_e + b_1 \dot{x}_e + \ldots + b_m \overset{(m)}{x_e}. \tag{5.12}$$

Die Ableitungen auf der linken Seite kennzeichnen Zeitverzögerungen (Trägheit, Dämpfung, Speicherwirkungen), die sich darin äußern, daß sich der zu einem Eingangssignal gehörende stationäre Wert der Ausgangsgröße verzögert einstellt. Die Ableitungen auf der rechten Seite kennzeichnen Vorhaltwirkungen (s. Abschn. 6.2.); durch die Reaktion auf die Änderungsgeschwindigkeit, -beschleunigung u. dgl. der Eingangsgröße werden Verzögerungswirkungen teilweise kompensiert. So reagiert ein Übertragungssystem, das die gleiche Zahl von Ableitungen auf der rechten wie auf der linken Seite hat, auf eine sprunghafte Änderung der Eingangsgröße bereits mit einem gleichzeitigen Sprung der Ausgangsgröße, dem sich bei Systemen höherer Ordnung dann ein Übergangsvorgang anschließt. Da für die Beschleunigung der Ausgangsgröße immer nur eine begrenzte Energie zur Verfügung steht, ist bei technisch realisierbaren Systemen $m \leq n$. Ein D0-Glied ist daher bereits eine Idealisierung, die nur unter einschränkenden Bedingungen zulässig ist (keine sprunghafte Änderungen der Eingangsgröße, keine hohen Frequenzen). In Gl. (5.12) sind die bereits bekannten Übertragungsglieder als spezielle Fälle enthalten:

P-Verhalten $b_1 = \ldots = b_m = 0$

I-Verhalten $a_0 = 0, \qquad b_1 = \ldots = b_m = 0$

D-Verhalten $b_0 = 0, \qquad b_2 = \ldots = b_m = 0.$

Um die Kennwerte der Übertragungsglieder zu erkennen, muß Gl. (5.12) in eine *Normalform* übergeführt werden. Dazu wird die Gleichung durch a_0 dividiert, so daß der Koeffizient von x_a eins wird.

$$K = \frac{b_0}{a_0}$$

$$T_1 = \frac{a_1}{a_0}, \qquad T_2^2 = \frac{a_2}{a_0}, \ldots, T_n^n = \frac{a_n}{a_0}$$

$$T_{D1} = \frac{b_1}{b_0}, \ldots, T_{Dm}^m = \frac{b_m}{b_0}.$$

Damit ergibt sich

$$T_n^n \overset{(n)}{x_a} + \ldots + T_2^2 \ddot{x}_a + T_1 \dot{x}_a + x_a = K(x_e + T_{D1} \dot{x}_e + \ldots + T_{Dm}^m \overset{(m)}{x_e}). \qquad (5.13)$$

Ist in Gl. (5.12) $a_0 = 0$ und $a_1 \neq 0$, so wird die Gleichung integriert und anschließend durch a_1 dividiert.

$$K = \frac{b_1}{a_1}, \qquad T_I = \frac{b_1}{b_0}$$

$$T_1 = \frac{a_2}{a_1}, \qquad T_2^2 = \frac{a_3}{a_1}, \ldots$$

$$T_{D1} = \frac{b_2}{b_1}, \qquad T_{D2}^2 = \frac{b_3}{b_1}, \ldots$$

$$\ldots + T_2^2 \ddot{x}_a + T_1 \dot{x}_a + x_a = K \left[\frac{1}{T_I} \int x_e \, dt + x_e + T_{D1} \dot{x}_e + T_{D2}^2 \ddot{x}_e + \ldots \right]. \qquad (5.14)$$

Auch hier sind spezielle Fälle enthalten, z.B.

PIDTn-Verhalten $T_{Di}^i = 0; \qquad i \geq 2$

PTn-Verhalten $T_I = \infty, \qquad T_{Di}^i = 0; \qquad i \geq 1.$

▶ Nunmehr erfolgt die Bestimmung der Ausgangsgröße durch Lösung der Differentialgleichung.

Als Eingangssignal ist eine beliebige Zeitfunktion gegeben $x_e(t)$, die zum Zeitpunkt $t = 0$ auf das System einwirkt. Durch die gegebene Eingangsfunktion und ihre Ableitungen ist die rechte Seite der Differentialgleichung bekannt. Das Ausgangssignal ergibt sich als Lösung dieser inhomogenen Differentialgleichung. Sie setzt sich zusammen aus

– einer *partikulären Lösung der inhomogenen Differentialgleichung*. Dieser Lösungssatz muß so gewählt werden, daß die inhomogene Gleichung erfüllt wird. Er wird als *bleibender* oder *stationärer Anteil* bezeichnet.

$$x_{part} = x_b$$

– einer *allgemeinen Lösung der homogenen Differentialgleichung*. Dieser Lösungsanteil enthält Integrationskonstanten $C_1, C_2, \ldots, C_n$, deren Zahl durch die Ordnung der Differentialgleichung bestimmt wird. Die homogene Lösung ist der *vorübergehende* oder *instationäre Anteil*.

$$x_{hom} = x_v$$

– Die *allgemeine Lösung der inhomogenen Differentialgleichung* ist die Summe der partikulären und der homogenen Lösung:

$$x_a(t) = x_{a\,part}(t) + x_{a\,hom}(t) = x_{ab}(t) + x_{av}(t). \tag{5.15}$$

In der allgemeinen Lösung sind n Integrationskonstanten enthalten, die so zu bestimmen sind, daß die Anfangsbedingungen erfüllt werden. Oft kann angenommen werden, daß die Ausgangsgröße und ihre zeitlichen Ableitungen zur Zeit $t = 0$ noch Null sind:

$$x_a(0) = \dot{x}_a(0) = \dots = 0.$$

Das gilt vor allem bei Übertragungsgliedern, die Speicher enthalten, z. B. Dämpfung und Trägheit bei mechanischen Systemen, Induktivitäten und Kapazitäten bei elektrischen Systemen, Speichervolumina bei strömenden Gasen oder Flüssigkeiten, Wärmespeicher bei thermischen Systemen. Bei diesen ist die Zahl n der Ableitungen auf der linken Seite der Gleichung größer als die Zahl m der Ableitungen auf der rechten Seite. Auch bei sprunghafter Änderung der Eingangsgröße zum Zeitpunkt $t = 0$ können sich die Ausgangsgröße und $(n - m - 1)$ Ableitungen nicht sprunghaft ändern.

▶ Zur Bestimmung des vorübergehenden (homogenen) Anteils wird die rechte Seite der Differentialgleichung $= 0$ gesetzt. Die Ausgangsgröße $x_{av}(t)$ beschreibt dann den Einschwingvorgang, der sich bei beliebigem Anfangszustand einstellt, wenn von außen keine Eingangsgröße auf das System einwirkt ($x_e = 0$). Der Anfangszustand des Systems wird durch die Werte der Integrationskonstanten $C_1, C_2, \dots, C_n$ festgelegt.

Mit einer Exponentialfunktion als Lösungsansatz

$$x_{av} = C\,e^{pt}$$

$$\dot{x}_{av} = Cp\,e^{pt}$$

$$\ddot{x}_{av} = Cp^2\,e^{pt}$$

erhalten wir nach Einsetzen in die homogene Differentialgleichung und Abspalten von $C\,e^{pt}$ die *charakteristische Gleichung*

$$T_n^n p_n + \dots + T_2^2 p^2 + T_1 p + 1 = 0. \tag{5.16}$$

Die Lösung dieser Gleichung n-ten Grades liefert die n *Eigenwerte* der Differentialgleichung (n Wurzeln der charakteristischen Gleichung), die reell, imaginär oder konjugiert komplex sein können:

$$p_1, p_2, \dots, p_n.$$

Nach dem Wurzelsatz von *Vieta* kann damit die charakteristische Gleichung auch in folgender Form geschrieben werden:

$$(p - p_1)(p - p_2) \dots (p - p_n) = 0. \tag{5.17}$$

Die allgemeine Lösung der homogenen Differentialgleichung lautet:

$$x_{av}(t) = \sum_{i=1}^{n} C_i\,e^{p_i t}. \tag{5.18}$$

Tritt eine Doppelwurzel $p_1 = p_2$ auf, so lautet die Lösung:

$$x_{av}(t) = C_1 t\,e^{p_1 t} + \sum_{i=2}^{n} C_i\,e^{p_i t}. \tag{5.19}$$

Aus der Lösung der homogenen Differentialgleichung – dem Einschwingvorgang – ist zu erkennen, ob und wie der stationäre Zustand erreicht wird. Ein stationärer Zustand stellt sich ein, wenn der Einschwingungsvorgang abklingt.

$$\lim_{t \to \infty} x_{av}(t) = 0 \qquad (5.20)$$

Nur in diesem Fall bleibt die Ausgangsgröße in den vorgegebenen Grenzen des Arbeitsbereichs – wir nennen das System *stabil*.

Die Wurzeln der charakteristischen Gleichung oder Eigenwerte können – wie bereits erwähnt – reell, negativ oder konjugiert komplex, ihre Realteile können positiv oder negativ sein. Damit wird der Verlauf des zugehörigen Lösungsanteils $C_i\, e^{p_i t}$ bestimmt.

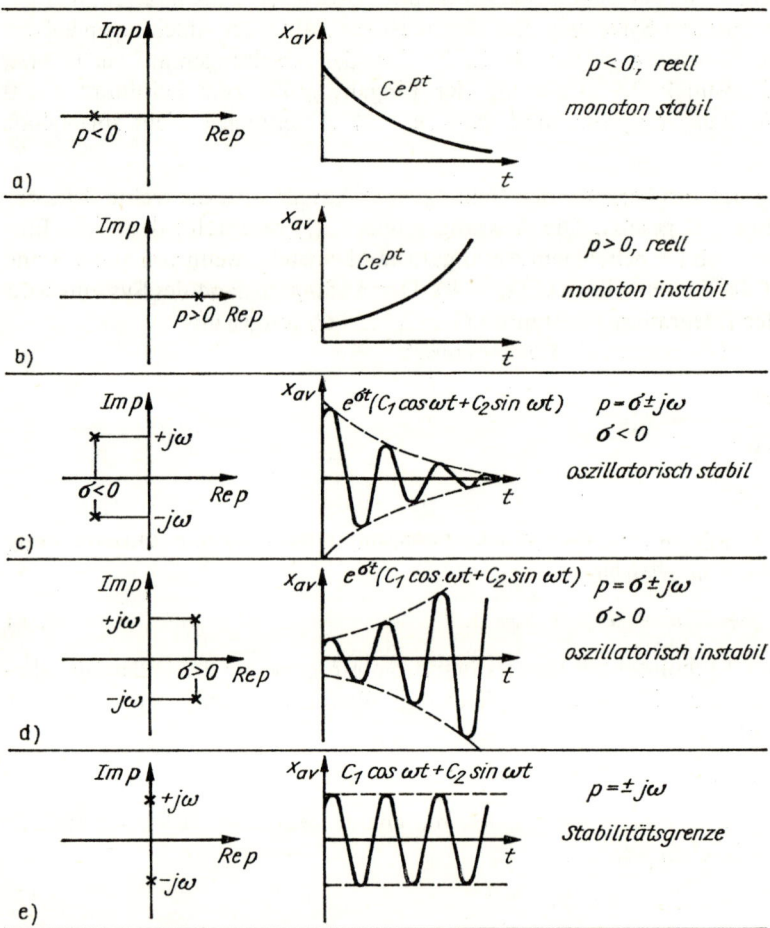

Bild 5.15. Lage der Eigenwerte und Lösung der homogenen Differentialgleichung

Die Lage der Eigenwerte in der komplexen Zahlenebene, der sog. *p-Ebene*, stellt ein charakteristisches Merkmal für das dynamische Verhalten eines Übertragungsglieds dar. In Bild 5.15 sind die obengenannten Fälle und der zugehörige Verlauf der Lösungsfunktion dargestellt. Man erkennt, daß stabile Lösungen sich nur dann ergeben, wenn sich die Eigenwerte in der linken Halbebene befinden ($p < 0$ oder $\sigma < 0$). Die Imaginärachse stellt somit in der *p*-Ebene die *Stabilitätsgrenze* dar. Aus dem Abstand der Eigenwerte von der Imaginärachse kann auf die Dämpfung der Schwingung geschlossen werden: Je größer der Abstand, desto schneller strebt der Lösungsanteil gegen Null. Die Eigenwerte, die der Imaginärachse am nächsten liegen, bestimmen damit die Dauer des Einschwingungsvorgangs. Sie sind die Dominantwurzeln der charakteristischen Gleichung.

Der Abstand der imaginären Werte von der reellen Achse kennzeichnet die Kreisfrequenz der abklingenden Schwingung: Je größer der Abstand, um so größer ist die Frequenz und um so kleiner die Schwingungsdauer.

5.4.2. Antwortfunktionen auf spezielle Eingangssignale

Zur Untersuchung des dynamischen Verhaltens von Übertragungsgliedern benutzt man aus Zweckmäßigkeitsgründen Zeitfunktionen der Eingangsgrößen, die sich leicht erzeugen lassen. Der sich ergebende Verlauf der Ausgangsgröße ist ein charakteristisches Merkmal eines bestimmten Übertragungsglieds und gestattet Rückschlüsse auf die beschreibende Differentialgleichung (Struktur, Ordnung) und die Kennwerte (Übertragungsfaktor, Zeitkonstanten). Häufig benutzte Testfunktionen enthält Bild 5.16. Die jeweiligen Ausgangsgrößen werden als *Antwortfunktionen* oder Testantworten bezeichnet.

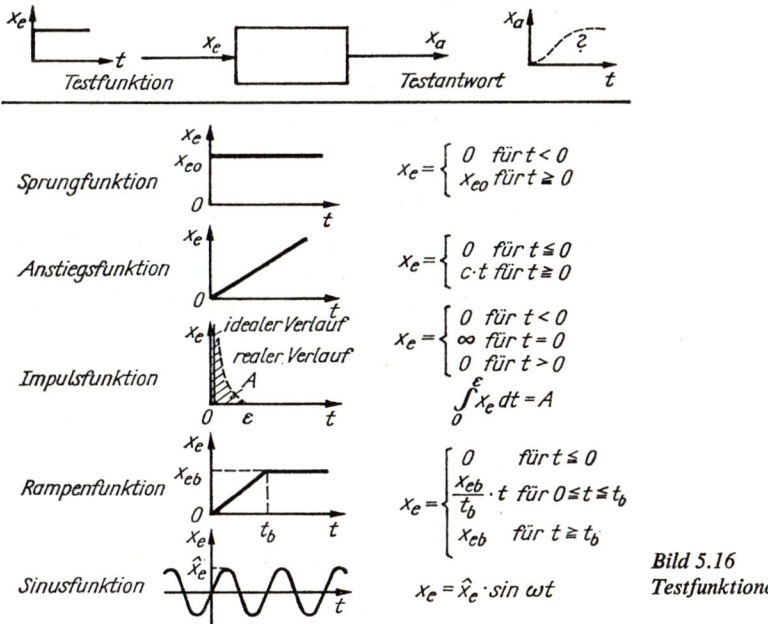

Bild 5.16
Testfunktionen

5.4.2.1. Sprungantwort und Übergangsfunktion

▶ Die am meisten verwendete Testfunktion ist die sprunghafte Änderung der Eingangsgröße um einen bestimmten Betrag, die *Sprungfunktion*

$$x_e(t) = \begin{cases} 0 & \text{für} \quad t < 0 \\ x_{e0} & \text{für} \quad t \geqq 0. \end{cases} \tag{5.21}$$

Der zugehörige Verlauf der Ausgangsgröße wird *Sprungantwort* genannt.

Bei einem P0-Glied (Bild 5.17a) ergibt sich ebenfalls eine sprunghafte Änderung der Ausgangsgröße.

Bei linearen Übertragungsgliedern wächst bei einer Vergrößerung der Eingangsgröße die Ausgangsgröße im gleichen Verhältnis (Bild 5.17b). Eine von der Höhe des Eingangssprungs unabhängige Darstellung erhält man, wenn die Sprungantwort durch x_{e0} dividiert wird. Diese auf x_{e0} bezogene Sprungantwort wird *Übergangsfunktion* genannt. Bild 5.17c zeigt die Übergangsfunktion eines P0-Gliedes.

$$h(t) = \frac{x_a(t)}{x_{e0}} = \begin{cases} 0 & \text{für} \quad t < 0 \\ K_P & \text{für} \quad t \geq 0. \end{cases} \tag{5.22}$$

Zur Kennzeichnung von Übertragungsgliedern in Signalflußbildern wird die Übergangsfunktion in das entsprechende Kästchen eingezeichnet.

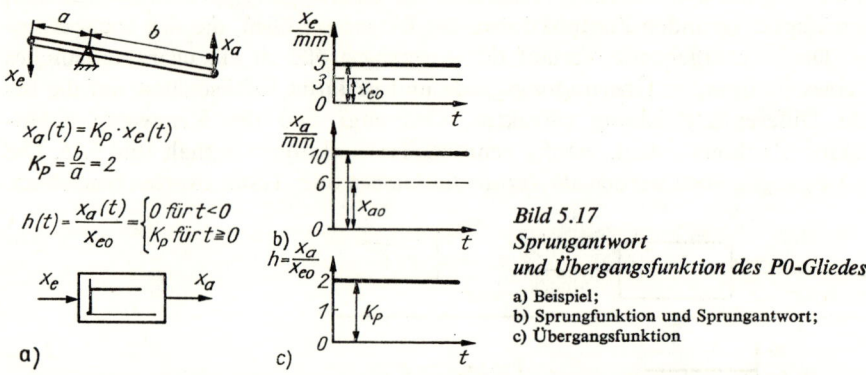

Bild 5.17
Sprungantwort
und Übergangsfunktion des P0-Gliedes

a) Beispiel;
b) Sprungfunktion und Sprungantwort;
c) Übergangsfunktion

▶ Im Abschn. 5.4.1. hatten wir mit der RC-Schaltung und dem Thermometer proportionale Übertragungsglieder mit Zeitverzögerung 1. Ordnung (PT1-Glieder) kennengelernt. Hier stellt sich nach einer sprunghaften Änderung der Eingangsgröße der neue Beharrungszustand verzögert ein. Sind die Kennwerte dieses Übertragungsglieds (K_P, T_1) bekannt, so kann der Verlauf der Sprungantwort durch Lösung der Differentialgleichung berechnet werden.

$$T_1 \dot{x}_a + x_a = K_P x_e \tag{5.23}$$

Mit der Sprungfunktion als Eingangssignal

$$x_e = x_{e0} \quad \text{für} \quad t \geq 0$$

wird die Lösung (vgl. Abschn. 5.4.1.)

$$x_a = x_{ab} + x_{av} = K_P x_{e0} + C\,e^{-t/T_1}.$$

Aus der Anfangsbedingung $x_{a0} = 0$ ergibt sich

$$C = -K_P x_{e0}$$

und damit die Gleichung der Sprungantwort (Bild 5.18)

$$x_a = K_P x_{e0} - K_P x_{e0}\,e^{-t/T_1} = K_P x_{e0}\,(1 - e^{-t/T_1}). \tag{5.24}$$

Die Übergangsfunktion ist

$$h = K_P\,(1 - e^{-t/T_1}). \tag{5.25}$$

Der Übertragungsfaktor ist leicht aus den Endwerten von Sprungfunktion und Sprungantwort bzw. aus der Übergangsfunktion zu bestimmen:

$$K_P = \frac{x_{a\infty}}{x_{e\infty}} = h_\infty. \tag{5.26}$$

Der Anstieg der Sprungantwort, also die Änderungsgeschwindigkeit der Ausgangsgröße, kann berechnet werden, indem die Lösungsfunktion nach der Zeit differenziert wird:

$$\dot{x}_a = \frac{K_P x_{e0}}{T_1} e^{-t/T_1}. \tag{5.27a}$$

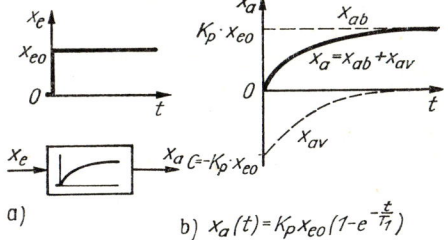

a)

b) $x_a(t) = K_P x_{e0}\left(1 - e^{-\frac{t}{T_1}}\right)$

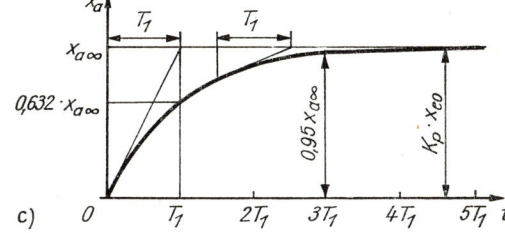

c)

Bild 5.18
Sprungantwort des PT1-Gliedes

a) Sprungfunktion;
b) Sprungantwort als Summe von vorübergehenden und bleibendem Lösungsanteil;
c) Ermittlung der Zeitkonstante aus der Sprungantwort

Die Tangente, die im Nullpunkt an die Sprungantwort gelegt wird, hat die Neigung

$$\dot{x}_{a0} = \frac{K_P x_{e0}}{T_1} = \frac{x_{a\infty}}{T_1}. \tag{5.27b}$$

Sie schneidet den Beharrungswert $x_{a\infty} = K_P x_{e0}$, dem sich die Sprungantwort asymptotisch nähert, im Abstand $t = T_1$. Kennzeichen einer e-Funktion ist, daß die Subtangente in jedem Punkt der Kurve die gleiche Länge hat. Auf diese Weise kann aus experimentell aufgenommenen Sprungantworten die Zeitkonstante bestimmt werden (Bild 5.18c). Die Berechnung des Ausgangssignals für bestimmte Zeitwerte ergibt

$\dfrac{t}{T_1}$	0	1	1,2	2	3	4
$\dfrac{x_a}{x_{a\infty}}$	0	0,632	0,699	0,865	0,950	0,982
		≈ 63 %	≈ 70 %		≈ 95 %	≈ 98 %

Nach $t = T_1$ ist etwa 63 % des Endwerts erreicht.

Sieht man ein Toleranzband von $\pm 5\%$ für das Erreichen des neuen Endwerts als ausreichend genau an, so ist der Übergangsvorgang nach $t_b = 3T_1 = T_E$ praktisch beendet. Die Zeitkonstante T_E wird in der Meßtechnik als Einstellzeit bezeichnet.

▸ Die Differentialgleichung eines P-Gliedes mit Zeitverzögerung 2. Ordnung ist am Beispiel eines Feder-Masse-Systems abgeleitet worden (s. Abschn. 5.4.1., Bild 5.12). Eine große Zahl von technischen Systemen kann mit Hilfe eines PT2-Gliedes genügend genau beschrieben werden. Aus diesem Grunde soll es hier ausführlich behandelt werden.

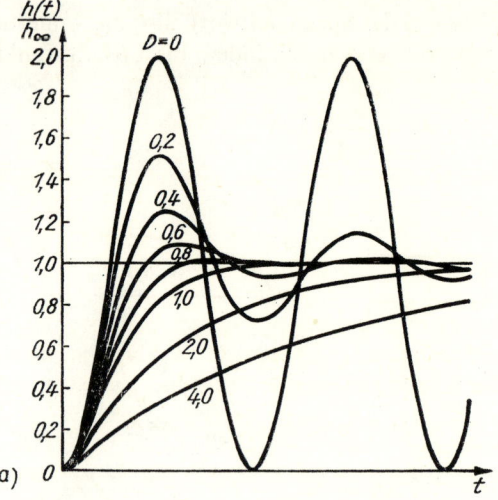

In allgemeiner Form lautet die Gleichung:

$$T_2^2 \ddot{x}_a + T_1 \dot{x}_a + x_a = K_P x_e. \tag{5.28}$$

Aus der charakteristischen Gleichung

$$T_2^2 p^2 + T_1 p + 1 = 0 \tag{5.29}$$

können die Eigenwerte berechnet werden.

$$p_{1,2} = -\frac{T_1}{2T_2^2}$$

$$\pm \sqrt{\left(\frac{T_1}{2T_2^2}\right)^2 - \frac{1}{T_2^2}}$$

Führt man den in der technischen Mechanik gebräuchlichen *Dämpfungsgrad D* ein, so läßt sich die Gleichung einfacher darstellen. Mit

$$D = \frac{T_1}{2T_2} \tag{5.30}$$

erhält man

$$p_{1,2} = \frac{1}{T_2} \left[-D \pm \sqrt{D^2 - 1} \right]. \tag{5.31}$$

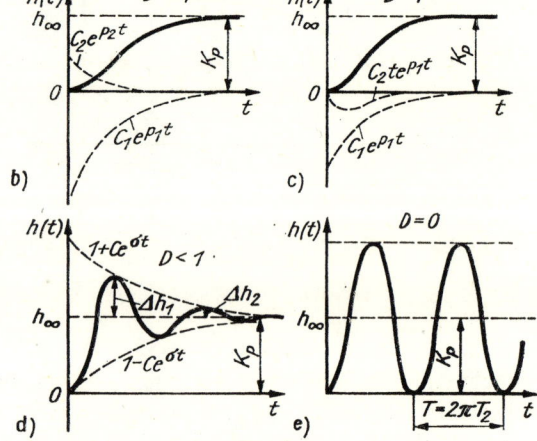

Bild 5.19. Übergangsfunktionen eines PT2-Gliedes
a) $h(t)/h_s$ in Abhängigkeit vom Dämpfungsgrad D; b) bis e) Lösungsanteile $x = x_b + x_v$ bei unterschiedlichen Dämpfungsgraden

Je nach Größe des Dämpfungsgrads können folgende Fälle unterschieden werden, die im Bild 5.19 dargestellt sind.

a) $T_2 = 0, \quad D = \infty$

Es ergibt sich ein PT1-Verhalten.

b) $T_1 > 2T_2, \quad D > 1$

Die Wurzel $\sqrt{D^2 - 1}$ ist reell. Da $\sqrt{D^2 - 1} < D$, sind beide Eigenwerte p_1 und p_2 negativ und reell. Der Verlauf ist aperiodisch und weist einen Wendepunkt auf (Bild 5.19b).

c) $T_1 = 2T_1, \qquad D = 1$

Dieser Fall wird als aperiodischer Grenzfall bezeichnet. Die beiden Eigenwerte sind gleich; sie sind negativ und reell:

$$p_1 = p_2 = -\frac{1}{T_2}. \tag{5.32}$$

Der neue Beharrungszustand wird ohne Überschwingen erreicht (Bild 5.19 c).

d) $T_1 < 2T_2, \qquad 1 > D > 0$

Die Wurzel $\sqrt{D^2 - 1}$ ist imaginär; die Eigenwerte sind konjugiert komplex:

$$p_{1,2} = \frac{1}{T_2}[-D \pm j\sqrt{1-D^2}] = \sigma \pm j\omega. \tag{5.33}$$

Es ergibt sich eine abklingende Schwingung (Bild 5.19 d). Liegt eine experimentell aufgenommene Übergangsfunktion vor, so können die Kennwerte des PT2-Gliedes aus der Schwingungsdauer T und dem Verhältnis zweier aufeinanderfolgender Schwingungsausschläge $\Delta h_n / \Delta h_{n+1}$ bestimmt werden. Δh ist die Überschwingweite der Übergangsfunktion.

$$\Delta h_n = h(t_n) - h_\infty$$

$$\Delta h_{n+1} = h(t_n + T) - h_\infty$$

Da die Sinus- und die Kosinusfunktion für t_n und $t_{n+1} = t_n + T$ den gleichen Wert haben, ist

$$\frac{\Delta h_n}{\Delta h_{n+1}} = \frac{e^{\sigma t_n}}{e^{\sigma(t_n+T)}} = e^{-\sigma T}. \tag{5.34}$$

Die Abklingkonstante σ kann aus dem natürlichen Logarithmus des Quotienten $\Delta h_n / \Delta h_{n+1}$, dem sog. *logarithmischen Dekrement*, bestimmt werden.

$$-\sigma T = \ln\frac{\Delta h_n}{\Delta h_{n+1}}$$

mit $T = 2\pi/\omega$ ist

$$-\frac{\sigma}{\omega} = \frac{D}{\sqrt{1-D^2}} = \frac{1}{2\pi}\ln\frac{\Delta h_n}{\Delta h_{n+1}}.$$

Daraus ergibt sich der Dämpfungsgrad

$$D = \frac{\ln\dfrac{\Delta h_n}{\Delta h_{n+1}}}{\sqrt{4\pi^2 + \left(\ln\dfrac{\Delta h_n}{\Delta h_{n+1}}\right)^2}}. \tag{5.35}$$

Die relative Überschwingweite $\Delta h_1/h_\infty$ ist im Bild 5.20 in Abhängigkeit vom Dämpfungsgrad dargestellt.

e) $T_1 = 0,$ $D = 0$

In diesem Fall ist $\sigma = 0$, und es ergibt sich eine ungedämpfte harmonische Schwingung (Bild 5.19e):

$$p_{1,2} = \pm j \frac{1}{T_2} = \pm j\omega_0. \tag{5.36}$$

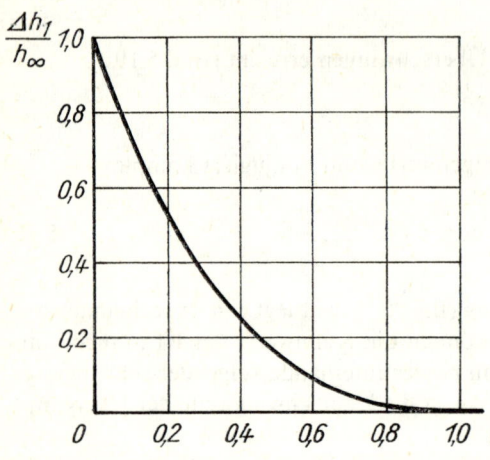

Bild 5.20
Relative Überschwingweite in Abhängigkeit vom Dämpfungsgrad

Die Übergangsfunktionen des I0- und des IT1-Gliedes zeigt Bild 5.21, die des D0- und des DT1-Gliedes Bild 5.22.

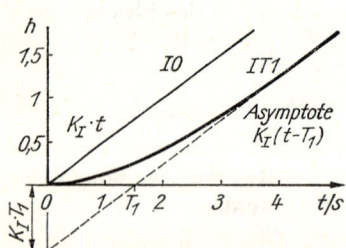

Bild 5.21. *Übergangsfunktion des I0- und des IT1-Gliedes*

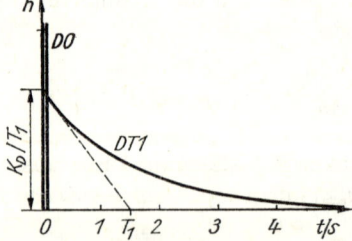

Bild 5.22. *Übergangsfunktion des D0- und des DT1-Gliedes*

5.4.2.2. Anstiegsantwort und Impulsantwort

▶ Nicht immer kann die Eingangsgröße eines zu untersuchenden Übertragungsglieds sprunghaft verändert werden. Das gilt insbesondere für Prozeßgrößen technischer Anlagen, deren Speicher- und Trägheitswirkungen die Änderungsgeschwindigkeiten begrenzen. Für Drehzahländerungen steht z.B. nur ein begrenzter Drehmoment oder für Wasserstandsänderungen nur ein begrenzter Volumenstrom zur Verfügung, so daß Änderungen des Prozeßzustands immer eine bestimmte Zeit erfordern. In diesen Fällen ist die Verwendung einer *Anstiegsfunktion* als Testfunktion besser geeignet.

Anstiegsfunktion:

$$x_e(t) = \begin{cases} 0 & \text{für} \quad t \leq 0 \\ ct & \text{für} \quad t \geq 0. \end{cases} \tag{5.37}$$

Die zugehörige Ausgangsgröße ist die *Anstiegsantwort*.

▶ Bei I-Gliedern mit kleiner Integralzeit besteht bei der Verwendung der Sprungfunktion als Eingangsgröße die Gefahr, daß die Ausgangsgröße den zu untersuchenden linearen Bereich oder zulässige Grenzwerte überschreitet. Die Eingangsgröße muß deshalb nach kurzer Zeit wieder auf den Ausgangswert zurückgestellt werden. Hier ist es zweckmäßig, eine Impulsfunktion als Testfunktion zu verwenden (Bild 5.23).

Impulsfunktion (Stoßfunktion):

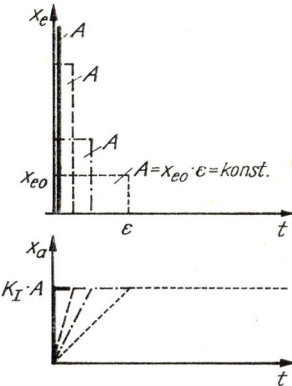

$$x_e(t) = \begin{cases} 0 & \text{für} \quad t < 0 \\ A/\varepsilon & \text{für} \quad 0 \leqq t < \varepsilon \\ 0 & \text{für} \quad t > \varepsilon \end{cases} \qquad (5.38\,\text{a})$$

mit der Impulsfläche

$$A = \int_0^\varepsilon x_e(t)\,dt.$$

Die Impulsbreite ε soll möglichst klein sein.
Als Grenzwert für $\varepsilon \to 0$ ergibt sich

$$x_e(t) = \begin{cases} 0 & \text{für} \quad t < 0 \\ \infty & \text{für} \quad t = 0 \\ 0 & \text{für} \quad t > 0, \end{cases} \qquad (5.38\,\text{b})$$

Bild 5.23. *Impulsfunktion und Impulsantwort eines I0-Gliedes*

wobei $A = \int_{-0}^{+0} x_e(t)\,dt$ – die Fläche des Impulses – einen endlichen Wert behält. Die zugehörige Ausgangsgröße wird als *Impulsantwort* oder *Stoßantwort* bezeichnet.
▶ Die Anstiegs- und Impulsantworten können berechnet werden, indem die Differentialgleichung des Übertragungsglieds mit der entsprechenden Testfunktion als Eingangsgröße gelöst wird. Dabei kann die Berechnung des Anfangswerts $x_a(+0)$ der Impulsantwort Schwierigkeiten bereiten, da hierbei u. U. unbestimmte Ausdrücke auftreten. In diesen Fällen ist es günstiger, die Impulsfunktion in der Form der Gl. (5.38a) zu benutzen und den Anfangswert durch einen Grenzübergang zu bestimmen:

$$x_a(+0) = \lim_{\substack{t \to +0 \\ \varepsilon \to 0}} x_a(t).$$

Eine weitere Möglichkeit zur Bestimmung der Anfangs- und Endwerte der Anfangsfunktionen bietet die Anwendung der Grenzwertsätze, auf die im Abschnitt 5.6.2. eingegangen wird.
▶ Wie bei der Sprungantwort können auch die Anstiegs- und die Impulsantwort auf die Eingangsgröße bezogen werden. Eine Normierung der Eingangs- und der Ausgangsgröße führt hierbei zu Einheitseingangsfunktionen und Einheitsausgangsfunktionen.

Einheitsanstiegsfunktion:

$$\alpha(t) = \frac{x_e(t)}{c} = \begin{cases} 0 & \text{für} \quad t \leqq 0 \\ t & \text{für} \quad t \geqq 0. \end{cases} \qquad (5.39\,\text{a})$$

Einheitsanstiegsantwort:

$$a(t) = \frac{x_a(t)}{c}.$$ (5.39b)

Einheitssprungfunktion:

$$\sigma(t) = \frac{x_e(t)}{x_{e0}} = \begin{cases} 0 & \text{für } t < 0 \\ 1 & \text{für } t \geqq 0. \end{cases}$$ (5.40c)

Übergangsfunktion (Einheitssprungantwort):

$$h(t) = \frac{x_a(t)}{x_{e0}}.$$ (5.40b)

Einheitsimpulsfunktion (Deltaimpuls, Dirac-Impuls):

$$\delta(t) = \frac{x_e(t)}{A} = \begin{cases} 0 & \text{für } t < 0 \\ \infty & \text{für } t = 0 \\ 0 & \text{für } t > 0 \end{cases}$$ (5.41a)

mit $\int \delta(t)\,\mathrm{d}t = 1$.

Gewichtsfunktion (Stoßfunktion, Einheitsimpulsantwort):

$$g(t) = \frac{x_a(t)}{A}.$$ (5.41b)

Bild 5.24 zeigt die Einheitstestfunktionen und die zugehörigen Antwortfunktionen eines PT1-Gliedes.

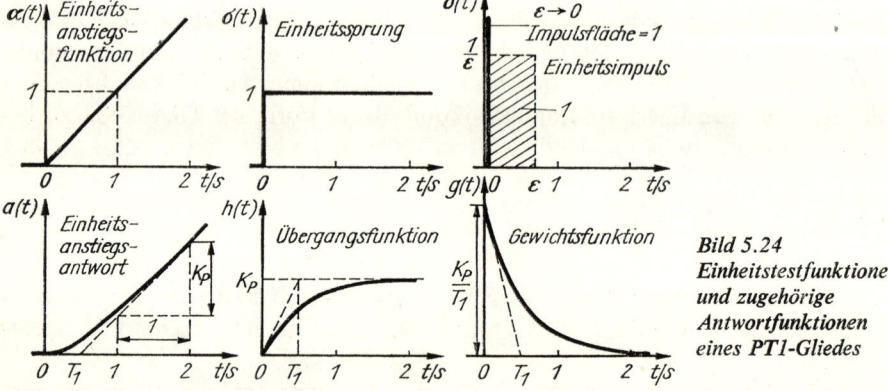

Bild 5.24
*Einheitstestfunktionen
und zugehörige
Antwortfunktionen
eines PT1-Gliedes*

Zwischen der Sprungfunktion, der Impulsfunktion und der Anstiegsfunktion gilt folgender Zusammenhang:

$$\sigma(t) = \frac{\mathrm{d}\alpha(t)}{\mathrm{d}t}$$ (5.42)

$$\delta(t) = \frac{\mathrm{d}\sigma(t)}{\mathrm{d}t} = \frac{\mathrm{d}^2\alpha(t)}{\mathrm{d}t^2}.$$ (5.43)

Diese Beziehungen können auch auf die zugehörigen Antwortfunktionen übertragen werden

$$h(t) = \frac{\mathrm{d}a(t)}{\mathrm{d}t} \qquad (5.44)$$

$$g(t) = \frac{\mathrm{d}h(t)}{\mathrm{d}t} = \frac{\mathrm{d}^2 a(t)}{\mathrm{d}t}. \qquad (5.45)$$

■ *PT1-Glied*

Übertragungsfunktion:

$$h(t) = K_\mathrm{p}\,(1 - \mathrm{e}^{-t/T_1}).$$

Einheitsanstiegsantwort:

$$a(t) = \int_0^t h(t)\,\mathrm{d}t = \int_0^t K_\mathrm{p}\,(1 - \mathrm{e}^{-t/T_1})\,\mathrm{d}t$$

$$a(t) = K_\mathrm{p}\,[t - T_1\,(1 - \mathrm{e}^{-t/T_1})].$$

Gewichtsfunktion:

$$g(t) = \frac{\mathrm{d}h(t)}{\mathrm{d}t} = \frac{K_\mathrm{p}}{T_1}\,\mathrm{e}^{-t/T_1}.$$

Bild 5.24 zeigt diese Antwortfunktionen.

5.4.2.3. Übertragungsglieder mit Laufzeit

Zeitverzögerungen zwischen dem Eingangs- und dem Ausgangssignal können nicht nur durch Speicherwirkungen, sondern auch durch eine endliche Laufzeit des Signalträgers hervorgerufen werden. Bild 5.25 zeigt Beispiele von Steuerstrecken mit Laufzeit (auch Totzeit genannt).

■ Der auf einem Förderband transportierte *Massenstrom* eines Schüttguts wird durch die Stellgröße y beeinflußt. Eine Veränderung der Schichtdicke x_e am Stellort wirkt sich nach

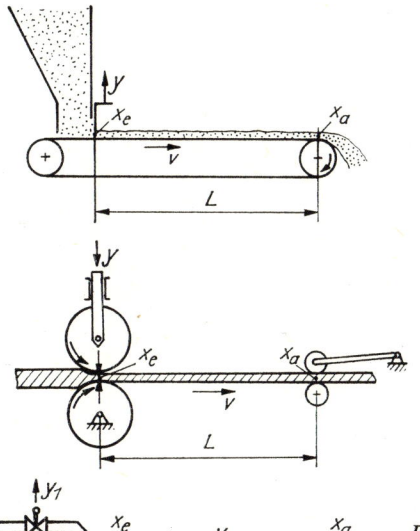

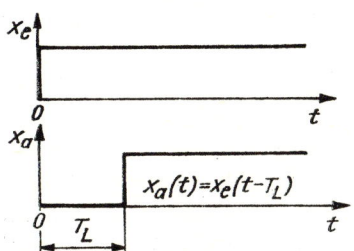

Bild 5.26. Sprungfunktion und Sprungantwort eines Übertragungsglieds mit Laufzeit

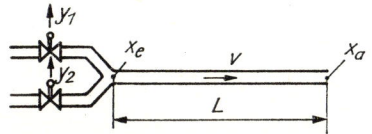

Bild 5.25
Übertragungsglieder mit Laufzeit
a) Förderband; b) Walzwerk; c) Mischrohr

einer Laufzeit T_L am Meßort bzw. am Ende des Förderbands in der Ausgangsgröße x_a aus.

Die Laufzeit T_L kann aus dem Abstand L zwischen Stellort und Meßort und aus der
Transportgeschwindigkeit v bestimmt werden:

$$T_L = \frac{L}{v}.$$

Das Signal $x_a(t)$ ist um die Laufzeit T_L gegenüber dem Signal $x_e(t)$ verschoben. Es gilt

$$x_a(t) = x_e(t - T_L). \tag{5.46}$$

Die Übergangsfunktion wird im Bild 5.26 gezeigt.

Systeme mit Laufzeit lassen sich nicht mit gewöhnlichen linearen Differentialgleichungen beschreiben. In einigen Fällen ist es möglich, die Laufzeitanteile so abzuspalten, daß
sie am Eingang bzw. am Ausgang des Systems durch ein vorgeschaltetes bzw. nach-
geschaltetes Laufzeitglied erfaßt werden können. Sind dagegen Laufzeiten innerhalb von
Kreisschaltungen zu berücksichtigen, müssen die Differentialgleichungen numerisch gelöst werden. Näherungslösungen sind möglich, indem die Laufzeiten durch lineare Ver-
zögerungsglieder approximiert werden.

5.4.3.   Beschreibung des Zustands

▶ Prozeßzustände in technischen Systemen werden durch Werte physikalischer Größen
gekennzeichnet. Hierfür genügen i. allg. einige ausgewählte Prozeßgrößen, um hinsichtlich der interessierenden Eigenschaften des Systems den Zustand eindeutig zu beschreiben.
Diese Größen werden *Zustandsgrößen* genannt. Der zeitliche Verlauf der Zustandsgrößen,
der sich durch äußere Einwirkungen oder durch innere prozeßbedingte Zustandsände-
rungen ergibt, kennzeichnet das Verhalten des Systems.

▶ Ein System ist *steuerbar*, wenn mit Hilfe von Eingangsgrößen die Zustandsgrößen gezielt beeinflußt werden können. Da die Zustandsgrößen nicht alle meßbar zu sein brauchen, werden für die Beschreibung des Verhaltens meist die durch Meßgeber erfaßbaren
Ausgangsgrößen benutzt; in diesem Fall spricht man von einer Eingangs- und Ausgangs-
größenbeschreibung. Wenn es möglich ist, den Prozeßzustand mit Hilfe der Ausgangsgrößen eindeutig zu beschreiben, so wird das System *beobachtbar* genannt.

▶ Die Zahl der Zustandsgrößen, die zur Beschreibung eines Systems erforderlich ist, wird
durch die Ordnung der beschreibenden Differentialgleichungen des Systems bestimmt.
Für die Zustandsbeschreibung eines Systems n-ter Ordnung müssen n Zustandsgrößen
festgelegt werden. Diese werden so gewählt, daß sie den Zustand der im System enthaltenen Speicher beschreiben. Damit ist es möglich, n Differentialgleichungen 1. Ordnung
anzugeben, die den Zusammenhang zwischen den Zustandsgrößen q und den Eingangsgrößen x_e beschreiben. Sie werden als *Zustandsgleichungen* bezeichnet. Für ein System
n-ter Ordnung mit m Eingangsgrößen haben sie allgemein die Form

$$\left.\begin{array}{l} \dot{q}_1(t) = F_1\,[q_1(t), \ldots, q_n(t), x_{e1}(t), \ldots, x_{em}(t)] \\ \;\;\vdots \qquad\qquad\qquad \vdots \\ \dot{q}_n(t) = F_n\,[q_1(t), \ldots, q_n(t), x_{e1}(t), \ldots, x_{em}(t)]. \end{array}\right\} \tag{5.47}$$

Der Zusammenhang zwischen den Ausgangsgrößen x_a, den Zustandsgrößen q und den
Eingangsgrößen x_e wird durch die *Ausgabegleichungen* angegeben. Diese haben bei

k Ausgangsgrößen allgemein die Form

$$
\left.
\begin{aligned}
x_{a1}(t) &= f_1\,[q_1(t), \ldots, q_n(t), x_{e1}(t), \ldots, x_{em}(t)] \\
\vdots \qquad & \qquad \vdots \\
x_{ak}(t) &= f_k\,[q_1(t), \ldots, q_n(t), x_{e1}(t), \ldots, x_{em}(t)].
\end{aligned}
\right\}
\tag{5.48}
$$

Obwohl die Zustandsbeschreibung auch eine exakte Behandlung nichtlinearer Systeme ermöglicht, wollen wir uns im folgenden auf lineare oder linearisierte Systeme beschränken. Bei diesen ist eine einfachere Darstellung möglich, indem von der Vektorschreibweise Gebrauch gemacht wird. Die Systemgleichungen haben dann folgende Form:

Zustandsgleichung:

$$
\dot{q}(t) = Aq(t) + Bx_e(t).
\tag{5.49}
$$

Ausgabegleichung:

$$
x_a(t) = Cq(t) + Dx_e(t).
\tag{5.50}
$$

Die Komponenten der Zustands-, Eingangs- und Ausgangsvektoren werden als Elemente von Spaltenmatrizen angegeben:

$$
q = \begin{bmatrix} q_1 \\ \vdots \\ q_n \end{bmatrix}, \qquad
x_e = \begin{bmatrix} x_{e1} \\ \vdots \\ x_{em} \end{bmatrix}, \qquad
x_a = \begin{bmatrix} x_{a1} \\ \vdots \\ x_{ak} \end{bmatrix}.
$$

Die Kennwerte des Systems sind Elemente der Matrizen A, B, C, D. Wir bezeichnen sie als

Systemmatrix A (auch Zustandsmatrix)
Steuermatrix B (auch Eingangsmatrix)
Beobachtungsmatrix C (auch Ausgangsmatrix)
Durchgangsmatrix D.

■ Wir betrachten *ein einfaches mechanisches System*, das aus einer Feder mit der Federkonstante c_F und einem Dämpfungszylinder mit der Dämpfungskonstante k_D besteht (Bild 5.27). Die Eingangsgröße ist die Wegänderung s_1 des oberen Federtellers. Als Ausgangsgröße soll die Längenänderung der Feder $\Delta l = s_2 - s_1$ angegeben werden.

Der Zustand des Systems wird vom Weg s_2 des Kolbens im Dämpfungszylinder bestimmt. Aus der Kräftebilanz folgt

$$
k_D \dot{s}_2 = c_F(s_1 - s_2).
$$

Es ergibt sich eine Differentialgleichung 1. Ordnung.

Die Zustandsgleichung lautet:

$$
\dot{s}_2 = -\frac{c_F}{k_D}\, s_2 + \frac{c_F}{k_D}\, s_1.
$$

Die Ausgabegleichung ist

$$
x_a = s_2 - s_1.
$$

Da hier die Vektoren und Matrizen nur jeweils ein Element besitzen, können die Systemgleichungen (5.49) und (5.50) in folgender Form geschrieben werden:

$$
\dot{q} = aq + bx_e
$$
$$
x_a = cq + dx_e
$$

mit

$$
q = s_2, \qquad x_e = s_1, \qquad a = -\frac{c_F}{k_D}, \qquad b = \frac{c_F}{k_D}, \qquad c = 1, \qquad d = -1.
$$

■ Ein Feder-Masse-System (s. Abschn. 5.4.1.) wird durch die Gleichung

$$m\ddot{s} + d\dot{s} + cs = F$$

beschrieben.

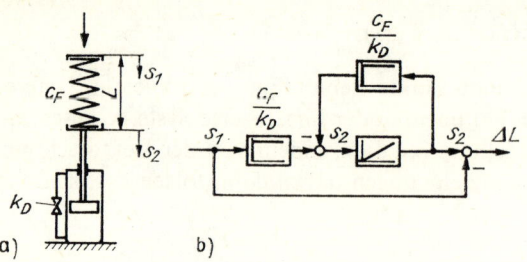

Bild 5.27. Zustandsbeschreibung eines mechanischen Systems
(Feder/Dämpfungszylinder)
a) Skizze; b) Signalflußbild, in Bildmitte: statt s_2 lies $\dot{s}_2$

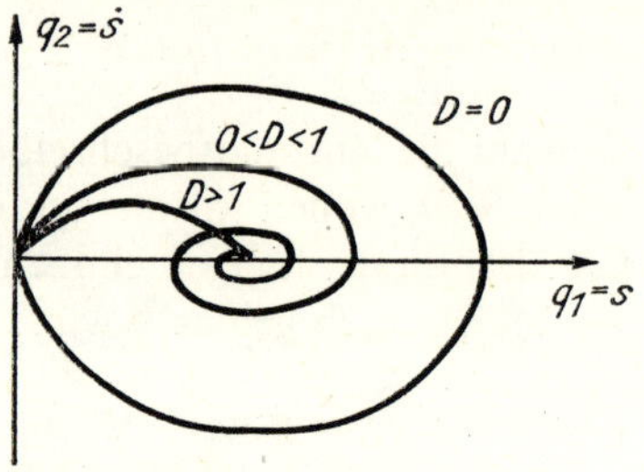

Bild 5.28. Zustandsverlauf
eines PT2-Glieds

Mit den Zustandsgrößen

$$q_1 = s, \qquad q_2 = \dot{s}$$

ergeben sich die Zustandsgleichungen

$$\begin{bmatrix} \dot{q}_1 \\ \dot{q}_2 \end{bmatrix} = \begin{bmatrix} 0 & 1 \\ -\dfrac{c}{m} & -\dfrac{d}{m} \end{bmatrix} \begin{bmatrix} q_1 \\ q_2 \end{bmatrix} + \begin{bmatrix} 0 \\ \dfrac{1}{m} \end{bmatrix} [F].$$

Bild 5.28 zeigt den Zustandsverlauf als Bahnkurve eines Punktes $P(q_1, q_2)$ bei unterschiedlichen Dämpfungsgraden.

5.5. Beschreibung des dynamischen Verhaltens im Frequenzbereich

▶ Häufig muß die Frage nach dem Verhalten eines technischen Systems bei Einwirkung von Schwingungen beantwortet werden. Als Testfunktion soll deshalb eine harmonische Schwingung benutzt werden, die durch eine trigonometrische Funktion beschrieben werden kann:

$$x_e = \hat{x}_e \sin \omega t \quad \text{bzw.} \quad x_e = \hat{x}_e \cos \omega t; \tag{5.51}$$

$\hat{x}_e$ Amplitude der Eingangsschwingung
ω Kreisfrequenz.

Im folgenden soll nur der eingeschwungene, stationäre Zustand der Ausgangsschwingung betrachtet werden, der bei linearen Übertragungsgliedern ebenfalls eine harmonische Schwingung mit der Kreisfrequenz ω ist. Durch ihre *Amplitude* $\hat{x}_a$ und ihre *Phasenlage* φ unterscheidet sie sich jedoch von der Eingangsschwingung. Der Phasenwinkel φ, um den die Ausgangsschwingung gegenüber der Eingangsschwingung verschoben ist, wird bei positiven Werten von φ Voreilwinkel genannt, bei negativen dagegen Nacheilwinkel.

$$x_a = \hat{x}_a \sin (\omega t + \varphi) \quad \text{bzw.} \quad x_a = \hat{x}_a \cos (\omega t + \varphi) \tag{5.52}$$

▶ Zur experimentellen Untersuchung des Frequenzverhaltens eines Übertragungssystems muß eine harmonische Schwingung erzeugt werden, die als Eingangsgröße für das zu untersuchende Element oder System verwendet werden kann. Es werden unterschiedliche Frequenzen der Eingangsschwingung eingestellt und jeweils die *Amplitude* und die

Phasenverschiebung der Ausgangsschwingung bestimmt. Die Amplitude $\hat{x}_a$ der Ausgangsgröße hängt nicht nur von der Eingangsamplitude $\hat{x}_e$, sondern auch von der Kreisfrequenz ω ab. Deshalb wird zur Kennzeichnung des dynamischen Verhaltens das Amplitudenverhältnis $\hat{x}_a/\hat{x}_e$ in Abhängigkeit von der Kreisfrequenz ω, der *Amplitudengang*, dargestellt.

$$\frac{\hat{x}_a}{\hat{x}_e} = \hat{G}(\omega) \quad \text{Amplitudengang} \tag{5.53}$$

Die Phasenverschiebung φ der Ausgangsschwingung gegenüber der Eingangsschwingung ändert sich ebenfalls mit der Kreisfrequenz. Diese Abhängigkeit wird als *Phasengang* bezeichnet.

$$\varphi = \varphi(\omega) \quad \text{Phasengang} \tag{5.54}$$

■ *Frequenzverhalten eines PT1-Gliedes.* Die Eingangsgröße eines PT1-Gliedes, z. B. eines Thermometers, eines Druckbehälters, eines *RC*-Gliedes oder eines Hebelsystems mit Feder und Dämpfungszylinder (Bild 5.29a), wird sinusförmig verändert. Die Amplitude und die Phasenlage der sich einstellenden Ausgangsschwingung werden bestimmt (Bild 5.29b).

Da hier der Übertragungsfaktor $K = 1$ gewählt wurde, unterscheidet sich bei kleiner Kreisfrequenz ω die Ausgangsamplitude $\hat{x}_a$ nur wenig von der Eingangsamplitude $\hat{x}_e$. Wird die Kreisfrequenz sehr klein

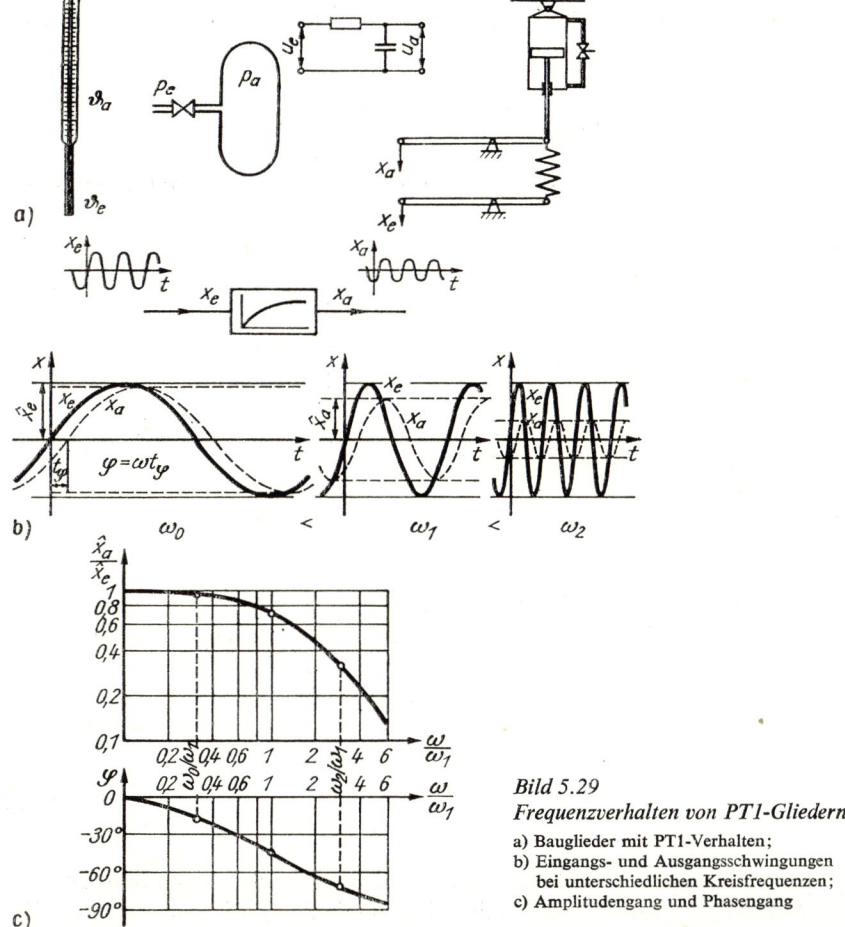

Bild 5.29

Frequenzverhalten von PT1-Gliedern

a) Bauglieder mit PT1-Verhalten;
b) Eingangs- und Ausgangsschwingungen
   bei unterschiedlichen Kreisfrequenzen;
c) Amplitudengang und Phasengang

also die Schwingungsdauer sehr groß (Grenzwert $\omega \to 0$, $T \to \infty$), so wird das Verhalten des Systems quasistationär genannt; die Ausgangsgröße kann als kontinuierliche Folge stationärer Zustände betrachtet werden.

$$\text{Für} \quad \omega \to 0 \quad \text{gilt} \quad \frac{\hat{x}_a}{\hat{x}_e} = K.$$

$$\text{Für} \quad \omega \to \infty \quad \text{gilt} \quad \frac{\hat{x}_a}{\hat{x}_e} = 0.$$

Bild 5.29c zeigt den Amplitudengang und den Phasengang. Auf der Abszisse wird die Kreisfrequenz in logarithmischem Maßstab angegeben. Während das Amplitudenverhältnis auf der Ordinate ebenfalls im logarithmischen Maßstab aufgetragen wird, ist die Ordinate des Phasenwinkels linear geteilt.

Zur Berechnung der erzwungenen Ausgangsschwingung eines Übertragungsglieds gehen wir wieder von der Differentialgleichung aus, die – wenn die im Abschnitt 5.1. genannten Voraussetzungen erfüllt sind – allgemein in folgender Form angegeben werden kann;

$$\ldots + a_3\dddot{x}_a + a_2\ddot{x}_a + a_1\dot{x}_a + a_0 x_a = b_0 x_e + b_2\dot{x}_e + b_2\ddot{x}_e + \ldots \tag{5.55}$$

Ist die Eingangsfunktion eine harmonische Schwingung gemäß Gl. (5.51), so wird ein Lösungsansatz nach Gl. (5.52) gewählt. Durch die in der Differentialgleichung vorhandenen Ableitungen treten dabei jedoch Sinus- und Kosinusfunktionen in der Lösungsgleichung auf, wodurch die Berechnung umständlich wird. Günstiger ist die Verwendung von Exponentialfunktionen, die eine verallgemeinerte Darstellung harmonischer Schwingungen ermöglichen.

5.5.1. Frequenzgang und Ortskurve

Eine e-Funktion mit dem imaginären Exponenten $j\omega t$ beschreibt eine Kreisbahn in der komplexen Zahlenebene.

Mit der Formel von *L. Euler* (Bild 5.30)

$$\mathrm{e}^{j\varphi} = \cos\varphi + j\sin\varphi \tag{5.56}$$

erhält man

$$x(t) = \hat{x}\,\mathrm{e}^{j(\omega t + \varphi)} = \hat{x}\cos(\omega t + \varphi) + j\hat{x}\sin(\omega t + \varphi). \tag{5.57}$$

Für jeden Zeitpunkt t_k wird der komplexe Wert x in rechtwinkligen Koordinaten durch den Realteil a_k und den Imaginärteil b_k bestimmt

$$x(t_k) = a_k + jb_k$$

$$a_k = \mathrm{Re}\,x = \hat{x}\cos(\omega t_k + \varphi)$$

$$b_k = \mathrm{Im}\,x = \hat{x}\sin(\omega t_k + \varphi).$$

Der Punkt $P\,(a_k, b_k)$ bildet die Spitze eines Zeigers, dessen Länge oder Betrag durch

$$\hat{x} = \left|x\right| = \sqrt{a_k^2 + b_k^2} = \sqrt{(\mathrm{Re}\,x)^2 + (\mathrm{Im}\,x)^2} \tag{5.58}$$

und dessen Richtung durch den Winkel φ mit

$$\tan\varphi = \frac{b_k}{a_k} = \frac{\mathrm{Im}\,x}{\mathrm{Re}\,x} \tag{5.59}$$

festgelegt wird (Bild 5.31 a). Der Punkt P bewegt sich also mit wachsender Zeit auf einem Kreis mit dem Radius $\hat{x}$ entgegen dem Uhrzeigersinn um den Koordinatenursprung. Die

Projektion der Bewegung des Punktes P auf die Realachse ist die Kosinusfunktion, die Projektion auf die Imaginärachse die Sinusfunktion (Bild 5.31 b).

Wird die Eingangsschwingung eines Übertragungsglieds durch

$$x_e = \hat{x}_e\, e^{j\omega t} \tag{5.60}$$

und die sich einstellende stationäre Ausgangsschwingung durch

$$x_a = \hat{x}_a\, e^{j(\omega t + \varphi)} \tag{5.61}$$

beschrieben, so können die Ableitungen dieser Funktionen gebildet werden:

$$\dot{x}_e = \hat{x}_e\, j\omega\, e^{j\omega t} \qquad \dot{x}_a = \hat{x}_a\, j\omega\, e^{j(\omega t + \varphi)}$$

$$\ddot{x}_e = \hat{x}_e\, (j\omega)^2\, e^{j\omega t} \qquad \ddot{x}_a = \hat{x}_a\, (j\omega)^2\, e^{j(\omega t + \varphi)}$$

Durch Einsetzen in die Gl. (5.55) erhält man

$$[\ldots + a_3\,(j\omega)^3 + a_2\,(j\omega)^2 + a_1\,j\omega + a_0]\,\hat{x}_a\, e^{j(\omega t + \varphi)}$$

$$= \hat{x}_e\, e^{j\omega t}\,[b_0 + b_1\,j\omega + b_2\,(j\omega)^2 + \ldots].$$

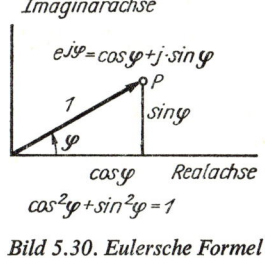

Bild 5.30. Eulersche Formel

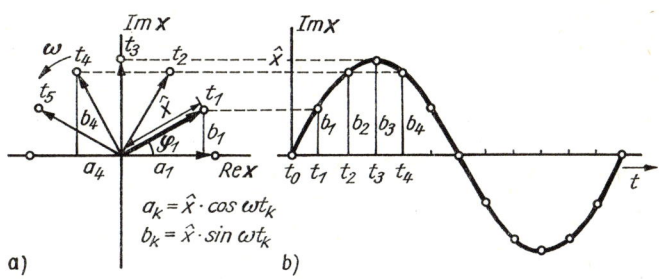

a)   b)

Bild 5.31. Harmonische Schwingung

a) Zeigerdarstellung; b) Zeitfunktion (Imaginärteil)

Mit $e^{j(\omega t + \varphi)} = e^{j\omega t}\, e^{j\varphi}$ ergibt sich

$$G(j\omega) = \frac{x_a}{x_e} = \frac{\hat{x}_a}{\hat{x}_e}\, e^{j\varphi} = \frac{b_0 + b_1\,j\omega + b_2\,(j\omega)^2 + \ldots}{a_0 + a_1\,j\omega + a_2\,(j\omega)^2 + a_3\,(j\omega)^3 + \ldots}. \tag{5.62}$$

Diese Gleichung beschreibt eine komplexe Größe, deren Betrag das Amplitudenverhältnis von Ausgangs- und Eingangsschwingung und dessen Richtung durch den Winkel φ festgelegt ist. $G(j\omega)$ ist der *Frequenzgang* des Übertragungsglieds. Die rechte Seite der Gleichung ist eine komplexe Funktion von $j\omega$. Sie kann in einen Realteil und einen Imaginärteil zerlegt werden. Dazu werden im Zähler und im Nenner alle reellen und alle imaginären Größen zusammengefaßt:

$$G(j\omega) = \frac{[b_0 - b_2\omega^2 + - \ldots] + j\,[b_1\omega - + \ldots]}{[a_0 - a_2\omega^2 + - \ldots] + j\,[a_1\omega - a_3\omega^3 + - \ldots]} = \frac{B}{A}$$

$$G(j\omega) = \frac{\operatorname{Re} B + j\operatorname{Im} B}{\operatorname{Re} A + j\operatorname{Im} A}.$$

Durch Erweiterung mit $\mathrm{Re}\,A - \mathrm{j}\,\mathrm{Im}\,A$ kann der Nenner in einen reellen Ausdruck umgewandelt werden, so daß auch $G\,(\mathrm{j}\omega)$ in einen Realteil und einen Imaginärteil getrennt werden kann:

$$G\,(\mathrm{j}\omega) = \mathrm{Re}\,G\,(\mathrm{j}\omega) + \mathrm{j}\,\mathrm{Im}\,G\,(\mathrm{j}\omega). \tag{5.63}$$

Das Amplitudenverhältnis ist der Betrag des Frequenzgangs

$$\hat{G}(\omega) = |G\,(\mathrm{j}\omega)| = \frac{\hat{x}_\mathrm{a}}{\hat{x}_\mathrm{e}} = \sqrt{[\mathrm{Re}\,G\,(\mathrm{j}\omega)]^2 + [\mathrm{Im}\,G\,(\mathrm{j}\omega)]^2}\,. \tag{5.64}$$

Die Phasenverschiebung zwischen x_e und x_a ist der Winkel φ:

$$\tan\varphi = \frac{\mathrm{Im}\,G\,(\mathrm{j}\omega)}{\mathrm{Re}\,G\,(\mathrm{j}\omega)}. \tag{5.65}$$

Damit ist nach (5.62)

$$G\,(\mathrm{j}\omega) = \hat{G}(\omega)\,\mathrm{e}^{\mathrm{j}\varphi}. \tag{5.66}$$

Werden alle Punkte von $\omega = 0$ bis $\omega = \infty$ in die komplexe Ebene eingezeichnet, so erhält man eine Kurve, die *Ortskurve des Frequenzgangs*. Da jeder Punkt der Ortskurve das Frequenzverhalten des Übertragungsglieds für eine bestimmte Kreisfrequenz wiedergibt, kann man aus dieser Darstellung sofort die Amplitude und die Phasenverschiebung der Ausgangsschwingung bestimmen, ohne daß die Differentialgleichung gelöst werden muß.

■ *P-Glied ohne Zeitverzögerung (PO-Glied)*. Da die Gleichung keine zeitlichen Ableitungen enthält, ist

$$x_\mathrm{a} = K_\mathrm{p}x_\mathrm{e}$$

und der Frequenzgang

$$G\,(\mathrm{j}\omega) = K_\mathrm{p}.$$

Die Ortskurve ist ein Punkt auf der Realachse im Abstand K_p vom Koordinatenursprung (Bild 5.32a). Das Amplitudenverhältnis $\hat{G} = K_\mathrm{p}$ ist unabhängig von der Kreisfrequenz: die Ausgangsschwingung hat die gleiche Phasenlage wie die Eingangsschwingung ($\varphi = 0$).

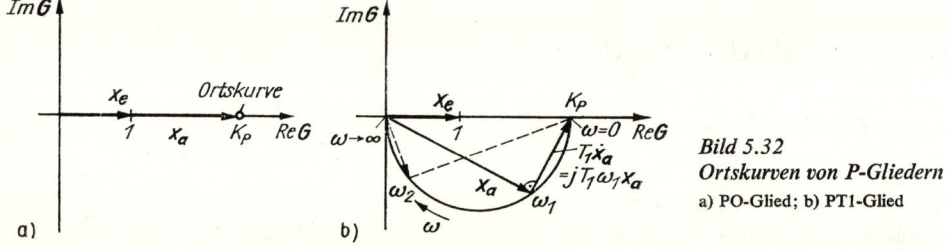

Bild 5.32
Ortskurven von P-Gliedern
a) PO-Glied; b) PT1-Glied

■ *P-Glied mit Zeitverzögerung 1. Ordnung (PT1-Glied)*
Werden stationäre harmonische Schwingungen als Eingangs- und Ausgangsgrößen in die Differentialgleichung eingesetzt:

$$T_1\dot{x}_\mathrm{a} + x_\mathrm{a} = K_\mathrm{p}x_\mathrm{e}, \tag{5.67}$$

so folgt mit

$$\dot{x}_\mathrm{a} = \mathrm{j}\omega x_\mathrm{a} \qquad (T_1\,\mathrm{j}\omega + 1)\,x_\mathrm{a} = K_\mathrm{p}x_\mathrm{e}.$$

Der Frequenzgang ist

$$G\,(\mathrm{j}\omega) = \frac{x_\mathrm{a}}{x_\mathrm{e}} = \frac{K_\mathrm{p}}{1 + T_1\,\mathrm{j}\omega}. \tag{5.68}$$

Eine Trennung in Realteil und Imaginärteil entsprechend Gl. (5.63) ergibt

$$G(j\omega) = \frac{K_p}{(1 + T_1 j\omega)} \frac{(1 - T_1 j\omega)}{(1 - T_1 j\omega)} = \frac{K_p}{1 + T_1^2\omega^2} - j\frac{K_p T_1\omega}{1 + T_1^2\omega^2}.$$

Das Amplitudenverhältnis und die Phasenverschiebung können nach den Gln. (5.64) und (5.65) bestimmt werden:

$$\hat{G}(\omega) = \frac{\hat{x}_a}{\hat{x}_e} = \sqrt{(\text{Re } G)^2 + (\text{Im } G)^2} = \frac{K_p}{\sqrt{1 + T_1^2\omega^2}} \tag{5.69a}$$

$$\varphi(\omega) = \arctan\frac{\text{Im } G}{\text{Re } G} = \arctan(-T_1\omega). \tag{5.69b}$$

Bild 5.32b zeigt die Addition der Zeiger $T_1\dot{x}_a$ und x_a entsprechend Gl. (5.67). Die Multiplikation eines Zeigers mit j führt in der komplexen Zahlenebene zu einer Drehung um 90° im mathematisch positiven Sinn; der Zeiger $T_1\dot{x}_a$ ergibt sich also aus x_a durch Drehung um 90° und Multiplikation mit $T_1\omega$. Die Spitze des Zeigers x_a wandert mit wachsendem ω und damit größer werdendem Zeiger $T_1\dot{x}_a = T_1\omega jx_a$ auf einem Halbkreis (Thales-Kreis) in Richtung des Koordinatenursprungs. Für $\omega = 1/T_1$ ist die Phasenverschiebung $\varphi = -45°$ und das Amplitudenverhältnis

$$\hat{G}(\omega) = \tfrac{1}{2}\sqrt{2}\,K_p = 0{,}707K_p.$$

Diese Frequenz wird *Grenzfrequenz* genannt.

■ *P-Glied mit Zeitverzögerung 2. Ordnung (PT2-Glied)*
Differentialgleichung:

$$T_2^2\ddot{x}_a + T_1\dot{x}_a + x_a = K_p x_e.$$

Frequenzgang:

$$G(j\omega) = \frac{K_p}{1 + T_1 j\omega + T_2^2(j\omega)^2} \tag{5.70}$$

$$= \frac{K_p(1 - T_2^2\omega^2)}{(1 - T_2^2\omega^2)^2 + T_1^2\omega^2} - j\frac{K_p T_1\omega}{(1 - T_2^2\omega^2)^2 + T_1^2\omega^2}.$$

Amplitudenverhältnis:

$$\hat{G}(\omega) = \frac{K_p}{\sqrt{(1 - T_2^2\omega^2)^2 + T_1^2\omega^2}}. \tag{5.71}$$

Phasenwinkel:

$$\varphi(\omega) = \arctan\left(-\frac{T_1\omega}{1 - T_2^2\omega^2}\right). \tag{5.72}$$

Die Ortskurve des PT2-Gliedes durchläuft zwei Quadranten, so daß der Phasenwinkel Werte zwischen $\varphi = 0$ und $\varphi = -180°$ annehmen kann. Die Schnittfrequenz mit der negativ imaginären Achse ist $\omega = 1/T_2 = \omega_0$; das ist die Kreisfrequenz der ungedämpften Schwingung. Bild 5.33 zeigt die Ortskurven des PT2-Gliedes für verschiedene Dämpfungsgrade. Für $D < 1$ wird bei wachsenden Frequenzen das Amplitudenverhältnis zunächst größer. Die Frequenz, bei der der Maximalwert erreicht ist, wird *Resonanzfrequenz* genannt.

● Betrachten wir die Ortskurven der bisher behandelten P-Glieder, so erkennen wir eine Gesetzmäßigkeit. Die Ortskurven beginnen für $\omega = 0$ bei $G(0) = K_p$ auf der positiv reellen Achse und laufen bei P-Gliedern mit Zeitverzögerung für wachsende Frequenzen im Uhrzeigersinn bis zum Koordinatensprung. Die Zahl der Quadranten, durch die die Ortskurve läuft, entspricht der Ordnung des Übertragungsglieds. Werden Ortskurven experimentell ermittelt, indem die gemessenen Amplituden der Eingangs- und Ausgangsschwingung und die jeweiligen Phasenwinkel für unterschiedliche Kreisfrequenzen ausgewertet und in Polarkoordinaten aufgetragen werden, so erkennt man aus dem Verlauf sofort die Ordnung des untersuchten Übertragungsglieds.

■ *I-Glied ohne Zeitverzögerung (I0-Glied)*

Differentialgleichung:

$$T_I \dot{x}_a = K x_e \quad \text{oder} \quad x_a = \frac{K}{T_I} \int_0^t x_e \, dt.$$

Frequenzgang:

$$G(j\omega) = \frac{K}{T_I \, j\omega} = -\frac{K}{T_I \omega} j. \tag{5.73}$$

Die Ortskurve fällt mit der negativ imaginären Achse zusammen (Bild 5.34). Sie beginnt für $\omega = 0$ bei $(0; -j\infty)$ und endet für $\omega = 0$ im Nullpunkt des Koordinatensystems. Das Amplitudenverhältnis ist

$$\hat{G}(\omega) = \frac{K}{T_I \omega}. \tag{5.74}$$

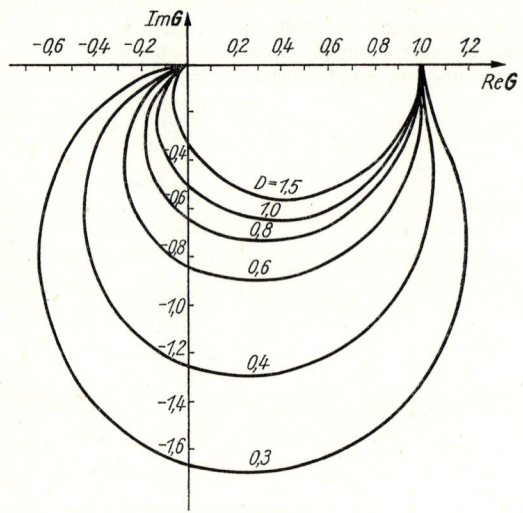

Bild 5.33. *Ortskurven von PT2-Gliedern mit verschiedenen Dämpfungsgraden*

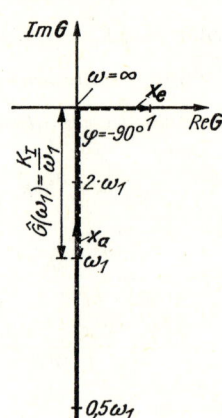

Bild 5.34
Ortskurve des I0-Gliedes

Mit wachsender Frequenz werden die Amplituden der Ausgangsschwingung kleiner. Die Phasenverschiebung ist von der Kreisfrequenz unabhängig und beträgt

$$\varphi = -90° \text{ (Nacheilwinkel)}.$$

■ *Laufzeitglied (T_L-Glied)*

Aus Gl. (5.46)

$$x_a(t) = x_e(t - T_L)$$

folgt, wenn

$$x_e = \hat{x}_e \, e^{j\omega t}$$
$$x_a = \hat{x}_a \, e^{j(\omega t + \varphi)} = \hat{x}_e \, e^{j\omega(t - T_L)}.$$

Der Frequenzgang ist

$$G(j\omega) = \frac{\hat{x}_a}{\hat{x}_e} \, e^{j\varphi} = e^{-T_L \omega}. \tag{5.75}$$

Das Amplitudenverhältnis ist

$$\hat{G}(\omega) = \frac{\hat{x}_a}{\hat{x}_e} = 1.$$

Die Ausgangsschwingung eilt der Eingangsschwingung um den Phasenwinkel $\varphi = -T_L\omega$ nach. Die Ortskurve ist ein Kreis mit dem Radius 1 um den Koordinatenursprung (Bild 5.35a).

■ *Allpaßglied 1. Ordnung*

Differentialgleichung:

$$T_1\dot{x}_a + x_a = K(x_e - T_1\dot{x}_e).$$

Frequenzgang:

$$G(j\omega) = \frac{K(1 - T_1 j\omega)}{1 + T_1 j\omega}.$$

Amplitudenverhältnis:

$$\hat{G}(\omega) = \frac{\hat{x}_a}{\hat{x}_e} = K.$$

Phasenwinkel:

$$\varphi(\omega) = \arctan\left(-\frac{2T_1\omega}{1 - T_1^2\omega^2}\right).$$

Die Ortskurve ist ein Halbkreis mit dem Radius K um den Koordinatenursprung; der Phasenwinkel liegt zwischen $\varphi = 0$ und $\varphi = -180°$ (Bild 5.35b). Bei $\omega = 1/T_1$ ist die Phasenverschiebung $\varphi = -90°$.

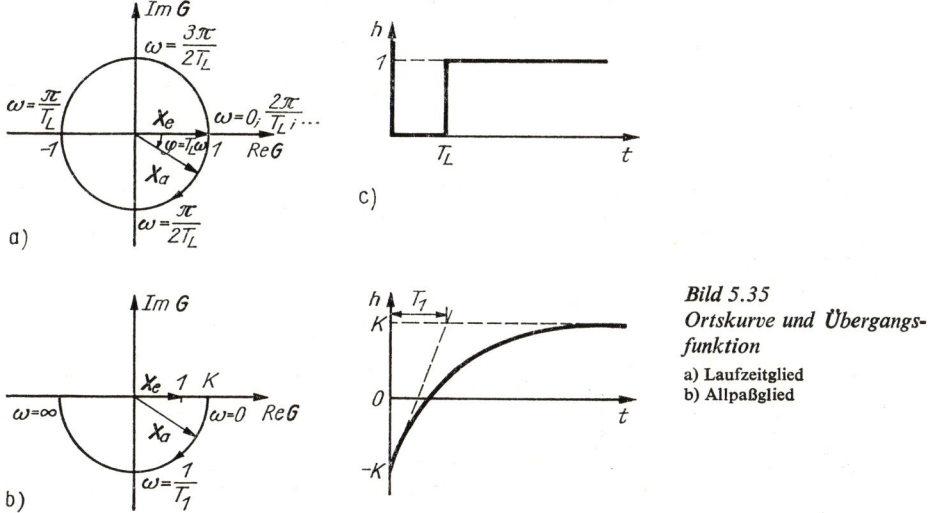

Bild 5.35
Ortskurve und Übergangs-funktion

a) Laufzeitglied
b) Allpaßglied

Allpaßglieder reagieren durch den negativen D-Anteil auf eine Eingangsgröße zunächst mit einer Änderung der Ausgangsgröße in der entgegengesetzten Richtung, bevor zeitverzögert die positive Reaktion zur Wirkung kommt. Beispiele sind das kurzzeitige Sinken des Wasserstands in einer Kesseltrommel beim Einspeisen von Frischwasser infolge der Kondensation von Dampfblasen oder die kurzzeitige Verringerung der Wärmeabgabe einer Feuerung bei Erhöhung der Brennstoffzufuhr.

Eine Zusammenstellung der Gleichungen und Ortskurven oft verwendeter Übertragungsglieder enthält Bild 5.36 [4].

5.5.2. Frequenzkennlinien

▶ Für die Untersuchung und Kennzeichnung des Übertragungsverhaltens von Übertragungsgliedern im Frequenzbereich ist es vorteilhaft, die Abhängigkeit des Amplitudenverhältnisses und der Phasenverschiebung von der Kreisfrequenz in zwei Diagrammen getrennt darzustellen. Hierbei wird der Amplitudengang $\hat{G}(\omega) = \hat{x}_a/\hat{x}_e$ in einem logarithmischen Maßstab über dem Logarithmus der Kreisfrequenz aufgetragen. Der Phasen-

Verhalten	Übergangsfunktion als Symbol im Signalflußbild	Differentialgleichung	Frequenzgang $F(j\omega)$	Ortskurve	Frequenzkennlinien
P		$x_a = K_P \cdot x_e$	K_P		$(\varphi = 0)$
I		$T_I \dot{x}_a = x_e$ $x_a = \frac{1}{T_I}\int_0^t x_e\, dt$	$1/T_I j\omega$		$-20\,dB/Dekade$ $\omega_I = 1/T_I$ $(\varphi = -90°)$
D		$x_a = T_D \cdot \dot{x}_e$	$T_D j\omega$		$20\,dB/Dekade$ $\omega_D = 1/T_D$ $(\varphi = +90°)$
PT1		$T_1 \dot{x}_a + x_a = K x_e$	$K/(1+T_1 j\omega)$		$-20\,dB/Dekade$ $\omega_1 = 1/T_1$ $(\varphi = 0°\ldots -90°)$
IT1		$T_1 T_I \ddot{x}_a + T_I \dot{x}_a = x_e$ $T_1 \dot{x}_a + x_a = \frac{1}{T_I}\int_0^t x_e\, dt$	$\dfrac{1/T_I j\omega}{1+T_1 j\omega}$		$-20\,dB/Dekade$ $-40\,dB/Dekade$ $\omega_I = 1/T_I$ $\omega_1 = 1/T_1$ $(\varphi = -90°\ldots -180°)$

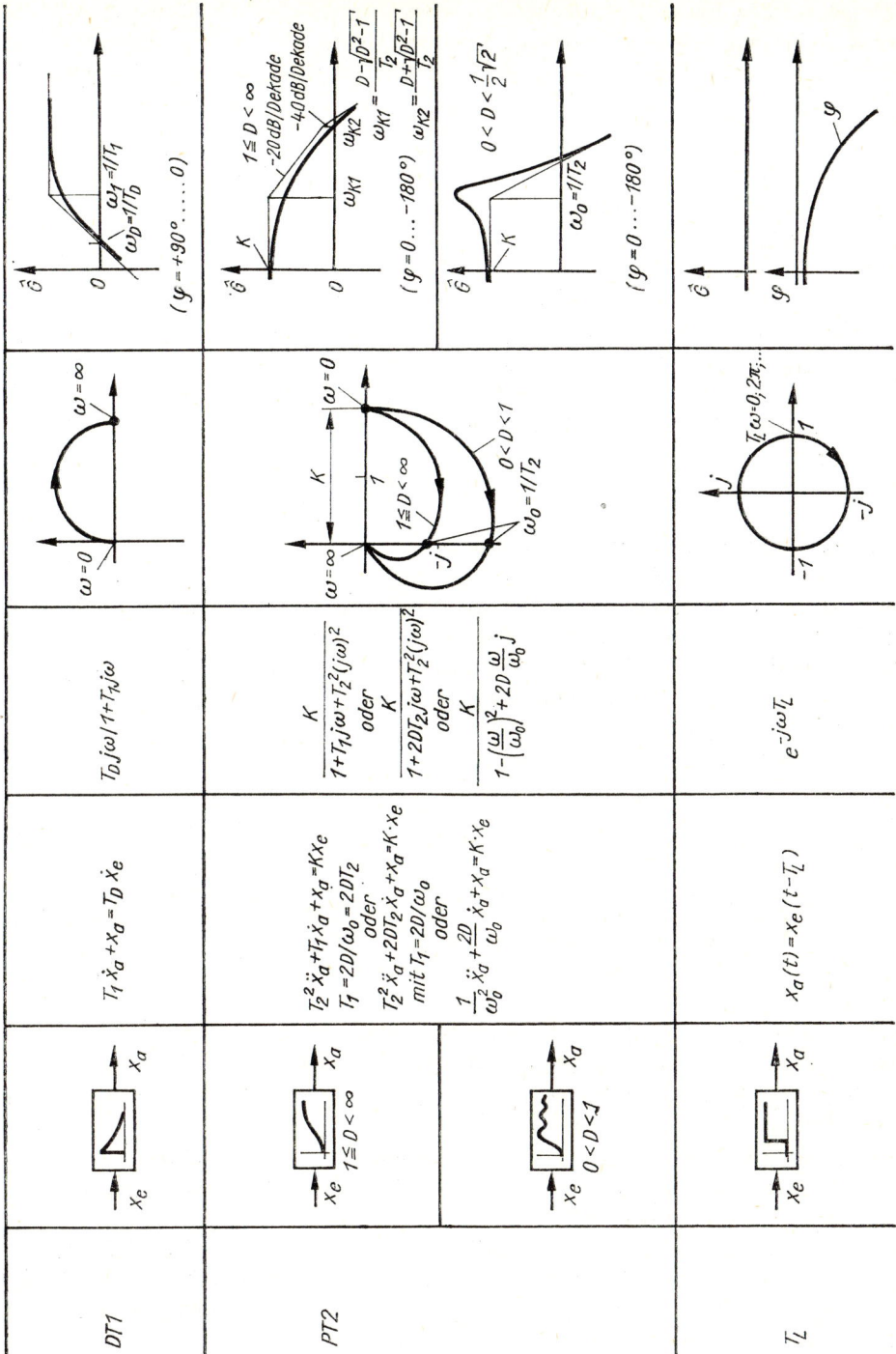

Bild 5.36. Dynamisches Verhalten einfacher Übertragungsglieder

gang $\varphi(\omega)$ wird in linearem Maßstab über dem Logarithmus der Kreisfrequenz angegeben. Beide Darstellungen werden zusammenfassend als *Frequenzkennlinien* oder nach *H.W. Bode*, der diese Diagramme in die Regelungstheorie einführte, als *Bode-Diagramme* bezeichnet.

Frequenzkennlinien:

– Amplitudenkennlinie
  grafische Darstellung der Funktion $\lg \hat{G} = f(\lg \omega)$
– Phasenkennlinie
  grafische Darstellung der Funktion $\omega = f(\lg \omega)$.

Durch Verwendung von doppeltlogarithmischem Papier für die Amplitudenkennlinie können an den Achsen die Werte für $\hat{G}$ und ω direkt angegeben werden. Oft werden jedoch auch die logarithmierten Werte von $\hat{G}$ auf einer linear geteilten Ordinate aufgetragen. Dabei ist es üblich, den Logarithmus des Amplitudenverhältnisses mit 20 zu multiplizieren und in der Maßeinheit Dezibel (dB) anzugeben:

$$\hat{G}(\omega)/\mathrm{dB} = 20 \lg \hat{G}(\omega).$$

Durch Verwendung von bezogenen Größen für die Kreisfrequenz ω/ω_B mit einer zweckmäßig gewählten Bezugsfrequenz ω_B können auch auf der Abszisse dimensionslose Skalenwerte aufgetragen werden.

Der Phasenwinkel φ wird entweder in Grad oder im Bogenmaß angegeben. Der Zusammenhang zwischen den verschiedenen Teilungen der Koordinaten ist im Bild 5.37 dargestellt.

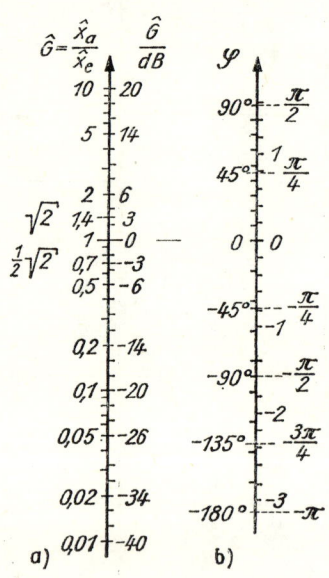

Bild 5.37. Skalenteilungen der Frequenzkennlinien
a) Ordinate der Amplitudenkennlinie; b) Ordinate der Phasenkennlinie

▶ Die Verwendung von Frequenzkennlinien für die Kennzeichnung des Übertragungsverhaltens und den Entwurf analoger Steuerungssysteme hat folgende Vorteile:

– Durch die logarithmische Teilung kann ein großer Amplituden- und Frequenzbereich dargestellt werden.
– Das Verhalten von Zusammenschaltungen mehrerer Übertragungsglieder kann in einfacher Weise durch grafische Addition der logarithmischen Amplitudenwerte und der Phasenwinkel bestimmt werden.
– Eine vereinfachte Darstellung ist möglich, indem die Frequenzkennlinien durch Geradenstücken approximiert werden, deren Knickpunkte, Schnittpunkte mit der $\lg \omega$-Achse ($\hat{G} = 1$) und Neigungswinkel qualitative und quantitative Aussagen über das Verhalten der Übertragungsglieder zulassen.
– Bei den meisten in der Praxis verwendeten Übertragungsgliedern, den sog. Phasenminimumsystemen, besteht ein eindeutiger Zusammenhang zwischen dem Verlauf des Amplitudengangs und dem Phasengang, so daß die Amplitudenkennlinie zur Charakterisierung des Übertragungsglieds ausreicht.

■ *PT1-Glied.* Am Beispiel eines PT1-Gliedes soll der Verlauf der Frequenzkennlinien erläutert werden. Der Amplitudengang und der Phasengang können aus dem Frequenzgang berechnet werden (5.69).

$$\hat{G}(\omega) = \frac{\hat{x}_a}{\hat{x}_e} = \frac{K_p}{\sqrt{1 + T_1^2 \omega^2}}$$

$$\varphi(\omega) = \arctan(-T_1\omega)$$

Die Ortskurve und die Frequenzkennlinien sind im Bild 5.38 dargestellt; zum Vergleich sind einige Punkte eingetragen. Eine Approximation der Amplitudenkennlinie durch Geradenstücken ergibt sich aus folgender Überlegung. In logarithmischer Darstellung ist das Amplitudenverhältnis

$$\lg \hat{G}(\omega) = \lg K_p - \tfrac{1}{2}\lg(1 + T_1^2\omega^2).$$

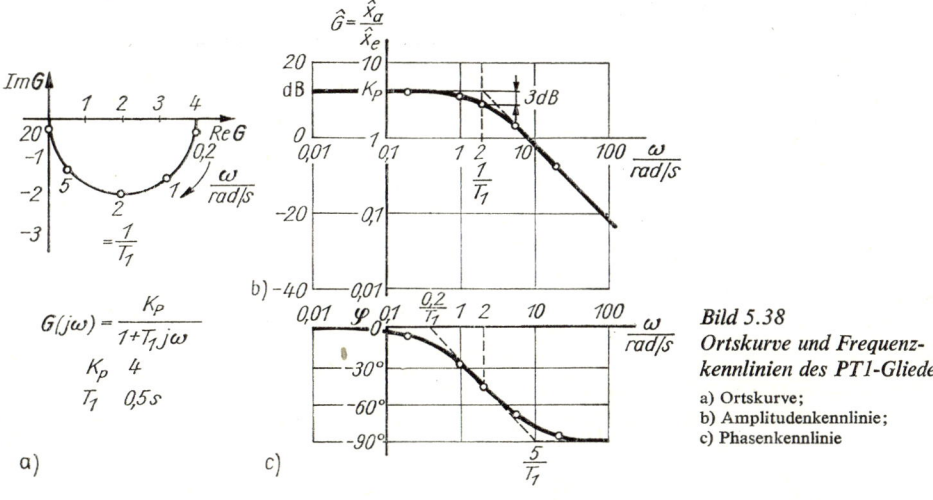

$$G(j\omega) = \frac{K_p}{1 + T_1 j\omega}$$

$$K_p \quad 4$$
$$T_1 \quad 0,5\,s$$

Bild 5.38
Ortskurve und Frequenz-
kennlinien des PT1-Gliedes

a) Ortskurve;
b) Amplitudenkennlinie;
c) Phasenkennlinie

– Für $\omega < 1/T_1$ wird $T_1^2\omega^2 \ll 1$ und kann damit gegenüber der Eins vernachlässigt werden.

$$\lg \hat{G}(\omega) \approx \lg K_p - \underbrace{\tfrac{1}{2}\lg 1}_{=0} = \lg K_p$$

Die Kennlinie verläuft im Abstand $\lg K_p$ parallel zur ω-Achse.
– Für $\omega > 1/T_1$ wird $1 \ll T_1^2\omega^2$. Hier kann die Eins gegenüber $T_1^2\omega^2$ vernachlässigt werden.

$$\lg \hat{G}(\omega) \approx \lg K_p - \tfrac{1}{2}\lg T_1^2\omega^2 = \lg K_p - \lg T_1\omega = \lg K_p - \lg T_1 - \lg \omega$$

Die Kennlinie ist eine Gerade und schneidet die ω-Achse in einem Winkel von $-45°$; wird ω um eine Zehnerpotenz erhöht, so verkleinert sich das Amplitudenverhältnis auf ein Zehntel. Die Kennlinie fällt also um -20 dB/Dekade.
– Im Schnittpunkt beider Geradenstücken ist

$$\lg T_1\omega = \lg 1 = 0$$

$$\omega = \frac{1}{T_1}.$$

An dieser Stelle ist der Fehler zwischen der Geradenapproximation (Näherung $\hat{G}_N$) und der Frequenzkennlinie am größten. Er beträgt

$$\lg \hat{G}_N\left(\frac{1}{T_1}\right) - \lg \hat{G}\left(\frac{1}{T_1}\right) = \lg K_p - \lg \frac{K_p}{\sqrt{2}} = \lg \sqrt{2}$$

oder in dB

$$\hat{G}_N - \hat{G} = 3\,\text{dB}.$$

■ *PT2-Glied.* Aus dem Frequenzgang Gl. (5.70) ergibt sich der Amplitudengang (5.71)

$$\hat{G}(\omega) = \frac{K_p}{\sqrt{(1 - T_2^2\omega^2)^2 + T_1^2\omega^2}}$$

und der Phasengang (5.72)

$$\varphi(\omega) = \arctan\left(-\frac{T_1\omega}{1 - T_2^2\omega^2}\right).$$

Den Verlauf der Frequenzkennlinien für verschiedene Dämpfungsgrade $D = T_1/2T_2$ zeigt Bild 5.39. Für $0 < D < \frac{1}{2}\sqrt{2}$ hat die Amplitudenkennlinie ein Maximum bei

$$\omega = \frac{\sqrt{1 - 2D^2}}{T_2}.$$

Bei großen Werten von ω ist $T_2^2\omega^2 \gg 1$, und da für $D < 1$ dann auch $T_1\omega$ vernachlässigbar ist, kann in diesem Bereich die logarithmische Amplitudenkennlinie durch eine Gerade angenähert werden.

$$\lg \hat{G}(\omega) \approx \lg \hat{G}_\mathrm{N}(\omega) = \lg K_\mathrm{P} - 2\lg T_2 - 2\lg \omega$$

Die Asymptote $\hat{G}_\mathrm{N}(\omega)$ hat eine Neigung von $-40\,\mathrm{dB/Dekade}$ gegenüber der Abszissenachse.

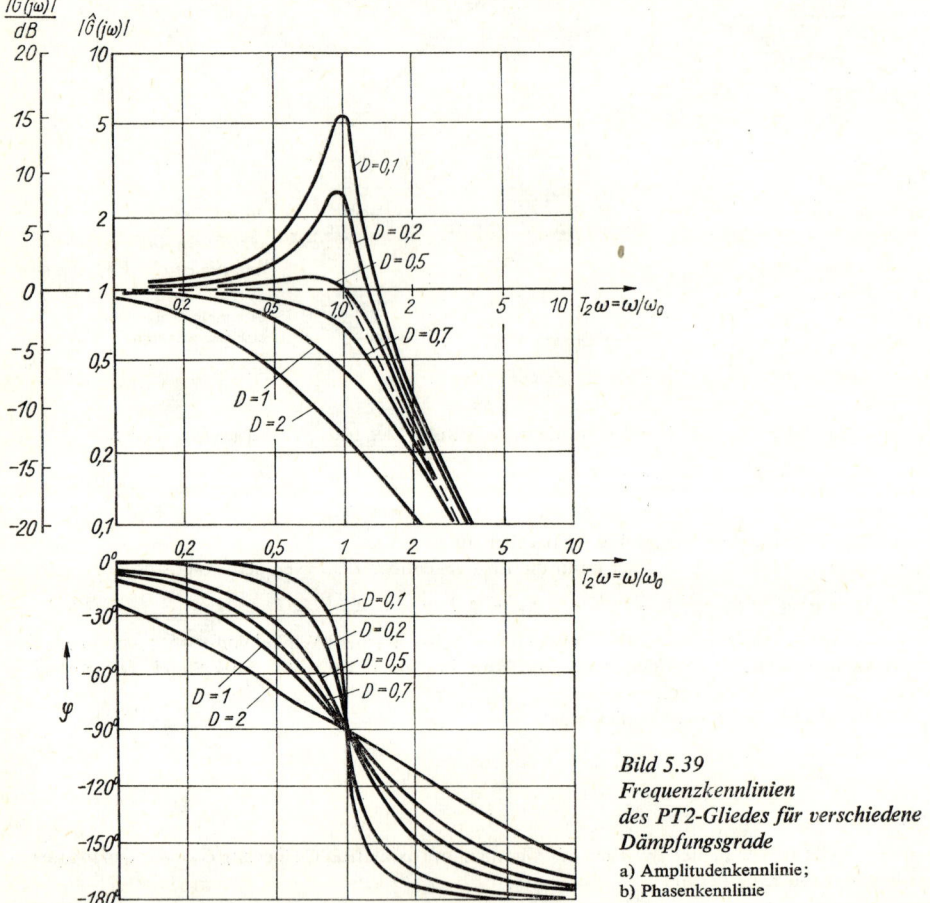

Bild 5.39
Frequenzkennlinien
des PT2-Gliedes für verschiedene
Dämpfungsgrade
a) Amplitudenkennlinie;
b) Phasenkennlinie

Für $D > 1$ ist eine stückweise Approximation der Amplitudenkennlinie möglich, wobei die Knickfrequenzen

$$\omega_{k1} = \frac{D - \sqrt{D^2 - 1}}{T_2}$$

$$\omega_{k2} = \frac{D + \sqrt{D^2 - 1}}{T_2}.$$

Für $\omega < \omega_{k1}$ wird die Kennlinie durch $\hat{G}(\omega) = K_P$, d.h. eine waagerechte Linie, angenähert; im Bereich $\omega_{k1} < \omega < \omega_{k2}$ ist die Näherungsgerade um -20 dB/Dekade geneigt; bei großen Werten $\omega < \omega_{k2}$ erhalten wir eine Asymptote mit -40 dB/Dekade. Die Näherung ist im Bild 5.36 eingezeichnet.

■ *I0-Glied.* Aus dem Frequenzgang Gl. (5.73) ergibt sich

$$\hat{G}(\omega) = \frac{\hat{x}_a}{\hat{x}_e} = \frac{K_I}{\omega} = \frac{K}{T_I \omega}$$

$$\lg \hat{G}(\omega) = \lg K - \lg T_I - \lg \omega$$

$$\varphi(\omega) = \arctan -\infty = -90°.$$

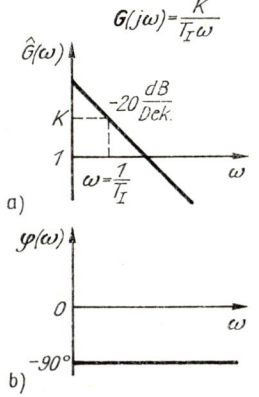

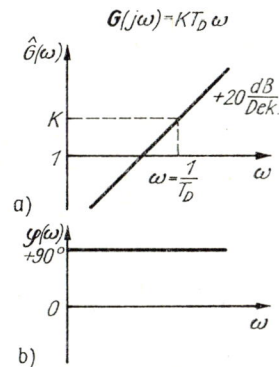

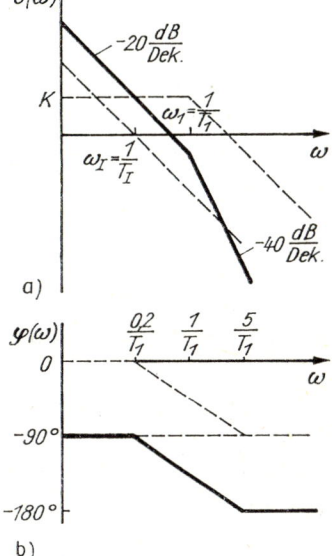

Bild 5.40. *Frequenzkennlinien des I0-Gliedes*

a) Amplitudenkennlinie
b) Phasenkennlinie

Bild 5.41. *Frequenzkennlinien des D0-Gliedes*

a) Amplitudenkennlinie
b) Phasenkennlinie

Bild 5.42
Frequenzkennlinien des IT1-Gliedes
a) Amplitudenkennlinie; b) Phasenkennlinie

Die Amplitudenkennlinie fällt mit -20 dB/Dekade und hat für $\omega = 1/T_I$ den Wert $\hat{G}(\omega) = K$ (Bild 5.40a). Haben Eingangsgröße und Ausgangsgröße die gleiche Dimension, so kann $K = 1$ gesetzt werden. Der Phasenwinkel ist konstant $\varphi = -90°$ (Bild 5.40b).

■ *D0-Glied.* Der Frequenzgang ist

$$G(j\omega) = K_D j\omega = KT_D j\omega.$$

Damit wird der Amplitudengang

$$\hat{G}(\omega) = \frac{\hat{x}_a}{\hat{x}_e} = K_D\omega = KT_D\omega$$

$$\lg \hat{G}(\omega) = \lg K + \lg T_D + \lg \omega$$

und der Phasengang

$$\varphi(\omega) = \arctan \infty = +90°.$$

Die Amplitudenkennlinie steigt mit 20 dB/Dekade und hat für $\omega = 1/T_D$ den Wert $\hat{G}(\omega) = K$ (Bild 5.41a). Haben x_a und x_e die gleiche Dimension, so ist $K = 1$. Der Phasenwinkel ist $\varphi = 90° =$ konst. (Bild 5.41b).

Die Bestimmung der Frequenzkennlinien von Übertragungsgliedern höherer Ordnung ist möglich, indem der Frequenzgang als Produkt einfacher Übertragungsglieder dargestellt wird:

$$G(j\omega) = G_1(j\omega) G_2(j\omega)$$

$$G(j\omega) = \hat{G}(\omega) e^{j\varphi} = \hat{G}_1(\omega) \hat{G}_2(\omega) e^{j(\varphi_1 + \varphi_2)}.$$

Da das Amplitudenverhältnis in logarithmischem Maßstab, der Phasenwinkel dagegen in linearem Maßstab aufgetragen werden, können die Frequenzkennlinien durch grafische Addition aus den Kennlinien der Einzelglieder bestimmt werden:

$$\lg \hat{G}(\omega) = \lg \hat{G}_1(\omega) + \lg \hat{G}_2(\omega)$$

$$\varphi(\omega) = \varphi_1(\omega) + \varphi_2(\omega).$$

Die Konstruktion der Kennlinien ist besonders einfach, wenn statt des exakten Verlaufs die Geradenapproximation als Näherung verwendet wird.

■ Ein *IT1-Glied* wird durch eine Reihenschaltung eines I0-Gliedes und eines PT1-Gliedes gebildet (s. Abschn. 5.7.). Der Frequenzgang ist

$$G(\mathrm{j}\omega) = \frac{1}{T_\mathrm{I}\,\mathrm{j}\omega} \frac{K}{1 + T_1\,\mathrm{j}\omega}.$$

Die durch Geraden angenäherten Frequenzkennlinien sind im Bild 5.42 dargestellt.
In gleicher Weise können auch die Frequenzkennlinien eines DT1-Gliedes bestimmt werden.

Den Verlauf der Ortskurve und der Frequenzkennlinien einfacher Übertragungsglieder zeigt Bild 5.36.

5.6.   Zusammenhang zwischen Zeitbereich und Frequenzbereich

5.6.1.   Fourier-Integral und Laplace-Transformation

Das Verhalten eines Übertragungsglieds kann – wie in den vergangenen Abschnitten gezeigt wurde – sowohl im Zeitbereich (Abschn. 5.4.) als auch im Frequenzbereich (Abschnitt 5.5.) dargestellt werden. Beide Darstellungen ergeben sich aus der beschreibenden Differentialgleichung und enthalten damit alle Informationen, die zur Kennzeichnung eines bestimmten Übertragungsglieds notwendig sind. Für ein tieferes Verständnis des Übertragungsverhaltens ist es zweckmäßig, die Zusammenhänge zwischen dem Zeitbereich und dem Frequenzbereich noch etwas genauer zu untersuchen.

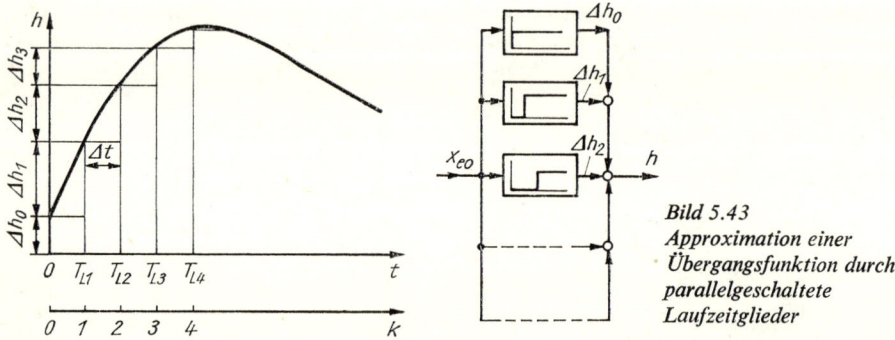

Bild 5.43
Approximation einer Übergangsfunktion durch parallelgeschaltete Laufzeitglieder

Wir wollen deshalb zunächst danach fragen, wie aus einer experimentell ermittelten Übergangsfunktion ohne den Umweg über die Differentialgleichung der Frequenzgang bestimmt werden kann. Wir zerlegen dazu den Kurvenverlauf der Übergangsfunktion in eine Folge von Sprüngen, die jeweils nach einer Laufzeit $T_{\mathrm{L}k} = k\,\Delta t$ einen Beitrag zum Verlauf der Ausgangsgröße leisten (Bild 5.43). Die Übergangsfunktion $h(t)$ kann also näherungsweise durch Einzelsprünge $\Delta h_k (t - T_{\mathrm{L}k})$ wiedergegeben werden [21; 22; 23]:

$$h(t) = \Delta h_0(t) + \Delta h_1(t - T_{\mathrm{L}1}) + \dots = \sum_{k=0}^{\infty} \Delta h_k(t - T_{\mathrm{L}k}).$$

Das ist eine Summe der Übergangsfunktionen von Laufzeitgliedern, deren Darstellung im Frequenzbereich lautet:

$$G(j\omega) = \Delta h_0 + \Delta h_1 e^{-j\omega T_{L1}} + \ldots = \sum_{k=0}^{\infty} \Delta h_k e^{-j\omega T_{Lk}}.$$

Jeder Sprung kann aus dem Anstieg der Übergangsfunktion berechnet werden

$$\Delta h_k = \frac{dh(t)}{dt}\bigg|_k \Delta t.$$

Damit wird

$$G(j\omega) = h(+0) + \sum_{k=0}^{\infty} \frac{dh(t)}{dt}\bigg|_k \Delta t\, e^{-j\omega k \Delta t}.$$

Bei einem Grenzübergang $\Delta t \to 0$ kann das Summenzeichen durch ein Integral ersetzt werden, wobei $k\,\Delta t$ zu t wird.

$$G(j\omega) = h(+0) + \int_0^{\infty} \frac{dh(t)}{dt} e^{-j\omega t}\, dt.$$

Mit Gl. (5.45) ergibt sich für $h(+0) = 0$

$$G(j\omega) = \int_0^{\infty} g(t) e^{-j\omega t}\, dt. \tag{5.76}$$

Hierin ist $g(t)$ die Gewichtsfunktion (Einheitsimpulsantwort). Mit den Grenzen von $t = 0$ bis $t = \infty$ wird diese Beziehung *einseitiges Fourier-Integral* genannt. Sie ermöglicht die Bestimmung des Frequenzgangs aus der Gewichtsfunktion.

Umgekehrt läßt sich die Übergangsfunktion auch aus dem Frequenzgang bestimmen, wenn wir den Sprung als periodisch wiederkehrenden Rechteckverlauf auffassen und diesen durch eine unendliche Fourier-Reihe darstellen.

Jede periodische Funktion kann als eine Fouriersche Reihe, als Summe von harmonischen Schwingungen dargestellt werden, in der neben der Grundfrequenz ganzzahlige Vielfache davon auftreten. Die Bestimmung der Koeffizienten dieser Schwingungsanteile wird harmonische Analyse genannt:

$$h(t) = a_0 + \sum_{n=1}^{\infty} (a_n \cos nt + b_n \sin nt) = a_0 + \sum_{n=1}^{\infty} c_n \sin(nt + \varphi_n)$$

mit

$$c_n = \sqrt{a_n^2 + b_n^2}$$

und

$$\varphi_n = \arctan \frac{a_n}{b_n}.$$

Eine Rechteckfunktion mit der Periode 2π wird damit durch folgende Summe beschrieben:

$$f(t) = \frac{4}{\pi}\left(\sin \omega t + \frac{1}{3} \sin 3\,\omega t + \frac{1}{5} \sin 5\,\omega t + \ldots\right)$$

$$= \frac{4}{\pi} \sum_{n=0}^{\infty} \frac{\sin(2n+1)\,\omega t}{2n+1}.$$

Ist der Frequenzgang oder die Ortskurve bekannt, so können die jeweiligen Ausgangsschwingungen, die sich als Reaktion auf die Eingangsschwingungen sin ωt, sin $3\omega t$, sin $5\omega t$, ... ergeben, bestimmt werden. Ihre Summe ergibt dann den Verlauf der Übergangsfunktion. Die Periode der Rechteckschwingungen muß hierbei nur genügend groß gewählt werden, so daß bis zum Rückschwingen des Rechteckverlaufs die Übergangsfunktion bereits ihren Endwert erreicht hat. Werden nun statt periodische Schwingungen

$$\hat{x}\,\mathrm{e}^{\mathrm{j}\omega t} = \hat{x}\cos\omega t + \mathrm{j}\hat{x}\sin\omega t$$

auch Funktionen verwendet, die durch

$$\hat{x}\,\mathrm{e}^{(\sigma + \mathrm{j}\omega t)} = \hat{x}\,\mathrm{e}^{\sigma t}(\cos\omega t + \mathrm{j}\sin\omega t)$$

beschrieben werden, so können durch geeignete Wahl von σ und ω sowie durch Summierung dieser Funktionen mit einem Vielfachen von σ und ω, sowie zweckmäßig gewählten Amplituden $\hat{x}$ praktisch alle Zeitverläufe gebildet werden, die als Eingangs- oder Ausgangssignale von Übertragungsgliedern von Bedeutung sind. Wir erweitern damit die bisherige Betrachtung ausschließlich harmonischer Schwingungen, die durch den Frequenzgang dargestellt werden konnten, auf beliebige Zeitfunktionen. Jede Funktion $x(t)$ kann damit in einem *Bildbereich* (dem verallgemeinerten Frequenzbereich mit der Variablen $p = \sigma + \mathrm{j}\omega$) dargestellt werden, wobei analog zur Gl. (5.76) folgende Transformationsbeziehung verwendet wird:

$$X(p) = \int_{t=0}^{\infty} x(t)\,\mathrm{e}^{-pt}\,\mathrm{d}t. \tag{5.77}$$

Für viele praktisch bedeutsame Funktionen sind die korrespondierenden Original- und Bildfunktionen in Tabellen enthalten [24; 25], so daß die Berechnung des Integrals meist nicht erforderlich ist. Einige dieser Korrespondenzen enthält Bild 5.44.

Mathematische Operationen im Zeitbereich können ebenfalls in den Bildbereich transformiert werden. Von besonderer Bedeutung ist die Bildung von Ableitungen der Zeitfunktionen nach folgender Regel:

Zeitbereich	Bildbereich
$x(t)$	$X(p)$
$\dot{x}(t)$	$pX(p) - x(o)$
$\ddot{x}(t)$	$p^2 X(p) - px(o) - \dot{x}(o)$

Sind die Anfangswerte der Funktion $x(t)$ und ihrer Ableitungen Null

$$x(o) = \dot{x}(o) = \ldots = 0,$$

so entspricht die Ableitung der Originalfunktion nach der Zeit einer Multiplikation der Bildfunktion mit der Variablen p. Vereinfachend wird deshalb manchmal p als Differentialoperator $p \triangleq \mathrm{d}/\mathrm{d}t$ eingeführt.

$$px \triangleq \frac{\mathrm{d}x}{\mathrm{d}t} = \dot{x}$$

Es darf dabei aber nicht vergessen werden, daß die Operationen mit p nur im Bildbereich zulässig sind, also exakt

$$pX(p) = \mathscr{L}\{\dot{x}(t)\},$$

wenn $x(0) = 0$ geschrieben werden muß.

$x(t)$ für $t \geqq 0$	$X(p) = \mathscr{L}\{x(t)\}$
$\delta(t) = \begin{cases} \infty & \text{für } t = 0 \\ 0 & \text{für } t > 0 \end{cases}$	1
$\sigma(t) = 1$	$\dfrac{1}{p}$
$\alpha(t) = t$	$\dfrac{1}{p^2}$
$\dfrac{t^{n-1}}{(n-1)!}$	$\dfrac{1}{p^n}$
e^{-at}	$\dfrac{1}{p + a}$
$1 - e^{-t/T}$	$\dfrac{1}{p(1 + Tp)}$
$t \cdot e^{-at}$	$\dfrac{1}{(p + a)^2}$
$\cos \omega t$	$\dfrac{p}{p^2 + \omega^2}$
$\sin \omega t$	$\dfrac{\omega}{p^2 + \omega^2}$
$e^{-\sigma t} \cdot \cos \omega t$	$\dfrac{p + \sigma}{(p + \sigma)^2 + \omega^2}$
$e^{-\sigma t} \cdot \sin \omega t$	$\dfrac{\omega}{(p + \sigma)^2 + \omega^2}$
$e^{-\sigma t} \cdot \sin(\omega t + \varphi)$	$\dfrac{(p + \sigma) \sin \varphi + \omega \cos \varphi}{(p + \sigma)^2 + \omega^2}$

Bild 5.44
*Korrespondenzen
der Laplace-Transformation*

Gl. (5.77) wird als *Laplace-Integral* bezeichnet und abgekürzt mit

$$X(p) = \mathscr{L}\{x(t)\}$$

beschrieben.

$x(t)$ ist die *Originalfunktion*
$X(p)$ ist die *Bildfunktion* oder *Laplace-Transformierte* von $x(t)$.

Die Rücktransformation aus dem Bildbereich wird durch folgendes Integral möglich

$$x(t) = \frac{1}{2\pi j} \int_{-j\infty}^{+j\infty} X(p)\, e^{pt}\, dp \tag{5.78}$$

$$x(t) = \mathscr{L}^{-1}\{X(p)\}.$$

$X(p)$ enthält alle Informationen über die Zeitfunktion $x(t)$. Für einfache Funktionen ist das Laplace-Integral leicht zu berechnen.

Beispiele:

$$x(t) = \sigma(t) = 1 \quad \text{für} \quad t \geqq o$$

$$X(p) = \int_0^\infty e^{-pt}\, dt = -\frac{1}{p} e^{-pt} \Big|_0^\infty = \frac{1}{p}$$

$$x(t) = e^{-at}$$

$$X(p) = \int_0^\infty e^{-at} e^{-pt}\, dt = \int_0^\infty e^{-(p+a)t}\, dt$$

$$= -\frac{1}{p+a} e^{-(p+a)t} \Big|_0^\infty = \frac{1}{p+a}.$$

Mit Hilfe der Laplace-Transformation können Differentialgleichungen gelöst werden, wobei die Anfangswerte gleich in die Berechnung einbezogen werden, so daß eine gesonderte Berechnung von Integrationskonstanten entfällt.

■ Die Differentialgleichung $\dot{x} + 3x = 6\sigma$ mit der Anfangsbedingung $x(0) = 7$ ist zu lösen. σ ist der Einheitssprung. Die Transformation in den Bildbereich ergibt

$$pX - 7 + 3X = 6 \cdot \frac{1}{p}$$

$$X = \frac{7p + 6}{p\,(p + 3)} = \frac{2}{p} + \frac{5}{p + 3}.$$

Durch Rücktransformation mit Hilfe der Korrespondenzen (Bild 5.44) erhält man

$$x = 2\sigma + 5 \cdot e^{-3t}.$$

5.6.2. Übertragungsfunktion

Ein Übertragungsglied soll durch eine lineare Differentialgleichung mit konstanten Koeffizienten beschrieben werden.

$$a_n \overset{(n)}{x_a} + \ldots + a_2 \ddot{x}_a + a_1 \dot{x}_a + a_0 x_a = b_0 x_e + b_1 \dot{x}_e + \ldots + b_m \overset{(m)}{x_e}$$

Wir betrachten den Sonderfall, daß die Anfangsbedingungen Null sind:

$$x_a(0) = \dot{x}_a(0) = \ldots = 0.$$

Die Anwendung der Laplace-Transformation ergibt

$$a_n p^n X_a + \ldots + a_2 p^2 X_a + a_1 p X_a + a_0 X_a = b_0 X_e + b_1 p X_e + \ldots + b_m p^m X_e.$$

Daraus folgt

$$(a_n p^n + \ldots + a_2 p^2 + a_1 p + a_0)\, X_a = X_e\,(b_0 + b_1 p + \ldots + b_m p^m).$$

Das Verhältnis der Laplace-Transformierten der Ausgangsgröße zur Laplace-Transformierten der Eingangsgröße wird *Übertragungsfunktion G(p)* genannt:

$$G(p) = \frac{X_a(p)}{X_e(p)} = \frac{b_0 + b_1 p + \ldots + b_m p^m}{a_0 + a_1 p + a_2 p^2 + \ldots + a_n p^n}. \tag{5.79}$$

Werden als Koeffizienten der Übertragungsfaktor und die Zeitkonstanten eingeführt, so ist

$$K = \frac{b_0}{a_0}, \qquad T_{D1} = \frac{b_1}{b_0}, \ldots, T_{Dm}^m = \frac{b_m}{b_0}$$

$$T_1 = \frac{a_1}{a_0}, \qquad T_2^2 = \frac{a_2}{a_0}, \ldots, T_n^n = \frac{a_n}{a_0}.$$

Damit ergibt sich die Übertragungsfunktion in ihrer Normalform

$$G(p) = \frac{K(1 + T_{D1}p + \ldots + T_{Dm}^m p^m)}{1 + T_1 p + T_2^2 p^2 + \ldots + T_n^n p^n}.$$

Die Ausgangsgröße kann durch Multiplikation der Übertragungsfunktion mit der Laplace-Transformierten der Eingangsgröße berechnet werden:

$$X_a(p) = G(p) X_e(p).$$

■ *Anstiegsantwort des PT1-Gliedes*

Aus

$$T_1 \dot{x}_a + x_a = K_p x_e$$

$$T_1 p X_a + X_a = K_p X_e$$

ergibt sich die Übertragungsfunktion

$$G(p) = \frac{K_p}{1 + T_1 p}.$$

Die Eingangsgröße ist

$$x_e(t) = ct$$

$$X_e(p) = \frac{c}{p^2}.$$

Damit kann die Bildfunktion der Ausgangsgröße berechnet werden:

$$X_a(p) = G(p) X_e(p)$$

$$X_a(p) = \frac{K_p c}{(1 + T_1 p) p^2}.$$

Zur Rücktransformation in den Zeitbereich ist eine Partialbruchzerlegung notwendig:

$$X_a(p) = \frac{A}{p^2} + \frac{B}{p} + \frac{C}{(1 + T_1 p)}$$

$$= \frac{A + A T_1 p + B p + B T_1 p^2 + C p^2}{p^2 (1 + T_1 p)}.$$

Ein Koeffizientenvergleich ergibt

$$A = K_p c$$

$$B = -K_p c T_1$$

$$C = K_p c T_1^2.$$

Damit wird

$$X_a(p) = \frac{K_p c}{p^2} - \frac{K_p c T_1}{p} + \frac{K_p c T_1}{p + \dfrac{1}{T_1}}.$$

Durch Rücktransformation erhält man

$$x_a(t) = K_p c t - K_p c T_1 + K_p c T_1\, e^{-t/T_1}$$

$$x_a(t) = K_p c\, [t - T_1\,(1 - e^{-t/T_1})].$$

Die Benutzung der Übertragungsfunktion zur Berechnung von Zusammenschaltungen wird im Abschnitt 5.7. gezeigt.

Aus der Übertragungsfunktion kann mit $p = j\omega$ der Frequenzgang bestimmt werden. Aus Gl. (5.79) wird dann Gl. (5.62).

Der Frequenzgang ist also ein Spezialfall der Übertragungsfunktion, der sich bei der Verwendung harmonischer Schwingungen als Eingangs- und Ausgangsgrößen ergibt ($\sigma = 0$).

$$X_a\,(j\omega) = G\,(j\omega)\, X_e\,(j\omega)$$

5.6.3.   Anfangs- und Endwertsatz

Aus dem Laplace-Integral können folgende Grenzwertsätze abgeleitet werden.
Anfangswertsatz:

$$\lim_{t \to +0} x(t) = \lim_{p \to \infty} p X\,(p). \tag{5.80}$$

Endwertsatz:

$$\lim_{t \to \infty} x(t) = \lim_{p \to 0} p X\,(p). \tag{5.81}$$

Hieraus lassen sich Beziehungen zwischen der Übergangsfunktion $h(t)$ und der Übertragungsfunktion $G(p)$ ableiten.

Die Übergangsfunktion kann im Bildbereich durch Multiplikation der Übertragungsfunktion mit der Bildfunktion der σ-Funktion (des Einheitssprungs) gebildet werden.

$$H(p) = G(p)\,\frac{1}{p}$$

Wird in die Gln. (5.80) und (5.81) statt $x(t)$ die Übergangsfunktion $h(t)$ eingesetzt, so folgt daraus

$$\lim_{t \to +0} h(t) = \lim_{p \to \infty} p H\,(p) = \lim_{p \to \infty} G(p) \tag{5.82}$$

$$\lim_{t \to \infty} h(t) = \lim_{p \to 0} p H\,(p) = \lim_{p \to 0} G(p). \tag{5.83}$$

Abkürzend kann geschrieben werden:

$$h_0 = G(\infty)$$

$$h_\infty = G(0).$$

Diese Beziehungen ermöglichen die Bestimmung der Anfangs- oder Endwerte von Übergangsfunktionen, in denen unbestimmte Ausdrücke auftreten.

■ *Übergangsfunktion des DT1-Gliedes*

$$T_1 \dot{x}_a + x_a = K_D \dot{x}_e$$

$$G(p) = \frac{K_D p}{1 + T_1 p}.$$

Daraus folgt als Anfangswert der Übergangsfunktion

$$h_0 = G(\infty) = \frac{K_D}{T_1}$$

und als Endwert

$$\boldsymbol{h_\infty} = G(0) = 0.$$

Die Übergangsfunktion ist im Bild 5.22 dargestellt.

Für $p = j\omega$ beschreiben die Grenzwertsätze Beziehungen zwischen der Ortskurve und der Übergangsfunktion (Bild 5.45).

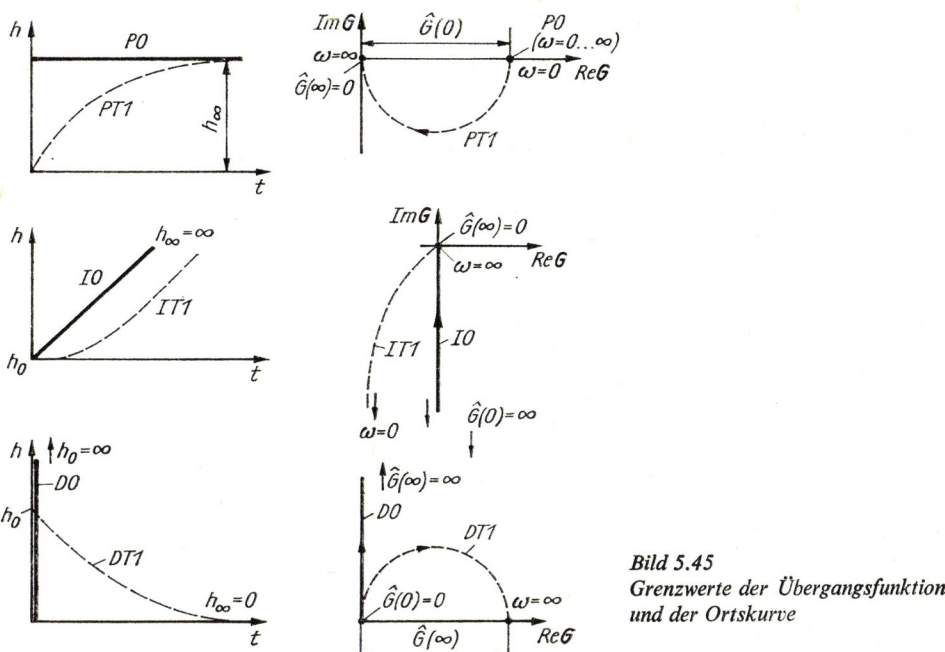

Bild 5.45
Grenzwerte der Übergangsfunktion und der Ortskurve

5.7. Zusammenschaltung von Übertragungsgliedern

Durch die Übertragungsfunktion kann das Verhalten eines Übertragungsglieds in gleicher Weise beschrieben werden wie mit Hilfe der Differentialgleichung. Die Übertragungsfunktion bildet jedoch wesentliche Vorteile bei der Berechnung von Zusammenschaltungen, da das Eliminieren von Zwischengrößen, das bei der Bildung einer gemeinsamen Differentialgleichung aus den Gleichungen der Einzelglieder erforderlich ist, im Bildbereich besonders einfach vorgenommen werden kann.

5.7.1. Reihenschaltung

Werden zwei Übertragungsglieder mit den Übertragungsfunktionen $G_1(p)$ und $G_2(p)$ hintereinandergeschaltet (Bild 5.46), so ergibt sich

$$X_e(p) = X_{e1}(p)$$
$$X_{a1}(p) = X_{e2}(p)$$
$$X_a(p) = X_{a2}(p).$$

Mit

$$X_{a1}(p) = G_1(p)\, X_{e1}(p)$$

$$X_{a2}(p) = G_2(p)\, X_{a1}(p)$$

folgt daraus

$$X_a(p) = G_1(p)\, G_2(p)\, X_e(p)\,.$$

Die Gesamtübertragungsfunktion lautet also

$$G(p) = G_1(p)\, G_2(p)\,. \tag{5.84}$$

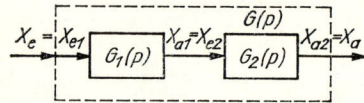

Bild 5.46
Reihenschaltung von Übertragungsgliedern

■ *Reihenschaltung zweier PT1-Glieder*

$$G_1(p) = \frac{K_1}{1 + T_{11}p}$$

$$G_2(p) = \frac{K_2}{1 + T_{12}p}$$

$$G(p) = G_1(p)\, G_2(p) = \frac{K_1 K_2}{(1 + T_{11}p)(1 + T_{12}p)}\,.$$

$$G(p) = \frac{K_1 K_2}{1 + (T_{11} + T_{12})\, p + T_{11}T_{12}p^2}$$

Es ergibt sich ein PT2-Glied mit den Kennwerten

$$K_P = K_1 K_2$$

$$T_1 = T_{11} + T_{12}$$

$$T_2^2 = T_{11}T_{12}$$

$$G(p) = \frac{K_p}{1 + T_1 p + T_2^2 p^2}\,.$$

Betrachten wir den Dämpfungsgrad D, so zeigt sich, daß durch die Wahl unterschiedlicher Werte für T_{11} und T_{12} nur Dämpfungsgrade $D \geqq 1$ gebildet werden können:

$$D = \frac{T_1}{2T_2} = \frac{T_{11} + T_{12}}{2\sqrt{T_{11}T_{12}}} = \frac{1}{2}\left[\sqrt{\frac{T_{11}}{T_{12}}} + \sqrt{\frac{T_{12}}{T_{11}}}\right]\,.$$

Für $T_{11} = T_{12}$ ist $D = 1$; für $T_{11} \neq T_{12}$ ist $D > 1$. Ein Schwingungsglied kann also durch diese Schaltung nicht gebildet werden.

■ *Reihenschaltung eines DT1-Gliedes, eines I0-Gliedes und eines Laufzeitglieds (Bild 5.47)*

$$G_1(p) = \frac{K_1 T_D p}{1 + T_1 p}$$

$$G_2(p) = \frac{K_2}{T_I p}$$

$$G_3(p) = K_3\, e^{-j\omega T_L}$$

$$G(p) = G_1(p)\, G_2(p)\, G_3(p) = \frac{K_1 K_2 K_3 T_D p\, e^{-j\omega T_L}}{T_I p\, (1 + T_1 p)}$$

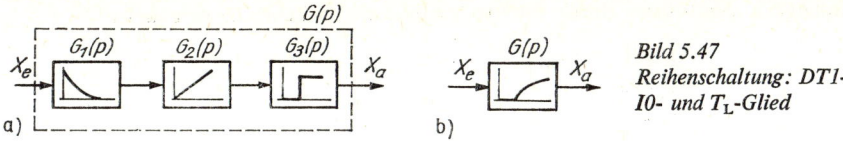

Bild 5.47
Reihenschaltung: DT1-,
IO- und T$_\mathrm{L}$-Glied

Mit

$$K_\mathrm{p} = K_1 K_2 K_3 \frac{T_\mathrm{D}}{T_\mathrm{I}}$$

ergibt sich ein PT1-Glied mit Laufzeit

$$G(p) = \frac{K_\mathrm{p}\, \mathrm{e}^{-\mathrm{j}\omega T_\mathrm{L}}}{1 + T_1 p}.$$

5.7.2. Parallelschaltung

Werden zwei Übertragungsglieder mit den Übertragungsfunktionen $G_1(p)$ und $G_2(p)$ parallelgeschaltet (Bild 5.48), so ist

$$X_\mathrm{e}(p) = X_\mathrm{e1}(p) = X_\mathrm{e2}(p)$$

$$X_\mathrm{a}(p) = X_\mathrm{a1}(p) + X_\mathrm{a2}(p).$$

Mit

$$X_\mathrm{a1}(p) = G_1(p)\, X_\mathrm{e1}(p)$$

$$X_\mathrm{a2}(p) = G_2(p)\, X_\mathrm{e2}(p)$$

folgt daraus

$$X_\mathrm{a}(p) = [G_1(p) + G_2(p)]\, X_\mathrm{e}(p).$$

Die Gesamtübertragungsfunktion lautet:

$$G(p) = G_1(p) \pm G_2(p). \tag{5.85}$$

Das Minuszeichen gilt für den Fall, daß das Signal $X_\mathrm{a2}(p)$ vom Signal $X_\mathrm{a1}(p)$ subtrahiert wird.

■ *Parallelschaltung eines P0- und eines IT1-Gliedes (Bild 5.49)*

$$G_1(p) = K_1$$

$$G_2(p) = \frac{K_2}{T_{\mathrm{I}2}\, p\, (1 + T_1 p)}$$

$$G(p) = G_1(p) + G_2(p) = K_1 + \frac{K_2}{T_{\mathrm{I}2}\, p\, (1 + T_1 p)}$$

$$G(p) = \frac{K_2 + K_1 T_{\mathrm{I}2}\, p + K_1 T_{\mathrm{I}2} T_1\, p}{T_{\mathrm{I}2}\, p\, (1 + T_1 p)}$$

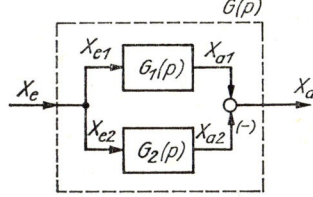

Bild 5.48
Parallelschaltung
von Übertragungsgliedern

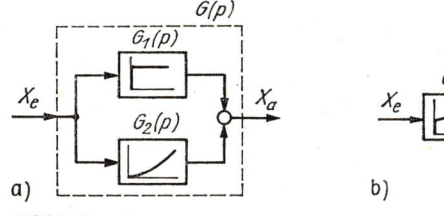

Bild 5.49
Parallelschaltung P0- und IT1-Glied

Hier ist es zweckmäßig, den I-Anteil einzeln mit den Summanden im Zähler zu verknüpfen:

$$G(p) = \frac{K_1 \left(1 + \dfrac{K_2}{K_1} \dfrac{1}{T_{12}p} + T_1 p\right)}{1 + T_1 p}.$$

Es ergibt sich ein PIDT1-Glied mit dem Übertragungsfaktor $K = K_1$

der Integralzeit $T_1 = T_{12} \dfrac{K_1}{K_2}$

· der Differentialzeit $T_\mathrm{D} = T_1$.

5.7.3. Kreisschaltung

Wird das Ausgangssignal aus einem Übertragungsglied 1 über ein Übertragungsglied 2 auf das Eingangssignal zurückgeführt, so entsteht eine *Rückführ-* oder *Kreisschaltung* (Bild 5.50). Das Übertragungsglied 1 hat die Übertragungsfunktion $G_1(p)$ und wird Vorwärtsglied genannt (oft wird es als Verstärker realisiert). Das Übertragungsglied 2 hat die Übertragungsfunktion $G_2(p)$ und wird Rückführglied oder Rückführung genannt. Das Rückführsignal $X_{a2}(p)$ wird (fast immer) vom Eingangssignal $X_e(p)$ subtrahiert.

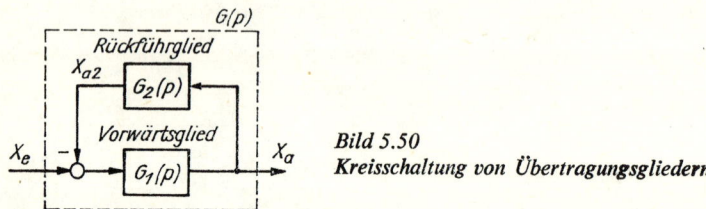

Bild 5.50
Kreisschaltung von Übertragungsgliedern

Wir sprechen von einer negativen Rückführung (manchmal auch Gegenkopplung genannt). Es gilt

$$G_1(p) = \frac{X_a(p)}{X_e(p) - X_{a2}(p)} = \frac{1}{\dfrac{X_e(p)}{X_a(p)} - \dfrac{X_{a2}(p)}{X_a(p)}}$$

$$G_2(p) = \frac{X_{a2}(p)}{X_a(p)}$$

$$G(p) = \frac{X_a(p)}{X_e(p)}.$$

Daraus folgt

$$G_1(p) = \frac{1}{\dfrac{1}{G(p)} - G_2(p)}$$

oder, nach $G(p)$ aufgelöst,

$$G(p) = \frac{1}{\dfrac{1}{G_1(p)} + G_2(p)} = \frac{G_1(p)}{1 + G_1(p)\, G_2(p)}. \tag{5.86}$$

Zu beachten ist, daß das Pluszeichen im Nenner sich bei negativer Aufschaltung des Rück-
führsignals ergibt. Auf die Behandlung des Ausnahmefalls einer positiven Rückführung
(manchmal auch Mitkopplung genannt) kann hier verzichtet werden.

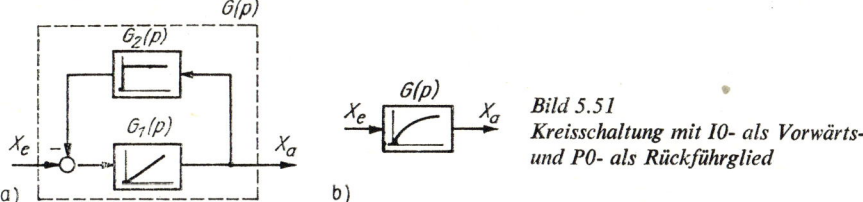

Bild 5.51
Kreisschaltung mit I0- als Vorwärts-
und P0- als Rückführglied

■ *I-Glied mit starrer Rückführung*

Das Ausgangssignal eines I-Gliedes wird über ein P0-Glied auf das Eingangssignal zurückgeführt
(Bild 5.51). Die P0-Rückführung wird auch starre Rückführung genannt.

$$G_1(p) = \frac{1}{T_1 p}$$

bei gleicher Dimension von Eingangs-
und Ausgangssignal ist $K_1 = 1$

$$G_2(p) = K_2$$

$$G(p) = \frac{1}{\dfrac{1}{G_1(p)} + G_2(p)}$$

$$= \frac{1}{T_1 p + K_2}.$$

Mit

$$K_p = \frac{1}{K_2}, \qquad T_1 = \frac{T_1}{K_2}$$

ergibt sich

$$G(p) = \frac{K_p}{1 + T_1 p}$$

(PT1-Verhalten).

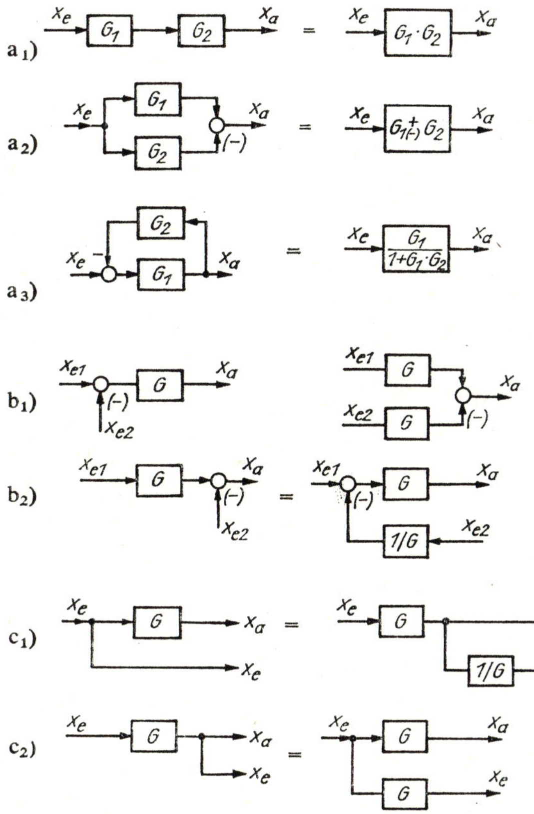

Bild 5.52
Umwandlung von Signalflußbildern

$a_1)$, $a_2)$, $a_3)$ Zusammenfassung von Gliedern
$b_1)$, $b_2)$ Verschiebung von Mischstellen
$c_1)$, $c_2)$ Verschiebung von Verzweigstellen

Eine besondere Bedeutung haben P-Verstärker mit sehr großem Übertragungsfaktor K_1
oder I-Verstärker mit sehr kleiner Integralzeit T_{I1} als Vorwärtsglieder in Kreisschaltungen. In diesen Fällen ist $G_1(p) \gg G_2(p)$, so daß $1/G_1(p) \ll G_2(p)$ und vernachlässigt
werden kann. In diesem Sonderfall, $G_1(p) \to \infty$, ist

$$G(p) \approx \frac{1}{G_2(p)}.$$

Im Zusammenhang mit der Verwendung von Rückführungen in Regeleinrichtungen (s. Abschn. 6.3.2.) werden weitere Beispiele von Kreisschaltungen behandelt.

Aus den Gleichungen für die Reihenschaltung, Parallelschaltung und Kreisschaltung können Regeln für die Umwandlung von Signalflußbildern (Verschiebung von Mischstellen, Verschiebung von Verzweigungsstellen, Verschiebung von Übertragungsgliedern) abgeleitet werden, von denen Bild 5.52 eine Auswahl enthält.

5.8.   Simulation des Übertragungsverhaltens

Bei der Untersuchung und Beurteilung des Verhaltens technischer Systeme interessiert der zeitliche Verlauf der Prozeßgrößen, der sich unter der Einwirkung äußerer Stör- und Stellgrößen ergibt. Da dieser Zusammenhang bereits im Entwurfsstadium einer Maschine oder Anlage bekannt sein muß, um Auslegung und konstruktive Gestaltung den Einsatzbedingungen anzupassen, muß das Übertragungsverhalten zunächst mit Hilfe der theoretischen Prozeßanalyse (s. Abschn. 7.) ermittelt werden. Den gesuchten Verlauf der Prozeßgrößen erhält man durch Lösung der beschreibenden Differentialgleichungen des Systems mit gegebenen Eingangsfunktionen. Der damit verbundene Arbeitsaufwand kann erheblich sein, insbesondere wenn die Struktur und die Parameter des Systems variiert werden müssen, um ein gewünschtes Verhalten zu erzielen. Aus diesem Grunde ist es vorteilhaft, die Untersuchung an einem Modell des gegebenen oder zu entwerfenden Systems durchzuführen, das das Übertragungsverhalten mit geeigneten Mitteln nachbildet. Man spricht hierbei von einer *Simulation* des Systemverhaltens. So kann z.B. ein Übertragungsglied mit PT1-Verhalten durch ein *RC*-Glied nachgebildet werden. Der Übertragungsfaktor und die Zeitkonstante dieser Schaltung werden durch die Auswahl der verwendeten Bauelemente (Widerstand, Kondensator) bestimmt. Wird jedes Übertragungsglied eines Systems durch ein elektrisches Element mit einem entsprechenden Übertragungsverhalten nachgebildet, so ergibt deren Zusammenschaltung ein analoges elektrisches Modell, das die gleichen dynamischen Eigenschaften wie das Original besitzt. Alle Prozeßgrößen werden hierbei durch *elektrische Spannungssignale* abgebildet.

Andererseits kann das Systemverhalten auch mit Hilfe von Programmbausteinen simuliert werden, die eine numerische Lösung der Differentialgleichung auf Digitalrechnern ermöglichen. Je nach den verwendeten Hilfsmitteln unterscheidet man eine

analoge Simulation

Berechnung bzw. Nachbildung des Verhaltens mit Hilfe analoger Bauelemente bzw. von Analogrechnern

digitale Simulation

Berechnung bzw. Nachbildung des Verhaltens mit Hilfe von Digitalrechnern

hybride Simulation als Kombination der beiden genannten Verfahren.

Im folgenden soll die Simulation mit Hilfe von *Analogrechnern* behandelt werden.
▶ Wichtigster Bestandteil des Analogrechners sind die *Operationsverstärker*, die – wenn sie mit Widerständen und Kondensatoren beschaltet sind – das Verhalten einfacher Übertragungsglieder (P0, PT1, I0) besitzen. Das nachzubildende System muß so weit zerlegt werden, daß es als Schaltung elementarer Übertragungsglieder 0. und 1. Ordnung aufgebaut werden kann. Das zugehörige mathematische Modell ist ein gekoppeltes System von Differentialgleichungen 1. Ordnung. Die Koppelbeziehungen kennzeichnen die Ver-

knüpfung der Übertragungsglieder. Jedes Übertragungsglied bzw. jede Differentialgleichung 1. Ordnung wird durch einen Rechenverstärker nachgebildet, deren Verschaltung entsprechend dem Informationsfluß im Signalflußbild vorgenommen wird. Als Eingangsfunktion wird eine konstante oder zeitlich veränderliche Spannung an den Eingang der Schaltung angelegt. Auch die Anfangsbedingungen können als konstante Spannungen auf dafür vorgesehene Eingangsbuchsen der Verstärker geschaltet werden. Alle interessierenden Prozeßgrößen können dann als Spannungssignale an den Ausgangsbuchsen der einzelnen Rechenverstärker abgegriffen werden. Hierbei ist zu beachten, daß die Signale immer innerhalb des Arbeitsbereichs der Verstärker (z.B. $-10 \ldots +10$ V) liegen müssen.

▶ Der unbeschaltete Operationsverstärker ist ein Gleichspannungsverstärker mit proportionalem Verhalten und sehr hohem Eingangswiderstand. Beim Auslegen einer positiven Spannung wird am Ausgang eine negative Spannung $u_a = -K_0 u_e$ abgegeben, wobei die Spannungsverstärkung sehr groß ist ($K_0 = 10^5 \ldots 10^8$).

▶ Bei einer Beschaltung mit einem Vorwiderstand und einem Rückführwiderstand (Bild 5.53a) ergibt sich mit $i_0 = 0$

$$\frac{u_e - u_0}{R_V} = \frac{u_0 - u_a}{R_r}$$

und mit

$$u_0 = -\frac{u_a}{K_0} \approx 0$$

$$u_a = -\frac{R_r}{R_V} u_e = -K u_e.$$

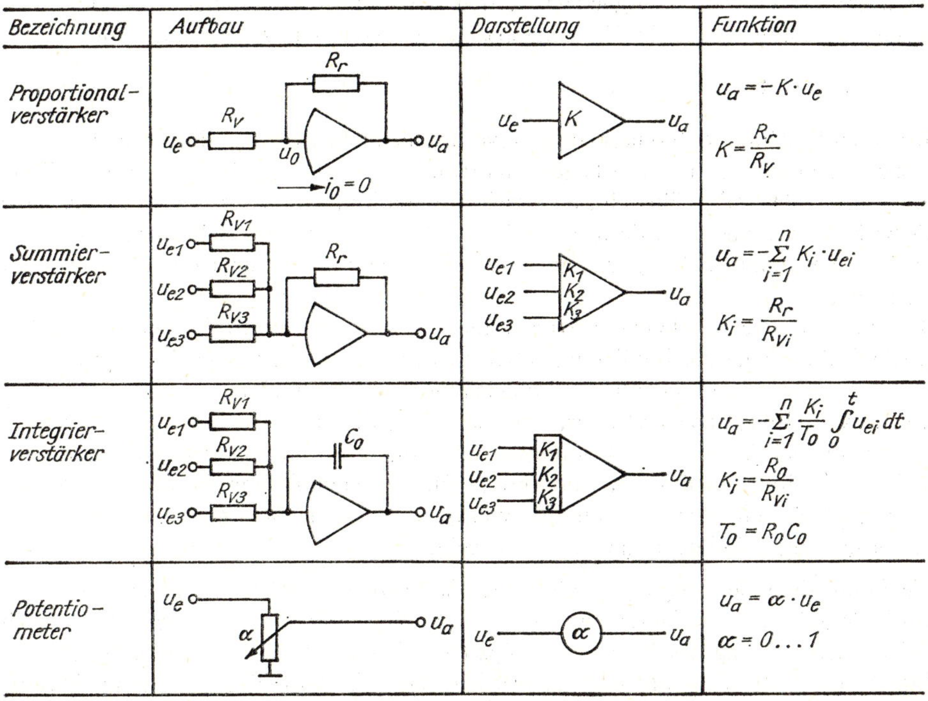

Bezeichnung	Aufbau	Darstellung	Funktion
Proportionalverstärker			$u_a = -K \cdot u_e$ $K = \dfrac{R_r}{R_V}$
Summierverstärker			$u_a = -\sum\limits_{i=1}^{n} K_i \cdot u_{ei}$ $K_i = \dfrac{R_r}{R_{Vi}}$
Integrierverstärker			$u_a = -\sum\limits_{i=1}^{n} \dfrac{K_i}{T_0} \int\limits_0^t u_{ei}\, dt$ $K_i = \dfrac{R_0}{R_{Vi}}$ $T_0 = R_0 C_0$
Potentiometer			$u_a = \alpha \cdot u_e$ $\alpha = 0 \ldots 1$

Bild 5.53

Der Übertragungsfaktor des *Proportionalverstärkers* kann also durch Wahl der Widerstände R_r und R_V bestimmt werden. Hierfür werden meist Festwiderstände (z. B. $R = 1$; 5; 10; 20; 50 kΩ) verwendet. Für $R_r = R_V$ ($K = 1$) wird der Verstärker als *Umkehrverstärker* oder Inverter bezeichnet.

▶ Werden mehrere Vorwiderstände benutzt, so können Signale am Eingang des Verstärkers addiert werden. Man bezeichnet ihn in diesem Fall als *Summierverstärker* (Bild 5.53 b).

$$u_a = - \sum_{i=1}^{n} K_i u_{ei}; \qquad K_i = \frac{R_r}{R_{Vi}}.$$

▶ Mit einem Kondensator C_0 im Rückführzweig (Bild 5.53 c) ergibt sich

$$\frac{u_e - u_0}{R_V} = C_0 \frac{\mathrm{d}\,(u_0 - u_a)}{\mathrm{d}t}$$

und mit $u_0 \approx 0$

$$u_a = - \frac{1}{R_V C_0} \int_0^t u_e \, \mathrm{d}t - u_a(o).$$

In dieser Schaltung wird der Verstärker als *Integrierverstärker* oder Integrator bezeichnet (Bild 5.53 c). Die Integrierzeit $T_0 = R_V C_0$ wird meist $T_0 = 1$ s gewählt (z. B. $R_V = 200$ kΩ, $C_0 = 5$ μF).

▶ Durch die Festwiderstände können nur wenige feste Werte als Übertragungsfaktoren gewählt werden. Man spricht hierbei von einer Bewertung der Eingänge der Verstärker (z. B. $K_i = 0{,}1$; 1; 10). Zur Einstellung der Koeffizienten der Differentialgleichungen (Kennwerte der Übertragungsglieder) werden *Potentiometer* verwendet, mit denen die Ausgangsspannung als Teil der Eingangsspannung abgegriffen werden kann (Bild 5.53 d).

$$u_a = \alpha u_e; \qquad \alpha = 0 \ldots 1$$

Dabei ist zu beachten, daß das Spannungsverhältnis nicht nur vom eingestellten Widerstandswert, sondern auch vom belastenden Strom abhängt. Deshalb wird die Einstellung der Potentiometer mit Hilfe eines Präzisionspotentiometers vorgenommen, das eine Skale besitzt, an der der erforderliche Widerstand sehr genau eingestellt werden kann. In einer Kompensationsschaltung wird das einzustellende Potentiometer dann diesem Wert angeglichen.

▶ Die genannten Rechenelemente reichen aus, um beliebige lineare Systeme nachzubilden. Die Ordnung des zu simulierenden Systems wird dabei durch die Zahl der vorhandenen Rechenverstärker begrenzt. Handelsübliche Analogrechner besitzen meist 40, größere bis zu 80 Rechenverstärker. Darüber hinaus haben viele Analogrechner auch Elemente für nichtlineare Verknüpfungen von Eingangs- und Ausgangsgrößen (Multiplikation, Division, Quadrieren, Radizieren), für die Nachbildung nichtlinearer Kennlinien sowie Relaisglieder zur Simulation von Begrenzungen, toter Zone, Hysterese oder die Umschaltung auf einen anderen Signalzweig.

▶ Die interessierende Ausgangsgröße wird als *Spannungsverlauf* entweder auf einem Koordinatenschreiber aufgezeichnet oder auf einem Sichtgerät angezeigt. Durch ständige Wiederholung des Rechenvorgangs (repetierende Arbeitsweise) kann auf dem Sichtgerät ein stehendes Bild erzeugt werden, das sehr vorteilhaft ist, wenn Auswirkungen von Parameteränderungen untersucht werden sollen.

■ Die Nachbildung eines PT1-Gliedes mit Hilfe eines Integrierverstärkers wird in Bild 5.54 gezeigt. Die Gleichung des PT1-Gliedes ist

$$10\dot{x}_a + x_a = 5x_e.$$

Wird die Gleichung nach $\dot{x}_a$ aufgelöst, so erkennt man die erforderliche Beschaltung des Integrierverstärkers, dessen Integrierzeit $T_I = 1$ s gewählt wird.

$$\dot{x}_a = \tfrac{5}{10}x_e - \tfrac{1}{10}x_a$$

Die Eingangsfunktion x_e muß über ein auf den Wert $\alpha = 0,5$ eingestelltes Koeffizientenpotentiometer auf eine Eingangsbuchse des Verstärkers geschaltet werden. Die Ausgangsgröße x_a wird entweder über ein Koeffizientenpotentiometer mit $\alpha = 0,1$ mit dem Eingang verbunden, oder es wird ein mit 0,1 bewerteter Eingang benutzt. Durch die Vorzeichenumkehr des Verstärkers wird bereits das negative Vorzeichen von x_a berücksichtigt. Da mit dieser Schaltung am Eingang des Verstärkers die Funktion $\dot{x}_a$ realisiert wird, ist die Ausgangsgröße $-x_a$.

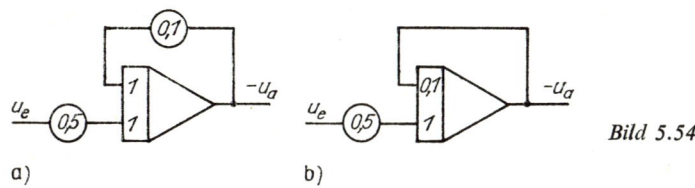

a)   b)   *Bild 5.54*

Zur Anpassung an den Arbeitsbereich und die Integriergeschwindigkeit der Verstärker ist in vielen Fällen eine Amplituden- und Zeittransformation notwendig. Die Amplitudentransformation wird vorgenommen, indem alle Eingangs- und Ausgangsgrößen auf ihren Maximalwert bezogen werden. Dieser muß, wenn noch keine Vergleichsrechnung durchgeführt wurde, zunächst abgeschätzt werden. Zur Zeittransformation wird eine „Maschinenzeit" $\tau = \lambda t$ eingeführt, wobei $\lambda > 1$ eine Zeitdehnung und $\lambda < 1$ eine Zeitraffung des zu untersuchenden Vorgangs bedeutet.

■ Als Beispiel soll die Simulation eines PT2-Gliedes ($K_p = 25$; $T_1 = 0,05$ s; $T_2^2 = 0,0025\,\text{s}^2$) betrachtet werden.

$$T_2^2\ddot{x}_a + T_1\dot{x}_a + x_a = K_p x_e$$

Mit $\tau = \lambda t$ können die Ableitungen nach τ gebildet werden.

$$\dot{x}_a = \frac{\mathrm{d}x_a}{\mathrm{d}t} = \lambda\frac{\mathrm{d}x_a}{\mathrm{d}\tau} = \lambda x_a'$$

$$\ddot{x}_a = \frac{\mathrm{d}^2 x_a}{\mathrm{d}t^2} = \lambda^2\frac{\mathrm{d}^2 x_a}{\mathrm{d}\tau^2} = \lambda^2 x_a''$$

Mit

$$\bar{x}_a = \frac{x_a}{x_{a\,\max}}; \qquad \bar{x}_e = \frac{x_e}{x_{e\,\max}}$$

ergibt sich durch Erweiterung der Gleichung mit $x_{e\max}/x_{a\max}$

$$T_2^{*2}\bar{x}_a'' + T_1^*\bar{x}_a' + \bar{x}_a = \bar{K}_p\bar{x}_e.$$

Hierbei bedeuten

$$\bar{K}_p = K_p\,\frac{x_{e\max}}{x_{a\max}}, \qquad T_1^* = \lambda T_1, \qquad T_2^{*2} = \lambda^2 T_2^2.$$

Wird $\lambda = 40$ und $x_{e\max}/x_{a\max} = \tfrac{1}{10}$ gewählt, so folgt mit den gegebenen Zahlenwerten

$$4\bar{x}_a'' + 2\bar{x}_a' + \bar{x}_a = 2,5\bar{x}_e.$$

Diese Gleichung wird nach $\bar{x}_a''$ aufgelöst

$$\bar{x}_a'' = 0{,}625\bar{x}_e - 0{,}5\bar{x}_a' - 0{,}25\bar{x}_a.$$

Mit zwei Integrationsverstärkern kann diese Schaltung realisiert werden. Der erste Verstärker integriert $\bar{x}_a''$ zu $-\bar{x}_a'$; am Ausgang des zweiten Verstärkers erhält man $\bar{x}_a$. Zur Berücksichtigung des negativen

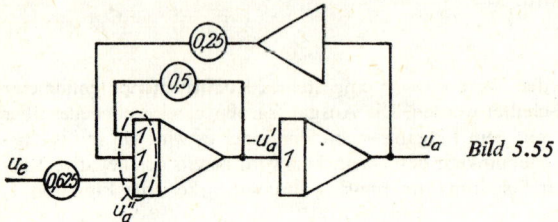

Bild 5.55

Vorzeichens von $\bar{x}_a$ in der Gleichung muß ein Umkehrverstärker in den Rückführzweig geschaltet werden. Den Koppelplan der Rechenverstärker zeigt Bild 5.55. Die Ausgangsfunktion $\bar{x}_a(\tau)$ zeigt den Zeitverlauf der Ausgangsgröße in einer 40fachen Zeitdehnung.

6.   Regelalgorithmen und Regeleinrichtungen

6.1.   Aufgaben einer Regeleinrichtung

Die Grundfunktionen der Automatisierungsmittel und die Struktur von Automatisierungslösungen wurden im Abschnitt 3., Bild 3.2, vorgestellt. Eine geschlossene Steuerung wird als *Regelung* bezeichnet, wenn die Rückführung so ausgeführt ist, daß die Werte der gesteuerten Größen fortlaufend mit den Werten der zugeordneten Führungsgrößen verglichen werden, um trotz einwirkender Störgrößen die Werte der gesteuerten Größen denen der Führungsgrößen anzugleichen. Obwohl i. allg. mehrere Geräte und Baugruppen benötigt werden, um die für eine Regelung notwendige Information zu gewinnen, zu übertragen, zu verarbeiten und zu nutzen, wollen wir alle Funktionseinheiten, die nötig sind, um eine Regelung zu realisieren, zusammengefaßt als Regeleinrichtung oder Regler bezeichnen.

▶ Die *Regeleinrichtung* hat folgende Aufgaben (s. auch Bild 3.2 a) [22]:

– Messen der Regelgröße (Messen)
– Vergleich der Regelgröße mit der Führungsgröße, Bildung einer Regelabweichung (Vergleichen)
– Verarbeitung der Regelabweichung, Bildung einer Ausgangsgröße nach einem bestimmten Algorithmus (Rechnen)
– Verstärkung der Ausgangsgröße, falls die übertragene Energie für die Betätigung des Stellglieds nicht ausreicht (Verstärken)
– Betätigung des Stellglieds (Stellen)
– Anzeige der Regelgröße, Führungsgröße und Stellgröße, Eingabe von Sollwerten und Führungsgrößen (Anzeigen und Bedienen).

▶ Das *Meßglied* (Meßgeber, Fühler, Sensor) wandelt die Prozeßgröße in ein Signal, das übertragen und verarbeitet werden kann.

▶ Zur Bildung der *Regelabweichung* müssen sowohl die Regelgröße als auch die Führungsgröße in eine für die Übertragung und Verarbeitung geeignete physikalische Größe umgewandelt werden. Die Führungsgröße wird entweder in Abhängigkeit von Prozeßgrößen gebildet *(Führungsregelung)* oder muß als Sollwert *(Festwertregelung)* oder Werteverlauf *(Zeitplanregelung)* eingegeben werden. Hierfür ist ein Führungsgrößengeber erforderlich, der diesen Wert oder dessen Verlauf speichert und bereitstellt (z. B. Einstellpotentiometer, digitale Speicher).

▶ Das gewünschte *Übertragungsverhalten* des Reglers kann auf unterschiedliche Weise realisiert werden. Oft werden *analoge Rückführschaltungen* verwendet, bei denen die Rückführung das Verhalten der Regeleinrichtung bestimmt. Eine andere Möglichkeit ist die Anwendung *digitaler Recheneinrichtungen*, die ohne Rückführung arbeiten. Für die Eingabe der Sollwerte und der Kennwerte der Regeleinrichtung (Übertragungsfaktor, Zeitkennwerte), die zur Anpassung an eine gegebene Regelstrecke und zur Optimierung des Regelvorgangs zweckmäßig zu wählen sind (s. Abschn. 8.1.4), müssen Einstellmöglichkeiten am Regler oder am Leitgerät (Bild 6.1 b) vorhanden sein.

▶ Je nachdem, ob eine Verstärkung z. B. zur Betätigung der Stelleinrichtung erforderlich ist, wird unterschieden zwischen

– Reglern ohne Hilfsenergie
– Reglern mit Hilfsenergie (elektrisch, pneumatisch, hydraulisch).

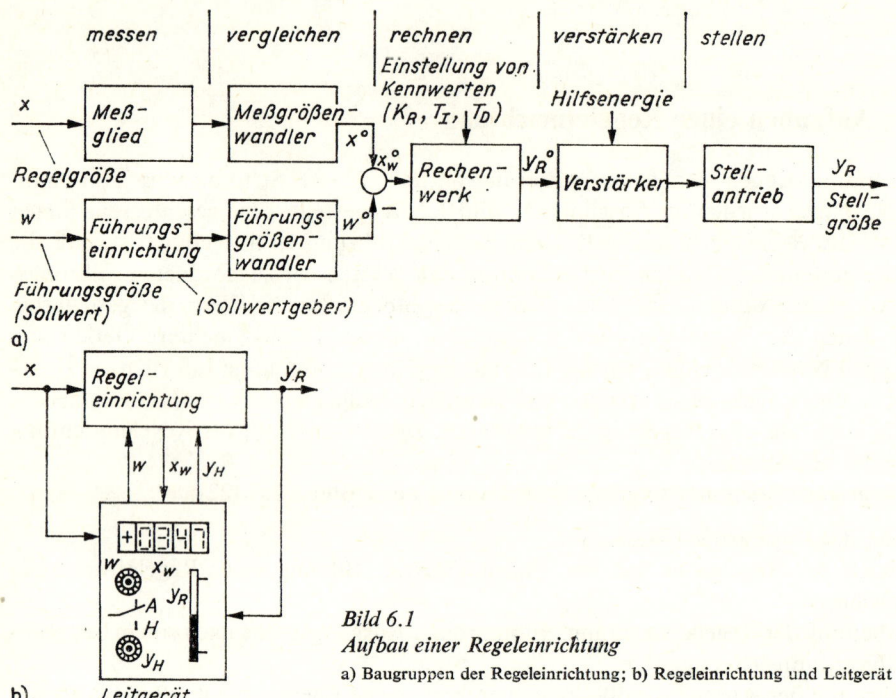

Bild 6.1
Aufbau einer Regeleinrichtung
a) Baugruppen der Regeleinrichtung; b) Regeleinrichtung und Leitgerät

Stellantrieb und Stellglied bilden meist eine gerätetechnische Einheit, die *Stelleinrichtung*. Zur Abgrenzung der Regeleinrichtung von der Regelstrecke soll das Stellglied zur Regelstrecke, der Stellantrieb dagegen zur Regeleinrichtung gerechnet werden. Die Ausgangsgröße des Stellantriebs und damit auch die der Regeleinrichtung ist die Stellgröße y_R.
▶ Die Baugruppen der Regeleinrichtung sind im Bild 6.1 dargestellt. Häufig sind jedoch die einzelnen Funktionen gerätetechnisch nicht voneinander zu trennen, sondern werden zusammen in einer Baueinheit realisiert. Ein Verstärker mit Rückführung kann z. B. gleichzeitig die Aufgaben Rechnen, Verstärken und Stellen übernehmen. Bei Regeleinrichtungen ohne Hilfsenergie wird die Bildung der Stellgröße aus der Regelabweichung oft mit sehr einfachen Mitteln, z. B. durch einen Hebel, ein Federelement (Membran, Wellrohr), einen Bimetallstreifen o. ä., realisiert.

6.2.   Übertragungsverhalten von Regeleinrichtungen

Aufgabe des Reglers ist es, wie im vorigen Abschnitt dargelegt wurde, bei Abweichungen der Regelgröße von der Führungsgröße die Stellgröße so zu verändern, daß die Regelgröße in kurzer Zeit wieder der Führungsgröße angeglichen wird. Die Stellgröße wird aus der Regelabweichung gebildet. Durch Aufschaltung weiterer Eingangsgrößen auf den Regler, z. B. von Störgrößen oder Hilfsregelgrößen (s. Abschn. 8.2.), läßt sich das Verhalten eines Regelkreises weiter verbessern. Hier soll nur der informationsverarbeitende

Teil der Regeleinrichtung, das *Rechenwerk*, betrachtet werden. Die (meist unerwünschten) Zeitverzögerungen der Meßeinrichtung und der Stelleinrichtung werden entsprechend Bild 6.2 getrennt dargestellt. Die Einflüsse von Nichtlinearitäten (s. Abschn. 9.), wie Hysterese, tote Zone (Unempfindlichkeit, Reibung, Spiel), Begrenzung (Sättigung, Anschläge, begrenzte Stellgeschwindigkeiten), und gekrümmte Kennlinien sollen hier unberücksichtigt bleiben. Es muß also zwischen den Eingangs- und Ausgangsgrößen x, w und y_R der Regeleinrichtung sowie den Eingangs- und Ausgangsgrößen x_w^0 und y_R^0 des Rechenwerks unterschieden werden (Bild 6.2). Auf die besondere Kennzeichnung dieser Größen kann im folgenden verzichtet werden; wenn wir das Verhalten der Regeleinrichtung in idealisierter Form betrachten, d.h. Zeitverzögerungen und Nichtlinearitäten vernachlässigen, dann gilt

$$G_R(p) = G_R^0(p).$$

▶ Für die Bildung der Stellgröße aus der Regelabweichung haben sich folgende Regelalgorithmen bewährt:

P-Verhalten $y_R = K_R x_w$

I-Verhalten $T_I \dot{y}_R = K_R x_w$

PI-Verhalten $y_R = K_R \left(x_w + \dfrac{1}{T_I} \displaystyle\int_0^t x_w \, dt \right)$

PD-Verhalten $y_R = K_R (x_w + T_D \dot{x}_w)$

PID-Verhalten $y_R = K_R \left(x_w + \dfrac{1}{T_I} \displaystyle\int_0^t x_w \, dt + T_D \dot{x}_w \right).$

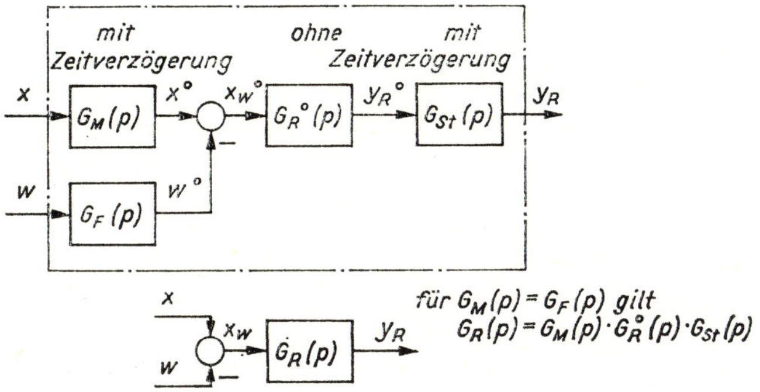

Bild 6.2
Signalflußbild
einer Regeleinrichtung
a) Übertragungsglieder
b) zusammenfassende Darstellung

Die zugehörigen Übergangsfunktionen, Ortskurven und Frequenzkennlinien enthält Bild 6.3.

6.2.1. P-Verhalten

Die Stellgrößenänderung ist der Regelabweichung proportional:

$$y_R = K_R x_w. \tag{6.1}$$

Der Übertragungsfaktor ist bei sehr einfachen Reglern nicht veränderbar, meist jedoch einstellbar. Der P-Regler reagiert, wenn Zeitverzögerungen vernachlässigt werden können, unmittelbar auf eine Änderung der Eingangsgrößen; er wirkt dadurch schnell auf die Strecke. Die Realisierung dieses Regelalgorithmus ist einfach und ermöglicht eine kostengünstige Lösung der Automatisierungsaufgabe. Aus diesem Grunde hat der weitaus größte Teil der in der Praxis eingesetzten Regler P-Verhalten.

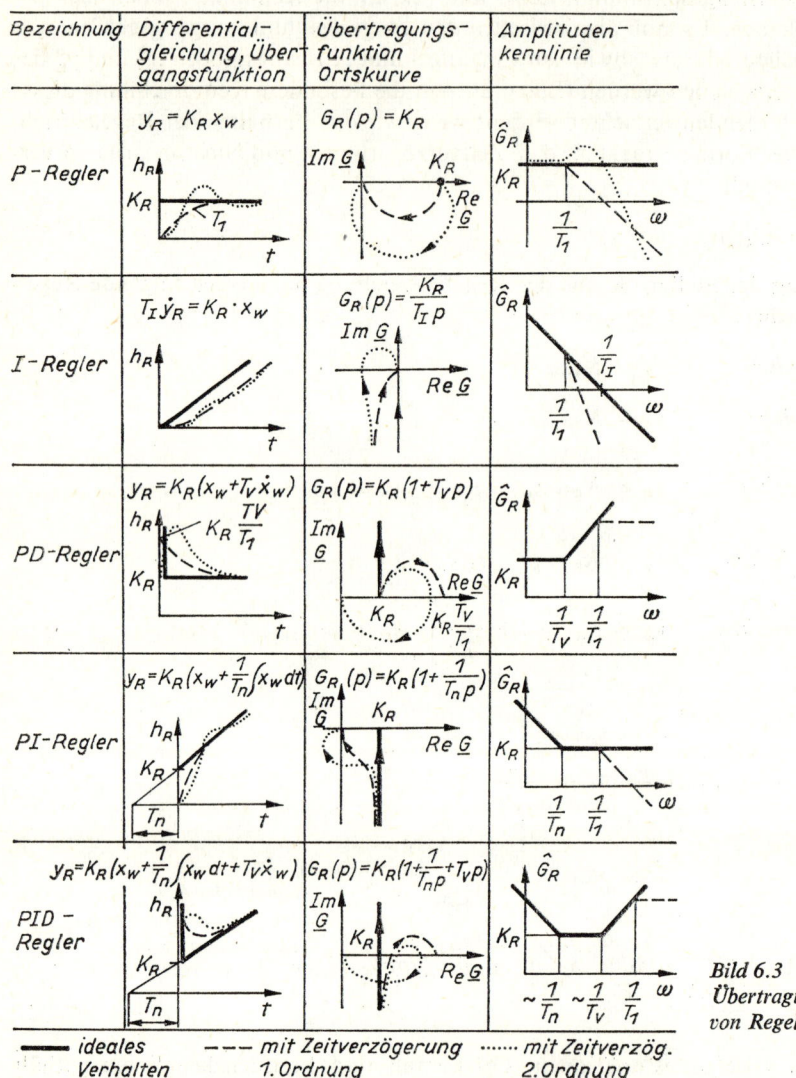

Bild 6.3
Übertragungsverhalten von Regeleinrichtungen

Da der Regler zur Beseitigung der Auswirkung der auf die Regelstrecke wirkenden Störgrößen immer eine entsprechende Stellgröße ausgeben muß, benötigt er als Eingangsgröße stets eine der Stellgröße proportionale Regelabweichung. Diese bleibt, wenn die Störgröße und die Stellgröße von ihren Ausgangswerten abweichen, auch im Beharrungszustand erhalten und wird *bleibende Regelabweichung* genannt. Der P-Regler kann also eine Regelabweichung nicht völlig ausregeln. Das ist in vielen Fällen auch gar nicht nötig, wenn dadurch z.B. die Sicherheit einer Anlage oder die Qualität eines Produkts nicht beeinflußt werden.

Der Wert der bleibenden Regelabweichung hängt von der erforderlichen Stellgröße im Beharrungszustand $y_{R\infty}$ und dem eingestellten Übertragungsfaktor K_R ab.

$$x_{w\infty} = \frac{y_{R\infty}}{K_R}$$

Daraus folgt, daß hinsichtlich des statischen Verhaltens des Regelkreises ein möglichst großes K_R günstig ist. Es muß jedoch beachtet werden, daß damit das dynamische Verhalten des Regelkreises ungünstig beeinflußt werden könnte und die Gefahr besteht, daß der Regelkreis instabil wird (s. Abschn. 8.1.3.). Zur Beurteilung der Wirkung des Reglers wird der *Regelfaktor* als Kenngröße benutzt. Er gibt an, wie die Regelabweichung durch den Regler im Vergleich zur ungeregelten Strecke verkleinert wird.

$$R = \frac{x_{w\,\text{mit Regler}}}{x_{w\,\text{ohne Regler}}} \tag{6.2}$$

Der *statische Regelfaktor* R_∞ kann aus den Übertragungsfaktoren des P-Reglers und der P-Strecke berechnet werden. Es gilt:
Regelabweichung mit Regler (bei $w = 0$, d.h. $x = x_w$)

$$x_{\text{m.R.}\infty} = K_S z_\infty - K_S y_{R\infty} = K_S z_\infty - K_S K_R x_\infty,$$

also

$$x_{\text{m.R.}\infty} = \frac{K_S}{1 + K_R K_S}\, z_\infty$$

Regelabweichung ohne Regler (P-Strecke)

$$x_{\text{o.R.}\infty} = K_S z_\infty.$$

Damit wird der statische Regelfaktor

$$R_\infty = \frac{1}{1 + K_R K_S} = \frac{1}{1 + K_0}. \tag{6.3}$$

$K_0 = K_R K_S$ ist die Kreisverstärkung des Regelkreises.
Bei einer Kreisverstärkung von $K_0 = 9$ beträgt die Regelabweichung $R_\infty = 0{,}10$, d.h. 10 %, bei $K_0 = 99$ nur noch $R_\infty = 0{,}01$, d.h. 1 % der Regelgrößenänderung ohne Regler.

P-Regler

Vorteil: einfach, schnell, billig
Nachteil: bleibende Regelabweichung
Einstellparameter: K_R.

6.2.2. I-Verhalten

Die Geschwindigkeit der Stellgrößenänderung ist proportional der Regelabweichung:

$$\dot{y}_R = \frac{K_R}{T_I}\, x_w. \tag{6.4}$$

Der Übertragungsfaktor K_R bestimmt auch hier den Einfluß von x_w auf y_R und kennzeichnet die Signalwandlung entsprechend

$$K_R = \frac{[y_R]}{[x_w]}.$$

Die *Integralzeit* T_I ist nur bei sehr einfachen Reglern nicht veränderbar, sonst jedoch einstellbar. Je kleiner T_I ist, um so schneller ändert sich die Stellgröße in Abhängigkeit von der Regelabweichung. I-Regler sind nur bei P-Strecken ohne oder mit geringer Zeitverzögerung (abhängig von T_I) einsetzbar. An I-Strecken kann der I-Regler nicht eingesetzt werden; der *Regelkreis wird stets instabil* (Strukturinstabilität – s. Abschn. 8.1.3.1.). Der Beharrungszustand, d.h. eine konstante Stellgröße $y_{R\infty} = $ konst. bzw. $\dot{y}_R = 0$, kann sich in einem stabilen Regelkreis nur einstellen, wenn die Regelabweichung $x_{w\infty} = 0$ ist. Der Vorteil bei der Verwendung eines I-Reglers besteht also in dem günstigen statischen Verhalten des Regelkreises. Ist die Stabilität des Regelkreises gewährleistet, so ist unabhängig vom Wert der Stellgröße im Beharrungszustand

$$x_\infty = w_\infty.$$

Es tritt keine bleibende Regelabweichung auf: $x_{w\infty} = 0$.

I-Regler

Vorteil: genau, keine bleibende Regelabweichung
Nachteil: langsam, höherer Aufwand
Einstellparameter: T_I.

6.2.3. PI-Verhalten

Wegen der aus Stabilitätsgründen nur geringen Anwendungsmöglichkeit des I-Reglers ist es vorteilhaft, das P-Verhalten und das I-Verhalten zu kombinieren:

$$y_R = K_R \left(x_w + \frac{1}{T_n} \int_0^t x_w \, dt \right). \tag{6.5}$$

Der P-Anteil gewährleistet eine unmittelbare Reaktion des Reglers auf eine Regelabweichung, macht ihn schnell und stabilisiert damit das Verhalten des Regelkreises. Durch den I-Anteil wird dann mit einer durch die Integralzeit T_I einstellbaren Geschwindigkeit die bleibende Regelabweichung abgebaut, so daß im Beharrungszustand $x_{w\infty} = 0$ ist. Die Integralzeit T_I eines PI-Reglers wird auch *Nachstellzeit* T_n genannt. Die Einstellwerte sind der Übertragungsfaktor K_R des P-Anteils und die Nachstellzeit (Integralzeit) T_n des I-Anteils. Gegenüber dem P-Regler erfordert die Einstellung des Beharrungszustands eine längere Zeit, wodurch die Stabilität des Regelkreises herabgesetzt wird. Aus diesem Grunde darf der Übertragungsfaktor K_R nicht zu groß und die Nachstellzeit T_n nicht zu klein gewählt werden (s. Abschn. 8.1.4.).

PI-Regler

Vorteile: Vorteile des P-Reglers und des I-Reglers werden genutzt
Nachteil: höherer Aufwand
Einstellparameter: K_R, T_n.

6.2.4. PD-Verhalten

In manchen Fällen ist es vorteilhaft, bereits beim Entstehen der Regelabweichung mit einer Stellgrößenänderung zu reagieren. Das ist durch einen D-Anteil im Regler möglich, der zusätzlich eine Stellgrößenänderung erzeugt, die von der Richtung und Änderungsgeschwindigkeit der Regelabweichung bestimmt wird.

$$y_{\mathrm{R}} = K_{\mathrm{R}} \left(x_w + T_{\mathrm{v}} \dot{x}_w \right) \tag{6.6}$$

Der Regler reagiert damit früher auf Abweichungen der Regelgröße und kann diese schneller abbauen. Die Eigenschaft, Tendenzen und sich abzeichnende Entwicklungen bei einer Entscheidung zu berücksichtigen, wird als Vorhalt bezeichnet; deshalb wird der PD-Regler auch *Regler mit Vorhalt* genannt. Einstellparameter des PD-Reglers sind der Übertragungsfaktor K_{R} und die Differentialzeit T_{D}, die auch *Vorhaltzeit* T_{v} genannt wird. Bei Verwendung eines D-Anteils ist jedoch Vorsicht geboten. Störsignale, die der Regelgröße überlagert sein können (Rauschsignale, Vibrationen), werden durch die differenzierende Wirkung des D-Anteils verstärkt (aufgerauht) und führen u. U. zu kräftigen Änderungen der Stellgröße. Die Vorhaltzeit (Differentialzeit) T_{v} muß deshalb dem Charakter der Eingangsgröße angepaßt werden. Bei richtiger Anwendung hat der D-Anteil eine stabilisierende Wirkung; Übergangsvorgänge klingen schneller ab. Im Beharrungszustand ist der D-Anteil ohne Einfluß. Der PD-Regler hat also das gleiche statische Verhalten wie der P-Regler.

PD-Regler

Vorteil: in bestimmten Fällen schnelleres Erreichen des Beharrungszustands
Nachteil: nur selten anwendbar
Einstellparameter: K_{R}, T_{v}.

6.2.5. PID-Verhalten

Eine Kombination von proportionaler, integrierender und differenzierender Wirkung ergibt den PID-Algorithmus:

$$y_{\mathrm{R}} = K_{\mathrm{R}} \left(x_w + \frac{1}{T_n} \int_0^t x_w \, \mathrm{d}t + T_{\mathrm{v}} \dot{x}_w \right). \tag{6.7}$$

Dieser Regler zeichnet sich sowohl durch ein gutes statisches Verhalten (keine bleibende Regelabweichung) als auch durch gute Anpaßbarkeit an die dynamischen Forderungen der Regelstrecke aus. Durch drei Einstellparameter ist er geeignet, auch komplizierte Anforderungen zu erfüllen.

PID-Regler

Vorteil: keine bleibende Regelabweichung, vielseitig einsetzbar
Nachteil: höherer Aufwand
Einstellparameter: K_{R}, T_n, T_{v}.

6.3. Aufbau stetiger Regler

6.3.1. Regler ohne Hilfsenergie

Die Grundaufgaben des Reglers – Messen, Vergleichen, Rechnen und Stellen – können oft mit sehr einfachen gerätetechnischen Mitteln erfüllt werden. Das ist der Fall, wenn die Energie, die zum Verstellen des Stellglieds erforderlich ist, durch das Meßglied selbst aufgebracht werden kann. Eine Leistungsverstärkung ist dann nicht notwendig. Die durch den Regler benötigte Energie wird unmittelbar dem Prozeß entzogen. Das Meßglied und die Übertragungseinrichtungen zum Stellglied bilden zusammen einen *Regler ohne Hilfsenergie* [8]. Bestimmte Meßglieder (s. Abschn. 2.5.) ermöglichen deshalb auch einen einfachen Aufbau von Regeleinrichtungen ohne Hilfsenergie. Beispiele zeigt Bild 6.4. Die Einstellung des Sollwerts w und die Bildung der Regelabweichung $x_w = x - w$ können meist direkt am Meßglied oder am Übertragungsgestänge vorgenommen werden. Die Informationsverarbeitung beschränkt sich bei stetigen Reglern meist auf eine proportionale Zuordnung der Stellgröße zur Regelabweichung (P-Algorithmus). Auf unstetige Regler wird im Abschnitt 9. eingegangen.

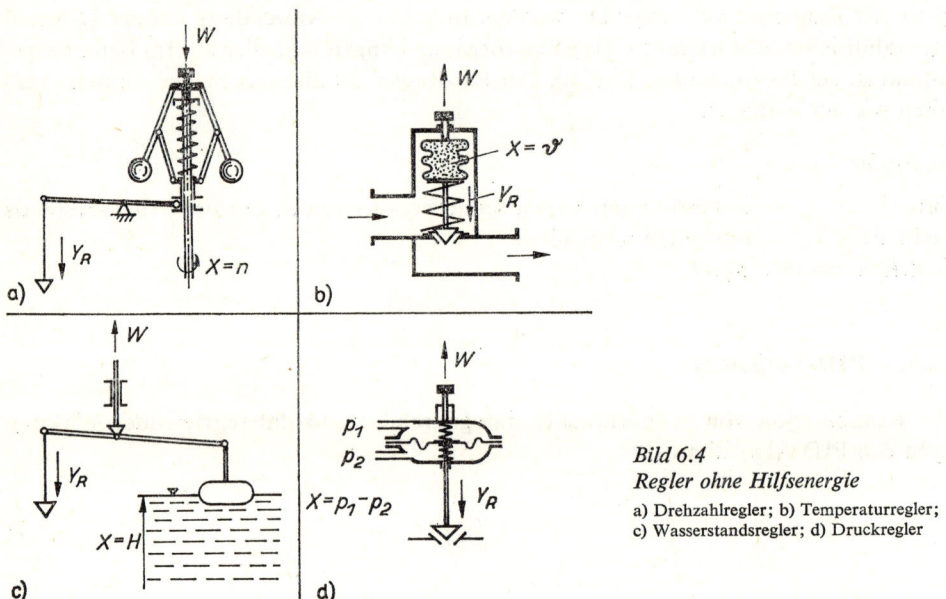

Bild 6.4
Regler ohne Hilfsenergie
a) Drehzahlregler; b) Temperaturregler;
c) Wasserstandsregler; d) Druckregler

6.3.2. Verstärker und Rückführungen

Mit der Zunahme der Leistungsgröße und Komplexität von Maschinen und Anlagen wachsen auch die Anforderungen an die Regeleinrichtungen. Insbesondere werden die Toleranzen kleiner, innerhalb derer die Prozeßgrößen einzuhalten sind, müssen vorgegebene dynamische Eigenschaften der geregelten Anlage realisiert werden und sind hohe Zuverlässigkeit und Lebensdauer auch bei komplizierten technologischen Bedingungen zu sichern. Eine genaue, hinreichend schnelle Betätigung der Stellglieder macht die Verwendung von Hilfsenergie unumgänglich. Die hohe Leistungsverstärkung, die mit hydraulischer, pneumatischer oder elektrischer Hilfsenergie erreicht wird und für viele Prozeßsteuerungen auch erforderlich ist, bringt jedoch Probleme bei der Gewährleistung ausreichender statischer und dynamischer Eigenschaften der Übertragungsglieder. Aus diesem Grunde werden in den meisten Fällen Verstärker mit *Rückführungen* ausgerüstet. Die Ausgangsgröße x_a des Verstärkers wirkt hierbei über ein spezielles Übertragungsglied, die Rückführung, wieder auf den Eingang zurück, wobei das rückgeführte Signal x_r vom Eingangssignal x_e subtrahiert wird (s. Abschn. 5.7.3.). Mit der Veränderung der Ausgangsgröße x_a des Verstärkers wird seine Eingangsgröße, die Differenz $x_e - x_r$, so weit verkleinert, bis sich die Ausgangsgröße nicht mehr ändert. Bild 6.5 zeigt die Wirkungsweise eines Verstärkers mit Rückführung, die in diesem Beispiel durch einen starren Hebel gebildet wird. Die Eingangsgröße in den Verstärker ist hierbei der freigegebene Überströmquerschnitt, der proportional der Wegdifferenz $x_e - x_r$ zwischen Steuerkolben und beweglicher Steuerhülse ist.

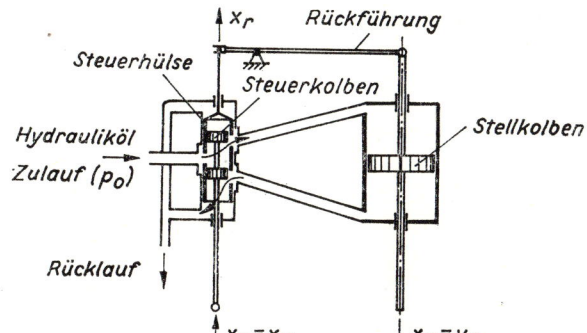

Bild 6.5
Hydraulischer Stellmotor
mit Rückführung

▶ Der *Verstärker* hat u. a. die Aufgabe der Signal- und/oder Leistungsverstärkung. So ist oft bei der Wandlung des Eingangssignals in das Ausgangssignal die Forderung zu erfüllen, genügend Leistung für die Betätigung nachgeschalteter Bauglieder (z.B. Übertragungseinrichtungen, Stellglieder, Schreib- und Anzeigeeinrichtungen) bereitzustellen. Die Energie des Ausgangssignals muß genügen, um die auftretenden Verstellkräfte zu überwinden und die erforderliche Stellgeschwindigkeit zu erreichen.

▶ Die *Rückführung* hat die Aufgabe,

– ein bestimmtes Übertragungsverhalten der Kreisschaltung zu erzeugen, z.B. zur Bildung eines Regelalgorithmus
– Parameteränderungen, Hilfsenergieschwankungen und Störgrößeneinflüsse auf den Verstärker zu kompensieren (Stabilisierung des Verstärkers). Das ist möglich, weil die Rückführung aus einfachen, passiven und damit unempfindlichen Bauelementen aufgebaut ist (s. Bild 6.7) und in vielen Fällen nach Gl. (6.9) das Verhalten der Kreisschaltung im wesentlichen allein bestimmt.

▶ Oft bilden Verstärker und Stellantrieb eine Einheit. Die Leistungsverstärkung wird beim hydraulischen Stellmotor (Bild 6.5) durch den Steuerschieber erreicht, dessen Ausgangsgröße ein dem Eingangssignal proportionaler Ölstrom ist. Durch den Druck, mit dem dieser zur Verfügung gestellt wird, können große Kräfte und Stellgeschwindigkeiten erzeugt werden. Da der Ölstrom wieder in einen Weg gewandelt werden muß, um die Ausgangsgröße x_a, den Stellweg, zu erhalten, müssen Steuerschieber und Stellzylinder stets als bauliche Einheit betrachtet werden. Sie werden deshalb oft zusammengefaßt als Verstärker bezeichnet. Einige Beispiele hydraulischer, pneumatischer und elektrischer Verstärker und Stellantriebe zeigt Bild 6.6. Einen ausführlichen Überblick über die Funktionseinheiten zur Realisierung von Regeleinrichtungen gibt [5].

▶ Die *Rückführungen* werden nach ihrem Zeitverhalten benannt; es gibt *starre* (unverzögerte), *verzögerte* und *nachgebende* Rückführungen.

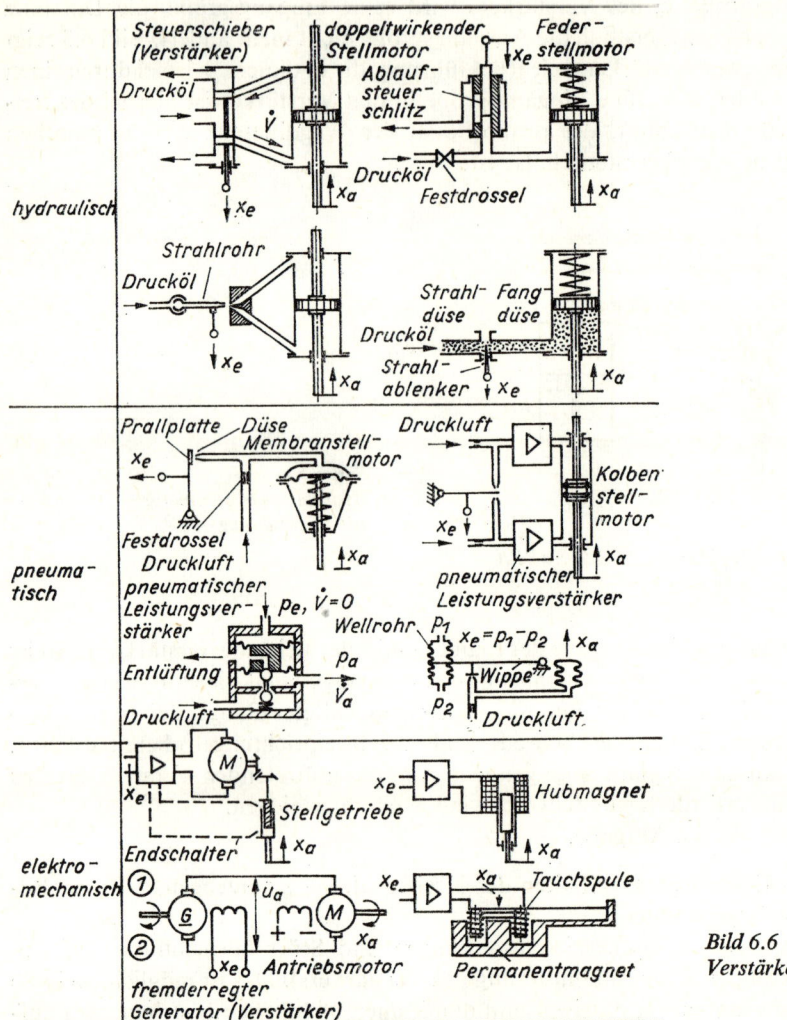

Bild 6.6
Verstärker und Stellantriebe

Beispiele für die Ausführung und das Verhalten typischer Rückführglieder zeigt Bild 6.7 [4].

Zusammen mit dem Verstärker kann durch das Verhalten der Rückführung ein bestimmter Regelalgorithmus realisiert werden.

P-Verhalten: Verstärker mit starrer Rückführung
PD-Verhalten: Verstärker mit verzögerter Rückführung
PI-Verhalten: Verstärker mit nachgebender Rückführung
PID-Verhalten: Verstärker mit verzögerter und nachgebender Rückführung.

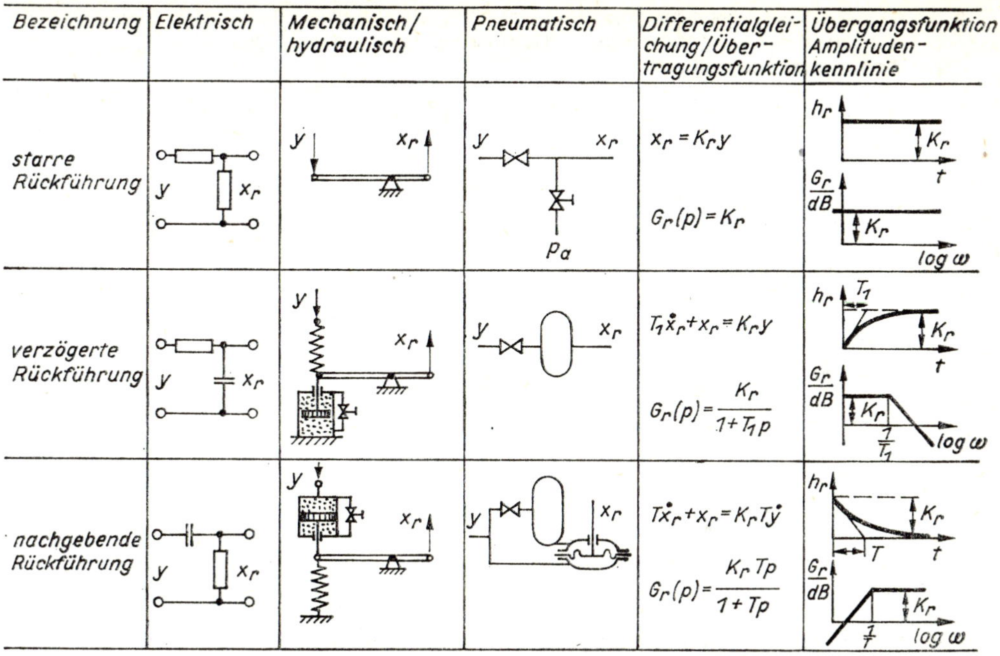

Bezeichnung	Elektrisch	Mechanisch/ hydraulisch	Pneumatisch	Differentialglei- chung/Über- tragungsfunktion	Übergangsfunktion Amplituden- kennlinie
starre Rückführung				$x_r = K_r y$ $G_r(p) = K_r$	
verzögerte Rückführung				$T_1 \dot{x}_r + x_r = K_r y$ $G_r(p) = \dfrac{K_r}{1 + T_1 p}$	
nachgebende Rückführung				$T \dot{x}_r + x_r = K_r T \dot{y}$ $G_r(p) = \dfrac{K_r T p}{1 + T p}$	

Bild 6.7. Beispiele für die Ausführung und das Verhalten typischer Rückführglieder

Die Übertragungsfunktion der durch Verstärker und Rückführung gebildeten Kreisschaltung ist nach (5.86)

$$G_R(p) = \cfrac{1}{\cfrac{1}{G_v(p)} + G_r(p)}. \tag{6.8}$$

Wie die Beispiele (Bild 6.6) zeigen, werden Verstärker entweder mit P-Verhalten oder mit I-Verhalten verwendet. Günstig ist die Realisierung eines möglichst großen Übertragungsfaktors K_p eines P-Verstärkers oder einer sehr kleinen Integralzeit T_I des I-Verstärkers. In diesen Fällen kann näherungsweise $G_v(p) \approx \infty$ gesetzt werden. Ein solches Übertragungsglied soll im Signalflußbild durch einen Pfeil gekennzeichnet werden.

Dann gilt

$$G_R(p) \approx \frac{1}{G_r(p)}, \tag{6.9}$$

d.h., die Übertragungsfunktion der Kreisschaltung wird vor allem durch die Übertragungsfunktion der Rückführung bestimmt. Bild 6.8 zeigt das Verhalten eines Verstärkers mit $G_V(p) = \infty$ mit unterschiedlichen Rückführungen. Es können also alle im Abschnitt 6.2. genannten Regelalgorithmen mit derartigen Kreisschaltungen realisiert werden. Werden I-Verstärker mit endlicher Stellzeit verwendet, so wird der Regelalgorithmus ebenfalls durch die Art der Rückführung bestimmt. Hier ist jedoch die Stellgeschwindigkeit der Ausgangsgröße begrenzt; es müssen daher Zeitverzögerungen berücksichtigt werden.

■ Als Beispiel soll das Übertragungsverhalten eines PI-Reglers abgeleitet werden, der unter Verwendung eines I-Verstärkers mit einer nachgebenden Rückführung aufgebaut wird (Bild 6.9a).

Für die Kreisschaltung gilt (6.8)

$$G_R(p) = \frac{1}{\dfrac{1}{G_V(p)} + G_r(p)}.$$

I-Verstärker: $G_V(p) = \dfrac{1}{T_{IV}p}$.

Nachgebende Rückführung: $G_r(p) = \dfrac{K_r Tp}{1 + Tp}$.

Daraus folgt

$$G_R(p) = \frac{1}{T_{IV}p + \dfrac{K_r Tp}{1 + Tp}} = \frac{1 + Tp}{T_{IV}Tp^2 + T_{IV}p + K_r Tp}$$

$$G_R(p) = \frac{T}{T_{IV} + K_r T} \left[\frac{1 + \dfrac{1}{Tp}}{1 + \dfrac{T_{IV}T}{T_{IV} + K_r T} p} \right].$$

Signalflußbild	Übertragungsfunktion der Rückführung $G_r(p)$ der Kreisschaltung $G_R(p)$ Kennwerte	Übergangsfunktion der Kreisschaltung $h_R(t)$
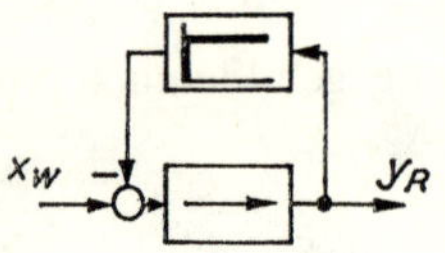	starre Rückführung $G_r(p) = K_r$ $G_R(p) = K_R$ $K_R = \dfrac{1}{K_r}$	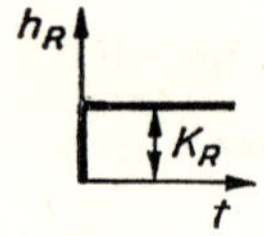
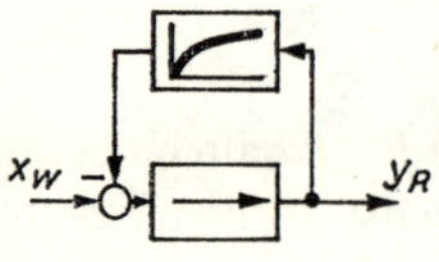	verzögerte Rückführung $G_r(p) = \dfrac{K_r}{1+T_1 p}$ $G_R(p) = K_R[1+T_V p]$ $K_R = \dfrac{1}{K_r}$; $T_V = T_1$	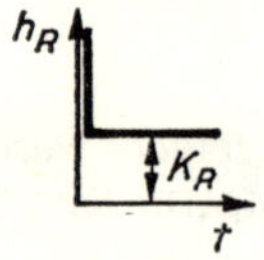
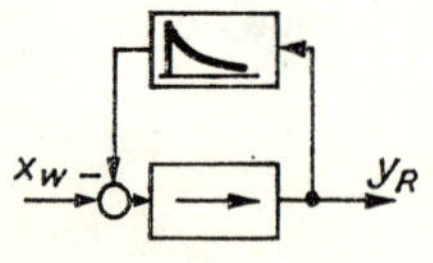	nachgebende Rückführung $G_r(p) = \dfrac{K_r Tp}{1+Tp}$ $G_R(p) = K_R\left[1 + \dfrac{1}{T_n p}\right]$ $K_R = \dfrac{1}{K_r}$; $T_n = T$	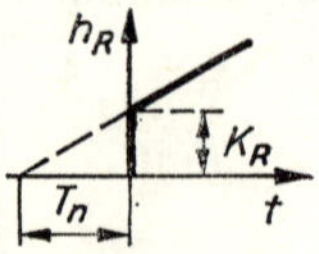
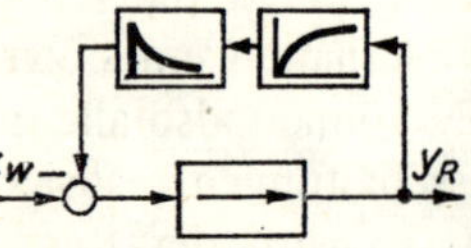	verzögerte und nachgebende Rückführung $G_r(p) = \dfrac{K_r}{1+T_1 p} \dfrac{Tp}{1+Tp}$ $G_R(p) = K_R\left[1 + \dfrac{1}{T_n p} + T_V p\right]$ $K_R = \dfrac{T+T_1}{K_r T}$ $T_V = \dfrac{T \cdot T_1}{T+T_1}$ $T_n = T + T_1$	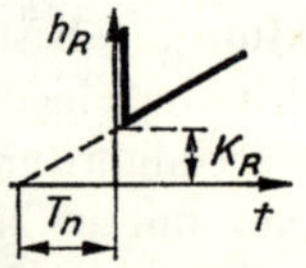

Bild 6.8
Verstärker
mit Rückführungen

Mit

$$K_R = \frac{T}{T_{IV} + K_r T}$$

$$T_n = T$$

$$T_{1R} = \frac{T_{IV} T}{T_{IV} + K_r T} = T_{IV} K_R$$

ist

$$G_R(p) = \frac{K_R \left[1 + \dfrac{1}{T_n p} \right]}{1 + T_{1R} p}.$$

Die Differentialgleichung lautet:

$$T_{1R} \dot{y}_R + y_R = K_R \left[x_w + \frac{1}{T_n} \int_0^t x_w \, dt \right].$$

Übertragungsfaktor und Zeitkonstanten des PI-Reglers sind von der Zeitkonstante der Rückführung und des Stellmotors abhängig.

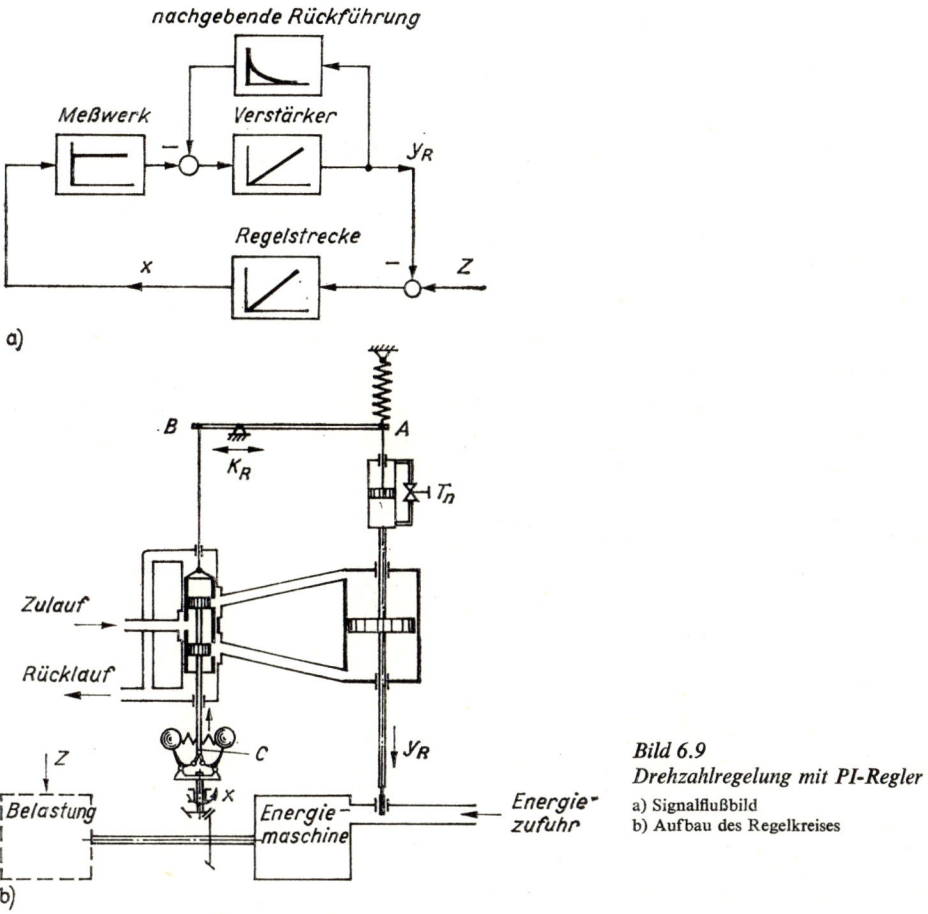

Bild 6.9
Drehzahlregelung mit PI-Regler
a) Signalflußbild
b) Aufbau des Regelkreises

Bild 6.9b zeigt den Aufbau eines Drehzahlreglers mit einem hydraulischen Stellmotor und einer aus Feder, Dämpfungszylinder und Hebel bestehenden nachgebenden Rückführung. Da das Meßwerk nur den Steuerschieber zu verstellen hat, besitzt es eine kleine Masse. Aus diesem Grunde wird es als P0-Glied betrachtet. Wird die Drehzahl infolge einer Entlastung vergrößert, so bewegt sich der Steuerkolben nach oben, und das Stellglied wird in Schließrichtung des Ventils bewegt. Die Rückführung (*A* nach unten) reagiert darauf zunächst unverzögert und schließt mit Hilfe der Steuerhülse wieder die Überströmkanäle. Dieser Teil des Übergangsvorgangs bildet den P-Anteil des Regelalgorithmus. Infolge der nachgebenden Wirkung der Rückführung bewegt sich, weil die Feder gespannt ist, der Punkt *A* und damit der Kolben im Dämpfungszylinder nach oben. Es kommt durch die Bewegung der Steuerhülse nach unten erneut zu einer Öffnung der Querschnitte im Steuerschieber. Der Stellmotorkolben wird weiter in Schließrichtung des Ventils bewegt, und durch die geringere Energiezufuhr zur Regelstrecke wird die Drehzahl verringert. Hierdurch bewegt sich auch der Steuerkolben nach unten und schließt die Überströmquerschnitte. Hiermit wird der I-Anteil des Übergangsvorgangs gekennzeichnet. Sind Zeitverzögerungen in der Regelstrecke zu berücksichtigen, so kann die Einstellung eines statischen Zustands ggf. nach mehrmaligem Überschwingen über den statischen Endwert hinaus erreicht werden.

Der Beharrungszustand ist erreicht, wenn

– die Feder in der Rückführung völlig entspannt ist, d.h., wenn sich der Punkt *A* wieder in der ursprünglichen Lage befindet
– die Überströmkanäle im Steuerschieber geschlossen sind, d.h., Punkt *B* wieder die Ausgangslage erreicht hat, und
– folglich auch Punkt *C* wieder die Lage wie vor der Störung erreicht, d.h., die Drehzahl wieder den Sollwert angenommen hat. Der Übergangsvorgang ist also erst beendet, wenn die Regelabweichung Null ist.

6.3.3. Einstellparameter des Reglers

Zur Anpassung eines Reglers an die jeweilige Regelstrecke und zur Optimierung des Regelvorgangs stehen je nach dem gewählten Regelalgorithmus folgende Einstellparameter zur Verfügung:

– der Übertragungsfaktor K_R
– die Nachstellzeit T_n (Integralzeit T_I)
– die Vorhaltzeit T_v (Differentialzeit T_D).

▶ Der *Übertragungsfaktor der P-Regeleinrichtung* ist aus der statischen Kennlinie, die die Zuordnung der Stellgröße zur Regelabweichung angibt, zu bestimmen (Bild 6.10). Da die Stellgröße nur innerhalb des *Stellbereichs* Y_h geändert werden kann, ergibt sich auch für die Regelabweichung ein Bereich, in dem eine Beeinflussung der Stellgröße möglich ist. Dieser Bereich wird *Proportionalbereich* oder *P-Bereich* X_P genannt.

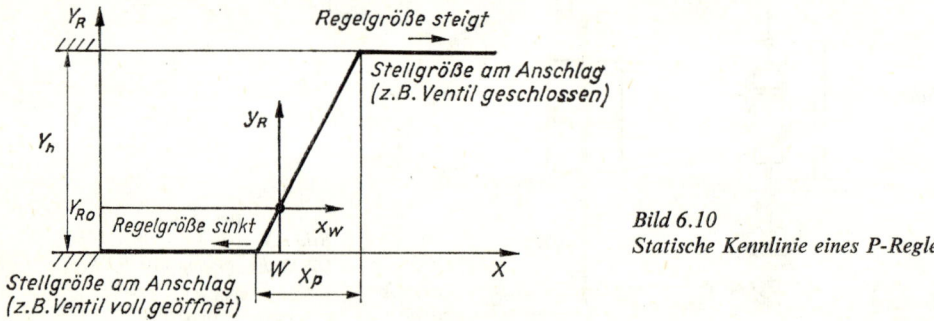

Bild 6.10
Statische Kennlinie eines P-Reglers

Aus der statischen Kennlinie (Bild 6.10) folgt

$$Y_h = K_R X_P. \tag{6.10}$$

Oft wird die Regelabweichung auf einen vereinbarten Sollwert X_0 und die Stellgröße auf den Stellbereich Y_h bezogen. Dann können Eingangsgröße, Ausgangsgröße und Übertragungsfaktor des Reglers dimensionslos (oder x_w und y_R auch in Prozent) angegeben werden:

$$\bar{y}_R = \bar{K}_R \bar{x}_w$$

mit

$$\bar{x}_w = \frac{x_w}{X_0}; \qquad \bar{y}_R = \frac{y_R}{Y_h}; \qquad \bar{K}_R = K_R \frac{X_0}{Y_h}.$$

Aus (6.10) folgt mit dimensionslosen Größen

$$1 = \bar{K}_R \bar{X}_P \quad \text{oder} \quad \bar{K}_R = \frac{1}{\bar{X}_P}$$

und

$$\bar{y}_R = \frac{\bar{x}_w}{\bar{X}_P}. \tag{6.10a}$$

Hat der Übertragungsfaktor eines Reglers z.B. den Wert $\bar{K}_R = 25$, so ist der P-Bereich $\bar{X}_P = 0,04$, d.h., wenn sich die Regelabweichung um 4 % ändert, dann ändert sich y_R um den Stellbereich. Die dimensionslose Stellgrößenänderung ergibt sich aus Gl. (6.10a). Ist bei einem eingestellten Wert $\bar{X}_P = 0,04$, z.B. $\bar{x}_w = 0,01$, so ist also $\bar{y}_R = 0,25$, d.h., bei 1 % Änderung der Regelabweichung ändert sich die Stellgröße um 25 % des Stellbereichs.

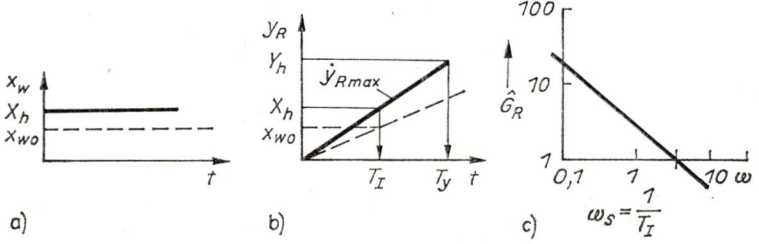

Bild 6.11. I-Regler
a) Sprungfunktion; b) Sprungantwort; c) Amplitudenkennlinie

Manchmal wird an Einstellskalen statt des Übertragungsfaktors $\bar{K}_R$ der P-Bereich $\bar{X}_P$ angegeben. Dabei ist zu beachten, daß $\bar{X}_P$ dem Übertragungsfaktor umgekehrt proportional ist. Die Bestimmung des Übertragungsfaktors aus der Übergangsfunktion und aus der Amplitudenkennlinie ist aus Bild 6.3 zu erkennen.

▶ Die *Integralzeit* T_I *einer I-Regeleinrichtung* kann aus der Übergangsfunktion oder Sprungantwort bestimmt werden. Dazu müssen die stationären Werte $x_{w\infty}$ und $\dot{y}_{R\infty}$ verwendet werden (Bild 6.11). Es gilt

$$T_I = \frac{K_R x_{w\infty}}{\dot{y}_{R\infty}}. \tag{6.11}$$

Manchmal wird auch die *Stellzeit* T_y eines I-Verstärkers oder einer I-Regeleinrichtung angegeben. Das ist die Zeit, in der bei maximaler Stellgeschwindigkeit $\dot{y}_{R\,max}$ der Stellbereich Y_h durchlaufen wird:

$$T_y = \frac{Y_h}{\dot{y}_{R\,max}}.$$

Da sich die maximale Stellgeschwindigkeit ergibt, wenn die Eingangsgröße um den Laufbereich X_h (s. Abschn. 5.3.3.) verstellt wird, kann der Zusammenhang zwischen Stellzeit und Integralzeit angegeben werden. Aus

$$T_I \dot{y}_{R\,max} = K_R X_h$$

folgt

$$T_y = \frac{T_I Y_h}{K_R X_h}. \tag{6.12}$$

Bild 6.11 zeigt die Ermittlung von T_I und T_y aus der Sprungantwort. In der Amplitudenkennlinie ist

$$\omega_s = \frac{1}{T_I}$$

der Schnittpunkt mit der Abszisse

$$\hat{G}_R(\omega) = 1.$$

▶ Die *Nachstellzeit* T_n (Integralzeit T_I) des *PI-Reglers* läßt sich aus der Sprungantwort oder aus der Übergangsfunktion bestimmen (Bild 6.12b). Es ist die Zeit, die der I-Anteil des Reglers benötigt, um zusätzlich die gleiche Ausgangsgröße zu erzeugen, die durch

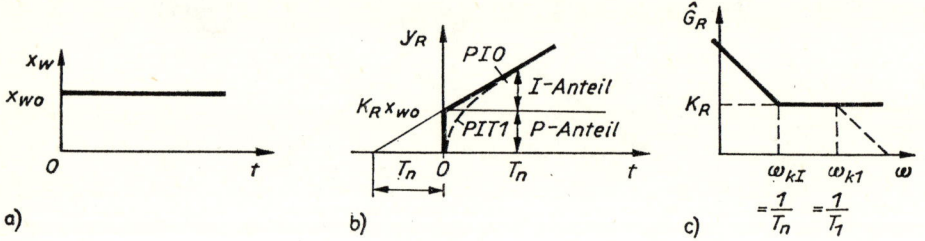

Bild 6.12. PI-Regler
a) Sprungfunktion; b) Sprungantwort; c) Amplitudenkennlinie

den P-Anteil sofort verstellt wird. Aus der Amplitudenkennlinie (Bild 6.12c) ist die Integralzeit aus der Frequenz ω_{kI} zu bestimmen, die den Schnittpunkt der Asymptoten an den P-Anteil und an den I-Anteil angibt.

$$T_n = \frac{1}{\omega_{kI}}$$

▶ Die *Vorhaltzeit* T_v (Differentialzeit T_D) des *PD-Reglers* muß aus der Anstiegsantwort bestimmt werden, da der D-Anteil in der Sprungantwort zu einer sehr hohen Auslenkung führt [bei idealem PD-Verhalten ist $y_R(+0) = \infty$]. Die Vorhaltzeit ist die Zeit, die der P-Anteil im Regler bei zeitproportionaler Änderung der Eingangsgröße (Anstiegsfunktion) benötigt, um zusätzlich die gleiche Auslenkung zu erzeugen, die durch den D-Anteil sofort erreicht wird (Bild 6.13b). Die Knickfrequenzen in der Amplitudenkennlinie (Bild 6.13c) ermöglichen die Bestimmung der Vorhaltzeit

$$T_v = \frac{1}{\omega_{kD}}$$

und einer Verzögerungszeit

$$T_1 = \frac{1}{\omega_{k1}}.$$

▶ Beim *PID-Regler* können die Einstellwerte T_v und T_n aus den Zeitkonstanten der Rückführungen bestimmt werden (Bild 6.8):

$$T_v = \frac{TT_1}{T + T_1}, \qquad T_n = T + T_1.$$

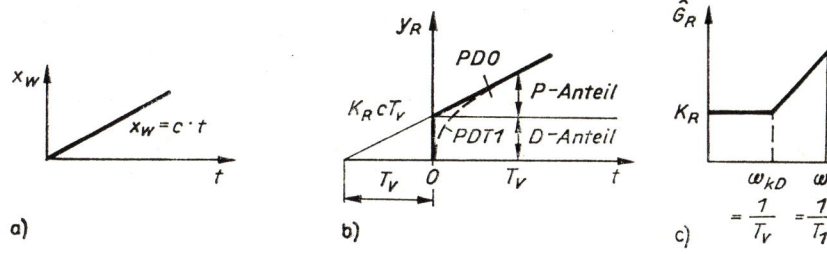

Bild 6.13. *PD-Regler*
a) Anstiegsfunktion; b) Anstiegsantwort; c) Amplitudenkennlinie

Sind T_n und T_v gegeben und müssen T und T_1 bemessen oder eingestellt werden, so können diese nach folgender Beziehung bestimmt werden:

$$T = \frac{T_n}{2} + \sqrt{\frac{T_n^2}{4} - T_n T_v}$$

$$T_1 = \frac{T_n}{2} - \sqrt{\frac{T_n^2}{4} - T_n T_v}.$$

Da nur reelle Werte einstellbar sind, muß die Relation

$$T_v \leqq \tfrac{1}{4} T_n \tag{6.13}$$

eingehalten werden.

Ist T_n wesentlich größer als $4T_v$, so ist $T \gg T_1$, und es kann näherungsweise

$$T_v = T_1, \qquad T_n = T$$

gesetzt werden.

Daraus folgt die Bestimmung dieser Zeitkonstanten mit Hilfe der Knickfrequenzen entsprechend Bild 6.3:

$$\omega_{kD} = \frac{1}{T_v} \quad \text{und} \quad \omega_{kI} = \frac{1}{T_n}.$$

6.4. Digitale Regler

Mit der zunehmenden Anwendung digitaler elektronischer Bauelemente und Geräte in der Prozeßautomatisierung gewinnt die Realisierung von Regelalgorithmen durch digitale Berechnung an Bedeutung. Für eine *direkte digitale Regelung* (DDC direct digital control) wurden in den 60er Jahren zunächst Prozeßrechner eingesetzt. Mit dem Generationswechsel durch die Entwicklung der Mikroelektronik (s. Abschn. 4.3.1.) stehen heute dafür freiprogrammierbare Mikrorechnerregler, Einkartenrechner und Spezialschaltkreise zur Verfügung. Ein Mikrorechner übernimmt dabei die Funktion von mehreren (meist acht) Eingrößenreglern [18], indem zeitlich versetzt nacheinander die Werte der einzelnen Regelgrößen innerhalb eines Abtastintervalls erfaßt und verarbeitet und die Werte entsprechender Stellgrößen berechnet und ausgegeben werden. Bild 4.34 zeigt die für die Prozeßkopplung des Mikrorechners erforderlichen Funktionseinheiten. Für den Aufbau einer digitalen Regelung ergibt sich damit vereinfacht eine Struktur nach Bild 6.14. Die Signalumsetzung und -kodierung für einen Meßkanal ist im Bild 4.31 dargestellt. Wir erkennen, daß in einer durch die Abtastzeit T bestimmten Taktfolge die analoge Meßgröße durch den Meßstellenumschalter erfaßt und durch den ADU quantisiert und in ein binär kodiertes Signal verwandelt wird. Jedem Meßwert wird dadurch ein Zahlenwert zugeordnet, der im Mikrorechner digital verarbeitet werden kann. Die Werte der Meßgröße $x(t)$, die zu den Zeitpunkten $t = kT$ ($k = 0, 1, 2, \ldots$) abgestastet werden, sollen mit $x[k] = x(kT)$ bezeichnet werden. Auch die Ausgangsgröße wird als binär kodiertes Signal taktweise ausgegeben und muß, wenn analoge Stellgrößen benötigt werden, über einen DAU und einen Umschalter auf die jeweils zugehörige Stelleinrichtung geschaltet werden. Halteglieder sorgen dafür, daß das ausgegebene Stellsignal auch zwischen den Abtastzeitpunkten erhalten bleibt. Zunehmend werden digitale Meß- und Stelleinrichtungen eingesetzt, um die Signalumsetzung zu ersparen, Störeinflüsse zu verringern und eine digitale Signalvorverarbeitung bereits bei der Meßwerterfassung zu ermöglichen (Meßwertprüfung, Mittelwertbildung, Berechnung nicht direkt meßbarer Prozeßgrößen). Dabei werden u.a. Schaltkreise verwendet, in die sowohl der Geber als auch Funktionselemente zur digitalen Signalverarbeitung integriert sind *(intelligente Meßeinrichtungen)*. Als diskret arbeitende Stelleinrichtungen werden Schrittmotoren, Magnetschalter und Relais eingesetzt, die über geeignete Interfacebausteine ohne Signalumsetzung durch den Mikrorechner angesteuert werden können.

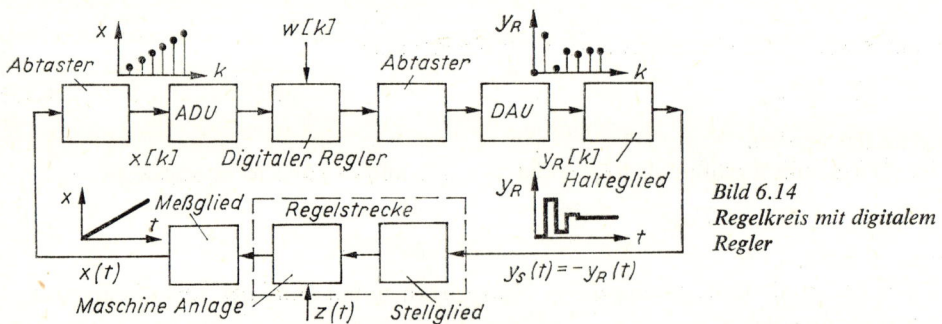

Bild 6.14
Regelkreis mit digitalem
Regler

Die Informationsverarbeitung im Mikrorechner ist nicht nur auf die Realisierung eines konventionellen Regelalgorithmus beschränkt, sondern es können beliebige Rechenoperationen zur Signalverarbeitung (z.B. nichtlineare funktionelle Verknüpfung von Größen), zur zeitabhängigen oder prozeßabhängigen Vorgabe von Führungsgrößen, zur arbeitspunktabhängigen Änderung der Einstellparameter (s. Abschn. 10.), zur Umschaltung der Reglerstruktur, zur Kopplung mehrerer Regelkreise u.dgl. (Mehrgrößenregelung s. Abschn. 8.3.) vorgenommen werden. Damit erweitern sich die Möglichkeiten zur Prozeßsteuerung, Prozeßführung und Prozeßoptimierung beträchtlich.

Im folgenden sollen einige häufig verwendete digitale Regelalgorithmen behandelt werden.

6.4.1. Digitaler PID-Regler

Auch bei digitalen Regelungen haben die im Abschnitt 6.2. beschriebenen Regelalgorithmen eine weite Verbreitung gefunden. Es hat sich gezeigt, daß mit diesen „klassischen" Regelverfahren auch bei digitaler Realisierung die meisten Regelungsaufgaben in guter Qualität gelöst werden. Wird unter Beachtung des Abtasttheorems (s. Abschn. 4.3.2.) eine Abtastzeit T gewählt, die klein genug ist, um die zeitlichen Änderungen der Regelabweichung im interessierenden Frequenzbereich zu erfassen, so unterscheidet sich die Wirkung des digitalen Reglers nicht wesentlich von der eines kontinuierlichen. Zur digitalen Berechnung wird in der Gleichung des PID-Reglers (6.7) das Integral durch eine Summe und der Differentialquotient durch einen Differenzenquotienten ersetzt. Damit erhält man eine Beziehung, mit der die Stellgröße in jedem Abtastzeitpunkt k berechnet werden kann:

$$y_R[k] = K_R \left[x_w[k] + \frac{T}{T_n} \sum_{i=0}^{k} x_w[i-1] + \frac{T_v}{T} (x_w[k] - x_w[k-1]) \right]. \quad (6.14)$$

Diese Beziehung wird manchmal als Stellungsalgorithmus bezeichnet. Es müssen also alle Werte $x_w[i]$ von $i=0$ bis k bekannt sein, um $y_R[k]$ zu berechnen. Die Speicherung dieser Werte $x_w[i]$ erfordert einen Aufwand an Speicherkapazität, der vermieden werden kann, wenn ein rekursiver Algorithmus benutzt wird. Hierbei wird nur die Änderung der Stellgröße berechnet.

$$\Delta y_R[k] = y_R[k] - y_R[k-1]$$

$$= c_0 x_w[k] + c_1 x_w[k-1] + c_2 x_w[k-2] \quad (6.15)$$

Da aus Δy_R die Änderungsgeschwindigkeit von y_R berechnet werden kann, $\dot{y}_R = \Delta y_R / T$, wird Gl. (6.15) manchmal auch als Geschwindigkeitsalgorithmus bezeichnet.

Die Koeffizienten c_0, c_1, c_2 können aus Gl. (6.14) berechnet werden, indem

$$y_R[k-1] = K_R \left[x_w[k-1] + \frac{T}{T_n} \sum_{i=0}^{k-1} x_w[i-1] + \frac{T_v}{T} (x_w[k-1] - x_w[k-2]) \right]$$

von $y_R[k]$ subtrahiert wird. Es folgt daraus

$$\Delta y_R[k] = K_R \left[x_w[k] - x_w[k-1] + \frac{T}{T_n} x_w[k-1] \right.$$

$$\left. + \frac{T_v}{T} (x_w[k] - 2x_w[k-1] + x_w[k-2]) \right].$$

Damit wird

$$c_0 = K_R \left(1 + \frac{T_v}{T} \right)$$

$$c_1 = -K_R \left(1 + 2\frac{T_v}{T} - \frac{T}{T_n} \right)$$

$$c_2 = K_R \frac{T_v}{T}.$$

Für die Berechnung von $\Delta y_R [k]$ sind hier nur noch die Regelabweichung $x_w[k]$ im betrachteten Zeitpunkt und die beiden vorhergehenden Werte erforderlich.

Aus diesen Gleichungen für den PID-Regler können alle anderen im Abschnitt 6.2. genannten Regelalgorithmen, wie sie durch einen digitalen Regler realisiert werden können, abgeleitet werden.

P-Regler: $\quad T_v = 0, \quad T_n = \infty$

I-Regler: $\quad c_0 = 0, \quad c_1 = K_R \dfrac{T}{T_I}, \quad c_2 = 0$

PD-Regler: $T_n = \infty$

PI-Regler: $T_v = 0$.

6.4.2. Regler mit endlicher Einstellzeit (Dead-beat-Regler)

Mit der Anwendung digitaler Regelalgorithmen ist man nicht mehr an die „klassischen" Regelalgorithmen gebunden. Vielmehr sind beliebige Zuordnungen der Stellgröße zur Regelabweichung denkbar, die ein gewünschtes Zeitverhalten der Regelgröße realisieren. Beim Regler mit endlicher Einstellzeit soll die Regelgröße in möglichst kurzer Zeit ihren durch die Führungsgröße vorgegebenen Wert annehmen. Wir nehmen zunächst an, daß beliebige Änderungen der Stellgröße möglich sind. Dann könnte die Stellgröße sofort auf einen möglichst großen Wert verstellt werden, um eine rasche Änderung der Regelgröße zu erreichen.

Im Bild 6.15 ist als einfaches Beispiel eine PT1-Strecke gewählt worden [26]. Hat die Regelgröße den durch die Führungsgröße vorgegebenen Wert $K_s y_0$ erreicht, so wird die

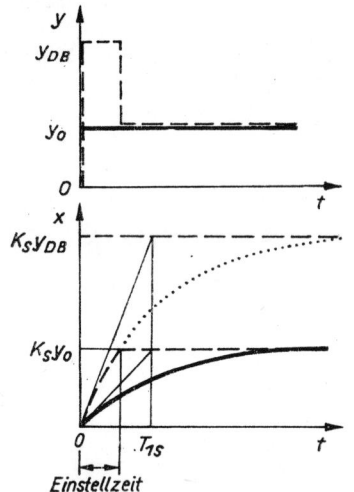

Bild 6.15
PT1-Strecke mit Dead-beat-Regler

Stellgröße wieder zurückgestellt, und zwar auf den Betrag, der zum Halten eines konstanten Wertes der Regelgröße erforderlich ist. Es ist offensichtlich, daß der gewünschte Beharrungszustand um so schneller erreicht wird, je größer die Stellreserve der Stellgröße ist. Beim Entwurf von digitalen Reglern mit einem *Dead-beat-Algorithmus* wird die Einstellzeit und die größte Stellgröße vorgeschrieben. Sind Zeitverzögerungen einer Strecke höherer Ordnung zu berücksichtigen, so ist eine mehrmalige sprunghafte Änderung der Stellgröße notwendig, deren Werte so bemessen werden müssen, daß die durch Zeitverzögerungen entstehenden Regelabweichungen möglichst schnell abgebaut werden. Im

Prinzip kann man den Dead-beat-Algorithmus mit einem richtig bemessenen „Gegensteuern" durch Änderungen der Stellgröße vergleichen, so daß ein Überschwingen der Regelgröße vermieden wird („dead beat" bedeutet aperiodischer Übergang). Bei unbeschränkter Stellgröße hängt die Schrittzahl, wie bereits erwähnt, von der Ordnung der Strecke ab. Bei beschränkter Stellgröße ist eine größere Schrittzahl erforderlich.

Die Stellgröße $y_R[k]$ des Dead-beat-Reglers wird aus folgender Differenzengleichung berechnet:

$$\ldots + d_1 y_R[k-1] + y_R[k] = c_0 x_w[k] + c_1 x_w[k-1] + c_2 x_w[k-2] + \ldots$$

$$(6.16)$$

Es werden also je nach Ordnung der Differenzengleichung zur Bestimmung der Stellgröße eine Anzahl vorhergehender Werte der Regelabweichung und der Stellgröße benötigt, die dazu in Zwischenspeichern festgehalten werden müssen. Zur Berechnung der Koeffizienten $c_0, c_1, c_2, \ldots, d_1, \ldots$ muß das Übertragungsverhalten der Regelstrecke bekannt sein. Da für das Zusammenwirken mit dem digitalen Regler nur die diskreten Werte der Regelgröße und der Stellgröße in den Abtastzeitpunkten von Interesse sind, wird auch die Strecke zweckmäßig durch eine Differenzengleichung beschrieben.

Unter der Voraussetzung kleiner Abtastzeiten T erhält man die Differenzengleichung der Regelstrecke näherungsweise aus der Differentialgleichung durch Diskretisierung der Zeit. Die Ableitungen der Regelgröße und der Stellgröße können in diesem Fall durch Differenzenquotienten ersetzt werden, also

$$\dot{x}[k] \approx \frac{\Delta x[k]}{T} = \frac{1}{T}(x[k] - x[k-1])$$

$$\ddot{x}[k] \approx \frac{\Delta^2 x[k]}{T^2} = \frac{1}{T}(\Delta x[k] - \Delta x[k-1])$$

$$= \frac{1}{T^2}(x[k] - 2x[k-1] + x[k-2]).$$

Werden die Koeffizienten so zusammengefaßt, daß der Koeffizient von $x[k]$ eins wird, so erhält man eine Gleichung in folgender Form:

$$a_n x[k-n] + \ldots + a_2 x[k-2] + a_1 x[k-1] + x[k]$$

$$= b_0 y[k] + b_1 y[k-1] + \ldots + b_m y[k-m]. \qquad (6.17)$$

Die Zahl der vorhergehenden Werte der Regelgröße, die zur Bestimmung von $x[k]$ erforderlich sind, ergibt sich, wie die Ableitung der Gleichung zeigt, aus der Ordnung der benötigten Differenzenquotienten. Die Zahl n gibt also die Ordnung der Regelstrecke an. Da die Zeitverzögerungen der Strecke eine sprunghafte Änderung der Regelgröße ausschließen, ist meist $b_0 = 0$. Eine P-Strecke 2. Ordnung wird damit durch folgende Gleichung beschrieben:

$$a_2 x[k-2] + a_1 x[k-1] + x[k] = b_1 y[k-1]. \qquad (6.18)$$

Bei größerer Abtastzeit werden die Differenzenquotienten zur Beschreibung der Ableitungen der Regelgröße zu ungenau. Liegt die Abtastzeit in der gleichen Größenordnung wie die Zeitkonstanten der Regelstrecke, muß die Differenzengleichung der Strecke (6.17) auf anderem Wege berechnet werden. Analog zur Laplace-Transformation, die eine Beschreibung kontinuierlicher Systeme (z.B. mit Hilfe von Übertragungsfunktionen) ermöglicht, wurde für Abtastsysteme die *z-Transformation* entwickelt, die eine exakte Berechnung der Streckendifferenzengleichung gestattet. Grundlagen und Anwendung der z-Transformation sind u.a. in [26; 27] dargestellt.

Die *Bemessungsvorschrift* zur Bestimmung der Konstanten für den *Dead-beat-Regler* lautet bei unbeschränkter Stellgröße [28]:

$$c_0 = \frac{1}{b_1 + \ldots + b_m} = \frac{y_R[o]}{x_w[o]}$$

$$c_1 = a_1 c_0 \qquad d_1 = b_1 c_0$$

$$c_2 = a_2 c_0 \qquad d_2 = b_2 c_0$$

$$\ldots \qquad\qquad \ldots$$

Für eine P-Strecke 2. Ordnung ergibt sich also bei unbeschränkter Stellgröße folgender Dead-beat-Algorithmus mit $c_0 = 1/b_1$:

$$y_R[k] = \frac{1}{b_1} (x_w[k] + a_1 x_w [k-1] + a_2 [k-2]) - y_R [k-1];$$

a_1, a_2, b_1 Konstanten der Streckengleichung (6.18).

Ist die realisierbare Stellgrößenänderung

$$y_R[o] < \frac{x_w[o]}{b_1 + \ldots + b_m},$$

so wird

$$c_0 = \frac{y_R[o]}{x_w[o]}$$

gesetzt, wobei für $y_R[o]$ z.B. die bei einem gegebenen $x_w[o]$ maximal erreichbare Stellgrößenänderung angesetzt werden kann. Die weiteren Koeffizienten der Reglergleichung werden dann wie folgt berechnet [28]:

$$c_1 = c_0 (a_1 - 1) + \frac{1}{\sum b_i} \qquad d_1 = c_0 b_1$$

$$c_2 = c_0 (a_2 - a_1) + \frac{1}{\sum b_i} \qquad d_2 = c_0 (b_2 - b_1) + \frac{b_1}{\sum b_i}.$$

$$\ldots \qquad\qquad\qquad\qquad \ldots$$

Da bei beschränkter Stellgröße mit $y_R[o]$ i. allg. der maximal erreichbare Wert festgelegt wird, kann natürlich $y_R[1]$ nicht größer werden. Daher muß $c_1 \leqq 0$ sein. Ergibt sich ein positiver Wert, so wird $c_1 = 0$ gesetzt, d.h., es wird auch im zweiten Schritt

$$y_R[1] = y_R[0] = y_{R\,max}.$$

Die Bemessungsgleichungen müssen dann entsprechend geändert werden. Je kleiner die Stellgröße festgelegt wird, um so größer wird die erforderliche Schrittzahl.

Bemessungsvorschriften für den Fall von Störgrößenänderungen sind in [29] vorgestellt worden.

7. Beschreibung von Automatisierungsobjekten – Prozeßanalyse/Modellbildung

Für die Lösung von Automatisierungsaufgaben sind umfassende Aussagen zu den statischen und dynamischen Eigenschaften des zu automatisierenden Objekts sowie über die zu erwartenden Störungen erforderlich. Die erreichbare Qualität der Lösung einer Automatisierungsaufgabe hängt besonders davon ab, ob genügend Kenntnisse qualitativer und quantitativer Art über den zu automatisierenden Prozeß vorliegen, um den für seine Steuerung geeigneten Algorithmus und die zu seiner Realisierung erforderlichen Mittel der Hard- und Software konkret festlegen zu können.

Die Analyse des Verhaltens und der Eigenschaften von Prozessen, Maschinen, Aggregaten und Anlagen bezeichnen wir als Prozeßanalyse oder Modellbildung; dessen Ergebnis ist ein Prozeßmodell oder allgemein Modell.

Das zu automatisierende Objekt, genauer die Steuerstrecke z. B. eines kontinuierlichen Systems, ist nach Bild 7.6 als Block mit den Stellgrößen y und Störgrößen z als Eingangsgrößen und mit x als Ausgangsgrößen darstellbar. Für die Klasse von Steuerstrecken, die sich als lineare und zeitinvariante Systeme mit konzentrierten Parametern beschreiben lassen, sind die im Abschnitt 5. angegebenen Mittel zur Darstellung geeignet. Die dort beschriebenen Differential- oder Frequenzganggleichungen beschreiben bei Kenntnis der Parameterwerte das dynamische Verhalten des Systems, und für den Fall, daß in der Differentialgleichung alle Ableitungen Null sind (bei $t \to \infty$) bzw. in der Frequenzganggleichung die Frequenz $\omega = 0$ gesetzt wird, erhalten wir das statische Verhalten des Systems.

Diese Gleichungen stellen bereits ein Modell des betrachteten Systems dar – wir bezeichnen diese Form als *parametrisches Modell*; es entsteht vor allem unter Nutzung theoretischer Mittel und Methoden. Die *Struktur und Parameter* dieses Modells sind qualitativ und teilweise auch quantitativ *bekannt*; fehlende unbekannte Parameter müssen meist experimentell ermittelt werden. *Parametrische Modelle haben die Form mathematischer Gleichungen* mit Parametern (Zeitkonstanten, Verstärkungen usw.).

Liegt dagegen das *experimentell* ermittelte Verhalten z. B. als *Übergangsfunktion, Ortskurve* oder in Form *zugeordneter Zahlenwerte*, die das System beschreiben, vor, so handelt es sich um ein *nichtparametrisches Modell*; es entsteht vor allem unter Nutzung experimenteller Mittel und Methoden. Bei einem solchen Modell sind die *Struktur und die Parameter* zunächst *nicht bekannt*. Meist werden die theoretischen und experimentellen Methoden kombiniert angewendet, d. h., die theoretischen Verfahren werden z. B. durch nachfolgende experimentelle Parameterbestimmungen, die experimentellen Methoden durch theoretische Vorüberlegungen gestützt.

Aus dem bisher geschilderten Sachverhalt folgt, daß es notwendig ist,

– Methoden zur Ermittlung parametrischer Modelle kennenzulernen, weil sie die Basis für den Entwurf von Automatisierungssystemen sind, und
– sich mit der Analyse nichtparametrischer Modelle zu beschäftigen, um deren Struktur und Parameter für geeignete parametrische Modelle zum Entwurf von Automatisierungssystemen ableiten zu können.

Die Anwendung von gegenständlichen, für Untersuchungszwecke angefertigten, Modellen wird hier nicht behandelt.

Die im Abschnitt 5. behandelten Beschreibungsmethoden genügen nicht, um die hier skizzierten Aufgaben befriedigend lösen zu können. Für die diskreten Produktionsprozesse befinden sich gegenüber kontinuierlichen Prozessen die Methoden der Modellbeschreibung erst in den Anfängen; sie sind bei weitem nicht so ausgeprägt wie das für kontinuierliche Prozesse der Fall ist. Wir werden uns deshalb im Abschnitt 7.2.6. mit einem universell anwendbaren Verfahren zur Beschreibung diskreter Produktionsprozesse vertraut machen.

Die Prozeßanalyse und Modellbildung und die daraus resultierenden Modelle sind nicht nur Basis für den Entwurf von Automatisierungssystemen; sie haben vielmehr auch grundsätzliche Bedeutung hinsichtlich einer universellen Nutzung für Bereiche der Technik, für die Biologie, die Medizin, die Ökonomie bis hin zur Philosophie.

▶ Der Begriff *Prozeßanalyse* wird heute in der Technik zunehmend in einem sehr umfassenden Sinne gebraucht:

Analyse der geplanten oder vorhandenen Produktionsprozesse hinsichtlich der Möglichkeit ihrer Verbesserung mit dem Ziel, Schwachstellen in der Produktionskapazität, im Energieverbrauch, im Umweltschutz, in der Anlagensicherheit, in der Arbeitskräftesituation u. a. aufzudecken.

Auf Grund der zunehmenden Bedeutung der Prozeßanalyse werden im Abschnitt 7.1. zunächst einige grundsätzliche Ausführungen zur Problemstellung Prozeßanalyse/Modellbildung und zur Nutzung der Modelle gemacht [30].

7.1.   Ziele und Inhalt der Prozeßanalyse und Modellbildung

Die weitgehende Beherrschung technischer, biologischer, ökonomischer und anderer Prozesse erfordert zunehmend qualitativ und quantitativ verbesserte Kenntnisse über deren Eigenschaften und Verhalten. Dieser Forderung kann durch die breite Anwendung und den Ausbau der Methoden der Prozeßanalyse und Modellbildung zunehmend qualifizierter Rechnung getragen werden.

– Der Begriff Prozeßanalyse und der damit eng verbundene Begriff Modellbildung werden je nach Aufgabenstellung in verschiedener Bedeutung und in unterschiedlichen Zusammenhängen verwendet; oft erfolgen diesbezügliche Ausführungen in der Literatur auch einseitig unter sehr speziellen Blickwinkeln. Hier sollen deshalb möglichst viele Aspekte der Problematik Prozeßanalyse/Modellbildung angesprochen werden, und es wird versucht, der Vielschichtigkeit des Gesamtproblems im Überblick gerecht zu werden. Diese Vielfalt der Gesichtspunkte zwingt dazu, oft von stichwortartigen Aufzählungen der Fakten und wertenden Momenten in Form von Übersichten Gebrauch zu machen.

– Die verschiedenen Betrachtungsmöglichkeiten sollen auch dazu anregen, die im eigenen Tätigkeitsbereich anfallenden Aufgaben zur Prozeßanalyse schärfer zu erkennen, zu formulieren und in übergeordnete Aufgabenstellungen einordnen zu können.

7.1.1.   Zum Modellbegriff

Vorangestellt sei zunächst eine Erläuterung des Begriffs *Modell*:

Ein *Modell* ist ein ideelles oder materielles Objekt zur Beschreibung ausgewählter (interessierender) Eigenschaften (des Verhaltens) eines Originals. Es wird gewonnen durch Abstraktion unter Zugrundelegung eines bestimmten Konzepts (Denkschemas, Denksystems). Als ideelles Objekt kann es (intern) gedacht (Bild, Vorstellung) oder (extern) gespeichert sein (Aufzeichnung). Der Abstraktionsprozeß kann schöpferisch oder formal-schöpferisch (über ein automatisiertes Informationsverarbeitungssystem) ablaufen.

Die drei Grundeigenschaften guter Modelle sind

– relative Widerspruchsfreiheit im Hinblick auf die Zielstellungen
– Relationstreue der Abbildung des Verhaltens Modell–Original
– Einfachheit.

Die Modellbildung wird als ein „Abbildungsvorgang" betrachtet. Im Bild 7.1 ist der Vorgang der Modellgewinnung stark schematisiert dargestellt. Die einzelnen Schritte sind aber selten so deutlich voneinander zu trennen, und ihre Reihenfolge wird auch nicht immer so eingehalten. Das Bild stellt deshalb nur den grundsätzlichen Weg vom „Objekt" zum Modell dar.

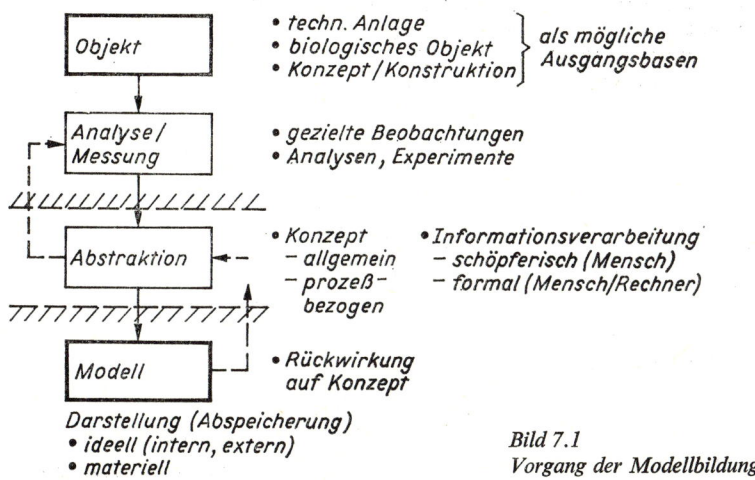

Bild 7.1
Vorgang der Modellbildung

Allgemein eingeordnet, ist jedes Modell eigentlich nichts anderes als ein datenreduzierender Speicher: von Unwesentlichem wird abstrahiert, Wesentliches wird in geeigneter Form abgespeichert (dargestellt). Der zur Modellspeicherung (-gewinnung) umgekehrte Vorgang ist dann die Modellinterpretation (-nutzung), z. B. zum Entwurf eines Automatisierungssystems. Dabei ist besonders darauf hinzuweisen, daß in der Technik, Ökonomie und Biologie die *Verhaltensmodelle* dominieren, die das Verhalten im Hinblick auf die Zuordnung Ursache–Wirkung bei realen Systemen möglichst adäquat widerzuspiegeln haben. Der *Hauptzweck der Verhaltensmodelle* ist die *Vorhersage*. Man möchte das Systemverhalten quantitativ erfassen, um mit der erforderlichen Genauigkeit Voraussagen für die Zukunft oder für die Reaktion des Systems auf solche Eingangsgrößenbelegungen machen zu können, die bei der Modellierung noch keine Rolle spielten.

Da das Verhalten eines Systems wesentlich von den wirkenden Stell- und Störsignalen abhängt, ist *neben der Bestimmung des Objekt- bzw. Systemmodells* häufig auch die *Ermittlung des Signalmodells erforderlich*, aus dem Zahl und Charakteristik der auf das System wirkenden Signale ableitbar sein müssen. So ist es für die Auslegung einer Steuereinrichtung z. B. nicht gleichgültig, ob auf das System sprungförmige, periodische oder stochastische Eingangssignale wirken. Zu einer Prozeßanalyse gehört deshalb in den meisten Fällen auch die Durchführung einer Signalanalyse. In manchen Fällen ist sie sogar alleiniges Ziel der Prozeßanalyse.

Da die Verwendung der Modelle sehr unterschiedlichen Zielen dienen kann, wird ihre Darstellung meist auf den jeweiligen Einsatzzweck zugeschnitten. Es ergeben sich unterschiedliche Modellformen. Eine grobe Information dazu enthält Bild 7.2.

Einteilung der Modelle

Methoden der Modellgewinnung

Theoretische Modellgewinnung (Naturgesetze)
Experimentelle Modellgewinnung (Experimente)

Verwendungszweck der Modelle

Auslegungs-, Berechnungs-, Verhaltensmodelle
Hantierungs-, Funktionsmodelle

Darstellungsart der Modelle (M.)

Mathematisches M. in Gleichungsform/parametrisches M. (Gleichungen)
Mathematisches M. in graphischer Form (Signalflußbild/Graphen)/
   nichtparametrisches M. (Kurven, Wertepaare)
Physikalisches M. Analogiemodell oder gegenständliches M.

Aussage der Modelle

Statisches M.
Dynamisches M.

Anpaßbarkeit der Modelle

Vorhersagemodell
Adaptives M.
Lernendes M.

Verknüpfung der Variablen

Deterministisches oder stochastisches M.
Lineares oder nichtlineares M.

Gültigkeit der Modelle

Typenmodell (für Klasse von Objekten)
Spezielles M. (für konkretes Objekt)

Bild 7.2
Charakterisierung der
Modellformen

7.1.2. Ziele der Modellbildung

Modelle dienen als

- Hilfsmittel, zur Objektivierung von Denkprozessen
- Demonstrationshilfsmittel
- Hilfsmittel für die Beschreibung funktioneller Zusammenhänge, also des Verhaltens von Systemen/Prozessen
- Mittel zum Erkenntnisgewinn, um aus der Analyse des Modells Rückschlüsse auf das Original zu ziehen
     beim Entwurf
     bei der Inbetriebnahme
     bei der Wartung
     bei der Havariebekämpfung usw.
- Mittel zur Beherrschung des Originals durch Einbeziehung von Bezugsmodellen oder zeitverkürzt arbeitenden Modellen.

Das Modell soll seinem Original (entsprechend der Zielstellung) ausreichend ähnlich sein. Bei der *Abstraktion* entsteht aber immer ein *Verzicht auf Informationen*. Das Modell soll nur das gerade interessierende, für die Lösung eines bestimmten Problems wesentliche Verhalten des Originals widerspiegeln.

Da ein Modell die Funktion hat, ein gewisser Ersatz für das Original zu sein, muß eine dem Zweck entsprechende Übereinstimmung Original–Modell (zielabhängig) erreicht werden.

Die Abschätzung des Unterschieds (Fehlers) stößt naturgemäß auf größere Schwierigkeiten, weil im Normalfall die Ganzheit des Objekts (weil nicht bekannt) nicht in den Vergleich einbezogen werden kann. Hierin liegt ein *Hauptproblem* der Modellbildung, nämlich die *Überprüfbarkeit* der Leistungsfähigkeit *der Modelle* vor ihrer praktischen Nutzung zum Entwurf usw.

Man unterscheidet bei der Modellbildung drei Arten der Abstraktion:

Generalisierende Abstraktion. Wesentliche Merkmale werden hervorgehoben und verallgemeinert.

Isolierende Abstraktion. Löst gewisse Eigenschaften, Beziehungen aus dem Zusammenhang (z. B. durch Definition einer Eingangs- und Ausgangsumgebung).

Idealisierende Abstraktion. Schafft Begriffe für ideale Objekte, die nicht nur von unwesentlichen Dingen abstrahieren, sondern ihnen Eigenschaften zuordnen, die reale Objekte nicht oder nur angenähert besitzen (z. B. Massenpunkt, ideale Durchmischung, Pfropfenströmung usw.).

Damit wird deutlich, daß bei der Modellbildung im Sinne eines Kompromisses aus technischer Sicht zugunsten einer verstärkten Zielorientierung des Modells auf einen insgesamt möglichen maximalen Erkenntnisgewinn verzichtet werden muß. Das Ergebnis der Modellierung trägt stets nur einen relativ vorläufigen Charakter, weil es sowohl vom Gesamterkenntnisstand als auch vom Erkenntnisstand des Modellbildners abhängt. Daher sollten alle *Modelle möglichst erweiterungsfähig* ausgelegt werden,

– um neue Erkenntnisse einlagern zu können oder,
– wenn das nicht möglich ist, ein neues Modellkonzept anzunehmen.

Der bisher geschilderte Sachverhalt darf jedoch nicht zur Forderung nach möglichst universellen Modellen führen, weil diese

– einerseits nur mit hohem Aufwand zu gewinnen und
– andererseits praktisch kaum beherrschbar sind (Simulation).

Deshalb sind die Bemühungen *mehr* auf *zielorientierte Einzelmodelle* und weniger auf sog. Universalmodelle ausgerichtet, wobei auf die *Kompatibilität der Einzelmodelle* zu achten ist.

7.1.3. Zur Modellbildung in der Technik

Wir wollen hier die im vorhergehenden Punkt getroffenen Aussagen stichpunktartig noch etwas spezifizieren.

Jedes Modell kann auf eine Klasse von Originalen – als Typenmodell – bezogen sein. Die Modelle sind anwendbar

zur Beschreibung/Analyse technischer Anlagen
zum Entwurf technischer Anlagen/Aggregate
zum Entwurf von automatisierten Systemen

bei der In- und Außerbetriebnahme von Anlagen
beim Betrieb automatisierter Systeme
bei der Instandhaltung
bei der Havariebekämpfung,

d.h., sie spielen durchgängig vom Entwurf bis hin zur Außerbetriebnahme eine zunehmende Rolle.

Die Modelle bringen vor allem Vorteile

bei schwierigen (komplizierten) Originalen (Prozessen)
bei unzugänglichen Prozessen
bei gefährlichen Prozessen und
sichern aus ökonomischer Sicht die Bewältigung der vom Original erhaltenen Informationen.

Am Prozeß der Modellbildung und Nutzung sind damit unterschiedliche naturwissenschaftlich-technische-ökonomische Disziplinen beteiligt.

Die Modellbildung trägt entscheidend zur Objektivierung und Durchdringung der zu modellierenden Prozesse bei. Aus früher „inneren Modellen" eines Spezialisten werden allgemein nutzbare externe Modelle. Daraus resultiert eine Verallgemeinerung individueller Erfahrungen.

▶ Wesentliche Aufgaben sind bei der wachsenden Kompliziertheit und Komplexität der Prozesse heute ohne Modell nicht mehr lösbar.

▶ Die ständig kürzer werdenden Zeiten zwischen Auftrag und Realisierung und die enormen Anlagenkosten zwingen zu einer raschen Inbetriebnahme durch volle Beherrschung der Prozesse. Das erfordert zunehmende Testung vor Bau und Inbetriebnahme durch Simulation mit Hilfe des Modells. Für die Entwicklung in der Technik folgt daraus:

Die *Modellbildung* stellt einen entscheidenden Schlüssel zur Förderung der wissenschaftlich-technischen Entwicklung dar; sie ist die geeignete Basis zur optimalen Gestaltung und Führung von Prozessen.

7.1.4.   Methoden der Modellbildung

Die Modellbildung kann auf theoretischem und/oder experimentellem Wege erfolgen.

▶ Bei der *theoretischen Modellbildung* (oft auch theoretische Prozeßanalyse genannt) werden die physikalisch-chemischen Vorgänge, die sich z.B. in den Steuerungsobjekten (Anlagen, Aggregaten) vollziehen, analysiert und mit Hilfe der bekannten Gesetze der Mechanik, der Thermodynamik usw. mathematisch formuliert. Auf diese Weise werden die Modellstrukturen und, soweit möglich, die Modellparameter über die inneren Wirkungsmechanismen der Anlagen bestimmt. *Die Objekte werden* dabei gewissermaßen *von innen heraus analysiert*; die Modellgleichungen sind damit physikalisch begründet.

Voraussetzung für eine erforderliche theoretische Analyse sind allerdings ausreichende Kenntnisse über die Elementarvorgänge in den Objekten (die noch nicht existieren müssen).

▶ Bei der *experimentellen Modellbildung* (auch experimentelle Prozeßanalyse genannt) werden die Eingangs- und Ausgangssignale der technischen Objekte gemessen und ausgewertet. Dabei können künstliche oder natürliche Testsignale, wie z.B. Sprungsignale oder stochastische Signale („Rauschsignale"), verwendet werden. *Die* (notwendigerweise existierenden) *Objekte werden* so gewissermaßen *von außen her analysiert.*

Voraussetzungen für den Erfolg einer experimentellen Prozeßanalyse sind
hinreichende Genauigkeit der Meßtechnik
geeignete und leistungsfähige Methoden der Erfassung und Speicherung der Informationen
ausreichender Variationsbereich der Prozeßgrößen
fundierter Modellansatz
geeignete Methoden zur Auswertung der Daten
geeignete Methoden zur Überprüfung und Verbesserung des Modells.

Dabei ist jedoch festzuhalten, daß das so gewonnene quantitative Modell nicht ohne weiteres Aussagen über die inneren Vorgänge im Prozeß erlaubt. Die Aussage ist auf die Zusammenhänge zwischen Eingangs- und Ausgangsgrößen beschränkt. Deshalb ist es üblich, die *theoretische und die experimentelle Analyse* zu *kombinieren*, indem die Modellstruktur weitgehend theoretisch bestimmt wird und Modellparameter bzw. gewisse Modellteile aus Experimenten gewonnen werden.

Im Bild 7.3 sind die Merkmale theoretisch bzw. experimentell gewonnener Modelle aufgeführt.

Die *Hauptnachteile theoretischer Modelle* liegen in der
Unzuverlässigkeit bei ungenügenden Prozeßkenntnissen und evtl. in dem hohen Aufwand bei komplexen Prozessen.

Die *Hauptnachteile experimenteller Modelle* liegen dagegen in der
Notwendigkeit der Existenz der Prozesse
der nur punktuellen Modellgültigkeit und
der Unmöglichkeit (Schwierigkeit) der physikalischen Interpretation.

Diese Eigenschaften grenzen die Anwendungsbereiche und Wechselwirkung beider Methoden hinreichend deutlich ab.

Merkmale	Theoretisch ermittelt	Experimentell ermittelt
Voraussetzungen	hinreichende qualitative und quantitative Prozeßkenntnisse	Prozeß muß existieren, Experimente müssen möglich sein
Genauigkeit	bei komplizierten Prozessen nur mit hohem Aufwand erreichbar	selbst bei relativ kleinem Aufwand meist hoch
Aufwand	wenn Prozeß kompliziert, dann hoch, einmalig, multivalent nutzbar	für jeden Fall extra nötig, relativ klein
Simulation	relativ großer Aufwand	relativ kleiner Aufwand
Übertragbarkeit	meist gegeben	selten möglich
Anpassung an veränderte Betriebszustände	bei nichtlinearen Modellen gegeben	nur durch ständige Modellanpassung möglich
Vertiefung der Prozeßkenntnisse	Prinzipiell gegeben, Modell physikalisch begründet	Modell physikalisch nicht interpretierbar

Bild 7.3. Merkmale theoretischer und experimenteller Modelle

7.1.5.   Modellgüte, Aufwand, Nutzung der Modelle

Modellgüte (Genauigkeit) und Aufwand zur Modellgewinnung hängen eng miteinander zusammen; der Aufwand steigt mit der verlangten Genauigkeit (s. Bild 7.4). Auch hier muß deshalb immer nach dem Grundsatz „So genau wie nötig und nicht so genau wie möglich!" gehandelt werden. Das Modell wird auf seinen jeweiligen Anwendungsfall zugeschnitten, d. h., bestimmte Einflüsse werden vernachlässigt; somit stellt das Modell eine Art gefiltertes Abbild des Originals dar (Bild 7.5).

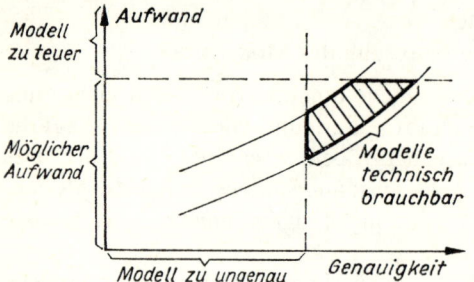

Bild 7.4
Zusammenhang zwischen Aufwand
(Kosten) und Modellgenauigkeit

Erklärtes Ziel der Modellbildung ist, wie bereits dargelegt, die gezielte Nutzung der Modelle. Dazu bedient man sich zunehmend rechentechnischer Hilfsmittel. Die Nachbildung des Prozeßverhaltens (Verhaltens des Steuerungsobjekts) auf einem Rechner, also die „Programmierung" der theoretisch/experimentell gewonnenen Modelle, wird als *Simulation* bezeichnet. Sie gewinnt als indirektes, *gefahrloses Experiment* in allen Zweigen der Technik an Bedeutung, gefördert auch durch die Verfügbarkeit der Rechentechnik.

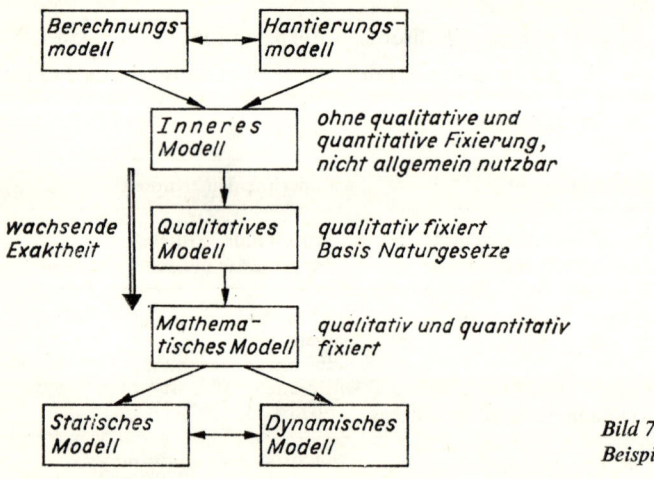

Bild 7.5
Beispiel für Modellarten

Dabei bieten sich die

- analoge Simulation (mit Analogrechner)
- digitale Simulation (mit Digitalrechner) sowie die
- hybride Simulation (mit Hybridrechner) an.

Die *Vorteile der Simulation* sind u. a.:

- Im Original ablaufende Vorgänge und beliebig zu erwartende Situationen können hier rascher und ökonomischer als am Objekt studiert werden (Zeitmaßstabsänderung).

– Extrem gefährliche Bedingungen können untersucht werden (Extrapolation).
– Eine reproduzierbare Prozeßdarstellung ist möglich.
– Empfindlichkeits- und Stabilitätsuntersuchungen sind möglich (Variationsmöglichkeit).

Die Überlegungen zeigen, daß die Modellnutzung in starkem Maß von der Verfügbarkeit der Rechentechnik abhängt, die dafür entstehenden Kosten lassen sich jedoch rasch amortisieren.

Abschließend noch einige Bemerkungen zur *Nutzung der Modelle für Steuerungsaufgaben*. Sie dienen der

– Ermittlung von Steuerungsstrukturen und -parametern auf der Basis moderner Entwurfsverfahren
– Erkennung möglicher Meß- und Stellgrößen sowie Meß- und Stellorte
– Auswahl und Festlegung geeigneter (meßbarer und nutzbarer) Meß- und Stellgrößen
– Erkennung und Einschätzung von Störungen und Störauswirkungen
– Einschätzung des statischen und dynamischen Steuerstreckenverhaltens
– Erkennung von Kopplungen zwischen den Prozeßvariablen
– sinnvollen Zielformulierung und Aufgabenverteilung auf Subsysteme
– Durchrechnung von Entwurfsvarianten.

Das Prozeßmodell spielt eine Schlüsselrolle im Wechselwirkungsvorgang zwischen Theorie und Anlagenprojektierung. Während die klassische Steuerungstheorie ohne scharf formulierte Zielstellungen und mit relativ einfachen Modellen auskommt, *verlangen moderne Verfahren der Theorie der automatischen Steuerung klare Zielfunktionen und* entsprechend *genaue Prozeßmodelle*.

Insgesamt ist zu beachten, daß die Modellbildung meist in mehreren Phasen abläuft. Zunächst entstehen Grobmodelle (theoretisch oder heuristisch); mit wachsenden Erkenntnissen werden sie verbessert, und im Betrieb/Objekt vollzieht sich heute zunehmend eine weitere Verfeinerung der Modelle. Man könnte die Modellbildung nach folgenden Phasen ordnen:

Vorbereitung, Modellgewinnung, Modellnutzung, Erfahrungsgewinn und Modellverbesserung.

7.1.6. Modellformen

Form und Umfang der Modelle technischer Anlagen/Apparaturen werden hauptsächlich vom *Einsatzzweck* bestimmt, z.B. der *Prozeßgestaltung, Prozeßautomatisierung, Prozeßführung, Havariebekämpfung*. Hinzu kommt eine Reihe von Nebenbedingungen, wie Erfahrungen des Bearbeiterkollektivs, Hilfsmittel (Rechner), Zeitfaktor usw. Das technologische Vorprojekt (die Prozeßstudie) muß deshalb ausweisen, welcher Art die Modelle sein müssen.

Grundsätzlich kann dabei im Hinblick auf die Automatisierungstechnik zwischen *zwei Klassen von Modellen* unterschieden werden: Hantierungsmodelle und Berechnungsmodelle.

Hantierungsmodelle (oft auch ein *heuristisches Modell*) enthalten nur wesentliche (qualitative) Zusammenhänge zwischen den Prozeßvariablen (Stellgrößen, gesteuerten Größen) und können z.B. als Tabelle, in der Einflußstärke und Einflußrichtung von Stellgrößen auf Prozeßausgangsgrößen dargestellt sind, vorliegen. Diese Tabelle enthält außerdem u.U. einzuhaltende Wertebereiche, zulässige Stellgeschwindigkeiten u.a. Zu den Hantierungsmodellen rechnen auch vorgeschriebene technologische Regime in Form von Anweisungslisten oder die Darstellung diskreter Prozesse in Form von Graphen.

Berechnungsmodelle (auch *Verhaltensmodelle*) beschreiben die wesentlichen quantitativen Zusammenhänge zwischen den Prozeßvariablen in Form mathematischer Gleichungen (und Ungleichungen) bzw. deren Simulation auf analogen oder digitalen Rechnern. Vorrangig dienen diese Berechnungsmodelle dem Entwurf automatischer Steuerungen.

Die Modellformen lassen sich noch nach weiteren, für die Automatisierungstechnik aber weniger wichtigen Gesichtspunkten einteilen, wie z.B. *ideelle und materielle Modelle* oder *Form- und Funktionsmodelle*.

Berechnungsmodelle lassen sich nach verschiedenen Merkmalen charakterisieren. Eine mögliche, unbewichtete Klassifikation ist auch aus Bild 7.3 zu ersehen.

Die Probleme der Gewinnung und Nutzung dieser Modellklassen werden in den Abschnitten 7.2. und 7.3. besprochen.

Die einfachste Darstellung der *Grundstruktur von Berechnungsmodellen für kontinuierliche Systeme* (z.B. für Systeme der chemischen Verfahrenstechnik, der Energietechnik usw.) zeigt Bild 7.6. Hierbei wird angenommen, daß alle Prozeßgrößen (z.B. Druck, Temperatur, Füllstand u.dgl.) nur von der Zeit abhängen und Ortsabhängigkeiten vernachlässigt werden können. Bild 7.6 soll lediglich die „informationsübertragenden Kanäle" zwischen den Prozeßgrößen veranschaulichen und sagt nichts über den mitunter außerordentlich komplizierten „Prozeßinhalt" aus. Entsprechend den im Bild 7.6 angedeuteten Informationskanälen müssen die Berechnungsmodelle den Zusammenhang zwischen den Ausgangsgrößen x und den Eingangsgrößen (Einflußfaktoren) y und z (bei Vernachlässigung von v) in Form mathematischer Beziehungen enthalten. Dabei ist, geprägt durch die Hauptanwendungsfälle, im wesentlichen zwischen statischen und dynamischen Modellen zu unterscheiden.

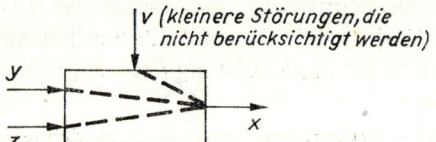

Bild 7.6
Grundstruktur von Berechnungsmodellen

Statische Modelle werden zur Arbeitspunkteinstellung der Automatisierungseinrichtung bzw. zur optimalen Steuerung der stationären Fahrweise technischer Prozesse benötigt und beschreiben den Zusammenhang zwischen Ausgangsgrößen und Stell- bzw. Störgrößen einer Strecke beim stationären Betrieb der Anlage/des Aggregats. Zu festen Eingangsgrößen gehören dann nach einer evtl. vorhandenen längeren Einschwingzeit zugeordnete Werte der Ausgangsgröße. Die statischen Kennlinienfelder werden beschrieben durch

$$x = f(y, z) \quad \text{bzw.} \quad \varphi(x, y, z) = 0.$$

Einen einfachen Fall dieser Abhängigkeit als *Stellkennlinie* zeigt Bild 7.7. Für Objekte mit mehreren Eingangsgrößen ist allerdings eine derartige grafische Darstellung nicht möglich, und die Beschreibung des statischen Verhaltens muß sich dann auf die Angabe der (dann mehrvariablen) Funktion f beschränken.

Dynamische Modelle werden u.a. zur Festlegung der Parameter der Steuereinrichtung benötigt und beschreiben den Zusammenhang zwischen sich zeitlich ändernden Ausgangsgrößen und Stell- bzw. Störgrößen an einer Strecke, z.B. bei einem Übergang zwischen zwei stationären Zuständen des Systems. Auf Grund stets vorhandener Speicher, etwa für Stoffe und Energie, läßt sich dieser Zusammenhang allerdings nicht mehr in so einfacher Form wie beim statischen Modell angeben, sondern nur in Form einer (oder mehrerer) Differentialgleichung(en)

$$\frac{dx}{dt} = \varphi(x, y, z).$$

Das dynamische Modell gibt also die Änderungsgeschwindigkeit der Ausgangsgröße in Abhängigkeit von dieser Größe selbst und den Eingangsgrößen an.

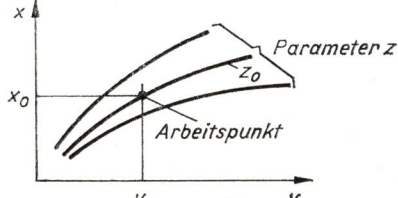

Bild 7.7
Stellkennlinie als statisches Modell

Das statische Modell ergibt sich aus dem dynamischen Modell, wenn in diesem die zeitlichen Änderungen Null gesetzt werden:

$$\frac{dx}{dt} = 0.$$

Dynamische Modelle können oft in Form linearer Modelle angesetzt werden. Diese Beschreibungsform ist ausreichend, wenn sich alle Prozeßvariablen nur wenig um ihre stationären Werte ändern (z. B. in Regelkreisen bei der Prozeßstabilisierung). *Die linearisierten Modelle* werden dann durch eine Taylor-Reihen-Entwicklung der Funktion φ um die stationären Werte x_0, y_0 und z_0 am Arbeitspunkt gewonnen.

Für *lineare dynamische Modelle* gibt es mehrere gebräuchliche Darstellungsformen. Neben der Angabe der Differentialgleichung oder der Übertragungsfunktion ist es z. B. oft üblich, den Verlauf der Ausgangsgröße $x(t)$ bei Erregung des Systems mit speziellen, besonders einfachen Eingangsgrößenbelegungen (z. B. sinusförmigen- oder Sprungsignalen) anzugeben. Beispiele für Modelle bekannter Objekte sind im Bild 7.8 zusammengestellt.

Im Bild 7.9 sind für die typischen Automatisierungsaufgaben einige übliche Modellformen genannt. Daraus folgt, daß die statischen und dynamischen Berechnungsmodelle z. Z. die Hauptform der Prozeßmodelle darstellen.

7.1.7. Automatisierungsobjekt/Steuerstrecke

Häufig gilt es bei einem Automatisierungsobjekt unterschiedliche Automatisierungsaufgaben zu lösen. So werden z. B. bei dem im Abschnitt 1.12. erwähnten Kraftwerk am Dampferzeuger die Temperatur, der Druck und der Mengenstrom des erzeugten Dampfes konstant gehalten, d. h., es sind drei unterschiedliche Zielstellungen vorgegeben. An deren Erfüllung sind jeweils verschiedene Elemente des Dampferzeugers beteiligt, und nur sie sind Bestandteil der jeweiligen Steuer- oder Regelstrecke. Also: *Automatisierungsobjekt und Steuer- bzw. Regelstrecke sind nicht unbedingt identisch.*

Noch deutlicher wird der Sachverhalt am Beispiel eines Fahrzeugs, bei dem die *Geschwindigkeit und* der *Kurs automatisch gesteuert* werden sollen. Störungen im Antriebsteil (Motor) wirken sich zwar auf die *Geschwindigkeitsregelstrecke* aus, dagegen jedoch kaum auf die *Kursregelstrecke*, weil auch hier die *Regelstrecken durch unterschiedliche*

	Übergangsfunktion (Differentialgleichung)	Frequenzgang	Ortskurve des Frequenzgangs	Bode-diagramm	Beispiele
P = 0. Ordnung	$x = K_S y_S$	$F(j\omega) = K_S$			Strom und Spannung in ohmschen Netzen; Druck und Durchfluß in Flüssigkeitsrohrnetzen
PT₁ = 1. Ordnung	$T_S \dot{x} + x = K_S y_S$	$F(j\omega) = K_S/(1 + T_S j\omega)$	$\omega_E = 1/T_S$	$\omega_E = 1/T_S$	Spannung elektrischer Stromerzeuger; Drehzahl von Gleichstrommotoren bei Ankerspannungseingriff; Druck und Durchfluß in Gasrohrnetzen; Drehzahl von Kolbenkraftmaschinen
PT₂ = 2. Ordnung aperiodisch	$T_{S1} T_{S2} \ddot{x} + (T_{S1} + T_{S2})\dot{x} + x = K_S y_S$	$F(j\omega) = \dfrac{K_S}{1 + (T_{S1} + T_{S2})j\omega + T_{S1} T_{S2}(j\omega)^2}$		$\omega_E = \dfrac{1}{T_{S1}}\dfrac{1}{T_{S2}}$	Spannungsregelung über Erregermaschine; Drehzahlregelung bei Feldspannungseingriff
PT₂ = 2. Ordnung periodisch	$T_{S2}^2 \ddot{x} + T_{S1}\dot{x} + x = K_S y_S$	$F(j\omega) = \dfrac{K_S}{1 + T_{S1}j\omega + T_{S2}^2(j\omega)^2}$	ω_{0S}	ω_{0S}	Temperaturregelung; pneumatischer Kolben gegen Feder
PT_n = n-ter Ordnung	$T_{Sn}^n x^{(n)} + \ldots + T_{S1}\dot{x} + x = K_S y_S$	$F(j\omega) = K_S/(1 + j\omega T_S)^n$		$\omega_E = 1/T_S$	als Näherung für Dampfüberhitzer

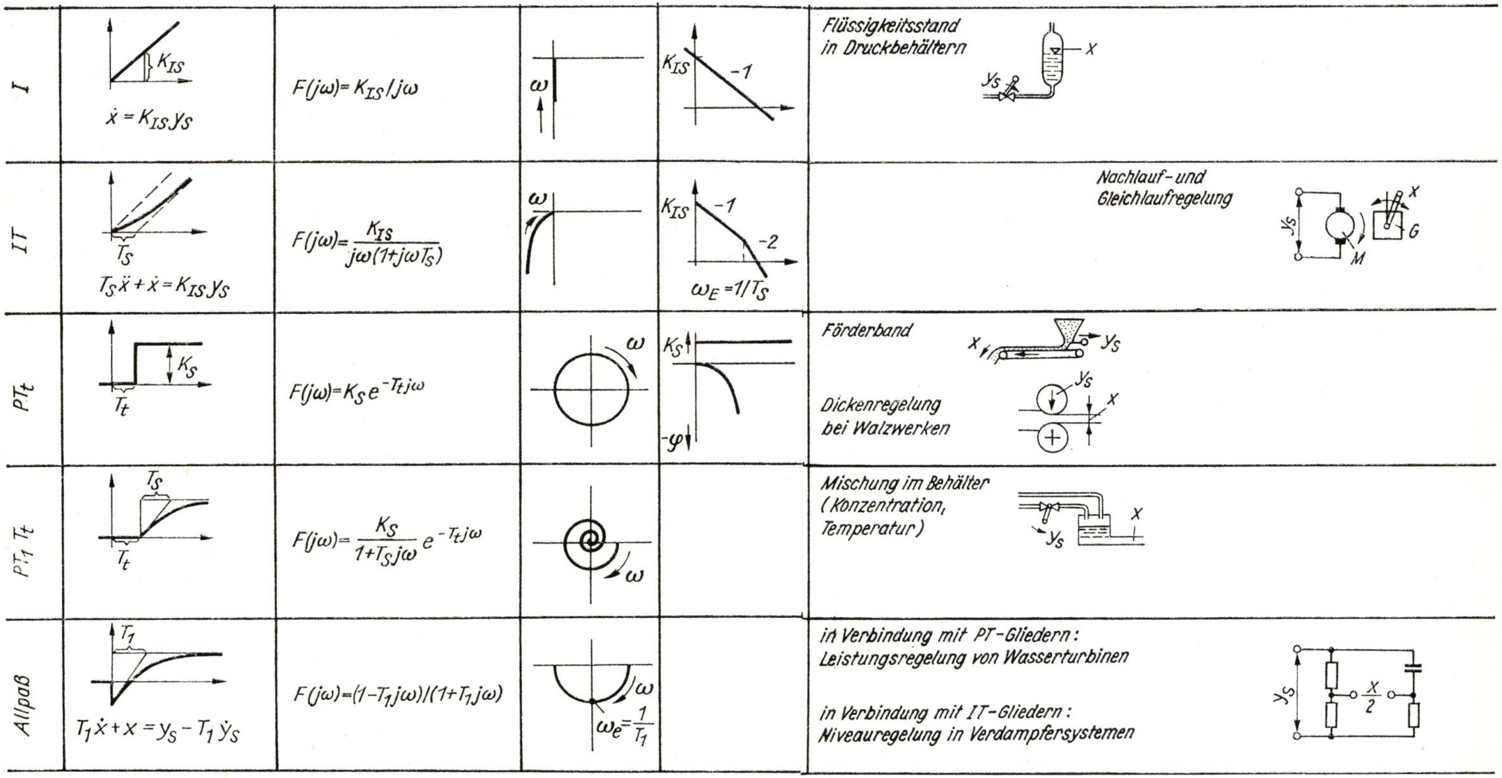

				Anwendungsbeispiele
I	$\dot{x} = K_{IS} y_S$	$F(j\omega) = K_{IS}/j\omega$		Flüssigkeitsstand in Druckbehältern
IT	$T_S \ddot{x} + \dot{x} = K_{IS} y_S$	$F(j\omega) = \dfrac{K_{IS}}{j\omega(1+T_S j\omega)}$		Nachlauf- und Gleichlaufregelung
P_T		$F(j\omega) = K_S e^{-T_t j\omega}$		Förderband; Dickenregelung bei Walzwerken
$PT_t T_t$		$F(j\omega) = \dfrac{K_S}{1+T_S j\omega} e^{-T_t j\omega}$		Mischung im Behälter (Konzentration, Temperatur)
Allpaß	$T_1 \dot{x} + x = y_S - T_1 \dot{y}_S$	$F(j\omega) = (1-T_1 j\omega)/(1+T_1 j\omega)$		in Verbindung mit PT-Gliedern: Leistungsregelung von Wasserturbinen; in Verbindung mit IT-Gliedern: Niveauregelung in Verdampfersystemen

Bild 7.8. Modellformen häufig auftretender Objekte

Automatisierungsfunktionen	Modellformen (Beispiele)
Prozeßüberwachung und -Sicherung	
Anzeige Protokollierung	Liste der Ereignisse
Grenzwertüberwachung	Liste/Druckbild
Noteingriff	Liste mit Algorithmen für Eingriffe, Berechnungsmodell
Prozeßstabilisierung	
Herbeiführung und Aufrechterhaltung eines Prozeßregimes	statische und dynamische Berechnungsmodelle
Ausschaltung von Störauswirkungen	
Ausschaltung von Kopplungen zwischen Teilsystemen	
Prozeßführung	
An- und Abfahren nach Programmen	Zeitplan, Verriegelungsbedingungen, Tabellen,
Prozeßführung nach meßbaren Größen	Graphen
Vorhersage des Prozeßverhaltens	statische und dynamische Berechnungsmodelle
Prozeßoptimierung	
statisches Verhalten	statische und dynamische Berechnungsmodelle
Übergangsverhalten/Dynamik	

Bild 7.9. Zuordnung von Automatisierungsfunktion und Modellform

Elemente gebildet werden. Die hier genannte *Unterscheidung* bzw. *Zuordnung Objekt–Strecke ist* u.a. wesentlicher Ausgangspunkt bei der Modellbildung für *unterschiedliche Steuerstrecken eines Objekts.*

7.2.   Theoretische Prozeßanalyse/Modellbildung

In diesem Abschnitt werden Möglichkeiten, Anwendungsbreite und Grenzen der theoretisch-physikalisch begründeten Modellbildung behandelt. Probleme der theoretischen Signalanalyse werden nicht besprochen.

Die theoretische Prozeßanalyse wird hier im engeren Sinne als *Systemanalyse* behandelt, wie sie für die Probleme der Automatisierungstechnik von Interesse ist. Die im Abschnitt 7.1. beschriebene, sehr allgemeine Zielstellung der Prozeßanalyse, wo es auch um die allgemeine Analyse von Schwachstellen ging, steht hier nicht im Vordergrund.

Durch die theoretische Prozeßanalyse wird versucht,

– die technischen Systeme von „innen heraus" zu analysieren, d.h., die Modellstruktur und Modellparameter über die inneren Wirkungsmechanismen der Prozesse, Maschinen, Aggregate und Anlagen zu bestimmen.

Die Modelle sind damit physikalisch begründet und genügen den Naturgesetzen; es entstehen parametrische Modelle.

7.2.1.   Besonderheiten der theoretischen Prozeßanalyse

Die Besonderheiten der theoretischen Prozeßanalyse bestehen darin, daß

– die Modellbildung schon im Entwurfs- bzw. Projektstadium einer Anlage möglich ist
– die Analyseergebnisse übertragbar sind auf Anlagen gleichen Prozeßtyps (gleiche Konfiguration aus Apparaten, Anordnungen, Vorgängen, Betriebsweisen)

– die Zusammenhänge zu den technologischen und konstruktiven Daten erhalten bleiben
– bei sorgfältiger Analyse alle prozeßbestimmenden Größen im System erkannt werden
– wichtige Aussagen über die Modellstruktur gewonnen werden.

Die Schwierigkeiten der Methode bestehen darin, daß

– bei komplizierten Prozessen der Aufwand meist hoch ist und die Modelle kompliziert werden, insbesondere dann, wenn auch Prozeßgrößen berücksichtigt werden müssen, die nicht nur zeit-, sondern auch ortsabhängig sind, wie z.B. bei Vorgängen in räumlich ausgedehnten Apparaturen
– die Ergebnisse stark qualitativen Charakter tragen und die Prozeßparameter oftmals nur mit großen Unsicherheiten behaftet ermittelt werden können und dazu zusätzliche Experimente nötig sind
– die Vorgehensweise schlecht algorithmisierbar ist
– die Frage nach der Widerspruchsfreiheit und Güte der Modelle, insbesondere bei umfangreicheren Modellvereinfachungen, schwer zu beantworten ist
– die Bearbeiter der Aufgaben die in den Anlagen/Apparaturen ablaufenden physikalisch-chemischen Prozesse sowie die Möglichkeiten zu deren Beschreibung ausreichend genau kennen müssen
– Modellparameter (Kennwerte), wie z.B. Wärmeübergangskoeffizienten, oft nur sehr ungenau bestimmt werden können (nach Literaturangaben liegen die Modellparameterfehler durchaus im Bereich zwischen 20 und 200 %).

Es ist deshalb wichtig, den Modellbildungsprozeß – wie bereits im Abschnitt 7.1. betont – stets als iterativen Vorgang mit den Phasen Vorbereitung, Modellgewinnung, Modellnutzung, Erfahrungsgewinn, Modellverbesserung zu sehen und zu betreiben. Eine Modellverbesserung und damit die Überwindung der genannten Schwierigkeiten kann nur über die Nutzungsphase (evtl. verbunden mit zusätzlichen Experimenten) und den damit verbundenen Erfahrungsgewinn erfolgen. Deshalb sollte dieser Iterationszyklus mit einem möglicherweise sehr einfachen Modell beginnen.

Im vorliegenden Abschnitt können verständlicherweise nicht alle Seiten des Problems diskutiert werden. Im Vordergrund der Ausführungen stehen hier

– die wesentlichen Schritte einer theoretischen Prozeßanalyse und
– die grundsätzlichen Möglichkeiten zur Formulierung der Modellgleichungen.

Das Ziel besteht darin, einen Überblick über die Methode zu vermitteln und einen **mindestens** für einfache Fälle anwendbaren *Modellbildungsalgorithmus* anzugeben.

7.2.2. Teilschritte der theoretischen Prozeßanalyse

Die Analyse einer technischen Anlage unter Nutzung theoretisch-physikalischer Mittel ist eine Aufgabe, die oft nur in mehreren Schritten zu lösen ist. Dabei lassen sich aber meist vier Teilschritte, die im Bild 7.10 dargestellt sind, deutlich voneinander trennen.

Zerlegung des Systems/Objekts

Die Probleme des ersten Schrittes der Modellbildung folgen aus dem Charakter technischer Systeme. So sind z.B. in modernen verfahrenstechnischen Anlagen derart viele Energie- und Stoffströme durch spezielle Technologien miteinander verknüpft, daß eine Analyse dieser Vorgänge als Ganzes kaum möglich ist und eine (gedankliche) Zerlegung

(Dekomposition) der Anlagen in Teileinheiten notwendig wird. Dabei ist nicht nur die Wechselwirkung zwischen den Teileinheiten, sondern auch die zu ihrer Umgebung zu berücksichtigen. Die Art und Weise einer *Dekomposition* hängt von verschiedenen apparativen und funktionellen Merkmalen einer Anlage ab. Sie wird wesentlich bestimmt von

– dem Einfluß der stofflich-energetischen Wechselwirkungen zwischen den Anlagenteilen und der Umgebung
– dem „natürlichen" Aufbau einer Anlage aus relativ selbständigen Prozeßeinheiten (Wärmetauscher, Reaktoren, Kolonnen usw.)
– vorhandenen Grenzflächen (Trennwänden, Phasengrenzen usw.)
– der zu erwartenden (möglicherweise dezentralen) Automatisierungsstruktur
– der vorgesehenen Mensch–Maschine-Kommunikation.

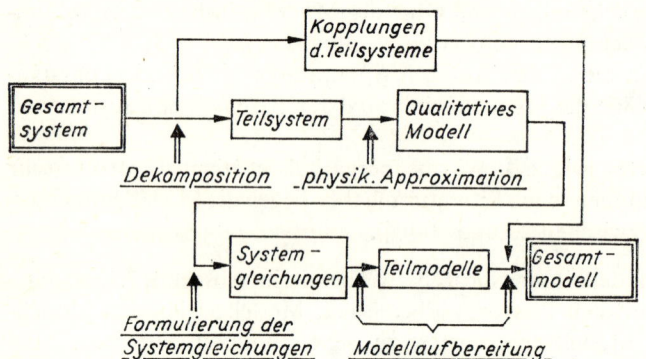

Bild 7.10
Teilschritte der theoretischen
Prozeßanalyse

Die Frage nach dem notwendigen Feinheitsgrad der Dekomposition ist zu Beginn einer Analyse schwer zu beantworten. Für diese Zerlegung gibt es deshalb auch keine allgemeinen Regeln, und die Richtigkeit getroffener Annahmen kann schließlich nur am Erfolg (Modelltest) überprüft werden. Bei Mißerfolgen müssen möglicherweise verschiedene Ansätze zur Dekomposition erprobt werden.

Aufstellung qualitativer Modelle

In einem zweiten Schritt der Modellbildung wird nun jedes Teilsystem einschließlich seiner Wechselwirkungen mit der Umgebung durch ein möglichst einfaches (abstraktes) qualitatives Modell ersetzt. Zur Erklärung dieses Begriffs betrachten wir als Beispiel die Vorgänge in einem Wasserversorgungssystem.

Bild 7.11 zeigt das stark vereinfachte Anlagenschema. Die Anlage besteht aus zwei Wasserbehältern, die über eine lange Rohrleitung miteinander verbunden sind. Zur Steuerung der Anlage benötigen wir ein Modell für die zeitlichen Änderungen der Wasserstände h_1 und h_2 in beiden Behältern in Abhängigkeit von den Zu- und Abflüssen. Bild 7.11 zeigt auch das gewählte qualitative Modell (das Prinzip, die „Ersatzschaltung"). Das Gesamtsystem wurde dabei gedanklich in die drei Teilsysteme Behälter 1, Rohrleitung, Behälter 2 zerlegt. An jedes System sind die zur Formulierung der Modellgleichungen notwendigen physikalischen Größen angetragen. Die Modellgleichungen selbst werden hier aber noch nicht formuliert; denn dazu sind weitere Kenntnisse nötig, die erst in den folgenden Abschnitten vermittelt werden.

Die qualitativen Modelle müssen nun einfach genug sein, um die Modellbildung erfolgreich und mit vertretbarem Aufwand durchführen zu können. Hierbei entsteht zwangsläufig die Frage nach der notwendigen Analysegenauigkeit. Ausgehend vom Verwendungszweck des Modells ist deshalb abzuschätzen, welche Vorgänge von wesentlicher Bedeutung für das Systemverhalten sind und durch welche vereinfachenden Annahmen von unwesentlichen Einflüssen abgesehen werden kann.

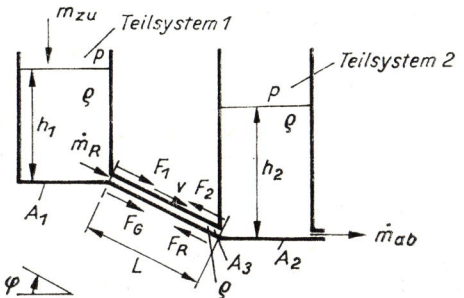

Bild 7.11
Wasserversorgungssystem,
Vorbereitung zur Modellbildung

Eine Hauptschwierigkeit der theoretischen Prozeßanalyse liegt darin, die Systembeschreibung gerade so fein auszuführen, daß genügend Informationen über die interessierenden Eigenschaften des Objekts mit der gewünschten Genauigkeit gewonnen werden (s. Bild 7.4). So müssen die tatsächlichen Wechselwirkungen des Systems mit seiner Umgebung und die Vorgänge im Inneren des Systems oft stark vereinfacht werden, um die für das Systemverhalten wesentlichen Seiten hervorzuheben. Bei der theoretischen Modellbildung werden deshalb die zu modellierenden Vorgänge je nach den Anforderungen an das Modell notwendigerweise mehr oder weniger stark idealisiert. Allgemeingültige Vereinfachungsregeln lassen sich allerdings nicht angeben, weil die Vorgehensweise stets durch den gegebenen Fall bestimmt wird. Die zur Modellbildung häufig herangezogenen Vereinfachungen und ihre (positiven) Auswirkungen sind im Bild 7.12 zusammenfassend dargestellt.

Vereinfachungen	Auswirkungen
Vernachlässigung unwichtiger Einflüsse	Herabsetzung von Zahl und Kompliziertheit der Systemgleichungen
Annahme von Rückwirkungsfreiheit zwischen System und Umgebung	
Näherung verteilter Parameter durch konzentrierte	Modell enthält nur gewöhnliche Differentialgleichungen
Annahme linearer Ursache – Wirkungs-Beziehungen zwischen den Variablen	Möglichkeit der Anwendung der linearen Systemtheorie
Annahme konstanter, zeitunabhängiger Parameter	wesentliche Senkung des Aufwandes zur Lösung der Systemgleichungen
Verwendung deterministischer Betrachtungen in Verbindung mit Empfindlichkeitsanalysen	Umgehen mathematisch schwieriger und nur in einfachen Fällen analytisch lösbarer statistischer Probleme

Bild 7.12. Vereinfachungen bei der Modellbildung und ihre Auswirkungen

Strenggenommen sind alle Prozeßvariablen nicht nur von der Zeit, sondern auch vom Ort abhängig. Hierbei sind zwei Fälle zu unterscheiden, die verschieden behandelt werden müssen:

Einerseits ist die Abhängigkeit von den Ortskoordinaten vergleichsweise schwach, und bei der Modellbildung wird davon völlig abgesehen. Das trifft z. B. auf Aggregate mit Rührwerken zu, die für eine weitgehende Durchmischung der Stoffströme sorgen, bzw. auf Anlagen/Aggregate mit geringen räumlichen Abmessungen; sie werden als *Systeme mit konzentrierten Parametern* bezeichnet.

Andererseits gibt es eine Reihe technologischer Prozesse, bei der Prozeßvariable stark ortsabhängig sind, z. B. die Temperaturen in Wärmeübertragern. Dieser Effekt ist immer dann zu beobachten, wenn Transporterscheinungen einen deutlichen Einfluß auf den Prozeßverlauf haben. Systeme solcher Art heißen *Systeme mit örtlich verteilten Parametern*.

Sind die Prozeßvariablen (praktisch) nicht ortsabhängig, dann genügen zur Aufstellung von Berechnungsmodellen für analoge kontinuierliche Systeme *gewöhnliche Differentialgleichungen*, anderenfalls müssen *partielle Differentialgleichungen* herangezogen werden. Die Behandlung partieller Differentialgleichungen stellt nun ein ungleich schwierigeres Problem als die Bearbeitung gewöhnlicher Differentialgleichungen dar. Das gilt sowohl für analytische als auch für numerische Methoden. Ausgehend von der geforderten Analysegenauigkeit, ist deshalb in jedem Einzelfall abzuwägen, ob eine Berücksichtigung verteilter Parameter tatsächlich notwendig ist oder ob nicht etwa eine gröbere Beschreibung der Vorgänge im System ausreicht.

Hierbei werden oft noch folgende, hinsichtlich der Genauigkeit graduell unterschiedliche, vereinfachende Annahmen getroffen:

- Zur Beschreibung der Ortsabhängigkeit wird nur die Koordinate verwendet, in deren Richtung die stärkste Abhängigkeit vorliegt (Strömungsrichtung).
- Durch eine *Abschnittsmodellbildung* (Zerlegung in „Scheibchen") wird das System mit verteilten Parametern durch eine Anzahl von Systemen mit konzentrierten Parametern physikalisch begründet approximiert.
- Auf Kosten der Analysegenauigkeit wird mit örtlich mittleren Werten der Prozeßvariablen gerechnet und damit ein Modell mit konzentrierten Parametern angenommen.

Formulierung der Bilanzgleichungen

Im dritten Modellbildungsschritt werden dann durch Anwendung physikalisch-chemischer Grundgesetze die Zusammenhänge zwischen den Prozeßvariablen für jedes Teilsystem und die Wechselwirkungen mit seiner Umgebung als Modellgleichungen mathematisch formuliert.

Die wesentlichen Wechselwirkungen zwischen dem System und seiner Umgebung werden dazu in Ursachen und Wirkungen unterteilt. Die Ursachen heißen Eingangsgrößen und die Wirkungen Ausgangsgrößen. Mehrere Größen werden jeweils zu einem Vektor zusammengefaßt.

Der dritte Modellbildungsschritt liefert (für kontinuierliche Systeme) im Regelfall einen umfangreichen *Satz gekoppelter gewöhnlicher und/oder partieller Differentialgleichungen*, die oft nichtlinear sind und/oder zeitvariable Koeffizienten haben. Letzteres besonders dann, wenn im vorhergehenden Schritt nur wenig vereinfacht wurde. Diese gewissermaßen noch unbearbeiteten Modelle (Rohmodelle) sind selten direkt zur Lösung der nachfolgenden Aufgaben (z. B. den Entwurf der Automatisierungseinrichtung) geeignet.

Aufbereitung des Rohmodells

Im vierten Schritt der Modellbildung werden diese Rohmodelle entsprechend den Einsatzzwecken aufbereitet.

Zwei Varianten sind dabei besonders wichtig: So interessiert erstens für viele Anwendungen nur das statische Systemverhalten; dann können alle zeitlichen Ableitungen Null gesetzt werden. Zweitens genügt zur Beschreibung des dynamischen Verhaltens oft ein linearisiertes Systemmodell in der nahen Umgebung eines festen Arbeitspunktes. Dann werden die Systemgleichungen z.B. durch eine Taylor-Reihen-Entwicklung um diesen Arbeitspunkt und bei Vernachlässigung aller Glieder 2. und höherer Ordnung linearisiert.

In diesem vierten Modellbildungsschritt wird auch das Gesamtmodell der technischen Anlage aus allen *Teilmodellen* einschließlich der Beziehungen über die Wechselwirkungen zwischen den Teilsystemen und der gesamten Umgebung aufgebaut. Hierbei werden nochmals Vereinfachungen einzelner Modellteile im Hinblick auf das *Gesamtmodell* erforderlich sein. So tritt oft der Fall ein, daß in gewissen Teilen der technischen Anlage die dynamischen Vorgänge größenordnungsmäßig rascher ablaufen als in anderen Teilsystemen. Für diese Objekte sind dann ohne wesentlichen Genauigkeitsverlust statische Modelle anzusetzen.

Schließlich ist die Form des Gesamtmodells der Aufgabenstellung so anzupassen, daß die Ergebnisse der theoretischen Modellbildung möglichst überschaubar dargestellt (analytisch, numerisch, grafisch) und damit auch möglichst einfach zu interpretieren sind.

7.2.3.   Zur Methode der Bilanzgleichungen

Eine tragfähige und nicht zu enge Basis zur Formulierung der Modellgleichungen läßt sich nur dann finden, wenn wir zunächst von den speziellen Eigenschaften der Automatisierungsobjekte absehen und nur die charakteristischen Elemente technischer Prozesse angeben. Eine derart globale Prozeßbeschreibung führt zwar zunächst nur zu einem allgemeinen Rahmen für die Modelle, der dann nachfolgend entsprechend den Eigenschaften der konkreten Prozesse präzisiert werden kann.

So lassen sich diese charakteristischen Elemente z.B. deutlich an verfahrenstechnischen Anlagen erkennen:

- Es existieren *dynamische Speicher* für Massen, Energien usw., wie z.B. Vorratsbehälter oder Reaktionsgefäße
- Die Speicher verändern ihre Inhalte (Mengen, Zusammensetzungen) auf Grund von *Zu- und Abflüssen* (über Rohrleitungen) bzw. auf Grund innerer *Quellströme* (durch chemische Reaktionen).
- Die Flüsse bzw. Ströme werden durch *Triebkräfte* (Potentialdifferenzen/Spannungen) außerhalb und innerhalb der Objekte ausgelöst.

Diese Grundelemente – *Speicher, Ströme, Triebkräfte* – werden, wenn auch nicht immer so offensichtlich, in allen technischen Prozessen angetroffen. Im Bild 7.13 sind hierfür einige Beispiele z.T. stark vereinfacht angeführt.

Hier wurden die Grundelemente an verfahrenstechnischen Systemen nachgewiesen, weil diese sehr häufig als Automatisierungsobjekte auftreten. Weitere Beispiele für Energiespeicher sind Federn und Massen in mechanischen Systemen sowie Spulen und Kondensatoren in elektrischen Systemen.

Diese Überlegungen legen es nahe, bei der Modellbildung von einer Bilanzierung der Speicherinhalte auszugehen. Dazu eignen sich insbesondere diejenigen physikalischen

Größen, die in abgeschlossenen Systemen ihre Werte nicht verändern, also „echte" Speichergrößen (vorzugsweise Erhaltungsgrößen) darstellen, nämlich

Energie	E	Impuls	I
Masse	m	Drehimpuls	B
elektrische Ladung	Q		

In den meisten technisch wichtigen Fällen brauchen aber nur Energie und Masse (Stoffmengen) betrachtet zu werden. Diese Größen bleiben in abgeschlossenen (stoff- und energiedichten) Systemen erfahrungsgemäß konstant, d. h.

$$\left(\frac{\mathrm{d}E}{\mathrm{d}t}\right)_{\text{abgeschlossenes System}} = 0 \tag{7.1}$$

$$\left(\frac{\mathrm{d}m}{\mathrm{d}t}\right)_{\text{abgeschlossenes System}} = 0. \tag{7.2}$$

Energie und Masse ändern ihre Werte folglich nur, wenn das System mit seiner Umgebung in Wechselwirkung steht. Die zeitliche Änderung der Systemenergie ist dann gleich der Summe aller dem System zu- und abgeführten Energieströme:

$$\frac{\mathrm{d}E}{\mathrm{d}t} = \sum_{i=1}^{l} \dot{E}_i. \tag{7.3}$$

Entsprechend ist die zeitliche Änderung der Systemmasse gleich der Summe aller dem System zu- und abgeführten Massenströme:

$$\frac{\mathrm{d}m}{\mathrm{d}t} = \sum_{i=1}^{l} \dot{m}_i. \tag{7.4}$$

Dabei besteht die Masse m oft aus einem Gemisch von k Stoffen:

$$m = \sum_{\lambda=1}^{k} m_\lambda, \tag{7.5}$$

Speichergröße	Strom	Triebkraft
Masse / Komponenten- masse	Stoffzufuhr(-abfuhr) über Ventile $\vec{m}_S$	Druckdifferenz
	chemische Reaktion Reaktionsgeschwin- digkeit $N_2 + 3H_2 \rightleftharpoons 2NH_3$	Affinität der Reaktion
	Stofftransport über Phasengrenzen $\dot{m}_S$ 1 2	Konzentrations- differenz
elektrische Ladung Q	elektrischer Strom i	Spannungs- differenz
Energie U	Wärmestrom zwischen System und Umgebung $\dot{Q}$ Umgebung System	Temperatur- differenz
Impuls $\vec{p}$	Kraft (Impulsstrom) F	Geschwindig- keits- differenz

Bild 7.13
Beispiele charakteristischer Elemente
technischer Prozesse

wie z.B. in Stoffumwandlungsprozessen. Hier werden dann bestimmte Stoffe auf Kosten anderer erzeugt oder verbraucht, so daß im Systeminneren Quellströme für diese Komponenten auftreten, die in den Komponentenmassenbilanzen berücksichtigt werden müssen. Werden nun *l* Zu- und Abströme für eine solche Stoffkomponente angenommen und sind *s* Quellströme für sie vorhanden (z. B. verursacht durch *s* unabhängige chemische Reaktionen), dann lautet die Massenbilanz für diese λ-te Komponente:

$$\frac{dm_\lambda}{dt} = \sum_{i=1}^{l} \dot{m}_{\lambda i} + \sum_{\mu=1}^{s} \dot{R}_{\lambda\mu}; \qquad \lambda = 1, \ldots, k \tag{7.6}$$

oder in Worten:

$$\begin{bmatrix} \text{zeitliche Änderung der Masse} \\ \text{des } \lambda\text{-ten Stoffes} \end{bmatrix} = \begin{bmatrix} \text{Summe } (i = 1, \ldots, l) \text{ aller zu- und abfließen-} \\ \text{den Massenströme } \dot{m}_{\lambda i} \text{ des } \lambda\text{-ten Stoffes} \end{bmatrix}$$

$$+ \begin{bmatrix} \text{Summe } (\mu = 1, \ldots, s) \text{ aller Quellströme } \dot{R}_{\lambda\mu} \\ \text{für den } \lambda\text{-ten Stoff} \end{bmatrix}$$

Da entsprechend dem Massenerhaltungssatz bei der Stoffumwandlung insgesamt Masse weder erzeugt noch verbraucht wird, gilt außerdem

$$\sum_{\lambda=1}^{k} \sum_{\mu=1}^{s} \dot{R}_{\lambda\mu} = 0.$$

Die Gln. (7.3), (7.4) und (7.6) heißen *Bilanzgleichungen*, und ein zum Zweck der Aufstellung von Bilanzgleichungen (gedanklich) abgegrenztes System heißt *Bilanzraum*.

Der grundlegende Ansatz zur Formulierung der Modellgleichungen besteht nun darin, für jede in einem Bilanzraum gespeicherte und für die Modellbildung wesentliche Erhaltungsgröße bzw. für jede ihrer Komponenten eine Bilanzgleichung aufzustellen. Dabei gibt die Zahl der voneinander unabhängig im Bilanzraum gespeicherten Größen die Ordnung des Systems an.

Dieser Rahmen für die Modellgleichungen muß durch Hinzunahme der konkret vorliegenden *Verknüpfungen* zwischen den Speichergrößen und Strömen mit den technisch meßbaren bzw. interessierenden Prozeßgrößen (wie z. B. Temperaturen, Drücken, Volumenströmen usw.) ausgefüllt werden. Diese Beziehungen sind aber in jedem Fall statischer Natur (ohne Speicherwirkung) und ändern somit nichts an der Ordnung der Systeme. Die späteren Beispiele zeigen, daß sich die Bilanzgleichungen in der allgemeinen Form (7.3), (7.4) oder (7.6) leicht aufstellen lassen, die Formulierung der *Verknüpfungsbeziehungen* dagegen *das eigentliche Problem* darstellt. Hauptsächlich geht es hierbei um die quantitative Formulierung der Beziehungen zwischen den im Bild 7.13 aufgeführten Strömen und Triebkräften.

Bei der Bilanzierung von Systemen mit örtlich verteilten Parametern sind die Prozeßgrößen nicht nur zeit-, sondern auch ortsabhängig. Offenbar hat es dann keinen Sinn, nach den Werten der Bilanzgrößen (Masse, Energie) an einem bestimmten Ort zu fragen. Hier kann nur nach den Stoff- oder Energiemengen gefragt werden, die sich in einem (unendlich klein gedachten) Volumenelement, das diesen Ort einschließt, befinden. An die Stelle der Erhaltungsgrößen bzw. deren Komponenten werden dann also in die Bilanzgleichungen die Dichten dieser Größen treten. Zu diesem Thema wird auf [31] verwiesen. Bild 7.14 zeigt eine Zusammenfassung der Ausführungen zur *Bilanzraummethode* in Form eines Ablaufplans (Algorithmus). Weitere Detaillierungen dazu sind u. a. in [32] enthalten.

■ Ausführliche Beispiele zur Modellbildung eines Kraftwerksprozesses und eines Dieselmotors mit Abgasturbolader sind in [4; 30] ausgeführt. Bei der Lösung dieser Aufgaben ist nach der hier dargestellten Strategie vorgangen worden.

Grober Ablaufplan zur Bilanzraummethode

Präzisierung der Aufgabenstellung
- Analyse der Vorgänge im Bilanzraum anhand eines einfachen technologischen Schemas
- Festlegung der Zielgrößen (Ausgangsgrößen)

Aufstellung des abstrakten qualitativen Modells
- Zusammenstellung aller Voraussetzungen, Vereinfachungen
- Benennung von Speichergrößen, Strömen und weiterer wichtiger Größen

Formulierung der Bilanzgleichungen
Formulierung der Verknüpfungsbeziehungen
- Einführung der meßbaren/interessierenden Größen in die Bilanzgleichungen
- Benennung der Eingangs- und Ausgangsgrößen

Formulierung der Anfangsbedingungen
Formulierung der Nebenbedingungen
Kontrolle der Vollständigkeit der Modellgleichungen
Dimensionsprobe
Zusammenstellung der Ergebnisse
- abstraktes qualitatives Modell
- Größen (Benennungen, Bedeutung)
- Voraussetzungen
- Modellgleichungen einschließlich Anfangs- und Nebenbedingungen
Modellüberprüfung

Bild 7.14. Ablaufplan der Bilanzraummethode

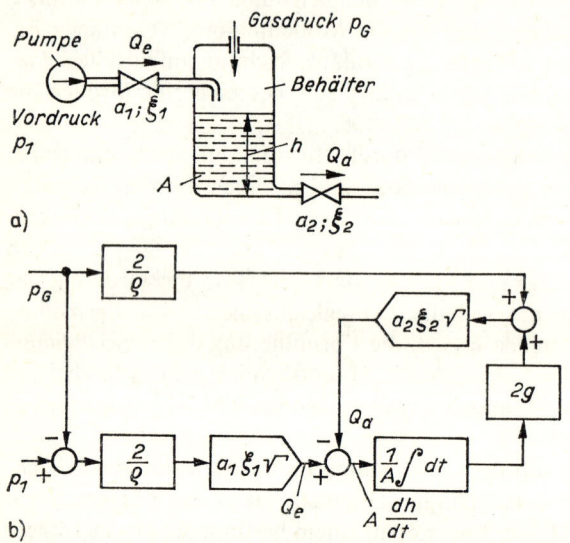

Bild 7.15
Gasdruckbelasteter Flüssigkeitsspeicher
a) Schema; b) Signalflußbild

■ Gasdruckbelasteter Flüssigkeitsspeicher
Für das einfache Beispiel eines gasdruckbelasteten Flüssigkeitsspeichers soll die Vorgehensweise unter Nutzung von Bilanzgleichungen demonstriert werden.

- Eine Zerlegung dieses Systems (s. technologisches Schema im Bild 7.15) in Teilsysteme ist wegen seiner Einfachheit nicht erforderlich. Die Eingangsgrößen sind der Druck p_1 der Pumpe und der zugeführte Gasdruck p_G im Behälter. Ausgangsgröße ist der Flüssigkeitsstand h im Behälter.
- Bild 7.15a zeigt die weiteren interessierenden Größen. Danach wird der Behälter (Speicher) über das Ventil 1 gefüllt (Vordruck p_1 durch Pumpe, Zufluß Q_e) und über

das Ventil 2 geleert (Druck vor dem Ventil 2 p_G + Flüssigkeitsdruck, Abfluß Q_a). Die Querschnitte der Ventile sind $a_{1,2}$, die Durchflußkoeffizienten $\xi_{1,2}$. Das Flüssigkeitsvolumen im Behälter mit dem Querschnitt A sei V, der Gasdruck p_G im Behälter wird konstant gehalten.

– Bilanzraum ist im vorliegenden Fall der Behälter. Da der Flüssigkeitsstand im Behälter interessiert, gehen wir aus von der Bilanzgleichung

$$\frac{dV}{dt} = Q_e - Q_a.$$

Der Zusammenhang zwischen V und h stellt eine Ergänzungsgleichung dar, in der die meßbare Größe enthalten ist; sie lautet:

$$V = Ah.$$

Damit ergibt sich

$$\frac{dh}{dt} = \frac{Q_e}{A} - \frac{Q_a}{A}.$$

Die Beziehungen für Q_e und Q_a sind die Verknüpfungs- oder Kopplungsgleichungen; sie lauten:

$$Q_e = a_1 \xi_1 \sqrt{\frac{2}{\varrho}(p_1 - p_G)}$$

$$Q_a = a_2 \xi_2 \sqrt{\frac{2}{\varrho} p_B}.$$

Dabei ist

$$p_B = p_G + \varrho gh;$$

ϱ Dichte
g Erdbeschleunigung

der Bodendruck der Flüssigkeit.
Insgesamt ergibt sich

$$A\frac{dh}{dt} = a_1 \xi_1 \sqrt{\frac{2}{\varrho}(p_1 - p_G)} - a_2 \xi_2 \sqrt{\frac{2}{\varrho} p_G + 2gh}.$$

Damit liegt das parametrische Modell für den gasdruckbelasteten Flüssigkeitsspeicher vor.

– Eine weitere Aufbereitung des Modells wird im Signalflußbild nach Bild 7.15b gezeigt.

■ **Fremderregter Gleichstrommotor**
Auch an diesem einfachen Beispiel soll die grundsätzliche Vorgehensweise unter Nutzung der Bilanzgleichungen gezeigt werden.

– Von Interesse ist das Verhalten der Winkelgeschwindigkeit des Motors bei Änderung der Ankerspannung. Das Schaltbild des Motors ist im Bild 7.16 skizziert. Wir setzen voraus, daß die Erregung konstant ist. Für das vom Motor erzeugte Drehmoment gilt:
$M_M = c_1 \Phi I_A.$

Für die erzeugte Gegen-EMK können wir schreiben:

$$E_g = c_2 \Phi \Omega .$$

– Da wir uns nur für die Änderung um einen vorgegebenen Arbeitspunkt (Ω_0, U_0) interessieren, schreiben wir:

$$U_A = U_{A0} + u_A ; \qquad I_A = I_{A0} + i_A ,$$

$$M_M = M_{M0} + m_{M0} ,$$

$$E_g = E_{g0} + e_g , \qquad M_W = M_{W0} + m_{W0} .$$

Die kleinen Buchstaben beschreiben also nur die Abweichungen vom Arbeitspunkt.

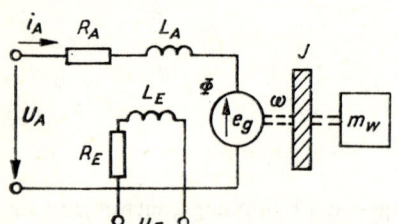

Bild 7.16
Ersatzschaltbild des Gleichstrommotors
mit Fremderregung

– Im vorliegenden Fall betrachten wir zwei Bilanzräume, und zwar den Ankerkreis des Motors und die Belastung der Welle des Motors.
Für den *Bilanzraum Ankerkreis* gilt

$$L_A \frac{di_A}{dt} + R_A i_A = u_A - e_g ,$$

wobei $e_g = c_1 \Phi \omega$.
Wir können diese *Bilanzgleichung* für den *p*-Bereich schreiben, dann gilt

$$\frac{i_A(p)}{u_A(p) - e_g(p)} = \frac{1}{R_A (1 + T_A \cdot p)} ;$$

$$T_A = \frac{L_A}{R_A} \qquad \text{Zeitkonstante der Ankerwicklung.}$$

Zunächst wird das Teilsignalflußbild mit i_A als Ausgang und ($u_A - e_g$) als Eingang skizziert und anschließend durch die Ergänzungsgleichung

$$e_g = c_1 \Phi \omega$$

vervollständigt (Bild 7.17).
Für den *Bilanzraum Welle* gilt

$$J \frac{d\omega}{dt} + m_W = m_M .$$

Wir können diese Gleichung im *p*-Bereich notieren; dann gilt

$$\frac{\omega(p)}{m_M(p) - m_W(p)} = \frac{1}{Jp} .$$

Das dazugehörige Teilsignalflußbild ist im Bild 7.17 dargestellt; es wird entsprechend der Gleichung

$$m_M = c_2 \Phi i_A$$

ergänzt (s. Bild 7.17).

Die Kopplung (gestrichelte Linie) beider Teilbilder (Bilanzräume) führt zu dem gesamten Signalflußbild für den Gleichstrommotor.

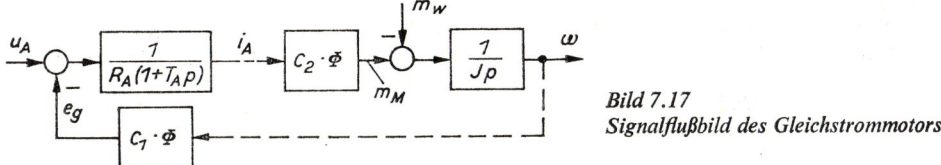

Bild 7.17
Signalflußbild des Gleichstrommotors

— Das Signalflußbild läßt sich besser interpretieren als die Gleichungen und entspricht einer Aufbereitung des mit den Gleichungen vorgegebenen Modells. Es zeigt deutlich, daß

Änderungen von u_A verzögert (Zeitkonstante T_A) auf i_A wirken
Änderungen der Belastung m_w der Motorwelle die Drehgeschwindigkeit über das unverzögerte I-Glied beeinflussen
Änderungen von ω sich unverzögert auf e_g

auswirken.

— Aus dem Modell (Signalflußbild) lassen sich unmittelbar alle anderen Zusammenhänge zum Führungs- und Störverhalten der Motordrehzahl bzw. des Motorstroms angeben.

■ Industrieofen

Anhand dieses Beispiels soll deutlich werden, wie z. B. eine theoretische Vorarbeit für eine experimentelle Prozeßanalyse erfolgen kann. Es interessiert in Näherung die Zeitverzögerung der Ofentemperatur bei einer Heizleistungsänderung, um sich in den gerätetechnischen Ausrüstungen und hinsichtlich der zu planenden Zeit auf die Experimente vorbereiten zu können.

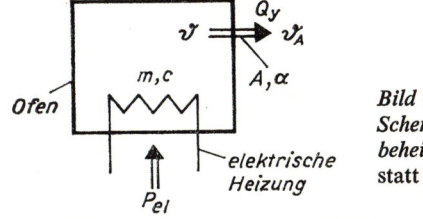

Bild 7.18
Schema eines Industrieofens, elektrisch beheizt
statt Q_y lies $\dot{Q}_y$

— Das stark stilisierte Schema des Ofens wird im Bild 7.18 gezeigt. Folgende vereinfachende Annahmen wurden getroffen:

Die Ofenmasse einschließlich Einsatzgut und Einbauten befinden sich auf der gleichen Temperatur ϑ.
Der Gesamtmasse m wird eine mittlere spezifische Wärmekapazität c zugeordnet:

$$c = \frac{1}{m} \sum_i c_i m_i.$$

Der Verlustwärmestrom hängt von der Differenz zwischen Ofentemperatur und Außentemperatur ab.

Prozeßtyp	Erläuterung	Beispiele	Modell
Fließprozeß	physikalischer oder chemischer Vorgang bzw. technologischer Ablauf, bei dem sich Variable in Abhängigkeit von der Zeit kontinuierlich ändern	Prozesse der Verfahrenstechnik, Stahlerzeugung, Zementherstellung, Kernreaktoren, Kraftwerke	siehe Bild 7.20 Gleichungen Signalflußbild, Signalflußgraph
Befehlsprozeß, Folgeprozeß	Ablauf, bei dem ein Befehl eine Aktion auslöst, nach derem erfolgreichen Abschluß wird ein weiterer (folgender) Befehl ausgelöst, die Befehle tragen meist Binärcharakter	Anfahr- und Abfahrprozesse, Sicherungstechnik, Abschaltvorgänge, Vermittlungstechnik, Folgesteuerungen	schaltalgebraische Gleichungen, Gl.-Systeme, Ablaufpläne, Graphendarstellungen
Stückprozeß	Vorgang, bei dem sich Einzelstücke (Objekte) in ihren Attributen (räumliche Position, und/ oder Zustand verändern)	Transportvorgänge, industrielle Fertigung in der Metallverarbeitung, Lagerprozesse in Industrie und Handel	Darstellung der Objekte, Listen und Dokumente, Graphendarstellungen

Bild 7.19. *Übersicht zu Hauptgruppen von Prozeßtypen*

Modell	Systeme mit konzentrierten Parametern	mit örtlich verteilten Parametern
Statisches Modell	System algebraischer Gleichungen Systeme transzendenter Gleichungen	Systeme gewöhnlicher Differentialgleichungen mit Ableitungen d/dx Systeme partieller Differentialgleichungen mit Ableitungen
Dynamisches Modell	Systeme gewöhnlicher Differentialgleichungen mit Ableitung d/dt	Systeme partieller Differentialgleichungen mit Ableitungen

Bild 7.20. *Parametrische Modelle von Fließprozessen*

– Die Energiebilanz für den Ofen lautet:

$$mc \frac{d\vartheta}{dt} = P_{el} - \dot{Q}_y$$

zeitliche Änderung der gespeicherten Energie   zu- und abgeführte Energie

Nach dem Newtonschen Gesetz für den Wärmeübergang gilt

$$\dot{Q}_y = \alpha A (\vartheta - \vartheta_A).$$

Damit wird

$$mc \frac{d\vartheta}{dt} = P_{el} - \alpha A\vartheta + \alpha A\vartheta_A \quad \text{bzw.} \quad \frac{mc}{\alpha A} \frac{d\vartheta}{dt} + \vartheta = \frac{P_{el}}{\alpha A} + \vartheta_A.$$

Diese grobe Näherung ergibt ein proportionales Verhalten mit Verzögerung 1.Ordnung. Die Zeitkonstante ist

$$T = \frac{mc}{\alpha A}.$$

Mit den Daten

$$m = 500 \text{ kg}; \quad A = 6 \text{ m}^2; \quad \alpha = 12 \text{ W} \cdot \text{m}^{-2} \cdot \text{K}^{-1};$$

$$c = 500 \text{ W} \cdot \text{s} \cdot \text{kg}^{-1} \cdot \text{K}^{-1}$$

ergibt sich

$$T = \frac{500 \text{ kg} \cdot 500 \text{ W} \cdot \text{s} \cdot \text{kg}^{-1} \cdot \text{K}^{-1}}{6 \text{ m}^2 \cdot 12 \text{ W} \cdot \text{m}^{-2} \cdot \text{K}^{-1}} = \frac{250\,000}{72} \text{ s} = 3472 \text{ s} \approx 1 \text{ h}.$$

– Für die gewünschte Abschätzung genügt es zu wissen, daß die Zeitkonstante in der Größenordnung einer Stunde liegt.

7.2.4.   Ergänzende und ordnende Aspekte

Die Vielfalt der möglichen technischen Prozesse läßt sich in Anlehnung an [32] drei Hauptgruppen zuordnen. Im Bild 7.19 sind diese Prozeßtypen dargestellt; Bild 7.20 zeigt in Ergänzung dazu wesentliche Formen parametrischer Modelle von Fließprozessen.

Bei den zu analysierenden Prozessen treten mechanische, elektrische, thermische bzw. fluidische Teilsysteme auf, die das Prozeßverhalten bestimmen. Um für die ablaufenden Leitungs-, Übertragungs-, Umwandlungs- und Speichervorgänge möglichst rasch geeignete Gleichungsansätze zu finden, ist eine Auswahl dazu im Bild 7.21 zusammengestellt.

7.2.5.   Zur Modellbildung für diskrete Produktionsprozesse

In der Einleitung zum Abschnitt 7. wurde bereits darauf hingewiesen, daß sich für die Modellbildung bei diskreten Produktionsprozessen noch keine Standardmethoden herauskristallisiert haben. Die Vorgehensweise, die wir hier wählen wollen, lehnt sich an das Konzept der Petri-Netze [10] an. Sie hat den Vorteil, daß die sich ergebenden Modelle gut für den Steuerungsentwurf aufbereitet sind. Beim weiteren Ausbau der Methode steht darüber hinaus die gesamte Basis der weit ausgebauten Methodik der Petri-Netze zur Verfügung. Bezüglich der Methodik der Petri-Netze wird auf die Literatur verwiesen. Die hier anzuwendende Vorgehensweise stützt sich für die Aufgaben der Modellbildung zunächst auf einige wenige programmatische Festlegungen.

– Die diskreten Produktionsprozesse werden durch *Operationen und Prozeßzustände* bzw. Teilzustände charakterisiert.
– *Operationen* wie Füllen eines Behälters, Öffnen eines Ventils, Greifen eines Teils usw. werden durch einen *Kreis* charakterisiert.
  Prozeß(teil)zustände werden durch senkrechte Striche auf den *Verbindungslinien* zwischen den Operationskreisen dargestellt.

Größe, Vorgang	Mechanische Systeme			
	Translation	Rotation	Translation	Rotation
Mengengröße $M(t)$ Mengenstrom $\dot{M}(t)$ Triebgröße $T(t)$	Weg s Geschw. v Kraft F	Winkel φ Winkelg. ω Drehmom. M	Impuls I Kraft F Geschw. v	Drehimpuls B Drehmom. M Winkelg. ω
Leitung $M_a(t) = M_e(t)$ $\dot{M}_a(t) = \dot{M}_e(t)$	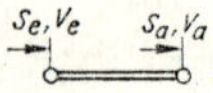 $s_a = s_e$ $v_a = v_e$	 $\varphi_a = \varphi_e$ $\omega_a = \omega_e$	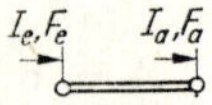 $I_a = I_e$ $F_a = F_e$	 $B_a = B_e$ $M_a = M_e$
Übertragung $M_a(t) = KM_e(t)$ $\dot{M}_a(t) = K\dot{M}_e(t)$	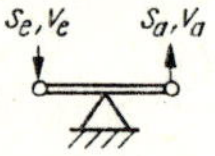 $s_a = Ks_e$ $v_a = Kv_e$	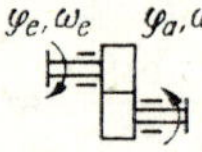 $\varphi_a = K\varphi_e$ $\omega_a = K\omega_e$	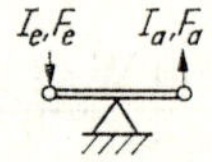 $I_a = \dfrac{1}{K} I_e$ $F_a = \dfrac{1}{K} F_e$	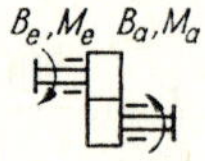 $B_a = \dfrac{1}{K_1} B_e$ $M_a = \dfrac{1}{K} M_e$
Umwandlung $\dot{M}(t) = \dfrac{1}{W} \Delta T(t)$	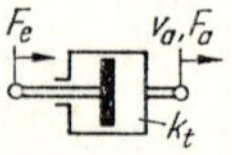 $v_a = \dfrac{1}{k_t}(F_e - F_a)$	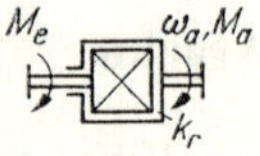 $\omega_a = \dfrac{1}{k_r}$ $\times (M_e - M_a)$	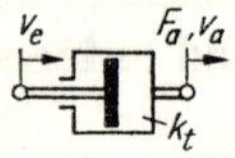 $F_a = k_t (v_e - v_a)$	 $M_a = k_r (\omega_e - \omega_a)$
Speicherung potentieller Energie $T(t) = \dfrac{1}{C_{\text{pot}}} \int \dot{M}(t)\, dt$	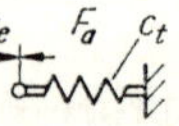 $F_a = c_t s_e$ $F_a = c_t \int v_e\, dt$	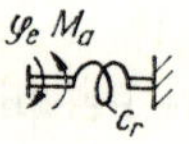 $M_a = c_r \varphi_e$ $M_a = c_r \int \omega_e\, dt$	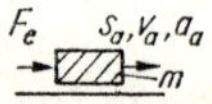 $v_a = \dfrac{1}{m} \int F_e\, dt$ $a_a = \dfrac{1}{m} F_e$	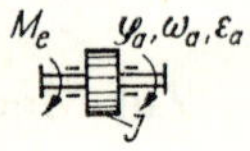 $\omega_a = \dfrac{1}{J} \int M_e\, dt$ $\varepsilon_a = \dfrac{1}{J} M_e$
Speicherung kinetischer Energie $T(t) = C_{\text{kin}} \ddot{M}(t)$	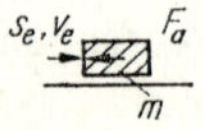 $F_a = m\ddot{s}_e$ $F_a = m \dfrac{dv_e}{dt}$	 $M_a = J\ddot{\varphi}_e$ $M_a = J \dfrac{d\omega_e}{dt}$	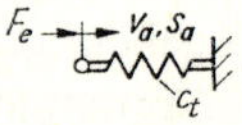 $v_a = \dfrac{1}{c_t} \dfrac{dF_e}{dt}$	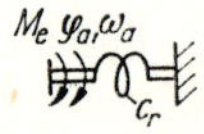 $\omega_a = \dfrac{1}{c_r} \dfrac{dM_e}{dt}$

Bild 7.21. *Übersicht zu mathematisch-physikalischen Ansätzen für die Modellermittlung*

Elektrische Systeme	Thermische Systeme	Fluidische Systeme
Ladung Q Strom I Spannung U	Wärme Q Wärmestrom $\dot{Q}$ Temperatur Θ	Masse m — Volumen V Massestrom $\dot{m}$ — Volumenstrom $\dot{V}$ Spez. Energie p/ϱ — Druck p

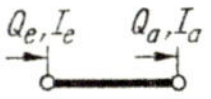

Elektrische Systeme

$Q_a = Q_e$

$I_a = I_e$

$U_{\tilde{a}} = K U_{\tilde{e}}$

$I_{\tilde{a}} = \dfrac{1}{K} I_{\tilde{e}}$

$I_a = \dfrac{1}{R}(U_e - U_a)$

$U_a = \dfrac{1}{C} \int I_e \, dt$

$U_a = L \dfrac{dI_e}{dt}$

Thermische Systeme

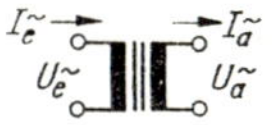

$\underrightarrow{Q_e \dot{Q}_e} \quad \underrightarrow{Q_a \dot{Q}_a}$
(Punktmasse)

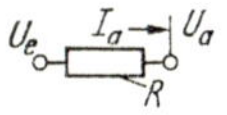

$Q_a = Q_e$

$\dot{Q}_a = \dot{Q}_e$

Übergang an Wand

$\dot{Q}_a = \alpha A (\Theta_e - \Theta_a)$

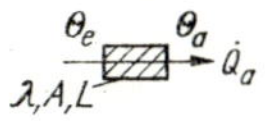

Durchgang (L sehr klein)

$\dot{Q}_a = \dfrac{\lambda A}{L}(\Theta_e - \Theta_a)$

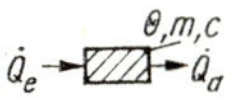

$\dfrac{d\Theta}{dt} = \dfrac{1}{mc}(\dot{Q}_e - \dot{Q}_a)$

(im Fluid, p = konst.)

$\dfrac{d\Theta}{dt} = \dfrac{1}{mc_p}(\dot{Q}_e - \dot{Q}_a)$

Fluidische Systeme

$m_a = m_e; \quad \dot{m}_a = \dot{m}_e; \quad V_a = V_e; \quad \dot{V}_a = \dot{V}_e$

laminar

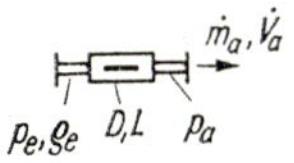

$\dot{m}_a = \dfrac{\pi D^4 \varrho_e}{128 \eta L}(p_e - p_a); \qquad \dot{V}_a = \dfrac{\dot{m}_a}{\varrho_e}$

turbulent (unterkritisch)

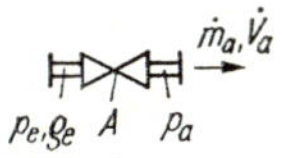

$\dot{m}_a = \mu A \sqrt{\dfrac{2 \varrho_e}{p_e - p_a}}(p_e - p_a); \qquad \dot{V}_a = \dfrac{\dot{m}_a}{\varrho_e}$

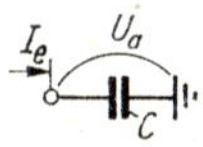

elast.   starr

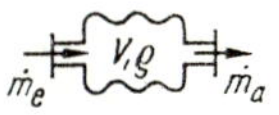

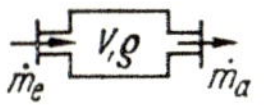

$\dfrac{dm}{dt} = \dot{m}_e - \dot{m}_a \quad$ bzw. $\quad \Delta m = \int(\dot{m}_e - \dot{m}_a)\,dt$

ϱ = konst. V = konst.

$\dfrac{dV}{dt} - \dfrac{1}{\varrho}(\dot{m}_e - \dot{m}_a) \quad \dfrac{d\varrho}{dt} = \dfrac{1}{V}(\dot{m}_e - \dot{m}_a)$

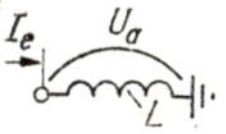

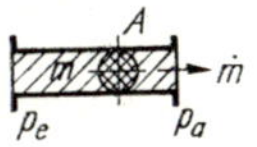

$\dfrac{m}{\varrho A^2} \dfrac{dm}{dt} = \Delta p_e - \Delta p_a$

Die Vorgehensweise wird nachfolgend an drei einfachen Beispielen vorgestellt.

■ Füllen eines Flüssigkeitsbehälters

Im Bild 7.22a ist das Schema des Objekts dargestellt. Der Behälter soll gefüllt und nach der Füllung abtransportiert werden. Der Sachverhalt läßt sich nach Bild 7.22b relativ grob darstellen, während im Bild 7.22c detaillierter auf die Operationen und Prozeßzustände am Ventil eingegangen wird. Dieses Modell eignet sich gut für den Entwurf einer evtl. erforderlichen Steuereinrichtung. Weitere Erläuterungen erübrigen sich hier.

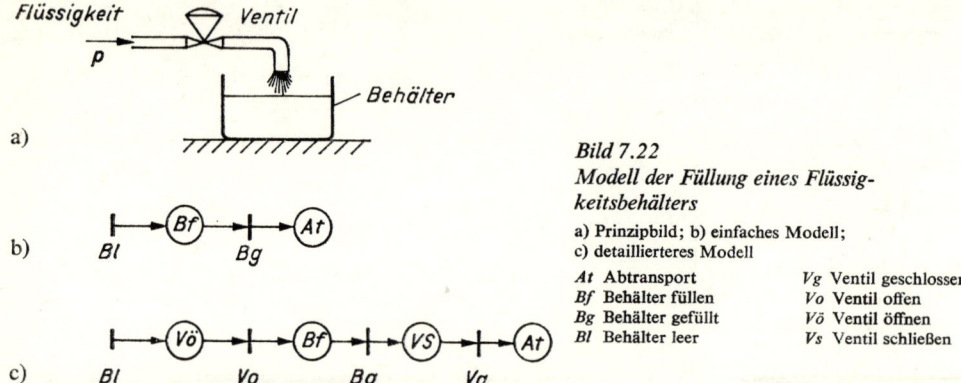

Bild 7.22
Modell der Füllung eines Flüssigkeitsbehälters

a) Prinzipbild; b) einfaches Modell;
c) detaillierteres Modell

At Abtransport	*Vg* Ventil geschlossen
Bf Behälter füllen	*Vo* Ventil offen
Bg Behälter gefüllt	*Vö* Ventil öffnen
Bl Behälter leer	*Vs* Ventil schließen

■ Zweikoordinatenschreiber (Bild 7.23)

Die Registrierbewegung des Schreibstifts wird durch je einen Horizontal- und Vertikalantrieb gesteuert. Der Startzustand ist durch den Punkt A fixiert. Nach dem Start des Gerätes erfolgt die Registrierbewegung y_1 des Schreibstifts. Läuft dieser gegen die Begrenzungen (Zustände 1, 2, 3), dann soll er über die Operationen ($y_2 \ldots y_4$) nach A zurückgeführt werden. Das für diesen Prozeßablauf darstellbare Modell ist im Bild 7.23b dargestellt; es zeigt die drei alternativen Möglichkeiten der Rückkehr des Schreibstifts in den Punkt A. Um den Beginn des Prozesses zu charakterisieren, ist der Startbefehl, der stets in der Ausgangsposition A des Schreibstifts erfolgt, gestrichelt eingezeichnet. Dieses Modell eignet sich ebenfalls für den unmittelbaren Steuerungsentwurf.

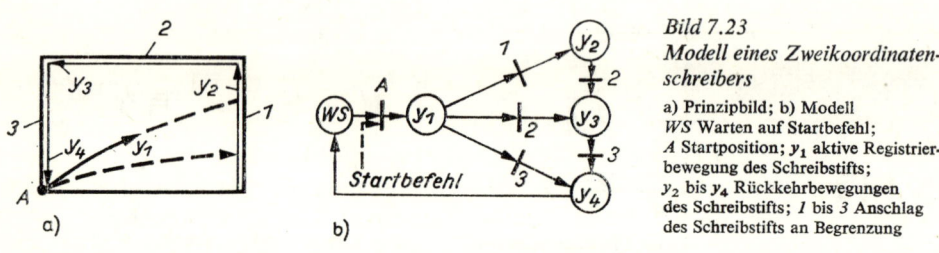

Bild 7.23
Modell eines Zweikoordinatenschreibers

a) Prinzipbild; b) Modell
WS Warten auf Startbefehl;
A Startposition; y_1 aktive Registrierbewegung des Schreibstifts;
y_2 bis y_4 Rückkehrbewegungen des Schreibstifts; *1* bis *3* Anschlag des Schreibstifts an Begrenzung

■ Füllen eines Kohlebunkers

Die nach Bild 7.24a über Seile gekoppelten Wagen 1 und 2 haben Kohle von einem Kohlebehälter in einen Vorratsbunker zu transportieren. Der Beginn der Beladung und der der Entleerung der Wagen soll synchron erfolgen. Die Bewegung des Wagens 1 aus der linken Position nach rechts (Wagen 2 nach links) erfolgt durch die rechte Winde, die Bewegung in entgegengesetzter Richtung durch die linke Winde. Das Einfahren (Positionieren) der Wagen unter den Kohlebehälter bzw. über den Bunker erfolgt nicht mit Normalgeschwindigkeit, sondern im Schleichgang; dazu sind die Windenantriebe kurz vor der Endlage der Wagen umzuschalten. Bild 7.24b zeigt das Modell dieses Prozesses. *WS* bedeutet, daß das System betriebsbereit ist und auf den Startbefehl hin Füllung und Entleerung synchron beginnen. Das Ende dieser Operation muß für beide Wagen dagegen nicht synchron sein; deshalb ist eine Operation Warten erforderlich, um beide Wagen (gekoppelt über die Seile) bei Ende der Operation Füllung/Entleerung gleichzeitig in die entgegengesetzten Endlagen bewegen zu können. Welcher Pfad des Modells „aktiv" ist, hängt von der erforderlichen Bewegungsrichtung ab. Ist z. B. Wagen 1 in der linken Position, dann ist der obere Pfad aktiv; ist dagegen Wagen 2 in der linken Position, dann ist der untere Pfad aktiv. Dazu ist im Modell, von der Operation W ausgehend, die dargestellte Verzweigung erforderlich. Das angegebene und relativ einfach zu entwickelnde Modell ist ebenfalls eine gut geeignete Basis für den Steuerungsentwurf.

Aus den Beispielen folgt einer der wesentlichen Unterschiede zwischen den hier dargestellten Modellen für kontinuierliche und diskrete Prozesse:

– Die *Modelle für kontinuierliche Prozesse beschreiben lediglich die Prozeßeigenschaften*, also das Prozeßverhalten *unabhängig von einer vorgesehenen Automatisierung*. Erst aus den Modellen werden bestimmte grundsätzliche Lösungen für die Automatisierung abgeleitet. Die Modelle sind Basis für den Entwurf der Automatisierungslösung.

– Die *Modelle für diskrete Prozesse beschreiben* dagegen in der hier benutzten Form bereits *das gewünschte Verhalten des automatisierten Prozesses*; sie repräsentieren also Eigenschaften, die eine Folge des Zusammenwirkens von Automatisierungsobjekt und Automatisierungseinrichtung sind.

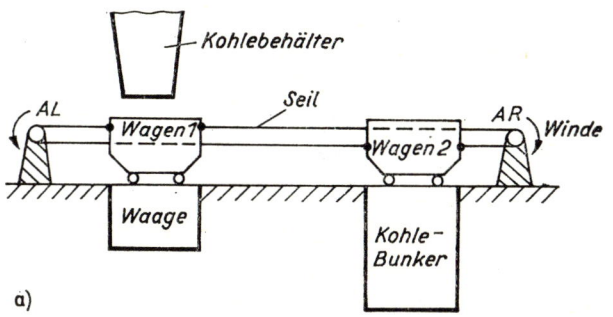

a)

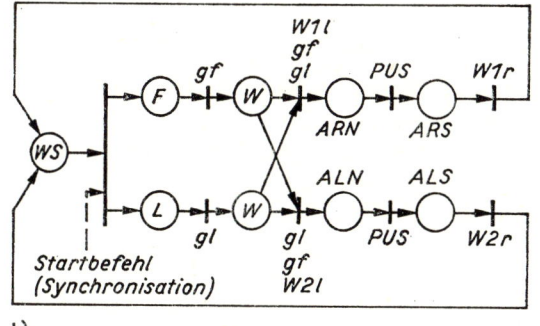

b)

Bild 7.24
Be- und Entladevorgang

a) Prinzipbild; b) Modell
WS Warten auf Startbefehl; *F* füllen;
L leeren; *gf* gefüllt; *gl* geleert; *W* Warten;
W1L Wagen *1* links, *W1r* Wagen *1* rechts
ARN Antrieb bewegt Wagen *1* mit
Normalgeschwindigkeit nach rechts
ARS Antrieb bewegt Wagen *1*
im Schleichgang nach rechts
ALN und *ALS* gelten für die
entgegengesetzte Bewegung
PUS Position für Schleichgang
Der durchgehende Strich vor *F* und *L*
bedeutet Synchronisation.

7.3.   Experimentelle Prozeßanalyse/Modellbildung

Ziel der experimentellen Prozeßanalyse ist – wie auch bei der theoretischen Prozeßanalyse – die möglichst *gute Widerspiegelung der für den Nutzer wesentlichen Prozeßeigenschaften* in einem Modell. Beide Methoden, die theoretische und die experimentelle Prozeßanalyse, bilden eine Einheit und ergänzen sich, weil eine experimentelle Analyse ohne theoretische Vorinformationen und eine theoretische Analyse ohne experimentelle Stützung kaum durchführbar sind.

Gründe für die Durchführung einer experimentellen Prozeßanalyse können sein:

– Die theoretische Prozeßanalyse ist zu kompliziert oder aus Mangel an Kenntnissen über den Prozeß nicht durchführbar.

- Die theoretische Prozeßanalyse liefert nur die Modellstruktur; zugehörige Parameter müssen durch die experimentelle Prozeßanalyse ermittelt oder verbessert werden.
- Die Prozeßeigenschaften unterliegen Einflüssen, wie z.B. zeitlichen Änderungen, die theoretisch nicht erfaßbar sind.

Im Gegensatz zur theoretischen Vorgehensweise erfolgt bei der experimentellen Prozeßanalyse eine Analyse von außen her durch Untersuchung der Eingangs- und Ausgangssignale der betrachteten technischen Anlage oder des Systems. Dabei existieren zwei Zielstellungen, die oft auch gemeinsam auftreten:

- die experimentelle Untersuchung der Eingangs- und Ausgangssignale zur Schaffung eines *Systemmodells*
- die experimentelle Untersuchung der Signale zur Schaffung eines *Signalmodells*.

Somit werden zwei Aspekte der experimentellen Prozeßanalyse deutlich: die *experimentelle Systemanalyse* und die *experimentelle Signalanalyse*.

▶ Folgende *Besonderheiten* der experimentellen Prozeßanalyse sind zu nennen:

- Mit geeigneter Experimentiertechnik und geeigneten mathematischen Auswerteverfahren erfolgen die Untersuchungen unmittelbar am Objekt.
- Die experimentelle Prozeßanalyse ist gut algorithmisierbar; insbesondere haben in letzter Zeit solche Verfahren Bedeutung erlangt, die eine durchgängige Anwendung der digitalen Rechentechnik zulassen.

Schwerpunkte und zugleich *Probleme* der experimentellen Prozeßanalyse sind

- die Formulierung der Zielstellung der Modellbildung
- die Vorbereitung und Durchführung der Experimente
- die Auswahl geeigneter Auswerteverfahren
- Fehlerabschätzungen in allen Analyseschritten
- die Beurteilung der Brauchbarkeit des gefundenen Modells anhand geeigneter Kriterien.

In den meisten Fällen werden parametrische Modelle angestrebt. Hier werden *zwei wesentliche Aufgaben* der experimentellen Prozeßanalyse sichtbar:
- die *Strukturbestimmung* des Modells (z.B. Ordnung einer Differentialgleichung oder Grad einer algebraischen Gleichung)
- die *Parameterbestimmung* zum Strukturansatz des Modells.

Möglichkeiten zur Strukturbestimmung (bzw. der Strukturapproximation) ergeben sich aus der

- theoretischen Prozeßanalyse hinsichtlich der Modellstruktur
- theoretischen bzw. experimentellen Abschätzung der Prozeßeigenschaften, Erfahrungen
- Nutzung mathematisch vorteilhafter bzw. einfacher Modellansätze (z.B. orthogonaler Funktionssysteme, Taylor-Reihen).

Auf der Basis solcher Strukturansätze ist dann die Parameterbestimmung als

- Lösung von Bestimmungsgleichungen oder
- Lösung eines Parameterapproximationsproblems

möglich.

Um den Zugang zu den Grundlagen der experimentellen Prozeßanalyse zu schaffen, müssen sich die folgenden Ausführungen zunächst mit

- der Beschreibung geeigneter Ansätze für System- und Signalmodelle
- der Auswahl geeigneter Testsignale
- der Problematik der Beurteilung der Modellgenauigkeit

sowie im weiteren mit der Beschreibung von allgemeinen Vorgehensweisen und einzelnen, ausgewählten Verfahren befassen.

Zusammenfassende Darstellungen zur experimentellen Prozeßanalyse sind u.a. in [33; 34] enthalten.

7.3.1. Modelle für Signale und Systeme

Zur Prozeßbeschreibung sind sowohl Modelle für die Signale (Signalmodelle) als auch Modelle des zu untersuchenden Systems (Systemmodelle) von Interesse.

Signalmodelle

Die einfachsten Signalmodelle *für determinierte Signale x(t)* sind das *Zeitfunktionsmodell x(t)* oder das durch Fourier-Transformation aus *x(t)* zu gewinnende *Frequenzfunktionsmodell*. Diese Modelle sind in ihrer Handhabung relativ einfach, stellen jedoch – wie wir bereits wissen – den Idealfall dar. Die Signalmodelle für *zufällige Signale* werden wegen der Vielfalt der Möglichkeiten der Signalverläufe durch *Kennwerte (Mittelwerte)* und *Kennfunktionen (Korrelationsfunktionen)* beschrieben. Oft treten determinierte Signale mit überlagerten zufälligen Störsignalen auf; in solchen Fällen müssen Kombinationen beider Modellformen herangezogen werden. Ihre tiefergehende Behandlung überschreitet den Rahmen des vorliegenden Buches; umfassende Informationen dazu sind in [35] enthalten.

Systemmodelle

Grundmodelle sind *das statische und das dynamische Modell*.

Statische Modelle finden Anwendung, wenn die Systemdynamik vergleichsweise schnell gegenüber den Eingriffsmöglichkeiten ist oder wenn überhaupt nur die statischen Zusammenhänge interessieren (z.B. Festlegung von Arbeitspunkten in einer verfahrenstechnischen Anlage). In parametrischer Form sind solche statischen Modelle Gleichungen oder Gleichungssysteme ohne Zeitabhängigkeiten.

Ist jedoch das zeitliche Verhalten entscheidend, so müssen dynamische Modelle verwendet werden. Die durch systeminterne Speicherwirkungen bedingten dynamischen Eigenschaften werden i. allg. durch Differentialgleichungen beschrieben.

Statische Modelle verkörpern den Zusammenhang zwischen den Eingangsgrößen x_e (einschließlich der Störgrößen z), den Ausgangsgrößen x_a und einem Parametervektor a. Für eine Ausgangsgröße x_{a1} gilt dann z.B.

$$x_{a1} = f_1(a_1, \ldots, a_n, x_{e1}, \ldots, x_{em}, z_1, \ldots, z_q) \tag{7.7}$$

bzw. in vektorieller Darstellung

$$x_{a1} = f_1(a, x_e, z). \tag{7.8}$$

Besitzt das System mehrere Ausgangsgrößen, so entsteht ein Gleichungssystem

$$\begin{aligned}
x_{a1} &= f_1(a, x_e, z) \\
&\vdots \\
x_{ak} &= f_k(a, x_e, z),
\end{aligned} \tag{7.9}$$

das durch Zusammenfassung der Ausgangsgrößen zu einem Ausgangsvektor x_a und durch Zusammenfassung aller funktionellen Abhängigkeiten zu einem Vektorfunktional f in der Form

$$x_a = f(a, x_e, z) \tag{7.10}$$

geschrieben werden kann, einer in der Literatur üblichen Darstellung.

Der funktionelle Zusammenhang zwischen Eingangs- und Ausgangsgrößen kann linear oder nichtlinear sein. Bei nichtlinearen Zusammenhängen hat der sog. parameterlineare Fall besondere Bedeutung bezüglich der rechentechnischen Auswertung. Parameteränderungen wirken sich bei solchen Modellen linear auf die Ausgangsgrößen aus.

Ansätze zur Approximation einer experimentell aufgenommenen Kennlinie

$$x_a = a_0 + a_1 x_e \qquad\qquad \text{lineares Modell}$$

$$x_a = a_0 + a_1 x_{e1} + a_2 x_{e2} + a_3 x_{e1}^3 \qquad \text{nichtlineares Modell}$$
in parameterlinearer Form, zwei Eingangsgrößen

$$x_a = a_0 x_e + e^{-a_1 x_e} \qquad\qquad \text{nichtlineares Modell}$$
in parameternichtlinearer Form, z. B. durch theoretische Prozeßanalyse begründet

Neben der expliziten Darstellungsform statischer Modelle gemäß den Gln. (7.7) bis (7.10) findet auch die implizite Form

$$0 = g(a, x_e, x_a, z) \tag{7.11}$$

Anwendung, nämlich dann, wenn das über eine theoretische Prozeßanalyse abgeleitete Modell nicht nach den Ausgangsgrößen aufgelöst werden kann.

Dynamische Modelle beschreiben zusätzlich das zeitliche Verhalten, das durch Speichereigenschaften im Systeminneren, z. B. durch Volumina, rotierende Massen, elektrische Kondensatoren oder Spulen hervorgerufen wird.

Grundlegende Beschreibungen in Physik und Technik sowie die Forderung nach ausreichender Genauigkeit und Handhabungsfähigkeit führen zu Modellen auf der Basis linearer Differentialgleichungen mit konstanten Koeffizienten in der Form

$$A_n x_a^{(n)} + \dots + A_1 \dot{x}_a + A_0 x_a = B_m x_e^{(m)} + \dots B_1 \dot{x}_e + B_0 x_e \qquad (n \geq m). \tag{7.12}$$

Viele technische Systeme lassen sich nach ihrem zeitlichen Verhalten, das an das Vorhandensein bestimmter Koeffizienten in dieser Differentialgleichung gebunden ist, in eine der folgenden Grundtypen (s. auch Abschn. 5.) einordnen:

P-Verhalten (proportionaler Zusammenhang zwischen Eingangs- und Ausgangssignal)

$$x_a = k x_e$$

I-Verhalten (integraler Zusammenhang zwischen Eingangs- und Ausgangssignal)

$$\dot{x}_a = k x_e$$

D-Verhalten (differentieller Zusammenhang zwischen Eingangs- und Ausgangssignal)

$$x_a = k \dot{x}_e.$$

Außerdem sind die Systeme mit

Laufzeitverhalten

$$x_a = (t - T_L)\, x_e \quad \text{und}$$

Allpaßverhalten $(T_1 \dot{x}_a + x_a = k\,(x_e - T_1 \dot{x}_e)$ interessant.

7.3.2. Zur Modellgenauigkeit

Es ist einleuchtend, daß durch Experimentierfehler, wie nicht exakte Eingangssignal-
erzeugung, Meß- und Registrierfehler, durch auftretende Störsignale und die vorzu-
nehmende Struktur- und Parameterapproximation kein fehlerfreies Modell gefunden
werden kann. Für die Modellnutzung steht deshalb die Frage der Beurteilung der Güte
des Modells. Hier sind zwei Gesichtspunkte zu beachten:

– die *anwendungsbezogene Beurteilung* der Modellgüte (wie wirken sich Modellfehler
z.B. auf nachfolgende Regelkreissynthesen aus?) und
– die auswertungsbezogene, *approximationsbezogene Beurteilung* der Modellgüte.

Der erste Gesichtspunkt ist vom speziellen Anwendungsbeispiel abhängig und muß deshalb von Fall zu Fall untersucht werden. Für die auswertungsbezogene Beurteilung haben
sich eine Reihe von „*Güte*"*-Kriterien* durchgesetzt, auf die im folgenden kurz eingegangen
wird.

▶ Eine typische Vorgehensweise zur Beurteilung der Modellgenauigkeit ist im Bild 7.25
für einen eindimensionalen Fall dargestellt. Mit Hilfe eines Gütekriteriums, dessen Formulierung nicht problemlos ist, wird das Differenzsignal ε zwischen System- und Modell-
ausgang geeignet bewertet. Diese Vorgehensweise ist unabhängig davon, ob es sich um
eine Zeitfunktion oder um eine Wertefolge bezüglich einer statischen Kennlinie handelt,
für die jeweils ein Modell gesucht wird.

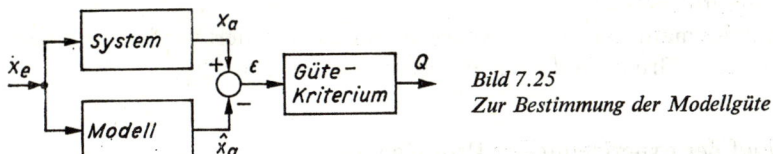

Bild 7.25
Zur Bestimmung der Modellgüte

Als *Gütekriterien* haben sich bewährt

die Summe (bzw. das Integral) der Abweichungsbeträge auf Grund der einfachen Realisierbarkeit am Analogrechner; für Digitalrechneranwendungen aber ungeeignet
die Summe (bzw. das Integral) der quadratischen Abweichungen auf Grund der vorteil-
haften Anwendung der Methode der kleinsten Quadrate am Digitalrechner
die bewertete Summe (bzw. Integral) der quadratischen Abweichungen als verallgemeiner-
ter Fall der vorstehenden Variante.

▶ Soll z.B. die Approximationsgüte einer Zeitfunktion (z.B. einer Übergangsfunktion)
im Zeitabschnitt $[0, t_1]$ mit Hilfe der bewerteten quadratischen Abweichungen beurteilt
werden, so ergibt sich der Wert Q des Gütekriteriums zu

$$Q = \int_0^{t_1} w^2(t)\, \varepsilon^2(t)\, \mathrm{d}t, \qquad (7.13)$$

wobei $w(t)$ eine Wichtungsfunktion darstellt, mit der die Abweichungen in entscheidenden Zeitabschnitten besonders gewichtet werden können.

Durch Diskretisierung des Problems, z.B. zu $N + 1$ Zeitpunkten liegen Werte $\varepsilon(t_n) = \varepsilon_n$ vor, erhält man

$$Q = \sum_{n=0}^{N} w_n^2 \varepsilon_n^2 \tag{7.14}$$

und durch Anwendung der vektoriellen Schreibweise (einer in der Literatur üblichen Darstellung)

$$Q = \varepsilon' W \varepsilon \tag{7.15}$$

mit den Bedeutungen

$$\varepsilon' = (\varepsilon_0 \varepsilon_1 \dots \varepsilon_N), \qquad W = \begin{pmatrix} W_0^2 & \dots\dots & 0 \\ \vdots & W_1^2 & \vdots \\ 0 & \dots\dots & W_N^2 \end{pmatrix}, \qquad \varepsilon = \begin{pmatrix} \varepsilon_0 \\ \varepsilon_1 \\ \vdots \\ \varepsilon_N \end{pmatrix}.$$

Die Diagonalmatrix W, die sog. Wichtungsmatrix, enthält die Wichtungsfaktoren für die Abweichungen ε_n zu den verschiedenen Zeitpunkten t_n.

Diese Beurteilung der Modellgüte kann sowohl auf eine Zeitfunktion mit der unabhängigen Variablen t als auch auf eine statische Kennlinie mit der unabhängigen Variablen x_e oder auch auf einen punktweise gemessenen Frequenzgang mit der unabhängigen Variablen ω angewendet werden.

Nachdem nun Kriterien zur Beurteilung der Approximationsgüte vorliegen, besteht die folgende Aufgabe darin, die Struktur (innerhalb bestimmter vorgegebener Strukturklassen) und die Parameter so zu wählen, daß der Wert Q des Gütekriteriums ein Minimum annimmt. Bei parameterlinearen Modellen führt diese Aufgabe auf ein lineares Gleichungssystem; bei parameternichtlinearen Modellen ist die Lösung eines nichtlinearen Optimierungsproblems erforderlich.

Bevor jedoch derartige mathematische Auswerteverfahren diskutiert werden, sind noch einige Ausführungen zum Grobablauf einer Prozeßanalyse zweckmäßig.

7.3.3.   Zum Ablauf der experimentellen Prozeßanalyse

Der Ablauf einer experimentellen Prozeßanalyse läßt sich durch die im Bild 7.26 dargestellten Schritte grob beschreiben.

Mit der *Formulierung der Aufgabenstellung* für die Prozeßanalyse müssen geklärt werden

- Einsatzzweck des Modells
- Genauigkeitsanforderungen an das Modell
- Gültigkeitsbereich des Modells.

Voruntersuchungen führen zu einer Präzisierung der Aufgabenstellung. Darin sind eingeschlossen

- Überlegungen zu den vorzusehenden theoretischen und gerätetechnischen Hilfsmitteln
- die Beschaffung möglichst vieler Informationen durch theoretische Prozeßanalysen
- Ermittlung der wesentlichen Einflußgrößen
- ggf. meßtechnische Untersuchungen von Störgrößen, Tests hinsichtlich Stationarität

– Abschätzungen über erforderliche Meßzeiten, Abtastschrittweiten u. ä.
– Überlegungen zu Meß- und Auswerteverfahren sowie zu den zugehörigen gerätetechnischen Hilfsmitteln.

Die sorgfältige *Planung der Experimente* durch

– Einsatz der Methodik der Versuchsplanung [36]
– sorgfältige Auswahl von Testsignalen

trägt somit entscheidend zur ökonomischen Gesamtbilanz einer Prozeßanalyse bei.

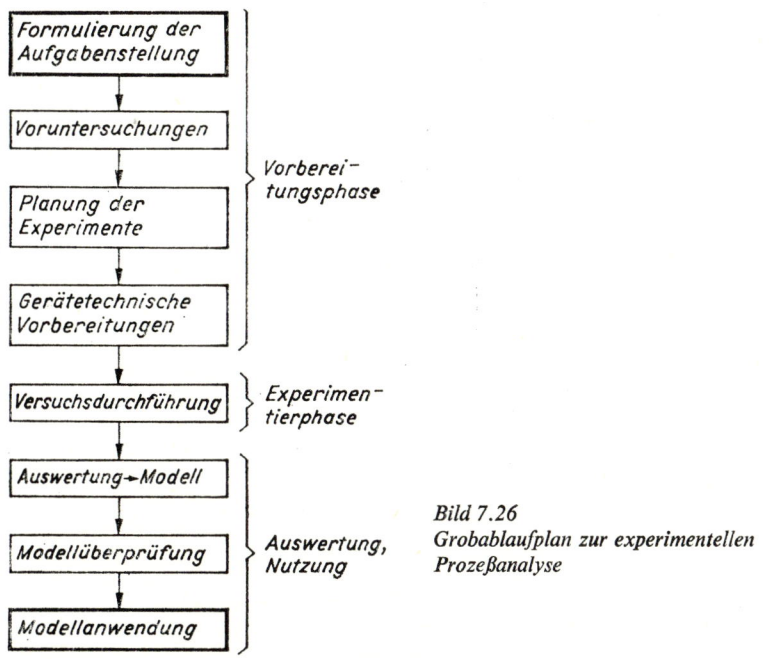

Bild 7.26
Grobablaufplan zur experimentellen
Prozeßanalyse

Zu *geräte- und meßtechnischen Vorbereitungen* zählen

– die Montage geeigneter Stell-, Meß- und Registriertechnik (nach Möglichkeit Nutzung
bereits am Prozeß installierter Einrichtungen)
– die Überprüfung der Experimentiertechnik unter Einsatzbedingungen und
– die Einweisung des bei den Experimenten erforderlichen Hilfspersonals.

Im Rahmen der *Versuchsdurchführung* werden oft Vorversuche erforderlich sein, um z. B.
notwendige Aussteuerungsbereiche, hinreichenden Nutzsignal-Störsignal-Abstand und
wesentliche Einflußgrößen zu erkunden, bevor dann die Hauptexperimente durchgeführt
werden. Besonders ist bei der Versuchsdurchführung darauf zu achten, daß zur Bestimmung von „Nullniveaus" (Ausgangsniveau bei Beginn der Messung) ausreichendes Daten-
material registriert wird. Nutzsignale am Systemausgang müssen genügenden Störabstand
aufweisen; bei Experimenten mit sprungförmigen Testsignalen reichen dazu oft 5 bis 10 %
Stellsignaländerung aus.

Die *Versuchsauswertung* erfordert zunächst die *Datenaufbereitung* mit

– zeitlicher Zuordnung des Datenmaterials (z. B. Elimination der durch die Messung bedingten Laufzeiten)
– Meßwertkorrektur (z. B. Wurzelberechnung bei Durchflußmessung mittels Meßblende)

- Sinnfälligkeitstests, Eliminierung und Korrektur von „Ausreißern" (z. B. Bereichstests bezüglich eines Glaubwürdigkeitsintervalls, Test bezüglich der Änderungsgeschwindigkeit, wertemäßige Prüfung von Bilanzgleichungen)
- Normierung, falls erforderlich (z. B. bei Übergangsfunktionen)

sowie im weiteren die *eigentliche Auswertung*, meist mit dem Ziel, ein parametrisches Modell zu erhalten. Bild 7.27 zeigt dafür die typische Vorgehensweise.

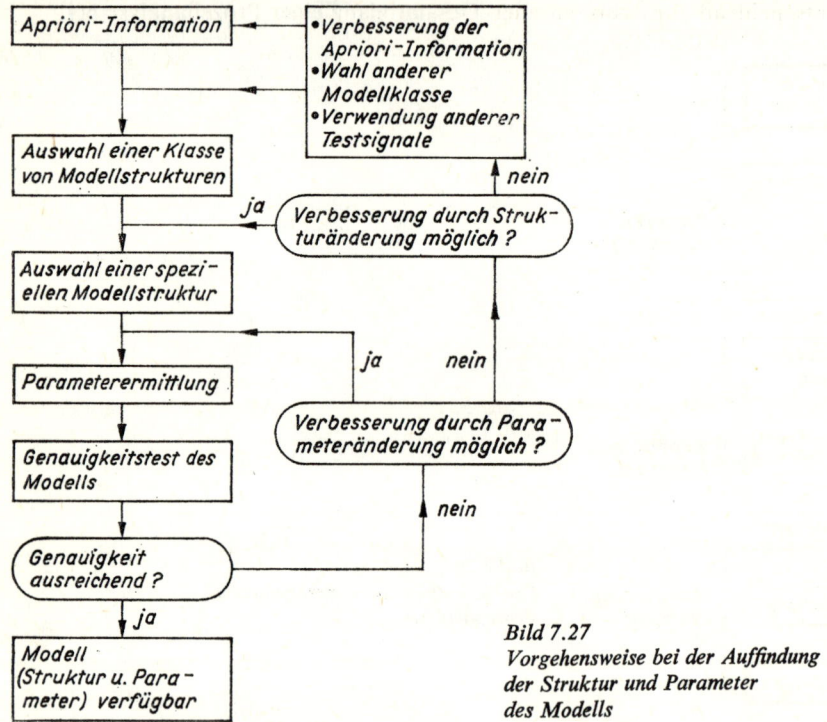

Bild 7.27
Vorgehensweise bei der Auffindung
der Struktur und Parameter
des Modells

7.3.4. Zur Wahl der Testsignale

Bei der Planung des Versuchsablaufs sind zwei Gesichtspunkte besonders wichtig:

- die Auswahl geeigneter Testsignale
- die Wahl der Beobachtungszeit, innerhalb der die Registrierung der Signale erfolgt.

Die *Auswahl der Testsignale* ist ein Kompromiß zwischen den Anforderungen seitens des mathematischen Auswerteverfahrens und den technisch-ökonomischen Einschränkungen bei den Experimenten an dem zu analysierenden Prozeß (Störungen, Belastbarkeit). Folgende *Anforderungen* sind *an ein Testsignal* zu stellen:

- Das Testsignal muß das zu analysierende System so anregen, daß bei möglichst großem *Nutzsignal–Störsignal-Verhältnis* die Systemeigenschaften bestmöglich erkannt werden können (bei einem dynamischen System heißt das Anregung des Systems im gesamten interessierenden Frequenzbereich).
- Das Testsignal soll *gerätetechnisch* möglichst *einfach realisierbar* sein; seine Parameter müssen meßbar sein, und es muß eine dem Testsignal angepaßte Registrier- und Auswertetechnik zur Verfügung stehen.

– Der *Zeitaufwand* für die Messungen (und die damit verbundenen Störungen des normalen Betriebsablaufs) ist möglichst *klein* zu *halten*.

Zu beachten ist, daß meist technologisch bedingte Grenzen hinsichtlich Aussteuerungsbereich und zulässiger Änderungsgeschwindigkeiten bestehen. (Zu schnelles Anfahren von Anlagen kann unzulässige Wärmespannungen, zu rasches Schließen von Stellventilen kann Wasserschläge verursachen u. ä.)

Testsignale für Systeme mit statischem Verhalten, d. h. für Systeme, bei denen lediglich die Statik interessiert, sind durch konstante Signalpegel gekennzeichnet, die jeweils so lange gehalten werden müssen, bis alle Ausgleichsvorgänge abgeklungen sind und die eigentliche Messung begonnen werden kann. Ziel ist dabei, mit möglichst wenigen Experimenten durch geeignete Wahl von Versuchspunkten möglichst viel Informationen über das System zu erhalten. Hierzu ist die Methode der optimalen Versuchsplanung, z. B. [36], ein sehr wichtiges Hilfsmittel.

Für einen gewählten Modellansatz

$$\hat{y} = \hat{a}' \varphi(x)$$

sollen die Versuchspunkte ^1x, ^2x, ..., ^Nx so bestimmt werden, daß mit einer minimalen Anzahl von Versuchen eine bestmögliche Schätzung des Parametervektors $\hat{a}$ erhalten wird.

Ein weiteres Ziel bei der Anwendung der Methodik der Versuchsplanung besteht darin, bei Modellerweiterung um beispielsweise einen Parameter die bisherigen Versuchspunkte mit nutzen zu können.

Testsignale für Systeme mit dynamischem Verhalten sind

– aperiodische, determinierte Testsignale (z. B. Sprungfunktion, Impulsfunktion, Rechteckfunktion)
– periodische, determinierte Testsignale (z. B. sin-cos-Funktion, Mäanderfunktionen, pseudozufällige Testfolgen)
– zufällige Testsignale durch Ausnutzung der natürlichen Betriebssignale (passives Experiment) oder durch Verwendung eines Zufallssignalgenerators (aktives Experiment).

Aus systemtheoretischer Sicht ist die Art des Testsignals gleichgültig; technische Systeme sind jedoch praktisch immer gestört, so daß die *Testsignalauswahl* nach der erreichbaren *Modellgenauigkeit* im Zusammenhang mit den erforderlichen *Meßzeiten* getroffen werden muß.

Bei sprungförmigen Testsignalen z. B. setzt sich die erforderliche Meßzeit aus der Zeitdauer des Übergangsvorgangs und den Zeiten zur Ermittlung des Nullniveaus und des neuen Endniveaus zusammen. Sinusförmige Testsignale erfordern die Auswertung im eingeschwungenen Zustand, also nach Ablauf einer Zeit, die etwa der des Übergangsvorgangs bei sprungförmiger Erregung entspricht. Zur Auswertung selbst ist z. B. eine volle Schwingungsperiode erforderlich. Da eine Vielzahl von Punkten des Frequenzgangs bei verschiedenen Frequenzen gemessen werden muß, führt das insbesondere bei tiefen Frequenzen (Periodendauern von 30 min sind bei verfahrenstechnischen Anlagen nicht ungewöhnlich) zu großen Meßzeiten. Um eine Relation zu praktischen Gegebenheiten herzustellen, ist das im Bild 7.33 angegebene typische dynamische Verhalten einiger ausgewählter Regelstrecken interessant; es ist durch entsprechende Zeiten nach Bild 7.31 beschrieben. Die erreichbare Modellgenauigkeit wird insbesondere bei Systemen mit stärker zufälligen Störungen durch die spektralen Eigenschaften der Testsignale und der

Störungen bestimmt. Im Bild 7.28 sind die Amplitudenspektren für verschiedene Testsignale bzw. Störungen dargestellt.

Aus Bild 7.28 und den Betrachtungen zur Meßzeit ist ableitbar:

- Die Sprungfunktion eignet sich vorzugsweise zur Bestimmung der Systemeigenschaften im tieffrequenten Teil. (Ein aus der Sprungantwort berechneter Frequenzgang weist bei höheren Frequenzen im allgemeinen große Fehler auf.)
- Die Impulsfunktion ermöglicht theoretisch die gewünschte breitbandige Anregung; praktisch ist sie durch Aussteuerungsbegrenzungen und durch die Trägheit des Stellgliedes nicht realisierbar. Als Näherung findet gelegentlich die Rechteckfunktion Verwendung.
- Die sin-Funktion besitzt zwar im tieffrequenten Bereich den Nachteil großer Meßzeiten; dafür ist aber die gesamte Leistung des Testsignals auf eine Spektrallinie konzentriert. Vorzugsweise erfolgt der Einsatz deshalb bei höheren Frequenzen, insbesondere auch bei stark gestörten Systemen.

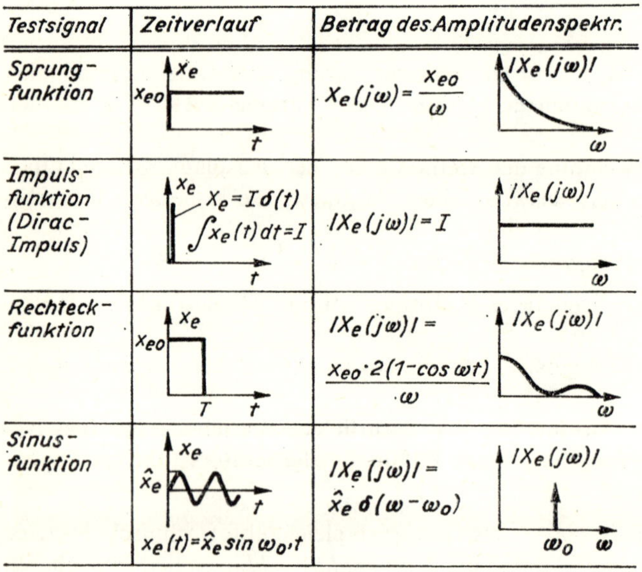

Testsignal	Zeitverlauf	Betrag des Amplitudenspektr.
Sprung-funktion		$X_e(j\omega) = \dfrac{x_{eo}}{\omega}$
Impuls-funktion (Dirac-Impuls)	$X_e = I\,\delta(t)$ $\int x_e(t)\,dt = I$	$\lvert X_e(j\omega)\rvert = I$
Rechteck-funktion		$\lvert X_e(j\omega)\rvert =$ $\dfrac{x_{eo}\cdot 2(1-\cos\omega t)}{\omega}$
Sinus-funktion	$x_e(t) = \hat{x}_e \sin\omega_0\,t$	$\lvert X_e(j\omega)\rvert =$ $\hat{x}_e\,\delta(\omega - \omega_0)$

Bild 7.28
Amplitudenspektren typischer
Testsignale

Als vorteilhaft erweist sich die Kombination von Sprungfunktion zur Analyse im tieffrequenten Bereich (Ermittlung des Übertragungsfaktors und der großen Zeitkonstanten) und sin-Funktion zur Analyse im höherfrequenten Bereich (Ermittlung der kleinen Zeitkonstanten).

Durch Kombination von Sprungfunktionen und Rechteckfunktionen lassen sich sog. optimale Testsignalfolgen konstruieren, bei denen die Gesamtmeßzeit z.B. zu 20% für Sprungantworten und zu 80% für Rechteckimpulsantworten genutzt wird. Die Konstruktion solcher Folgen setzt jedoch Kenntnisse über die Dynamik des Systems und den Charakter der vorhandenen Störungen voraus.

Weitere mögliche Testsignale sind pseudozufällige Testsignale; das sind Testsignale, die „echten" zufälligen Signale stark ähnlich sehen, in Wirklichkeit aber periodische Signale sind, denen ein determinierter Erzeugungsalgorithmus zugrunde liegt. Einen Sonderfall bilden dabei pseudozufällige Binärsignale, auf die sich spezielle Systemanalyseverfahren gründen, die aber hier nicht behandelt werden.

7.3.5. Zur Lösung des Approximationsproblems

Aufgabe dieses Abschnitts ist es, die Vorgehensweise bei der Lösung des Approximationsproblems zu erläutern. Dabei ist es gleichgültig, ob eine statische Kennlinie oder eine Zeitantwort zu approximieren ist (Bild 7.29). In beiden Fällen besteht die Aufgabe, auf Grund von Strukturkenntnissen oder -annahmen ein solches Modell und damit solche Modellausgangsgrößen zu bestimmen, damit

– die Eigenschaften des Systems „möglichst genau" widergespiegelt und
– die überlagerten Störeinflüsse weitgehend eliminiert werden.

Prinzipiell kommen zwei Vorgehensweisen in Betracht:

– die *empirische Vorgehensweise*, wobei das Augenmaß als Gütekriterium fungiert, z. B. durch

  Einzeichnen einer vermuteten Geraden nach Augenmaß und anschließende Ermittlung der Geradengleichung
  Angleichen einer gemessenen Zeitfunktion durch wiederholte Lösungsversuche an einem Analogrechner, wobei die „günstigste" Parameterkombination durch Probieren gefunden wird
– die *mathematisch begründete Vorgehensweise* auf der Basis mathematisch formulierter Gütekriterien und entsprechender Lösungsverfahren.

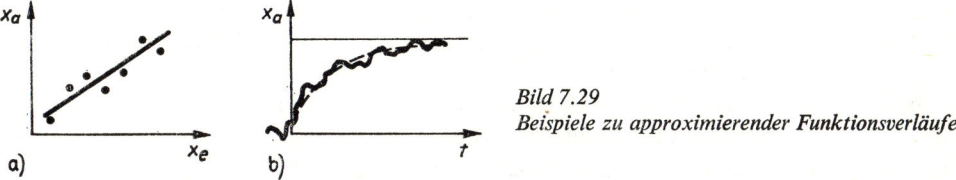

Bild 7.29
Beispiele zu approximierender Funktionsverläufe

Die empirische Vorgehensweise eignet sich für Grobabschätzungen und Voruntersuchungen. Sind jedoch genaue Modelle erforderlich, muß auch ein entsprechender Aufwand hinsichtlich theoretischer und rechentechnischer Durchdringung erbracht werden.
Die nachfolgenden Ausführungen zielen ausschließlich auf die mathematisch begründete Vorgehensweise, wobei die Methode der kleinsten Fehlerquadrate z. B. [34] als sehr häufig angewendete Methode im Vordergrund steht.

Methode der kleinsten Fehlerquadrate (MKQ)

Zunächst soll diese Methode an einem einfachen Beispiel erläutert werden. Durch experimentelle Untersuchungen seien die Wertepaare $[y_i, x_i]$ gefunden worden, wobei offensichtlich Störungen die Meßergebnisse beeinflußt haben. Die Meßwerte sollen durch ein mathematisches Modell $\hat{y}(x)$ im Sinne der kleinsten Fehlerquadrate durch einen glatten Funktionsverlauf approximiert werden.
Zu guten Ergebnissen führt der parameterlineare Ansatz

$$\hat{y} = \sum_{i=0}^{I} \hat{a}_i \varphi_i(x) = \hat{a}_0 \varphi_0(x) + \hat{a}_1 \varphi_1(x) + \ldots + \hat{a}_I \varphi_I(x) = \hat{\boldsymbol{a}}' \boldsymbol{\varphi}(x). \tag{7.16}$$

Dabei sind die Funktionen $\varphi_i(x)$ z. B. Potenzen von x; das Approximationspolynom entspricht dann einer Taylor-Reihe, die nach dem I-ten Glied abgebrochen wird.

Für das bereits erläuterte Gütekriterium

$$Q = \sum_{n=0}^{N} w_n^2 (y_n - \hat{y}_n)^2 = \sum_{n=0}^{N} w_n^2 \varepsilon_n^2 \tag{7.17}$$

wird das Minimum bezüglich des gesuchten Modellparametervektors $\hat{a}'$ benötigt. Wenn allen Abweichungen das gleiche Gewicht beigemessen wird – das ist immer der Fall, wenn keine zusätzlichen Informationen vorliegen –, sind alle Wichtungsfaktoren $w_n = 1$ zu setzen.

Der Parametervektor $\hat{a}'$ ist nun so „einzustellen", daß die gewichtete oder ungewichtete Fehlerquadratsumme ein Minimum annimmt, daß also gilt

$$Q = \overset{\text{Min}}{\hat{a}}. \tag{7.18}$$

Die dazu notwendige Bedingung fordert das Nullwerden aller partiellen Ableitungen, nämlich

$$\frac{\partial Q}{\partial \hat{a}_i} = 0 \quad \text{für} \quad i = 0 \dots I. \tag{7.19}$$

Das aus dem Ansatz von Gl. (7.18) unter Benutzung der Gln. (7.15) und (7.16) resultierende Gleichungssystem ist lösbar, wenn $N \geq I$ ist, d.h., die Anzahl der gemessenen Wertepaare muß gleich oder größer als die Anzahl der zu bestimmenden Parameter $\hat{a}_i$ sein. Für $N > I$ erfolgt ein Ausgleich der zufälligen Fehler. Bezüglich der weiteren Handhabung des Verfahrens im parameternichtlinearen Fall muß hinsichtlich der Suche des Minimums von Q auf die Literatur [30] verwiesen werden.

Die Methode der kleinsten Fehlerquadrate (MKQ-Methode) erfordert nicht unbedingt A-priori-Kenntnisse; allerdings gibt es eine Restriktion bezüglich des Charakters der überlagerten Störungen, die mittelwertfrei sein sollten.

Weitere Schätzverfahren sind die

Markov-Schätzung (bei normalverteilten, korrelierten Störungen)
Maximum-Likelihood-Schätzung (bei beliebig verteilten Störungen) [34].

In solchen Fällen sind also weitere Voruntersuchungen erforderlich.

7.3.6. Methoden zur Ermittlung statischer Modelle

Bei der Parameterbestimmung sind zwei Fälle zu unterscheiden:

- *der parameterlineare Fall*, bei dem das Minimum der Fehlerquadratsumme auf ein lineares Gleichungssystem führt, und
- *der parameternichtlineare Fall*, bei dem das Minimum der Fehlerquadratsumme mit einem speziellen Suchverfahren schrittweise gesucht werden muß.

Meist liegen bei statischen Problemen Systeme mit mehreren Eingangs- und mehreren Ausgangsgrößen vor. Derartige Systeme lassen sich in mehrere Teilsysteme mit jeweils nur einer Ausgangsgröße zerlegen, so daß durch Anwendung des Auswertealgorithmus nacheinander auf alle Teilsysteme das Gesamtmodell bestimmt werden kann. Die folgenden Ausführungen beschränken sich deshalb auf Systeme mit einer Ausgangsgröße und mehreren (bzw. einer) Eingangsgrößen.

Parameterlinearer Fall. Gegenüber dem in Gl. (7.16) benutzten Modellansatz für eine einzige Eingangsvariable x

$$\hat{y} = \hat{a}' \varphi(x) \quad \text{(Versuchspunkte } x_0 \ldots x_N) \tag{7.20}$$

ist im *Fall mehrvariabler Eingangsgrößen*

$$\hat{y} = \hat{a}' \varphi(x) \tag{7.21}$$

zu schreiben. Zu $N + 1$ Versuchspunkten gehören die Eingangsvektoren $x_0 \ldots x_N$, für die bei K Komponenten des Eingangsvektors in ausführlicher Form zu schreiben ist:

$$x_0 = \begin{pmatrix} x_{1,0} \\ x_{2,0} \\ \vdots \\ x_{K,0} \end{pmatrix}, \quad x_1 = \begin{pmatrix} x_{1,1} \\ x_{2,1} \\ \vdots \\ x_{K,1} \end{pmatrix}, \quad \ldots, \quad x_N = \begin{pmatrix} x_{1,N} \\ x_{2,N} \\ \vdots \\ x_{K,N} \end{pmatrix}. \tag{7.22}$$

Mit der Forderung bezüglich des Minimums der Fehlerquadratsumme

$$Q = \sum_{n=0}^{N} (y - \hat{y})^2 = \sum_{n=0}^{N} (y - \hat{a}' \varphi(x))^2 = \overset{\text{Min}}{\hat{a}} \tag{7.23}$$

ergibt sich mit dem bereits dargestellten Lösungsweg zur Parameterbestimmung ein lineares Gleichungssystem; lediglich die Funktionen $\varphi_i(x)$ sind jetzt im mehrvariablen Fall durch Funktionen $\varphi_i(x)$ zu ersetzen. Auf diese Weise sind die Parameter in Ansätzen wie z. B.

$$\hat{y} = \hat{a}_0 + \hat{a}_1 x_1 + \hat{a}_2 x_2 + \ldots + \hat{a}_K x_K \quad \text{(linearer Ansatz)} \tag{7.24}$$

oder

$$\hat{y} = \hat{a}_0 + \hat{a}_1 x_1 + \hat{a}_2 x_2^2 + \hat{a}_3 e^{x_3} \quad \text{(nichtlinearer Ansatz)} \tag{7.25}$$

bestimmbar. Nochmals betont sei, daß beide Fälle die Eigenschaft der Parameterlinearität besitzen und deshalb auf ein lineares Gleichungssystem führen.
Parameternichtlinearer Fall. Dieser erfordert die Anwendung besonderer numerischer Suchverfahren [30]. Nicht selten unterliegen die Prozeßeigenschaften langsamen zeitlichen Änderungen; dann ist es erforderlich das Modell entsprechend zu aktualisieren. Das ist z. B. der Fall, wenn auf der Grundlage des Modells mit Hilfe eines Optimierungsverfahrens die optimale Fahrweise von Prozessen angestrebt wird. Die *Modellnachführung* kann durch Anpassung aller Parameter erfolgen; wegen des Rechenzeitaufwands scheidet dieser Weg meist aus. Dagegen ist der Rechenzeitaufwand bei der Anpassung von ausgewählten Parametern geringer; sie werden z. B. entsprechend der Änderung bestimmter meßbarer Eingangsgrößen nachgeführt.

7.3.7. Methoden zur Ermittlung dynamischer Modelle

Wir müssen uns hier auf einige der wichtigsten Methoden zur Ermittlung einfacher linearer Modelle beschränken. Die experimentelle Ermittlung dynamischer Modelle gehört zu den häufig angewendeten ingenieurtechnischen Methoden. Bild 7.30 gibt einen Überblick über die Möglichkeiten der experimentellen Analyse zur Bestimmung dynamischer Modelle. Wir können uns hier nur mit den Methoden unter Benutzung sprungförmiger und sinusförmiger Testsignale beschäftigen; sie werden in der Praxis häufig und mit Erfolg angewendet.

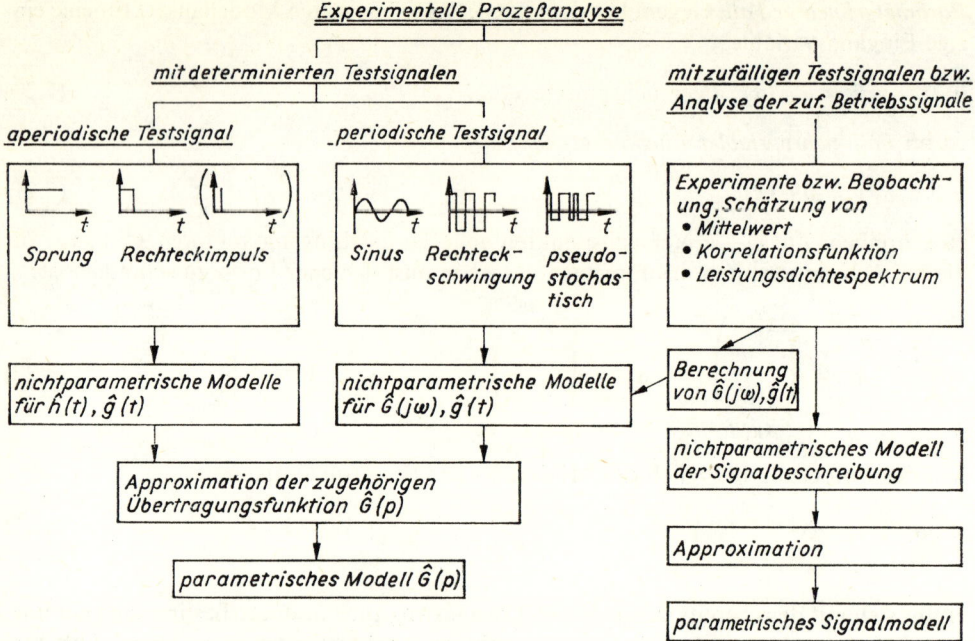

Bild 7.30. Übersicht zu Möglichkeiten der Gewinnung dynamischer Systemmodelle

Analyse mit sprungförmigen Testsignalen

Wird nur ein *einfaches Grobmodell* benötigt, dann kommen meist Verfahren der einfachen grafischen Auswertung charakteristischer Kurvenelemente teilweise in Verbindung mit Tabellen zum Einsatz. Bei höheren Forderungen an die Modellgüte ist eine weitere rechentechnische Auswertung der Meßwerte erforderlich. Sie hat das Ziel des Ausgleichs zufälliger Fehler in der Approximation bezüglich eines gewählten Strukturansatzes.

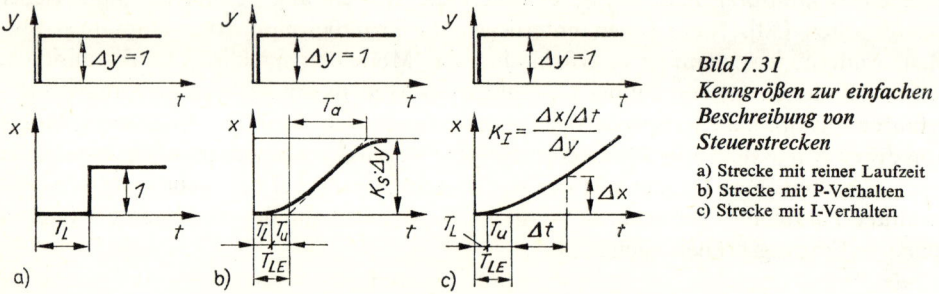

Bild 7.31
*Kenngrößen zur einfachen
Beschreibung von
Steuerstrecken*

a) Strecke mit reiner Laufzeit
b) Strecke mit P-Verhalten
c) Strecke mit I-Verhalten

Die einfachste Abschätzung des Streckenverhaltens anhand von Kennwerten, wie Laufzeit T_L, Verzugszeit T_u, Anlaufzeit T_a, Ersatzlaufzeit $T_{LE} = T_L + T_u$, Streckenverstärkung bzw. Übertragungsfaktor K_S bzw. K_I, ist im Bild 7.31 dargestellt. Interessant ist noch der Anlaufwert A; er gibt Auskunft über die Änderungsgeschwindigkeiten der Ausgangsgröße der Strecke:

$$A = \frac{1}{(\mathrm{d}x/\mathrm{d}t)_{\max}} \frac{\Delta y}{y_n}.$$

Daten typischer Regelstrecken folgen aus Bild 7.33. Die hier verwendeten Kenngrößen werden in der Praxis mit Erfolg zur Grobabschätzung verwendet. Aus dem Quotienten T_a/T_{LE} sind grobe Angaben für den Schwierigkeitsgrad der geschlossenen Steuerung (Regelung) dieser Strecke ableitbar (Bild 7.32).

Die sich nach Bild 7.31 ergebenden Übergangsfunktionen nennt man bei Verwendung von Stellgrößen am Eingang der Strecke *Stellübergangsfunktion*; im Fall der Benutzung von Störgrößen wird der Verlauf der Ausgangsgröße *Störübergangsfunktion* genannt. In diesem Sinne spricht man bei der Ermittlung der Ortskurven von *Stellortskurven* und *Störortskurven*.

Bild 7.32
Einschätzung von Streckeneigenschaften

Verhältnis T_a/T_{LE}	Schwierigkeitsgrad
> 10	gut regelbar
≈ 6	noch regelbar
< 3	nur schlecht regelbar

Zu steuernde Größe	Art der Strecke	T_{LE}	T_a	A
Temperatur	Glühofen			
	Labor	0,5 ... 1 min	5 ... 15 min	... 1 s/K
	Industrie	1 ... 3 min	10 ... 30 min	... 3 s/K
	Destillationskolonne	1 ... 7 min	40 ... 60 min	20 ... 40 s/K
	Überhitzer	1 ... 2 min	20 ... 100 min	... 0,5 s/K
	Raumheizung	1 ... 5 min	10 ... 60 min	... 1 min/K
Durchfluß	Rohrleitung	0 ... 5 s	0,2 ... 10 s	–
Drehzahl	kl. Elektroantrieb	–	0,1 ... s	–
Druck	Gasrohrleitung	0 ...	0,1 ... s	–

Bild 7.33. Beispiele von Daten typischer Strecken

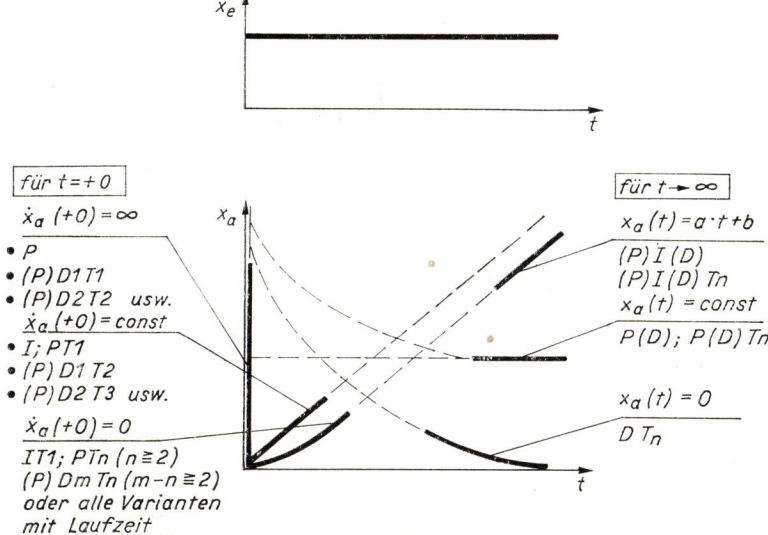

Bild 7.34. Sprungantworten und daraus ableitbare Strukturinformationen für t = 0 und t → ∞
(Die in Klammern stehenden Strukturkennzeichen können, aber müssen nicht zutreffen.)

Zur *Auswertung charakteristischer Kurvenelemente* anhand von Sprungantworten zeigt Bild 7.34, daß der Kurvenverlauf für den Zeitpunkt $t = 0$ und $t \to \infty$ geeignet ist, um daraus Strukturinformationen abzuheben. Daraus lassen sich meist Aussagen zur Unterscheidung zum Grundverhalten, wie P-Verhalten, I-Verhalten, D-Verhalten, T_L-Verhalten, mit oder ohne Verzögerung, ableiten. Zur weiteren parametermäßigen Analyse ist der Übergangsvorgang genauer auszuwerten. Die damit ableitbaren Modelle wurden im Bild 7.35 dargestellt [33; 37]. Sind die ermittelten Sprungantworten von hochfrequenten Störungen überlagert, dann muß eine Glättung ggf. durch Augenmaß vorgenommen werden. Bei tieffrequenten Störungen ist der Vorgang nicht auswertbar; einen Ausweg bietet u. U. die mehrmalige Wiederholung der Experimente in einem solchen zeitlichen Abstand, daß die Unkorreliertheit der Störung einigermaßen sicher ist. Sonst sind andere Wege der Analyse erforderlich. Die Methode der *Auswertung von Kurvenelementen* ist also *geeignet, wenn*

- keine oder geringe Störungen (hochfrequent) auftreten
- das Modell nur wenige Zeitkonstanten (drei oder vier) enthält
- nur geringe Genauigkeitsanforderungen vorliegen.

Übergangsfunktion $h(t) = \dfrac{x_a(t)}{x_{eo}}$	*Übertragungsfunktion* $G(p)$	*Approximation als*
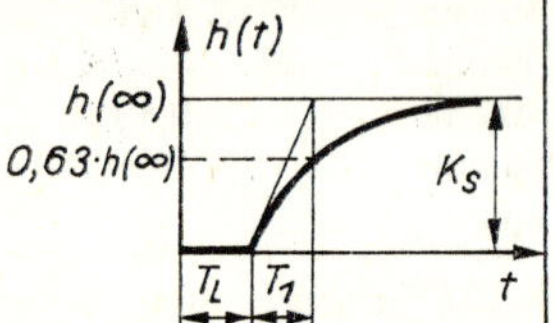	$G(p) = \dfrac{K_S}{1+pT_1} \cdot e^{-pT_L}$	*PT1 mit Laufzeit (exakt)*
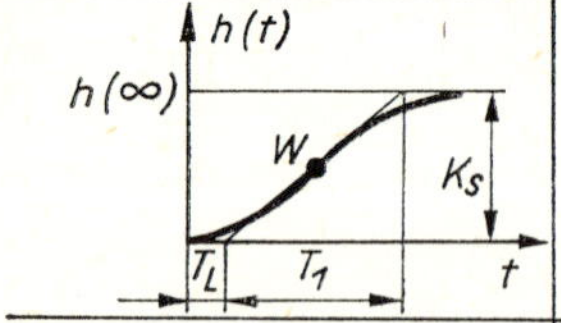	*In W Wendetangente anlegen u. durch PT1–Glied mit T_L u. T_1 wie oben approximieren*	*PT1 mit Laufzeit T_L*
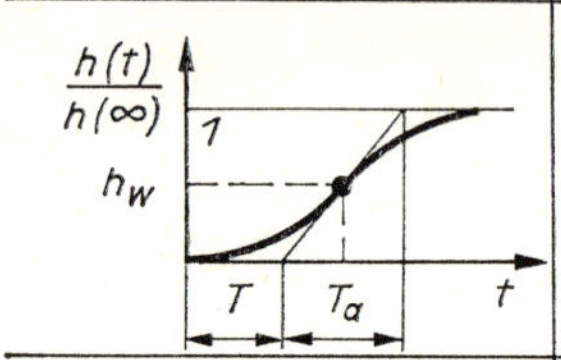	$G(p) = \dfrac{K_S}{(1+pT)^n}$ $b_0 = h(\infty)$ h u. T aus Tabellen [33] u. [37]	*PTn mit n gleichen Zeitkonstanten*
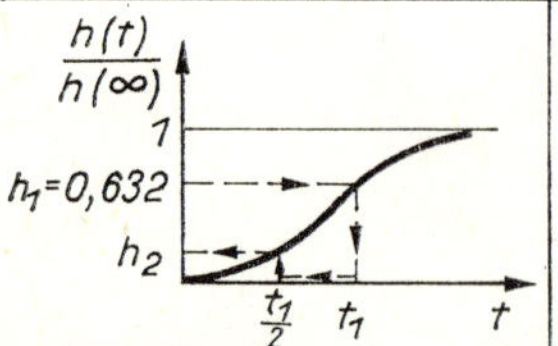	$G(p) = \dfrac{K_S}{\prod\limits_{i=1}^{n}\left(1+\dfrac{T}{i}\cdot p\right)}$ $b_0 = h(\infty)$ $n = f_1(h_2)$ $\left.\begin{array}{l}\\\end{array}\right\}$ aus Tabellen $T = f_2(h_2)\,t_1$	*PTn mit n gestaffelten Zeitkonstanten*
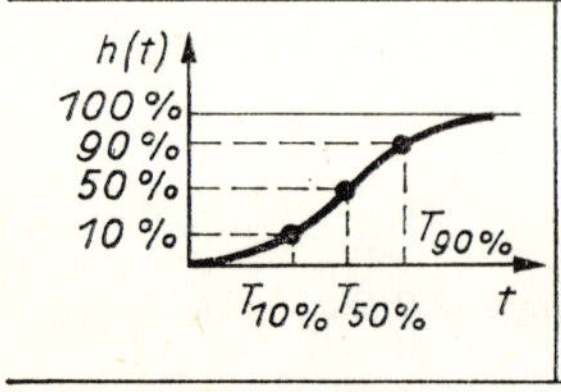	$G(p) = \dfrac{K_S(1+CpT)}{(1+apT)^m(1+pT)^n}$ aus $h_{90\%};h_{50\%},h_{10\%}$ u. den Werten $T_{90\%},T_{50\%},$ $T_{10\%}$ T,c,a,m,n aus Tabellen	*PT(n+m) D* [33] u. [37]

Bild 7.35
Auswertung
charakteristischer
Kurvenelemente von
Übergangsfunktionen

Die Experimente werden so durchgeführt, daß die Ausgangssignale direkt über einen Schreiber, von Hand (Stoppuhr/Meßgerät) oder über Drucker registriert werden. Wichtig ist, daß vor allem der Beginn und der weitere Verlauf des Eingangssprungs registriert werden.

Rechnerische Auswertung der Meßergebnisse. Hierzu sind eine Reihe Verfahren entwickelt worden, die auf einen weitgehenden Ausgleich von Störungen, die Einbeziehung des gesamten Übergangsvorgangs und die durchgängige rechentechnische Realisierbarkeit orientieren. Dazu sind in [34] ausführliche Informationen enthalten.

Analyse mit sinusförmigen Testsignalen

Die Methode führt zu vergleichsweise genauen Modellen; dieser Vorteil wird durch einen teilweise wesentlich erhöhten experimentellen Aufwand erkauft. Das *äußert sich in*

– größerer Meßzeit (Messung für viele Frequenzen erforderlich)
– höherem Geräteaufwand (Signalgenerator und spezielle Meß- und Registriergeräte)
– komplizierterer Auswertetechnik.

Man wendet diese Methode an, wenn

– höhere Genauigkeiten für das Modell gefordert sind
– kleinere Zeitkonstanten (im höherfrequenten Teil des Frequenzgangs) bestimmt werden sollen
– starke Störungen vorhanden sind.

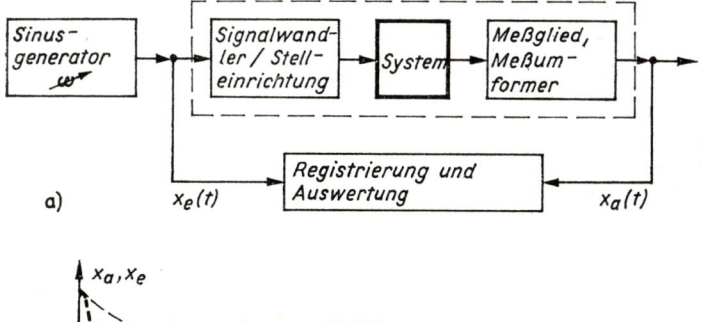

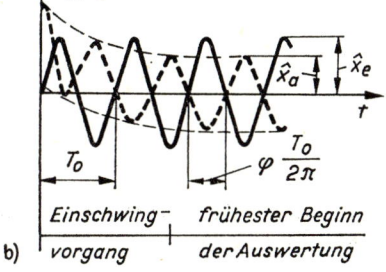

Bild 7.36
Frequenzgangmeßeinrichtung
und Auswertung der Messung
a) Meßaufbau;
b) typische Signalverläufe

Die typische Meßanordnung und der typische Verlauf sich ergebender Meßschriebe folgt aus Bild 7.36. Es zeigt u. a., daß die Auswertung erst nach Beendigung des Einschwingvorgangs (s. Abschn. 5.) begonnen werden kann. Es ist besonders wichtig, den Einfluß der am Experiment beteiligten Einrichtungen, wie Meß-, Stell- und Registriergeräte, zu beachten, die das Meßergebnis stark verfälschen können.

Das experimentelle Ergebnis wird hinsichtlich des Amplitudenverhältnisses $\hat{x}_a/\hat{x}_e$ und der Phasenverschiebung φ ausgewertet.

Es gilt

$$x_e(t) = \hat{x}_e \sin \omega_1 t$$

$$x_a(t) = \hat{x}_a \sin (\omega_1 t + \varphi_1) = \hat{x}_e |G(j\omega)| \sin (\omega_1 t + \varphi_1).$$

Daraus folgt für den Frequenzgang

$$|G(j\omega_1)| = \frac{\hat{x}_{a1}}{\hat{x}_e}, \qquad \arg G(j\omega_1) = \varphi_1.$$

Die Daten zur Aufzeichnung der zu den Frequenzpunkten gehörenden Werte $G(j\omega)$ und φ werden aus der Synchronaufzeichnung von x_e und x_a (Bild 7.36) gewonnen oder durch Registrierung der Zeitdifferenzen der Nulldurchgänge und Registrierung der Scheitelwerte der Eingangs- und Ausgangssignale. Störungen gehen bei dieser Methode voll in die Ergebnisse ein; mehrfache Messungen sind geeignet, die Fehler zu reduzieren (Zeitproblem).

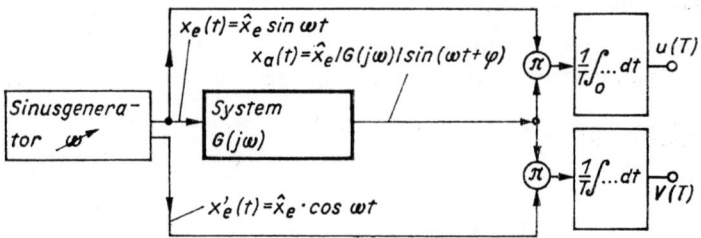

Bild 7.37. *Frequenzgangmessung im Komponentenverfahren*

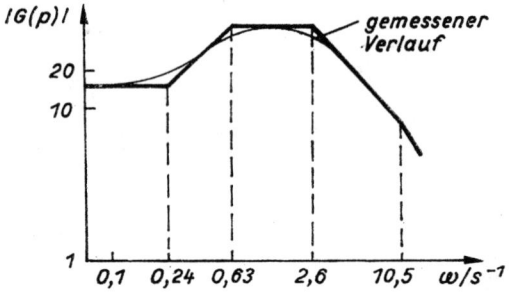

Bild 7.38
*Bestimmung des parametrischen Modells
aus dem Bode-Diagramm*

$$G(p) = 16 \frac{\left(1 + \dfrac{1}{0,24}\, p\right)}{\left(1 + \dfrac{1}{0,63}\, p\right)\left(1 + \dfrac{1}{2,6}\, p\right)\left(1 + \dfrac{1}{10,5}\, p\right)} \, ;$$

Bei stark gestörten Systemen ist das Komponentenverfahren (Bild 7.37) geeignet. Wird $u(T)$ bzw. $v(T)$ in Abhängigkeit von der Periodendauer T_{per} der jeweiligen Meßfrequenz für eine Auswertezeit

$$T = n\frac{T_{per}}{2}, \qquad T_{per} = \frac{1}{f} = \frac{2\pi}{\omega}; \qquad n = 1, 2, 3, \dots$$

bestimmt, so fallen die periodischen Anteile heraus, und es ergeben sich die Real- und Imaginäranteile des Frequenzgangs:

$$u(T) = \frac{\hat{x}_e^2}{2} \, |G(j\omega)| \cos \varphi \sim \mathrm{Re} \, \{G(j\omega)\}$$

$$v(T) = \frac{\hat{x}_e^2}{2} \, |G(j\omega)| \sin \varphi \sim \mathrm{Im} \, \{G(j\omega)\}.$$

Für dieses Verfahren existieren industriell gefertigte Meßgeräte *(Frequenzgangmeßplätze)* mit den nötigen Auswerteschaltungen. Zufällige Störungen werden mit zunehmender Meßzeit immer stärker unterdrückt.

Parametrische Modelle lassen sich durch rechentechnische Verfahren (s. [34]) ableiten. Eine einfache Methode bietet auch die Darstellung im Bode-Diagramm, das aus den Eckfrequenzen die einfache Ableitung eines parametrischen Modells erlaubt. Bild 7.38 zeigt ein solches Beispiel.

Auf die Analyse mit zufälligen Signalen, die ebenfalls große Bedeutung hat, kann hier nicht eingegangen werden. Dazu muß auf die Literatur, z.B. [35], verwiesen werden.

8. Entwurf und Verhalten von Regelkreisen

Die Regelung soll gewährleisten, daß bei Änderung der Führungsgröße w bzw. bei der Einwirkung von Störgrößen z die Regelabweichung $x_w = x - w$ unter Einhaltung vorgegebener Bedingung (z.B. kurze Einschwingzeit, geringes Überschwingen) möglichst Null wird. Deshalb interessiert, wie bei gegebener Regelstrecke sowie vorgegebenen statischen und dynamischen Eigenschaften des Regelkreises die Regeleinrichtung hinsichtlich der zu wählenden Regelalgorithmen und ihrer Parameter auszulegen ist. Wesentliche Zusammenhänge lassen sich aus der Untersuchung des Verhaltens linearer einschleifiger Regelkreise ableiten. Durch Erweiterung der einschleifigen Strukturen, durch Realisierung von Mehrgrößenregelungen oder adaptiver Regelung lassen sich auch kompliziertere Aufgaben lösen.

8.1. Einschleifiger Regelkreis

Wie bereits festgestellt, sind hierbei die unter den Begriffen Regelstrecke und Regeleinrichtung zusammengefaßten Systeme zu einem geschlossenen Wirkungskreis, dem Regelkreis, zusammengeschaltet. Für die uns nun interessierende Regelgröße x gilt in dem Fall, daß der Ort des Eingriffs der Stellgröße und der von außen wirkenden Störgrößen nicht zusammenfallen und daß vereinfachend die Wirkung nur einer Störgröße z angenommen wird, nach Bild 8.1 für die Regelstrecke

$$X(p) = G_S(p)\, Y_S(p) + G_Z(p)\, Z(p). \tag{8.1a}$$

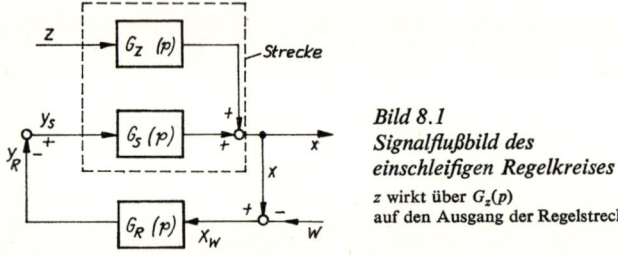

Bild 8.1
Signalflußbild des
einschleifigen Regelkreises
z wirkt über $G_z(p)$
auf den Ausgang der Regelstrecke

Für das von der Regeleinrichtung abgegebene Stellsignal y_R gilt

$$Y_R(p) = G_R(p)\, X_W(p) = G_R(p)\, X(p) - G_R(p)\, W(p). \tag{8.1b}$$

Wenn im Bild 8.1 die Zusammenschaltung von Regelstrecke und Regeleinrichtung durch Schließung des Kreises erfolgt, so muß dabei eine solche Wirkungsweise gesichert werden, daß die durch z hervorgerufenen Änderungen von x abgebaut werden; y_S muß also z entgegenwirken. Das wird im Regelkreis durch einen Vorzeichenwechsel, der diese Gegenwirkung sicherstellt, berücksichtigt. Wir setzen deshalb z.B.

$$-Y_S(p) = Y_R(p). \tag{8.1c}$$

Setzt man Gl. (8.1 b) unter Berücksichtigung von Gl. (8.1 c) in Gl. (8.1 a) ein, dann ergibt sich

$$[G_R(p)\, G_S(p) + 1]\, X(p) = G_R(p)\, G_S(p)\, W(p) + G_Z(p)\, Z(p)$$

$$X(p) = \frac{G_R(p)\, G_S(p)}{1 + G_R(p)\, G_S(p)}\, W(p) + \frac{G_Z(p)}{1 + G_R(p)\, G_S(p)}\, Z(p). \tag{8.2a}$$

Wirkt die Störung auf den Eingang der Regelstrecke, so wie im Bild 8.2 dargestellt, dann gilt

$$X(p) = G_S(p)\, Y_S(p) + G_S(p)\, G_Z(p)\, Z(p).$$

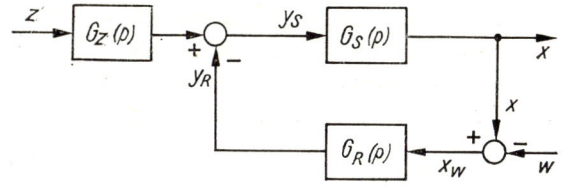

Bild 8.2
Signalflußbild des einschleifigen
Regelkreises, z wirkt auf den Eingang
der Regelstrecke

Mit Gl. (8.1 b) folgt daraus

$$[G_R(p)\, G_S(p) + 1]\, X(p) = G_R(p)\, G_S(p)\, W(p) + G_Z(p)\, G_S(p)\, Z(p)$$

$$X(p) = \frac{G_R(p)\, G_S(p)}{1 + G_R(p)\, G_S(p)}\, W(p) + \frac{G_Z(p)\, G_S(p)}{1 + G_R(p)\, G_S(p)}\, Z(p). \tag{8.2b}$$

Gl. (8.2b) stellt die Grundgleichung des einschleifigen Regelkreises dar, aus ihr lassen sich weitere Aussagen ableiten. Dabei ist es gleichgültig, ob die weiteren Untersuchungen entsprechend Gl. (8.2b) im Frequenzbereich ($p = j\omega$) oder nach Umformung mit Hilfe der Differentialgleichung im Zeitbereich durchgeführt werden. Zur Beschreibung des geschlossenen Regelkreises ist das statische und dynamische Verhalten von Interesse.

8.1.1. Statisches Verhalten von Regelkreisen

Für die Untersuchung des statischen Verhaltens sind entsprechend den im Abschnitt 7. behandelten Streckentypen hauptsächlich zwei Fälle interessant. Es können Strecken mit Ausgleich oder Strecken ohne Ausgleich, also P- oder I-Strecken, mit Reglern gekoppelt werden.

– Wir gehen vom allgemeinen Fall aus und koppeln eine P-Strecke mit Zeitverzögerung mit einem PID-Regler mit Zeitverzögerung; es gilt

Strecke:

$$G_S(p) = \frac{K_S}{1 + T_{1S}p + T_{2S}^2 p^2 + \ldots}$$

Regler:

$$G_R(p) = \frac{K_R \left(1 + \dfrac{1}{T_n p} + T_v p\right)}{1 + T_{1R}p + T_{2R}^2 p^2 + \ldots}.$$

Durch Einsetzen dieser beiden Gleichungen in Gl. (8.2b) erhalten wir

$$X(p) = \frac{\dfrac{K_R K_S}{T_n p} + K_R K_S + K_R K_S T_v p}{\dfrac{K_R K_S}{T_n p} + 1 + K_R K_S + (T_{1R} + T_{1S} + K_R K_S T_v)\, p + \ldots}\, W(p)$$

$$+ \frac{K_S + K_S T_{1R} p + K_S T_{2R}^2 p^2 + \ldots}{\dfrac{K_R K_S}{T_n p} + 1 + K_R K_S + (T_{1R} + T_{1S} + K_R K_S T_v)\, p + \ldots}\, Z(p). \qquad (8.3)$$

Um den statischen Fall zu untersuchen, könnten wir entweder diese Gleichung in den Zeitbereich zurücktransformieren und ihr Verhalten für $t \to \infty$ untersuchen, oder wir benutzen dafür den Grenzwertsatz Gl. (5.81) und untersuchen das Verhalten für $p \to 0$, dann ergibt sich für den Beharrungszustand x_B der Regelgröße

$$x_B = w_B. \qquad (8.4a)$$

Damit wird

$$x_{wB} = x_B - w_B = 0, \qquad (8.4b)$$

d.h., die bleibende Abweichung der Regelgröße (Regelabweichung) für $t \to \infty$ ist Null.

■ Wäre im Regler kein I-Anteil vorhanden, also nur ein PD- oder ein P-Regler eingesetzt, so sind die Nachstellzeit $T_n = \infty$ und die Terme $K_R K_S/T_n p$ in Gl. (8.3) entfallen.
   Für den statischen Zustand ergibt sich

$$x_B = \frac{K_R K_S}{1 + K_R K_S}\, w_B + \frac{K_S}{1 + K_R K_S}\, z_B \qquad (8.5a)$$

$$x_{wB} = -\frac{1}{1 + K_R K_S}\, w_B + \frac{K_S}{1 + K_R K_S}\, z_B. \qquad (8.5b)$$

■ Wird eine I-Strecke mit einem PID-Regler gekoppelt, dann gilt für

$$G_S(p) = \frac{K_{IS}\, \dfrac{1}{p}}{1 + T_{1S} p + T_{2S}^2 p^2 + \ldots}.$$

Setzen wir jetzt in Gl. (8.2b) ein, so erhalten wir für den statischen Zustand

$$x_B = w_B \qquad (8.6a)$$

$$x_{wB} = x_B - w_B = 0. \qquad (8.6b)$$

■ Wenn jetzt wieder ein Regler ohne I-Anteil ($T_n = \infty$) eingesetzt wird, so folgt

$$x_B = w_B + \frac{1}{K_R}\, z_B \qquad (8.7a)$$

$$x_{wB} = \frac{1}{K_R}\, z_B. \qquad (8.7b)$$

Diese Rechnung zeigt, daß sich eine bleibende Regelabweichung $x_{wB} = x_B - w_B$ lediglich beim Einsatz eines Reglers ohne I-Anteil ergibt, und zwar an einer P-Strecke nach Gl. (8.5b) und an einer I-Strecke nach Gl. (8.7b).

Wir erkennen also, beim Einsatz eines Reglers mit I-Anteil wird für $w = w_B = $ konst. $x_{wB} = 0$. Ein solcher Regler ist damit bezüglich des statischen Verhaltens günstig. Wie jedoch bereits im Abschnitt 6. angedeutet worden ist und später noch behandelt wird, treten hinsichtlich des dynamischen Verhaltens Nachteile auf.

Die bisherigen Untersuchungen haben weiter gezeigt, daß die Berechnungen am geschlossenen Regelkreis aufwendig sein können. Die *Untersuchungen am aufgeschnittenen oder offenen Regelkreis*, der durch die einfache Reihenschaltung von Regler und Regelstrecke gegeben ist, sind in vielen Fällen ausreichend, um wichtige Schlüsse für das Verhalten des geschlossenen Regelkreises ziehen zu können. Dazu wird der Regelkreis an einer geeigneten, d.h. einer rückwirkungsfreien Stelle aufgeschnitten, was zweckmäßig in der Signalleitung der Regelgröße, also am Ausgang der Regelstrecke oder zwischen Regler und Regelstrecke, geschehen kann (Bild 8.3).

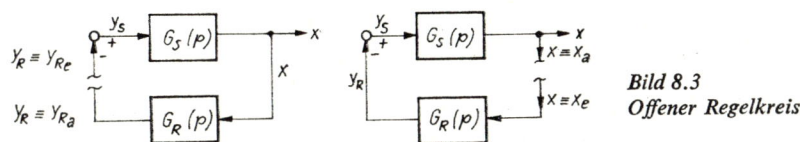

Bild 8.3
Offener Regelkreis

Im offenen Regelkreis sind Regelstrecke und Regeleinrichtung in Reihe geschaltet, und unter Berücksichtigung der Vorzeichenumkehr, die aber nur für die Behandlung des geschlossenen Kreises von Bedeutung ist, gilt für beide Schnittstellen

$$y_{Ra}(p) = -G_R(p)\, G_S(p)\, y_{Re}(p)$$

$$x_a(p) = -G_R(p)\, G_S(p)\, x_e(p),$$

und wir definieren

$$G_0(p) = G_R(p)\, G_S(p) \tag{8.8}$$

als Frequenzgang des offenen Kreises.

Für das statische Verhalten folgt aus Bild 8.3 bei Verwendung eines P-Reglers an einer P-Strecke, daß

$$x_{aB} = K_R K_S x_{eB}$$

bzw.

$$y_{RaB} = K_R K_S y_{ReB}$$

oder

$$\frac{x_{aB}}{x_{eB}} = \frac{y_{RaB}}{y_{ReB}} = K_R K_S = K_0. \tag{8.9}$$

K_0 ist der Verstärkungsfaktor des offenen Regelkreises. Wir haben bereits festgestellt, daß der P-Regler die Auswirkung einer Störung nicht vollständig ausregeln kann, und zur Beurteilung der Leistungsfähigkeit des P-Reglers im stationären Zustand den stationären Regelfaktor R_B eingeführt. Es galt nach (6.3)

$$R_B = \frac{x_{B\,\text{mit Regler}}}{x_{B\,\text{ohne Regler}}} = \frac{1}{1 + K_0}. \tag{8.10}$$

Benutzen wir zum Nachweis für Gl. (8.10) die Gl. (8.5a), so wird bei Störung, d.h. mit $z_B \neq 0$ und $w_B = 0$,

$$x_{B\,\text{mit Regler}} = \frac{K_S}{1 + K_0}\, z_B \quad \text{und} \quad x_{B\,\text{ohne Regler}} = K_S z_B.$$

Daraus folgt

$$\frac{x_{\text{B mit Regler}}}{x_{\text{B ohne Regler}}} = \frac{K_S z_B}{1 + K_0} \frac{1}{K_S z_B} = \frac{1}{1 + K_0} = R_B.$$

Wir stellen also fest, der Anlagenbauer „liefert" sozusagen mit seiner Anlage die Verstärkung der Regelstrecke K_S, der Regelungstechniker mit seinem Regler die Verstärkung K_R, die über K_0 für die bleibende Regelabweichung bestimmend sind.

Bezüglich des statischen Verhaltens streben wir sehr kleine Werte für R_B an. Für das dynamische Verhalten des Regelkreises bringt das jedoch, wie wir sehen werden, nicht immer Vorteile.

8.1.2. Dynamisches Verhalten von Regelkreisen

Das dynamische Verhalten eines Regelkreises läßt sich mit den im Abschnitt 5. dargestellten Methoden untersuchen. Dabei interessiert für den im Bild 8.2 dargestellten Regelkreis das

– Verhalten des Regelkreises bei Änderungen der Führungsgröße w *(Führungsverhalten)*
– Verhalten des Regelkreises bei Änderungen der Störgröße z *(Störverhalten)*
– Verhalten des *offenen Regelkreises.*

Aus Gl. (8.2 b) kennen wir die für das Verhalten des Regelkreises gültigen Beziehungen. Zu ihrer grafischen Darstellung wählen wir die bereits bekannte Ortskurve, obwohl dem Regelungsingenieur noch weitere Verfahren zur Verfügung stehen [38].

Führungsverhalten. Zur Untersuchung des Verhaltens bei Änderung der Führungsgröße $W(p)$ setzen wir $Z(p) = 0$ und erhalten nach Gl. (8.2 b) den Führungsfrequenzgang $G_w(p)$:

$$G_w(p) = \frac{X(p)}{W(p)} = \frac{G_R(p)\,G_S(p)}{1 + G_R(p)\,G_S(p)} = \frac{G_0(p)}{1 + G_0(p)}. \tag{8.11}$$

Die *Führungsortskurve* kann damit nach einigen Überlegungen bei Kenntnis der Ortskurve $G_0(j\omega)$ des offenen Kreises gezeichnet werden, was im Bild 8.4 für ein einfaches Beispiel gezeigt wird.

Wir wählen zur Demonstration eine P-Strecke mit Zeitverzögerung 2. Ordnung und einen P-Regler mit Zeitverzögerung 1. Ordnung. Da $G_w(j\omega)$ nicht sofort darstellbar ist, beginnen wir mit den in $G_w(j\omega)$ enthaltenen Frequenzgängen, also nach Bild 8.4 b mit der Reihenschaltung $G_R(j\omega)\,G_S(j\omega)$. Eingangssignal des Reglers ist $x_w(j\omega) = x(j\omega) - w(j\omega)$, und Ausgangssignal der Regelstrecke bei geschlossenem Kreis ist $-x(j\omega) = G_R(j\omega)\,G_S(j\omega)\,x_w(j\omega)$. Nach $-x_w(j\omega) = -x(j\omega) + w(j\omega)$ liegt zwischen den Pfeilspitzen von $-x_w(j\omega)$ und $-x(j\omega)$ der Zeiger $w(j\omega) = x(j\omega) - x_w(j\omega)$ unmittelbar.

Zwischen $w(j\omega)$ und $x(j\omega)$ liegt auch der uns interessierende Phasenwinkel φ_w. Somit eilt der Ausgang $x(j\omega)$ zum Eingang $w(j\omega)$ um den Winkel φ_w nach, wie durch Parallelverschiebung des Zeigers $w(j\omega)$ bis zum Nullpunkt des Koordinatensystems und Vergleich mit dem Zeiger $x(j\omega)$ leicht zu sehen ist.

Damit kann für jede beliebige Kreisfrequenz von $\omega = 0$ bis $\omega = \infty$ das Verhältnis

$$\left| \frac{x(j\omega)}{w(j\omega)} \right| = f_1(\omega)$$

und

$$\varphi_w = f_2(\omega)$$

gebildet und in der Gaußschen Zahlenebene aufgetragen werden. Wir erhalten die Ortskurve des Führungsfrequenzgangs $G_w(j\omega)$, indem wir $w(j\omega)$ mit der Länge 1 in die positiv reelle Achse legen und $x(j\omega)$ mit dem beim jeweiligen ω festgestellten Amplitudenverhältnis und Phasenwinkel φ_w dazu auftragen (Bild 8.4c). Die Ortskurve des Führungsfrequenzgangs zeigt dann günstiges Verhalten eines Regelkreises, wenn $x(j\omega) = w(j\omega)$ über weite Frequenzbereiche eingehalten wird und dabei $\varphi_w = f_2(\omega)$ möglichst klein bleibt. Beide Bedingungen lassen sich gleichzeitig nur schwer realisieren. Deshalb weichen reale Führungsortskurven von diesem genannten idealen Verlauf ab. Man begnügt sich damit, daß bis zu möglichst großen Frequenzen $x(j\omega) = w(j\omega)$ eingehalten wird und darüber $x(j\omega)$ z. B. monoton abnimmt [38].

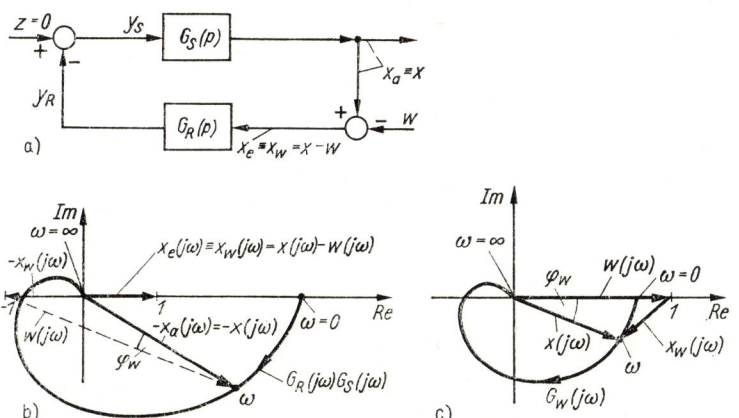

Bild 8.4. *Ermittlung der Ortskurve des Führungsfrequenzgangs $G_W(p)$ aus der Ortskurve des offenen Kreises $G_0(p)$ mit $p = j\omega$*

a) Signalflußbild; b) Ortskurve von $G_0(p)$; c) Ortskurve von $G_W(p)$ (prinzipieller Verlauf)

Störverhalten. Zur Untersuchung des Verhaltens bei Änderung der Störgröße $z(j\omega)$ setzen wir $w(j\omega) = 0$ voraus und erhalten dafür aus Gl. (8.2b) den Störfrequenzgang $G_{ZK}(j\omega)$ des Regelkreises

$$G_{ZK}(j\omega) = \frac{x(j\omega)}{z(j\omega)} = \frac{G_S(j\omega)}{1 + G_R(j\omega)\,G_S(j\omega)} = \frac{G_S(j\omega)\,G_Z(j\omega)}{1 + G_0(j\omega)}. \tag{8.12}$$

Zur Aufzeichnung der Ortskurve des Störfrequenzgangs $G_{ZK}(j\omega)$ muß nicht unbedingt die Ortskurve des offenen Kreises $G_0(j\omega)$ gezeichnet werden; denn mit der Ortskurve des Reglers erhalten wir nach Bild 8.5a

$$y_R(j\omega) = G_R(j\omega)\,x(j\omega). \tag{8.13a}$$

Ferner gilt

$$x(j\omega) = G_S(j\omega)\,z(j\omega) - G_S(j\omega)\,y_R(j\omega).$$

Daraus folgt

$$y_R(j\omega) - z(j\omega) = -\frac{1}{G_S(j\omega)}\,x(j\omega). \tag{8.13b}$$

Zeichnen wir nun die Ortskurve des Reglers $G_R(j\omega)$ und $-1/(G_S(j\omega))$, was die negativ inverse Ortskurve der Regelstrecke darstellt, so ergibt sich nach Bild 8.5b der Zeiger für

$z\,(j\omega)$ als die Differenz

$$y_R\,(j\omega) - [y_R\,(j\omega) - z\,(j\omega)]\,.$$

Zwischen $z\,(j\omega)$ und $x\,(j\omega)$ entsteht der Winkel φ_z. Zur Konstruktion der Ortskurve des Störfrequenzgangs $G_{ZK}\,(j\omega)$ legen wir jetzt nach Bild 8.5c jedes $z\,(j\omega)$ mit der Länge 1 in die positiv reelle Achse und tragen dazu für verschiedene ω den entsprechend der Länge von $z\,(j\omega)$ veränderten Zeiger $x\,(j\omega)$ unter dem jeweils zugehörigen Phasenwinkel φ_z auf.

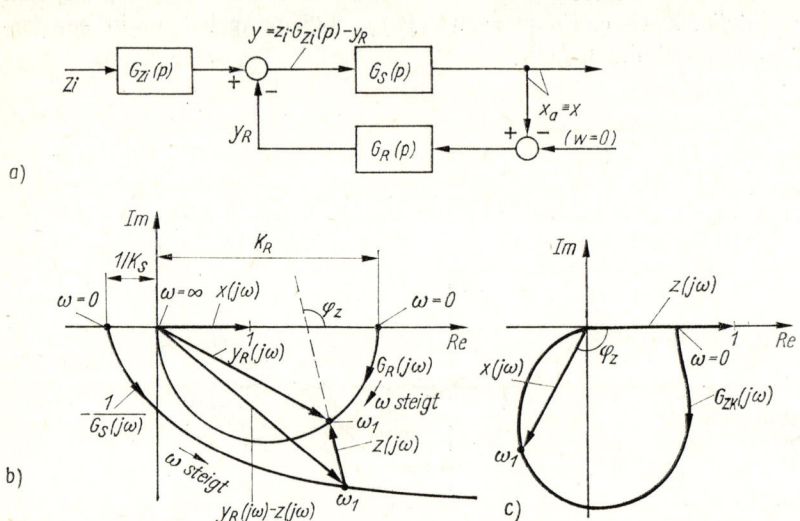

Bild 8.5. *Ermittlung der Ortskurve des Störungsfrequenzgangs $G_{ZK}(p)$ aus der Ortskurve des Reglers $G_R(j\omega)$ und der negativ inversen Ortskurve der Regelstrecke $-1/G_S(j\omega)$ mit $p = j\omega$*
a) Signalflußbild; b) Ortskurve $G_R(j\omega)$ und $1/G_S(j\omega)$; c) Ortskurve von $G_{ZK}(j\omega)$ (prinzipieller Verlauf)

Im Abschnitt 9. wird bei der Behandlung nichtlinearer Regelkreise ebenfalls von der Ortskurve des linearen Teils und von der negativ inversen Darstellung des nichtlinearen Teils Gebrauch gemacht.

Um die Wirkung der Regelung bei Störung beurteilen zu können, muß bekannt sein, mit welcher Frequenz $z\,(j\omega)$ auftritt oder welche Frequenzen mit welchen Amplituden in $z\,(j\omega)$ überlagert sind. Idealziel wäre jetzt

$$G_{ZK}\,(j\omega) = \frac{G_S\,(j\omega)\,G_Z\,(j\omega)}{1 + G_R\,(j\omega)\,G_S\,(j\omega)} = 0\,, \tag{8.14}$$

was aber praktisch nicht zu realisieren ist.

Deshalb ist es üblich, am Quotienten aus Wirkung des Systems mit Regler durch Wirkung des Systems ohne Regler, jetzt aber als Funktion von ω, die Regelung zu beurteilen.

Wir erhalten mit Regler

$$|x\,(j\omega)|_{\text{mit Regler}} = \left| \frac{G_S\,(j\omega)\,G_Z\,(j\omega)}{1 + G_R\,(j\omega)\,G_S\,(j\omega)} \right| |z\,(j\omega)|$$

und ohne Regler

$$|x\,(j\omega)|_{\text{ohne Regler}} = |G_S\,(j\omega)|\,|G_z\,(j\omega)|\,|z\,(j\omega)|$$

und daraus

$$\frac{|x(j\omega)|_{\text{mit Regler}}}{|x(j\omega)|_{\text{ohne Regler}}} = R(\omega) = \left|\frac{1}{1 + G_R(j\omega)\,G_S(j\omega)}\right| \tag{8.15}$$

als *dynamischen Regelfaktor* $R(\omega)$.

Den dynamischen Regelfaktor $R(\omega)$ tragen wir über ω auf. Für den im Bild 8.6 gezeigten Verlauf gilt, daß für $\omega = 0$ der dynamische Regelfaktor $R(0)$ den Wert $1/(1 + K_0)$ hat. Das entspricht dem statischen Regelfaktor R_B. Im Bereich $0 \leqq \omega \leqq \omega_1$, wo noch kein wesentliches Anwachsen von $R(\omega)$ zu verzeichnen ist, arbeitet die Regelung zufriedenstellend. Die Amplituden der Störgröße $z(p)$ werden nahezu gleich gut wie im stationären Fall durch den Regler abgebaut. Der Abbau der Störung wird im Bereich $\omega_1 \leqq \omega \leqq \omega_2$ weiter verschlechtert, und wenn die Störungen mit Frequenzen im Bereich $\omega \geqq \omega_2$, d.h. $R(\omega) > 1$, auftreten, dann ist die Regelung zur Bekämpfung der Auswirkung dieser Störungen ungeeignet. Wäre ein Regler mit I-Anteil vorhanden, so würde im Bild 8.6 $R(0) = 0$. Für $\omega > 0$ könnte sich dann ein ähnlicher Verlauf ergeben, wie im Bild 8.6 eingezeichnet.

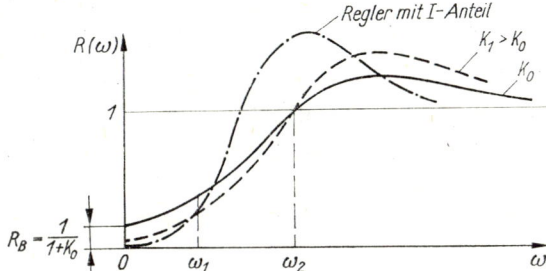

Bild 8.6
Verlauf des dynamischen
Regelfaktors $R(\omega)$

Damit wird deutlich, wie wichtig es ist, daß der Anlagenhersteller oder der Betreiber aus der Kenntnis des technologischen Prozesses heraus nicht nur Angaben zum stationären und dynamischen Verhalten der Regelstrecke macht, sondern auch – wie aus Abschnitt 7. bekannt – Auskunft über das Zeit- und Frequenzverhalten der auftretenden Störgröße geben kann. Daraus lassen sich Entscheidungen für den vorzugsweisen Einsatz der im Abschnitt 6. besprochenen Reglertypen ableiten.

Eine besonders wichtige Voraussetzung für die Wahl des Reglertyps und die Größe der am Regler einstellbaren Parameter (beim P-Regler K_R; beim I-Regler T_{IR}; beim PI-Regler K_R, T_n; beim PD-Regler K_R, T_v; beim PID-Regler K_R, T_n, T_v) ist das stabile Arbeiten des Regelkreises. Es muß somit grundsätzlich untersucht werden, ob bzw. unter welchen Bedingungen der Regelkreis stabil arbeitet.

8.1.3. Stabilitätsuntersuchungen

Die Untersuchungen zur Stabilität eines Regelkreises können mit theoretischen Mitteln auf zwei verschiedenen Wegen durchgeführt werden: im Zeitbereich mit Hilfe der Differentialgleichung und im Frequenzbereich mit Hilfe von Ortskurven bzw. Bode-Diagrammen (Frequenzkennliniendiagramm). Da hierzu die Gleichungen des Regelkreises bekannt sein müssen, was aber nicht immer der Fall ist, bedient man sich auch experimenteller Methoden. Dabei allerdings experimentiert man am offenen Kreis und schließt von dessen Verhalten auf die Stabilitätseigenschaften des geschlossenen Kreises. So entgeht man der Gefahr von Instabilitäten beim Schließen des Kreises.

8.1.3.1. Stabilitätsuntersuchung mit Hilfe von Differentialgleichungen

Im Abschnitt 5. haben wir bereits zwischen einem brauchbaren und einem unbrauchbaren Übertragungsverhalten von Systemen unterschieden. Beim Regelkreis liegt unbrauchbares Verhalten vor, wenn die Gefahr besteht, daß die Regelgröße entweder vom gewünschten Arbeitspunkt wegläuft oder um diesen harmonische oder aufklingende Schwingungen ausführt. Nach Abschnitt 5. liegt Stabilität vor, wenn die Lösung der homogenen Differentialgleichung des geschlossenen Regelkreises negativ reelle und/oder konjugierte komplexe Eigenwerte mit negativem Realteil hat. Zur Stabilitätsuntersuchung genügt die Untersuchung der freien Bewegung des geschlossenen Kreises, die durch die homogene Differentialgleichung gegeben ist; sie lautet:

$$a_n x^{(n)} + \ldots + a_2 \ddot{x} + a_1 \dot{x} + a_0 x = 0.$$

Abhängig von der gewählten Kombination Regelstrecke und Regler erhält man für die Koeffizienten $a_0, a_1, a_2, \ldots, a_n$ die im Bild 8.7 zusammengestellten und auf die Regler- und Streckenparameter zugeschnittenen Beiwerte.

Um zu Stabilitätsaussagen zu kommen, sind jetzt die Eigenwerte (Wurzeln) dieser Differentialgleichung zu bestimmen. Da das jedoch bei Differentialgleichungen höherer Ordnung Schwierigkeiten bereitet, bedient man sich bekannter Stabilitätskriterien. Die Frage, ob ein stabiler oder ein instabiler Vorgang zu erwarten ist, wurde bereits 1877 von *E. J. Routh* und 1895 von *A. Hurwitz* untersucht. Wir wollen hier die unter dem Namen Hurwitz-Kriterium bekannte Methode zur Stabilitätsprüfung angeben. Auf den Beweis soll verzichtet werden.

▶ Ein Regelkreis ist nach *Hurwitz* stabil, wenn sämtliche Koeffizienten $a_0, a_1, \ldots, a_n$ der homogenen Differentialgleichung

$$a_n x^{(n)} + \ldots + a_3 \dddot{x} + a_2 \ddot{x} + a_1 \dot{x} + a_0 x = 0$$

vorhanden sind, gleiches Vorzeichen haben und die von *Hurwitz* angegebenen Determinanten größer als Null sind.

Hurwitz-Determinanten sind

$$D_n = \begin{vmatrix} a_1 & a_3 & a_5 & \ldots \\ a_0 & a_2 & a_4 & \ldots \\ 0 & a_1 & a_3 & \ldots \\ 0 & a_0 & a_2 & \ldots \\ 0 & 0 & a_1 & \ldots \\ \vdots & \vdots & \vdots & \\ 0 & 0 & 0 & \ldots \end{vmatrix} > 0.$$

Außerdem müssen die in der Hauptdiagonale liegenden Unterdeterminanten größer als Null sein:

$$D_1 = a_1 > 0, \qquad D_2 = \begin{vmatrix} a_1 & a_3 \\ a_0 & a_2 \end{vmatrix} > 0, \qquad D_3 = \begin{vmatrix} a_1 & a_3 & a_5 \\ a_0 & a_2 & a_4 \\ 0 & a_1 & a_3 \end{vmatrix} > 0 \text{ usw.} \quad (8.16)$$

Insgesamt werden n Determinanten für eine Differentialgleichung n-ter Ordnung benötigt. Für eine relativ niedrige Ordnung läßt sich dieses Kriterium leicht anwenden; bei

Beiwerte	Kopplung einer P-Regelstrecke mit Regler ohne I-Anteil	Regler mit I-Anteil
a_0	$\dfrac{1}{K_S} + K_R$	1
a_1	$\dfrac{1}{K_S}(T_{1R} + T_{1S}) + K_R T_v$	$\dfrac{T_n}{K_R K_S}(1 + K_R K_S)$
a_2	$\dfrac{1}{K_S}(T_{2R}^2 + T_{1R}T_{1S} + T_{2S}^2)$	$\dfrac{T_n}{K_R K_S}(T_{1R} + T_{1S}) + T_n T_v$
a_3	$\dfrac{1}{K_S}(T_{3R}^3 + T_{2R}^2 T_{1S} + T_{1R}T_{2S}^2 + T_{3S}^3)$	$\dfrac{T_n}{K_R K_S}(T_{2R}^2 + T_{1R}T_{1S} + T_{2S}^2)$
$\vdots$	$\vdots$	$\vdots$

Beiwerte	Kopplung einer I-Regelstrecke mit Regler ohne I-Anteil	Regler mit I-Anteil
a_0	K_R	1
a_1	$\dfrac{1}{K_{IS}} + K_R T_v$	T_n
a_2	$\dfrac{1}{K_{IS}}(T_{1R} + T_{1S})$	$\dfrac{T_n}{K_R K_{IS}}(1 + K_R K_{IS} T_v)$
a_3	$\dfrac{1}{K_{IS}}(T_{2R}^2 + T_{1R}T_{1S} + T_{2S}^2)$	$\dfrac{T_n}{K_R K_{IS}}(T_{1R} + T_{1S})$
$\vdots$	$\vdots$	$\vdots$

Bild 8.7. Koeffizienten der Differentialgleichungen typischer Regelkreise

höherer Ordnung wird die Rechnung sehr aufwendig. Bild 8.7 gibt Auskunft über die Koeffizienten der Differentialgleichung für typische Regelkreise.

■ Als Beispiel wird die Kopplung einer I-Strecke mit Zeitverzögerung 1.Ordnung mit einem PI-Regler mit den Gleichungen

$$T_{1S}\dot{x} + x = -K_{IS}\int_0^t y_R \, dt \quad \text{und} \quad y_R = K_R x + \frac{K_R}{T_n}\int_0^t x \, dt$$

gewählt. Wir erhalten mit $n = 3$ aus der Zusammenstellung der Beiwerte (I-Strecke und Regler mit I-Anteil)

$$a_0 = 1, \qquad a_1 = T_n, \qquad a_2 = \frac{T_n}{K_R K_{IS}}, \qquad a_3 = \frac{T_n T_{1S}}{K_R K_{IS}}$$

$$D_1 = T_n > 0$$

$$D_2 = \begin{vmatrix} T_n & \dfrac{T_n T_{1S}}{K_R K_{IS}} \\ 1 & \dfrac{T_n}{K_R K_{IS}} \end{vmatrix} = \frac{T_n^2}{K_R K_{IS}} - \frac{T_n T_{1S}}{K_R K_{IS}} > 0.$$

Höhere Determinanten bringen keine zusätzlichen Aussagen. Stabilität herrscht nach D_1 für $T_n > 0$ und nach D_2 für $T_n > T_{1S}$. Da die zweite Bedingung die erste enthält, muß am Regler $T_n > T_{1S}$ eingestellt werden, um einen stabilen Regelvorgang zu erhalten. Für die Einstellung von K_R, die in vielen Fällen eine entscheidende Rolle spielt, gilt hier, daß $K_R > 0$ werden muß.

■ Falls der Regler keinen P-Anteil besitzt, d.h. als I-Regler betrieben wird, gilt

$$y_R = \frac{1}{T_{IR}} \int_0^t x \, dt \quad \text{(I-Regler)},$$

und die homogene Differentialgleichung für den Regelkreis lautet:

$$\frac{T_{IR} T_{1S}}{K_{IS}} \dddot{x} + \frac{T_{IR}}{K_{IS}} \ddot{x} + x = 0.$$

Da jetzt der Koeffizient bei $\dot{x}$ fehlt, ist $a_1 = 0$. Bei dieser Struktur des Regelkreises mit zwei I-Gliedern wird dieser Regelkreis immer instabil arbeiten und durch keine der möglichen Einstellungen von T_{IR} stabil werden. Wir bezeichnen einen solchen Regelkreis als *strukturinstabil*.

▶ Allgemein kann festgestellt werden, daß mit zunehmender Ordnung der Differentialgleichung die Schwierigkeiten zur Erzielung eines stabilen Regelvorgangs zunehmen. Sehen wir uns diesen Zusammenhang anhand der zusammengestellten Beiwerte $a_0 \ldots a_n$ an, so wird klar, daß bei Verwendung eines idealen Reglers ($T_{1R} = T_{2R}^2 = T_{3R}^3 = \ldots = 0$) die Beiwerte der höheren Ableitungen sehr stark von den Daten der Regelstrecke abhängen und damit die Stabilität wesentlich beeinflussen.

Das Stabilitätskriterium nach *Hurwitz* ist nur dann anwendbar, wenn alle Beiwerte der Differentialgleichung, d.h. auch die Regelstrecke nach Struktur und Parameter, vollständig bekannt sind.

8.1.3.2. Stabilitätsuntersuchung mit Hilfe von Ortskurven

Aus den Gln. (8.11) und (8.12) ist ersichtlich, daß sich im Fall

$$1 + G_R(p)\, G_S(p) = 1 + G_0(p) = 0 \tag{8.17}$$

für $G_w(p)$ und $G_z(p)$ unendlich große Werte ergeben. Anders ausgedrückt heißt das: Der Regelkreis schwingt für den Fall $G_0(j\omega) = -1$ auch ohne äußere Erregung (Barkhausensche Selbsterregungsbedingung). Für die Ortskurve $G_0(j\omega)$ stellt somit der Punkt $(-1,0j)$ den sog. kritischen Punkt (P_K) dar. Die sich daraus ergebende Stabilitätsbedingung ist zuerst (1932) von *H. Nyquist* formuliert worden.

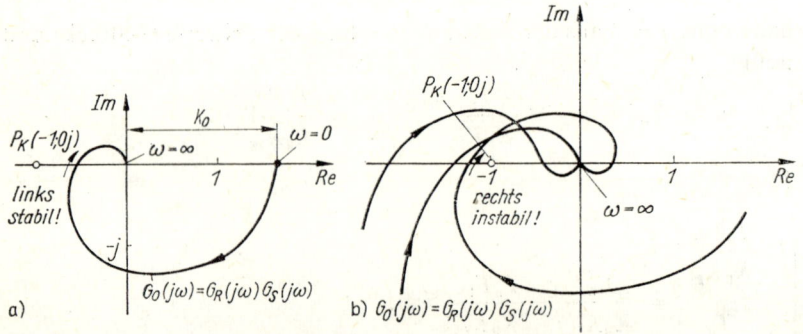

Bild 8.8. *Stabilitätsprüfung mit Hilfe der Ortskurve $G_0(p)$ mit $p = j\omega$*
a) stabiler Regelkreis; b) instabile Regelkreise

▶ *Ein Regelkreis ist stabil, wenn für die Ortskurve G_0 (jω) des offenen Kreises beim Lauf von $\omega = 0$ nach $\omega = \infty$ der kritische Punkt P_K (−1, 0 j) links von der Ortskurve liegt (Linke-Hand-Regel).*

Bild 8.8a zeigt einen stabilen Regelvorgang für G_0 (jω) > −1, und im Bild 8.8b sind einige instabile Verläufe dargestellt. Da $G_0(p)$ sowohl rechnerisch als auch experimentell ermittelt werden kann, ist das Stabilitätskriterium nach *Nyquist* universell anwendbar. Die Experimente können am geöffneten Kreis durchgeführt werden, d. h., die Gefahr der Instabilität in der Experimentierphase besteht in diesem Fall nicht. Vor der Schließung des Kreises kann man also aus dem Verhalten der offenen Kette $G_0(p)$ auf das Verhalten des geschlossenen Kreises schließen.

Die Untersuchung auf Stabilität kann auch mit Hilfe der Ortskurve G_R (jω) des Reglers und der negativ inversen Ortskurve $-1/(G_S$ (jω)) der Regelstrecke nach dem sog. Zweiortskurvenverfahren durchgeführt werden. Hierbei kann für $\omega_R = \omega_S$ (beide schwingen mit der gleichen Kreisfrequenz und haben gleiche Phasenlage) der Regelkreis geschlossen werden. Für $\omega_R = \omega_S$ muß für einen stabilen Regelvorgang $|y_R$ (jω)| < $|y_S$ (jω)| sein (Bild 8.9).

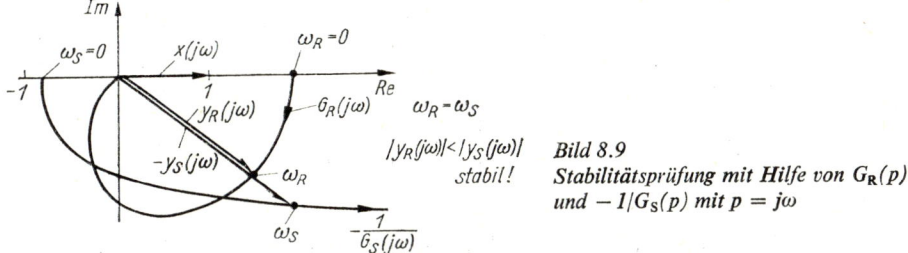

Bild 8.9
Stabilitätsprüfung mit Hilfe von $G_R(p)$ und $-1/G_S(p)$ mit $p = j\omega$

Für die Darstellung im Bode-Diagramm bestimmt man bei Anwendung des Nyquist-Kriteriums für $|G_0$ (jω)| = 1 die Kreisfrequenz ω_0 und den Phasenwinkel φ_0. Bei $\varphi_0 > -180°$ liegt ein stabiler und bei $\varphi_0 < -180°$ ein instabiler Regelvorgang vor. Um nicht mit dem negativen Winkel $-180°$ arbeiten zu müssen, wird für $|G_0$ (jω)| = 1 der Differenzwinkel γ_{Rand} (Phasenrand)

$$\gamma_{Rand} = 180° + \varphi_0 \tag{8.18}$$

bzw.

$$\gamma_{Rand} = 180° - [-\text{arg } G_0 \text{ (j}\omega_0)] \tag{8.19}$$

bestimmt, und das Stabilitätskriterium lautet:
▶ *Ein Regelkreis ist stabil, wenn für ω_0 bei $|G_R$ (jω_0) G_S (jω_0)| = 1 der Phasenrand γ_{Rand} > 0 ist (Bild 8.10).*

Während mit Hilfe des Hurwitz-Kriteriums nur festgestellt werden kann, ob der Regelkreis stabil arbeitet oder nicht, läßt sich anhand der Ortskurve bzw. des Bode-Diagramms auch feststellen, wie gut eine Schwingung im Regelkreis abklingt. Wir wollen darauf nicht näher eingehen und nur einige Richtwerte zur Kenntnis nehmen:

$\gamma_{Rand} = 0$ Regelkreis ist instabil (Stabilitätsgrenze).

$\gamma_{Rand} = 40° \rightarrow$ Dämpfung $\approx 0,2$ Regelkreis ist stabil; Schwingung ist nach etwa vier Halbwellen abgeklungen.

$\gamma_{Rand} = 60° \rightarrow$ Dämpfung $\approx 0,7$ Regelkreis ist stabil; Schwingung verläuft nahezu aperiodisch.

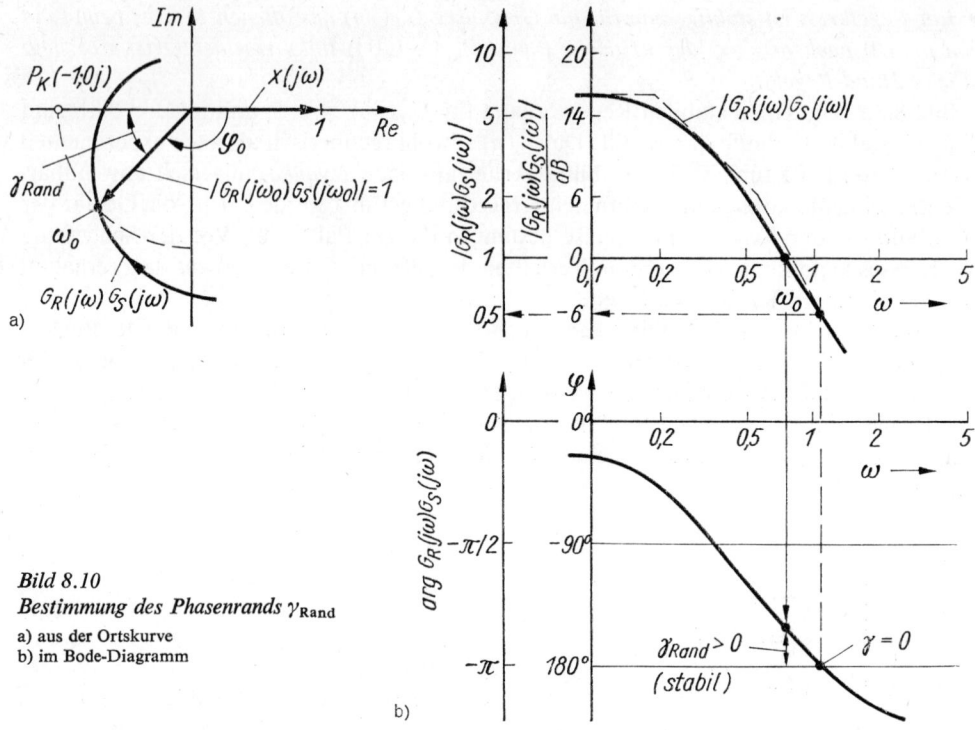

Bild 8.10
Bestimmung des Phasenrands γ_{Rand}
a) aus der Ortskurve
b) im Bode-Diagramm

Außerdem kann für $\gamma = 0$ ($\varphi_0 = -180°$) das Amplitudenverhältnis am Stabilitätsrand untersucht werden. Günstige Bedingungen liegen bei

$$\frac{|G_0(j\omega_0)|}{|G_0(j\omega)|_{\gamma=0}} \approx 2{,}5 \dots 10$$

vor [22]. Im Bild 8.10 ergibt sich an der Stelle $\gamma = 0$ für $G_0(j\omega) = -6\,\text{dB} = 0{,}5$, also

$$\frac{|G_0(j\omega_0)|}{|G_0(j\omega)|_{\gamma=0}} \approx 2.$$

Eine Verbesserung kann z.B. dadurch erreicht werden, daß die Kurve für $G_0(j\omega)$ etwas nach unten verschoben wird (geringere Kreisverstärkung K_0). Dann wandert der Schnittpunkt mit der 0-dB-Achse nach links; ω_0 wird kleiner, während die Phasenkennlinie unverändert bleibt. Der Phasenrand wird dadurch größer und das Amplitudenverhältnis ebenfalls.

▶ Zur Untersuchung des Einschwingverhaltens kann die oft mühevolle Auswertung von $G_0(p)$ vermieden werden, wenn man die Übertragungsfunktion von der Polynomdarstellung in die Produktform

$$G_0(p) = K\,\frac{(p - p_{D1})\,(p - p_{D2})\dots}{(p - p_1)\,(p - p_2)\dots} \tag{8.20}$$

umwandelt, und die Lage der Nullstellen $G_0(p) = 0$ bei $p = p_{D1}, p_{D2}, \dots$ sowie die Lage der Pole $G_0(p) = \infty$ bei $p = p_1, p_2, \dots$ in der Gaußschen Zahlenebene feststellt und die sich bei Parameteränderungen ergebenden Verschiebungen weiter verfolgt. Daraus begründen sich effektive Analyse- und Syntheseverfahren der Regelungstechnik, z.B. das Wurzelortverfahren von *W. R. Evans*. Diese sind u.a. in [38] näher beschrieben.

8.1.4.   Günstige Einstellung von Reglern

Die richtige Bemessung bzw. die günstige Einstellung von Reglern hängt vom konkreten Anwendungsfall ab. Für die Einstellung spielen sowohl die Dauer des Regelvorgangs als auch das Einschwingverhalten eine Rolle. Es gibt Vorgänge, wo ein aperiodisches Einschwingen verlangt wird, da auftretende Schwingungen und hohes Überschwingen über den neuen Gleichgewichtszustand hinaus zu Gefahren oder Schäden führen können, und solche, bei denen Schwingungen keine Rolle spielen, jedoch ein kriechendes, aperiodisches Einschwingen als eine zu langsame Reaktion angesehen wird.

Wir werden somit unsere Aufmerksamkeit auf folgende Merkmale zu richten haben:
Zeitlicher Verlauf der Regelgröße. Es ist zu entscheiden, ob die Regelgröße Schwingungen ausführen darf oder nicht. Bei Lageregelungen an Werkzeugmaschinen wird z.B. ein *aperiodischer Einschwingvorgang* verlangt. Ebenso kann das bei Durchflußregelungen der Fall sein. Sind jedoch in der Regelstrecke Speicher enthalten, so sind oft Schwingungen zulässig, wenn damit ein schnellerer Einschwingvorgang erreicht wird und auftretende Schwingungen durch Speicherwirkung wieder abgebaut werden. Das ist z.B. bei manchen Druck- und Temperaturregelungen der Fall. Bei Drehzahlregelungen kommen sowohl aperiodische als auch Übergangsvorgänge mit geringem Überschwingen in Frage.
Zeitlicher Verlauf der Störgrößen. Treten die Störgrößen aperiodisch und ihre Änderungen in verhältnismäßig großen Zeitabständen auf, dann kann durch I-Anteile im Regler bei richtiger Bemessung die bleibende Regelabweichung Null erreicht werden. Treten jedoch periodisch wirkende Störungen mit verhältnismäßig hoher Frequenz auf, so bringt der I-Anteil im Regler keinen Vorteil. Es ist also zu entscheiden, ob der P-Anteil des Reglers allein oder in Verbindung mit einem D-Anteil wirken soll. Bei kurzzeitigen Störungen, die z.B. in Form von Stoß- bzw. Nadelfunktionen auftreten, bringt ein I-Anteil im Regler ebenfalls keinen Vorteil.
Angriffsstellen der Störgrößen. Wenn mehrere Störgrößen an verschiedenen Stellen (Orten) auf die Regelstrecke einwirken, so haben diese zusätzlich zu den bereits genannten Eigenschaften auf Grund des unterschiedlichen Verhaltens bestimmter Streckenelemente auch unterschiedliche Wirkungen auf die Regelgröße zur Folge. Die Wirkungen dieser Störgrößen auf die Regelgröße lassen sich berechnen, wenn über die theoretische Prozeßanalyse oder auf Grund experimenteller Ergebnisse ausreichende Kenntnisse über die Elemente und ihre Kopplungen innerhalb der Regelstrecke vorliegen. Es kann in diesem Zusammenhang auch beurteilt werden, ob die gestellten Forderungen durch einen einschleifigen Regelkreis erfüllbar sind oder ob ein vermaschter Regelkreis (Abschn. 8.2.) bzw. eine Mehrgrößenregelung (Abschn. 8.3.) zur Erfüllung der gestellten Forderungen erforderlich ist.
Zeitlicher Verlauf der Führungsgröße. Wie aus den Gln. (8.11) und (8.15) hervorgeht, ergeben sich unterschiedliche Anforderungen, je nachdem, ob die Regelung zur Bekämpfung von Störgrößen oder für ein möglichst gutes Verhalten bei Führungsgrößenänderungen vorgesehen wird. Für Folgeregelungen wird verlangt, daß die Regelgröße möglichst schnell und ohne großes Überschwingen der Führungsgröße folgt. Der Dämpfungsgrad sollte hierzu bei $D \approx 1/\sqrt{2} = 0{,}707$ liegen. Um die Erfüllung dieser allgemeinen Forderungen technisch umzusetzen, werden sie in Form mathematischer Kriterien formuliert.

8.1.4.1. Gütekriterien

Beurteilung anhand der Übergangsfunktion. In besonders einfachen Fällen kann der geschlossene Regelkreis durch ein System mit P-Verhalten und Zeitverzögerung 2. Ordnung

angenähert werden. Das ist beispielsweise der Fall, wenn ein P-Regler mit vernachlässig-
barer Zeitverzögerung an eine P-Strecke mit Zeitverzögerung angeschlossen wird. Wir
erhalten dann die im Bild 8.11 a dargestellte Übergangsfunktion sowohl als Stör- wie
auch als Führungsübergangsfunktion.

Als *wichtigste Kenngrößen* ergeben sich aus Bild 8.11 a:

$$T_m = \frac{\pi}{\omega_e} = \frac{\pi}{\omega_0 \sqrt{1 - D^2}} \qquad \text{Zeit bis zum ersten Maximum}$$

$$h_m = 1 + e^{-(D\pi/\sqrt{1-D^2})} \qquad \text{größter Schwingungsausschlag (bei } t = T_m)$$

$$\Delta h = e^{-(D\pi/\sqrt{1-D^2})} \qquad \text{Überschwingweite}$$

$$T_{5\%} = \frac{3}{\omega_0 D} \qquad \text{Beruhigungszeit bis auf 5\% Abweichung.}$$

Diese Kenngrößen sind im Bild 8.11 b über dem Dämpfungsgrad D aufgetragen. Die Aufstellung der Differentialgleichung dieses Kreises führt zu

$$\frac{T_{2s}^2}{1 + K_R K_S} = \frac{1}{\omega_0^2} \quad \text{und} \quad \frac{T_{1s}}{1 + K_R K_S} = \frac{2D}{\omega_0}.$$

Daraus kann der für das gewünschte Verhalten erforderliche Verstärkungsfaktor K_R des
Reglers bestimmt werden. Läßt sich mit diesen Mitteln kein befriedigendes Verhalten erzielen, so müßte hier eine Änderung der Daten oder der Struktur der Regelstrecke erfolgen, wenn der einschleifige Kreis beibehalten werden soll.

▶ In komplizierteren Fällen ist man auf eine genauere Beurteilung angewiesen und muß
die Tatsache, daß unter den gegebenen Umständen die günstigste Reglereinstellung erreicht wird, rechnerisch belegen können. Das ist auch beim Einsatz verschiedener Regler-
strukturen für vergleichende Beurteilungen notwendig. So wird es möglich, die günstigste
Struktur und die dafür günstigsten Einstellwerte zu bestimmen. Die Wahl der günstigsten
Struktur (Strukturoptimierung) kann in diesem Rahmen nicht behandelt werden. Die

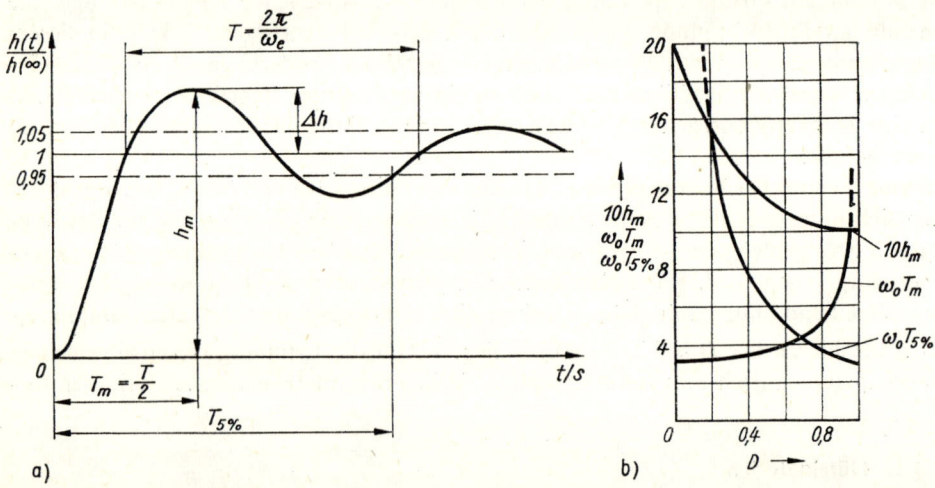

Bild 8.11. *Übergangsfunktion der Regelgröße (P-Regler und P-Strecke mit Zeitverzögerung 2. Ordnung)*
a) zeitlicher Verlauf; b) Kenngrößen

Wahl der günstigsten Beiwerte, d.h. die optimale Bemessung der gewählten Struktur *(Bemessungsoptimierung)*, kann jedoch nur mit Hilfe geeigneter Kriterien belegt werden.
Beurteilung anhand mathematischer Kriterien. Zur Einschätzung des Verlaufs von $x_w(t)$ kann die sog. *Regelfläche* herangezogen werden, die durch das Integral

$$A_{\text{lin}} = \int_0^\infty [x_w(t) - x_{w\text{B}}] \, dt \to \text{Min!} \tag{8.21}$$

gebildet wird (Bild 8.12). Diese Fläche heißt lineare Regelfläche und der bei günstigster Wahl der Parameter erreichbare Minimalwert *lineares Optimum*.

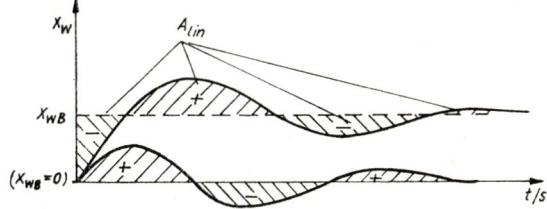

Bild 8.12
Bestimmung der linearen Regelfläche A_{lin}

Beim Vorliegen von Schwingungen ist die lineare Regelfläche zur Beurteilung ungeeignet, da die unterhalb von $x_{w\text{B}}$ liegenden Flächenteile von den oberhalb liegenden subtrahiert werden. Die Ergebnisse sind nicht brauchbar. Die Anwendung der linearen Regelfläche ist deshalb auf überschwingfreie Vorgänge zu beschränken bzw. durch eine Zusatzbedingung zu ergänzen, wie etwa durch Vorgabe des Dämpfungsgrads, z.B. $D = 0,7$. Diese Probleme treten nicht auf, wenn zur Beurteilung die quadratische Regelfläche A_q herangezogen wird:

$$A_q = \int_0^\infty [x_w(t) - x_{w\text{B}}]^2 \, dt \to \text{Min!} \tag{8.22}$$

Die Minimierung der quadratischen Regelfläche liefert das *quadratische Optimum*. Dadurch entstehen nur positive Teilflächen, und Zusatzbedingungen können entfallen. Die mit Hilfe des quadratischen Optimums ermittelten Einstellparameter ergeben Regelvorgänge, die die Geschwindigkeit und die Beschleunigung nicht mit in die Bewertung einbeziehen. Beim verallgemeinerten Kriterium werden oft die Quadrate der ersten und zweiten Ableitungen von $x_w(t)$ nach der Zeit in die Bewertung mit einbezogen.

Ein weiteres Kriterium, das neben der Regelabweichung x_w auch die Zeit in die Bewertung einbezieht, ist das ITAE-Kriterium (ITAE = integral of time-multiplied absolute value of error)

$$\int_0^\infty t \, |x_w(t) - x_{w\text{B}}| \, dt \to \text{Min!} \tag{8.23}$$

Wird dieses Integral minimiert, so ergeben sich relativ schnelle Einschwingvorgänge mit Überschwingweiten $\Delta h \leq 12\%$; es ist deshalb für Folgeregelungen besonders geeignet, aber manuell schwierig zu handhaben und erfordert den Einsatz von Rechnern.

Auf die Vorstellung weiterer, in großer Zahl vorhandener Optimierungskriterien soll hier verzichtet werden, da sie meist nur für spezielle Prozeßforderungen Bedeutung haben. In Fällen, wo sich trotz Optimierung der Einstellparameter beim einschleifigen Regelkreis noch kein zufriedenstellendes Verhalten ergibt, muß entweder durch eine zweckmäßigere

Anlagen- bzw. Prozeßgestaltung, was dem Konstrukteur bzw. Technologen zufällt, oder z.B. durch den Übergang zu vermaschten Regelkreisen bzw. Mehrgrößenregelungen eine Lösung gefunden werden.

8.1.4.2. Einstellregeln

▶ Die Kennwerte von Regelstrecken können (s. Abschn. 7.) experimentell ermittelt werden. Aus den aufgenommenen Sprungantworten lassen sich bei P-Strecken die Kennwerte K_S, T_L, T_{LE}, T_u und T_a (s. Bild 7.31b) und bei I-Strecken die Kennwerte K_{IS}, T_L, T_{LE} und T_u (s. Bild 7.31c) einfach ermitteln. In der Literatur, z.B. [38], sind eine Reihe Faustformeln für die günstige Einstellung von Reglern angegeben, die sich u.a. auf diese Kennwerte abstützen.

▶ Häufig angewendete Einstellregeln sind die von *Chien, Hrones* und *Reswick*; sie gelten für Strecken mit P-Verhalten, Laufzeit und Verzögerung 1. Ordnung.

Die Bemessungsregeln lauten nach Bild 8.13 in Anlehnung an die Bezeichnungen von Bild 7.31b und mit K_R als Reglerverstärkung.

Regler		0% Überschwingen		20% Überschwingen	
Typ	Bemessung	Führung	Störung	Führung	Störung
P	$\dfrac{K_R K_S}{T_a/T_{LE}}$	0,3	0,3	0,7	0,7
PI	$\dfrac{K_R K_S}{T_a/T_{LE}}$	0,35	0,6	0,6	0,7
	T_N	$1,2T_a$	$4T_{LE}$	$1T_a$	$2,3T_{LE}$
PID	$\dfrac{K_R K_S}{T_a/T_{LE}}$	0,6	0,95	0,95	1,2
	T_N	$1T_a$	$2,4T_{LE}$	$1,35T_a$	$2T_{LE}$
	T_V/T_{LE}	0,5	0,42	0,47	0,42

Bild 8.13
Einstellregeln für Regler nach Chien, Hroneč und Reswick

▶ Ferner haben *J.G. Ziegler* und *N.B. Nichols* (1942) Einstellregeln, die heute weit verbreitet sind, angegeben; sie sind an P-Strecken mit Zeitverzögerung 1. Ordnung und Laufzeit ermittelt worden. Dabei wird ein Dämpfungsgrad $D = 0,2 \ldots 0,3$ angestrebt, also eine relativ schwache Dämpfung.

Diese Regeln lauten:

1. Regler als P-Regler einstellen ($T_v = 0$, $T_n = \infty$).
2. Der Verstärkungsfaktor K_R des Reglers wird erhöht, bis der Regelkreis gerade ungedämpfte Schwingungen ausführt (Stabilitätsgrenze). Dabei werden der kritische Verstärkungsfaktor K_{Rk} und die Schwingungsdauer T_k dieser Dauerschwingung bestimmt.
3. Die günstigste Einstellung für einen P-Regler ist

$$K_r = 0,5 K_{Rk}.$$

4. Die günstigste Einstellung für einen PI-Regler ist

$$K_R = 0,45 K_{Rk}, \quad T_n = 0,85 T_k.$$

(Anwendungserfahrungen zeigen, daß diese Einstellwerte mit Vorsicht zu benutzen sind; besser ist es, K_R kleiner und T_n größer als angegeben einzustellen.)

5. Die günstigste Einstellung für einen PID-Regler ist

$$K_R = 0,6K_{Rk}, \quad T_n = 0,5T_k, \quad T_v = 0,12T_k.$$

Bezüglich weiterer Faustformeln und Einstellregeln muß auf die Literatur verwiesen werden [38].

Dabei sind die Bedingungen, unter denen sie aufgestellt worden sind, also ihr Gültigkeitsbereich, stets zu beachten.

8.2. Erweiterte Regelungsstrukturen zur Verbesserung des Verhaltens

Beim einschleifigen Regelkreis lassen sich in manchen Fällen die an den Regelvorgang gestellten Güteforderungen nicht erfüllen, obwohl die gewählten Einstellparameter den unter gegebenen Umständen möglichen optimalen Werten entsprechen. Es kann dabei vorkommen, daß entweder die bleibende Regelabweichung zu groß wird oder ein zu großes Überschwingen auftritt. Würde bei einer zu großen bleibenden Regelabweichung z.B. die Reglerverstärkung weiter erhöht, also von der optimalen Verstärkung zur kritischen Verstärkung hin, dann nimmt die Stabilität ab, und der Regelkreis wird schließlich instabil. Damit wird die bezüglich der bleibenden Regelabweichung gestellte Forderung zwar besser erfüllt, die hinsichtlich der Stabilität oder des Abklingverhaltens bestehenden Forderungen jedoch weniger gut. In solchen Fällen kann eine Verbesserung erzielt werden, wenn die Störungen selbst oder wenigstens ihre Wirkungen möglichst frühzeitig bekämpft werden. Wir wollen demzufolge nicht abwarten, bis sich die Wirkung einer Störung an der Regelgröße bemerkbar macht, um dann eine Regelabweichung festzustellen und den Regler mit seiner Gegenwirkung beginnen zu lassen, sondern bereits dem, was kommen wird, entgegenwirken. Dazu gibt es verschiedene Möglichkeiten, die wir kurz diskutieren wollen.

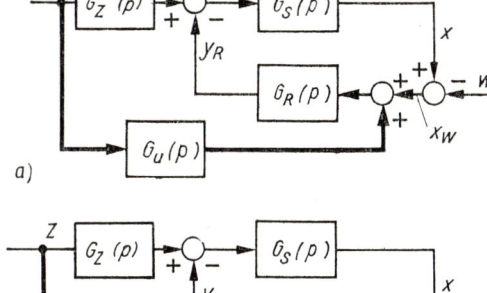

Bild 8.14
Regelkreis mit Störgrößenaufschaltung (überlagerte Steuerung)
a) Aufschaltung der Störgröße auf den Eingang des Reglers; b) Aufschaltung der Störgröße auf den Eingang der Strecke

▶ Können wir nach Bild 8.14 die Störgröße messen – bei mehreren Störgrößen müßten wir wenigstens die dominierende meßtechnisch erfassen –, dann sind wir auch in der Lage, den festgestellten Wert über ein Umformglied $G_u(p)$ sofort dem Regler zuzuleiten, um ihn mit der Gegenwirkung beginnen zu lassen (Bild 8.14a) oder durch eine zusätzliche Steuereinrichtung $G_{St}(p)$ die angegebene Stellgröße entsprechend zu beeinflussen (Bild 8.14b).

Hierbei handelt es sich um eine *Störgrößenaufschaltung*. Diese Art der Beeinflussung stellt eine *überlagerte Steuerung* dar; der ursprüngliche Aufbau des einschleifigen Regelkreises wird dadurch nicht verändert.

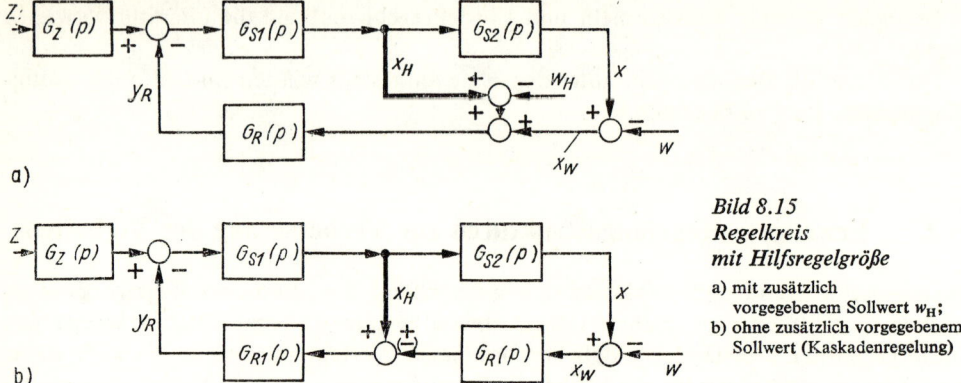

a)

b)

Bild 8.15
Regelkreis
mit Hilfsregelgröße
a) mit zusätzlich
vorgegebenem Sollwert w_H;
b) ohne zusätzlich vorgegebenem
Sollwert (Kaskadenregelung)

▶ Ist die Erfassung der Störgröße nicht möglich, so müssen wir bestrebt sein, möglichst eine andere Prozeßgröße der Regelstrecke zu erfassen, bei der sich die Wirkung der Störgröße früher zeigt als bei der eigentlichen Regelgröße x. Hierzu ist eine genauere Analyse des Prozesses, d.h. eine Zerlegung der Regelstrecke in Teilsysteme, notwendig, um diese Prozeßgröße zu finden. Diese Größe wird nun gemessen und zusätzlich auf den Regler geschaltet (Bild 8.15). Wir nennen sie *Hilfsregelgröße* x_H. Im Regelkreis entsteht dadurch eine zusätzliche Verbindung zwischen Regelstrecke und Regler, d.h., der Regelkreis ist vermascht. Auch dabei unterscheiden wir zwei Möglichkeiten: Die Hilfsregelgröße x_H wird entweder mit einem Sollwert w_H verglichen und die Abweichung x_{WH} ebenfalls dem Regler zugeführt (Bild 8.15a), oder wir unterteilen den Regler ebenfalls in zwei Teilsysteme, einen Haupt- und einen Hilfsregler mit $G_R(p)$ und $G_{R1}(p)$, und schalten die Hilfsregelgröße zusammen mit dem vom Hauptregler abgegebenen Ausgangssignal auf den Hilfsregler (Bild 8.15b). Der Hauptregler liefert dann praktisch den Sollwert für den Hilfsregelkreis. Wir nennen diese Art der Regelung *Kaskadenregelung*.

▶ In den Fällen, wo die Störgröße z. B. am Streckenausgang, d.h. in der Nähe des Meßorts der Regelgröße x, angreift und die Bekämpfung ihrer Auswirkung durch die zwischen Meßort und Stellort vorhandenen Trägheiten nur verzögert erfolgen kann, ist der Einsatz einer

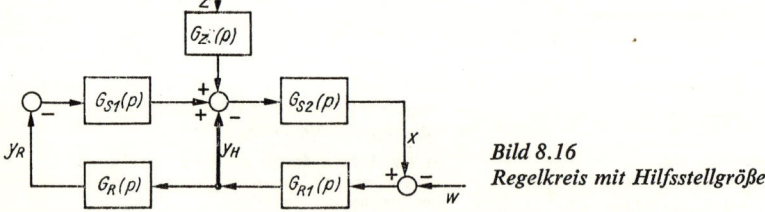

Bild 8.16
Regelkreis mit Hilfsstellgröße

Hilfsstellgröße y_H zweckmäßig (Bild 8.16). Diese *Hilfsstellgröße* y_H kann nunmehr die Wirkung der Störgröße schneller bekämpfen als die Hauptstellgröße y_R. Außerdem kann bei Folgeregelungen erreicht werden, daß die Regelgröße x einer vorgegebenen Änderung der Führungsgröße w schneller folgt, als das bei der verzögerten Wirkung der Hauptstellgröße möglich ist [4; 38].

Nach diesen allgemeinen Überlegungen sollen die vorgestellten Möglichkeiten näher untersucht werden.

8.2.1. Regelkreise mit Störgrößenaufschaltung

Für den Regelkreis nach Bild 8.14a läßt sich das folgende Gleichungssystem aufstellen, wobei wir dazu nacheinander verschiedene Größen des Regelkreises als abhängige Größen (z.B. x, y_R, x_w) wählen und durch die auf sie wirkenden Größen (unabhängige Größen) ausdrücken.

Regelgröße:

$$X(p) = G_Z(p)\, G_S(p)\, Z(p) - G_S(p)\, Y_R(p)$$

Regelabweichung:

$$X_W(p) = X(p) - W(p)$$

Stellgröße:

$$Y_R(p) = G_Z(p)\, G_U(p)\, G_R(p)\, Z(p) + G_R(p)\, X_W(p).$$

Um die Wirkung der Störgrößenaufschaltung zu zeigen, berechnen wir aus den oben angegebenen Gleichungen die Regelabweichung $X_W(p)$. Durch Einsetzen und Umformung folgt

$$X_W(p) = -\frac{W(p)}{1 + G_S(p)\, G_R(p)} + \frac{G_S(p)\, G_Z(p)\, [1 - G_U(p)\, G_R(p)]}{1 + G_S(p)\, G_R(p)}\, Z(p). \quad (8.24)$$

Aus Gl. (8.24) ist ersichtlich, daß $Z(p)$ wirkungslos, ist, wenn der Ausdruck in der eckigen Klammer Null wird. Das tritt ein bei $G_U(p)\, G_R(p) = 1$, d.h. bei

$$G_U(p) = \frac{1}{G_R(p)}.$$

Wir sprechen in dem Fall, daß die Wirkung der Störung Z auf die Regelgröße X auch während des Übergangsvorgangs ausgeschaltet wird, von dynamischer *Invarianz*. Will man die Umformglieder einfach gestalten, dann gibt man sich häufig damit zufrieden, daß Invarianz wenigstens im statischen Fall erreicht wird, d.h.

$$G_U(0) = \frac{1}{G_S(0)} \quad \text{bzw.} \quad K_U = \frac{1}{K_R}.$$

Untersucht man die Schaltung nach Bild 8.14b, so folgt für die Forderung nach Invarianz $G_{St}(p) = 1$.

Bei komplizierteren, aus mehreren Teilsystemen bestehenden Regelstrecken mit mehreren an unterschiedlichen Stellen angreifenden Störgrößen muß man sich entweder auf die Bekämpfung der in der Wirkung dominierenden Störgröße beschränken, oder die Steuerung wird ebenfalls kompliziert. In diesem Fall ist zu erwägen, ob der Einsatz der überlagerten Steuerung noch technisch und ökonomisch sinnvoll ist oder ob andere Lösungen zweckmäßiger sind.

8.2.2. Regelkreise mit Hilfsregelgröße

Einleitend ist bereits erwähnt worden, daß für die zielgerichtete Anwendung der Hilfsregelgröße eine genauere Kenntnis der Regelstrecke erforderlich ist als beim einschleifigen Regelkreis. Während dort vielfach Kenntnisse über das Verhalten der Regelgröße in Abhängigkeit vom Verhalten der Stellgröße und der Störgröße genügen, muß jetzt eine Zerlegung der Regelstrecke in Teilsysteme erfolgen, damit die zwischen den Teilsystemen auftretenden Prozeßgrößen auf ihre Eignung als Hilfsregelgröße untersucht werden können.

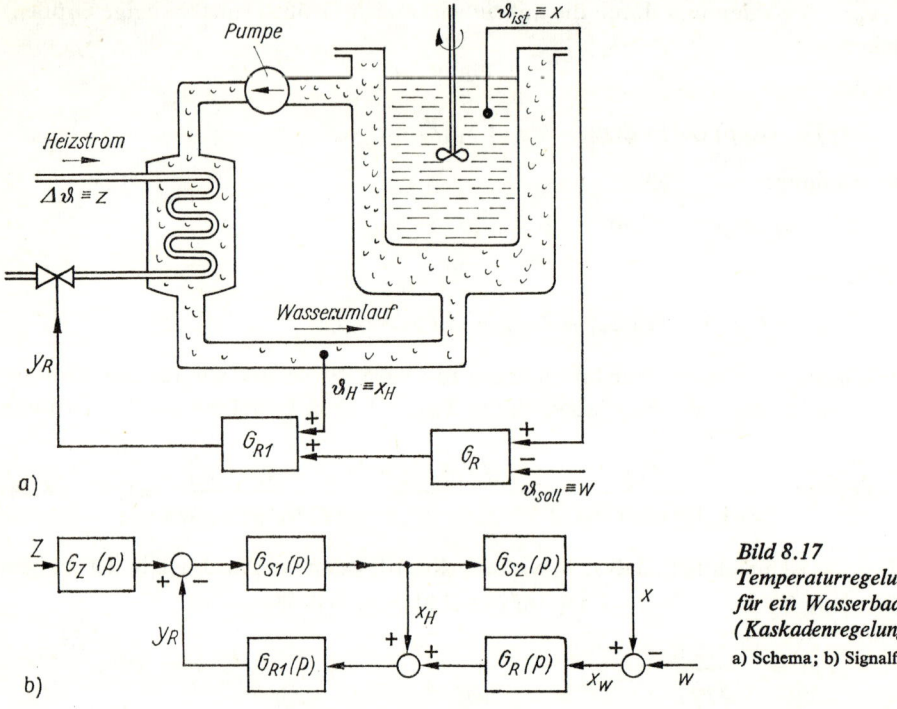

Bild 8.17
Temperaturregelung für ein Wasserbad (Kaskadenregelung)
a) Schema; b) Signalflußbild

Bild 8.17 zeigt die Temperaturregelung für ein Wasserbad. Diese Regelstrecke kann in zwei Teilsysteme aufgeteilt werden: Ein Teilsystem ist durch das im Wasserbad umlaufende Wasser gegeben, das im Wärmeübertrager beheizt wird; das andere Teilsystem stellt die im Rührkessel befindliche Flüssigkeit dar, deren Temperatur geregelt werden soll. Als Störgröße wollen wir zur Demonstration eine Heiztemperaturstörung annehmen. Als Hilfsregelgröße ist die Temperatur des Umlaufwassers geeignet; denn sie ist ein Maß für die dem Rührkessel zugeführte Wärme und erreicht wesentlich schneller den neuen Wert als die ihr mit Zeitverzögerung folgende Temperatur der Flüssigkeit im Rührkessel. Entsprechend Bild 8.17 reagiert der vom Streckenteil $G_{S1}(p)$ und vom Hilfsregler $G_{R1}(p)$ gebildete Hilfsregelkreis auf die vor dem Abgriff der Hilfsregelgröße angreifende Störung und ist in der Lage, diese von der Regelgröße x fernzuhalten. Das ist um so wirksamer, je schneller der Hilfsregelkreis gegenüber dem Hauptregelkreis arbeitet, also je kleiner die Zeitverzögerung im Streckenteil mit $G_{S1}(p)$ gegenüber der in der gesamten Strecke mit $G_S(p) = G_{S1}(p) \, G_{S2}(p)$ vorhandenen Zeitverzögerung ist. Wir können für den Regelkreis wieder ein simultanes Gleichungssystem angeben. Es gelten nach Bild 8.15 die folgende Gleichungen für

Regelgröße:

$$x(p) = G_{S2}(p) \, x_H(p)$$

Regelabweichung:

$$x_w(p) = x(p) - w(p) \tag{8.25a}$$

Stellgröße:

$$y_R(p) = G_R(p)\, G_{R1}(p)\, x_w(p) + G_{R1}(p)\, x_H(p)$$

Hilfsregelgröße:

$$x_H(p) = G_{S1}(p)\, G_z(p)\, z(p) - G_{S1}(p)\, y_R(p).$$

Durch Einsetzen und Auflösung des Gleichungssystems nach $x_w(p)$ ergibt sich

$$x_w(p) = -\frac{1 + G_{R1}(p)\, G_{S1}(p)}{1 + G_{R1}(p)\, G_{S1}(p) + G_R(p)\, G_{R1}(p)\, G_{S1}(p)\, G_{S2}(p)}\, w(p)$$

$$+ \frac{G_{S1}(p)\, G_{S2}(p)\, G_z(p)}{1 + G_{R1}(p)\, G_{S1}(p) + G_R(p)\, G_{R1}(p)\, G_{S1}(p)\, G_{S2}(p)}\, z(p). \qquad (8.25\,b)$$

Setzen wir für die einzelnen Teilsysteme P-Verhalten voraus, z.B.

$$G_R(p) = \frac{K_R}{1 + T_R p}, \qquad G_{R1}(p) = K_{R1}$$

$$G_{S1}(p) = \frac{K_{S1}}{1 + T_{1S} p}, \qquad G_{S2}(p) = \frac{K_{S2}}{1 + T_{2S} p},$$

so ergeben sich die im Bild 8.18 gezeigten Ortskurven. Aus der Ortskurve des Hauptregelkreises G_R (jω) G_{R1} (jω) G_{S1} (jω) G_{S2} (jω) und der Ortskurve des Hilfsregelkreises G_{R1} (jω) G_{S1} (jω) läßt sich die Ortskurve für

$$G_{R1}\,(jω)\, G_{S1}\,(jω) + G_R\,(jω)\, G_{R1}\,(jω)\, G_{S1}\,(jω)\, G_{S2}\,(jω)$$

konstruieren (Zeigerparallelogramm für gleiche Frequenzwerte ω).

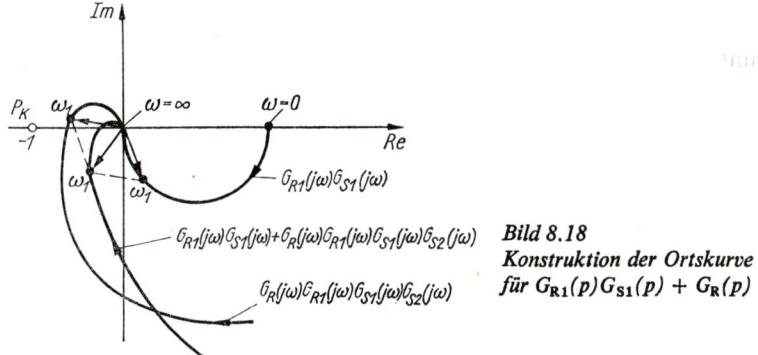

Bild 8.18
Konstruktion der Ortskurve
für $G_{R1}(p)\,G_{S1}(p) + G_R(p)$

Wir sehen deutlich, daß die Ortskurve für den Regelkreis mit Hilfsregelgröße vom kritischen Punkt P_K $(-1, 0)$ weiter entfernt liegt als die Ortskurve des Hauptregelkreises. Erinnern wir uns an das Nyquist-Kriterium (s. Abschn. 8.1.), wonach der kritische Punkt möglichst weit links von der Ortskurve liegen soll, so wird durch den Hilfsregelkreis die Stabilität wesentlich verbessert.

Untersuchen wir jetzt die sich aus Gl. (8.25b) im Beharrungszustand ergebende bleibende Regelabweichung bei sprungförmigen Änderungen von Führungs- und Störgröße, so ergibt sich mit $x_w(0) = x_{wB}$, $w(0) = w_B$ und $z(0) = z_B$

$$x_{wB} = -\frac{1 + K_{R1}K_{R2}}{1 + K_{R1}K_{S1} + K_R K_{R1} K_{S1} K_{S2}}\, w_B$$

$$+ \frac{K_{S1}K_{S2}}{1 + K_{R1}K_{S1} + K_R K_{R1} K_{S1} K_{S2}}\, z_B\,. \tag{8.26}$$

Wir erkennen, daß auch hier der Einfluß von Störgröße und Führungsgröße auf die bleibende Regelabweichung durch den im Nenner zusätzlich vorhandenen Summanden $K_{R1}K_{S1}$ abgebaut wird.

Soll bei sprungförmiger Änderung der Störgröße ihr Einfluß auf die Regelabweichung vollkommen beseitigt werden, so gibt es zwei Möglichkeiten: der Hauptregler mit $K_R(p)$ erhält einen I-Anteil (Bild 8.19 a), oder der Hilfsregler erhält einen I-Anteil (Bild 8.19 b). Im letzten Fall muß jedoch die Hilfsregelgröße über ein nachgebendes Glied aufgeschaltet werden, da deren Wirkung zeitlich begrenzt sein muß.

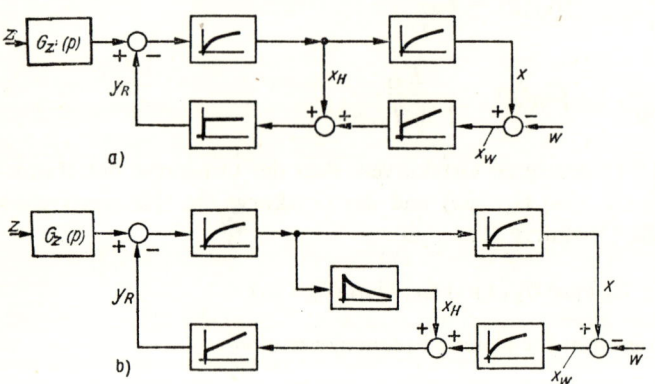

Bild 8.19
Zwei Varianten zur
Beseitigung der bleibenden
Regelabweichung x_{wB} nach
sprungförmigen Störungen

a) mit I-Anteil im Hauptregler;
b) mit I-Anteil im Hilfsregler
   und nachgebendem Glied für x_H

Wie bereits bekannt, kann der einschleifige Regelkreis bei zu großer Kreisverstärkung instabil werden. In diesem Fall kann die Hilfsregelgröße zur Stabilisierung notwendig sein und zusammen mit der Hauptregelgröße x auf den Hauptregler geschaltet werden. Der Hilfsregler nach Bild 8.19 kann damit entfallen. Eine typische Lösung wird im Bild 8.20 gezeigt.

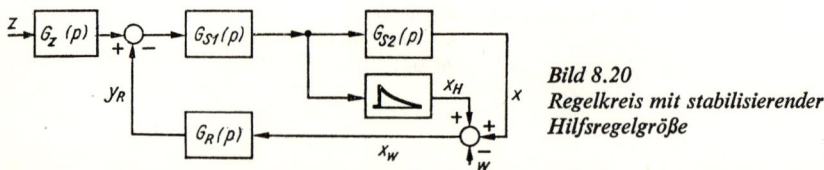

Bild 8.20
Regelkreis mit stabilisierender
Hilfsregelgröße

Die Hilfsregelgröße kann auch mit negativem Vorzeichen aufgeschaltet werden. Dabei wird der Hauptregelkreis entdämpft, d.h., die Stabilität wird verschlechtert, was nachteilig ist, aber bei genügender Stabilität im Hauptregelkreis in Kauf genommen werden kann. Dieser Fall tritt auch auf, wenn die Störgröße beispielsweise auf die Haupt- und Hilfsregelgröße mit unterschiedlichem Vorzeichen wirkt. Der Vorteil dieser Schaltung liegt darin, daß damit ähnlich wie bei der Störgrößenaufschaltung die Wirkung einer sprungförmig anliegenden Störgröße allein mit P-Gliedern bekämpft werden kann. Störgrößenausgleichende Hilfsgrößen werden in elektrischen Maschinen zum Ausgleich des lastabhängigen Spannungsabfalls angewendet (Kompoundierung).

8.2.3. Regelkreise mit Hilfsstellgröße

Die Anwendung der Hilfsstellgröße y_H bringt Vorteile, wenn diese möglichst nahe am Ausgang der Regelstrecke wirkt. Eine auftretende Regelabweichung x_w kann damit schneller ausgeglichen werden, als das durch die Hauptstellgröße infolge der in der Regelstrecke vorhandenen Zeitverzögerungen möglich ist.

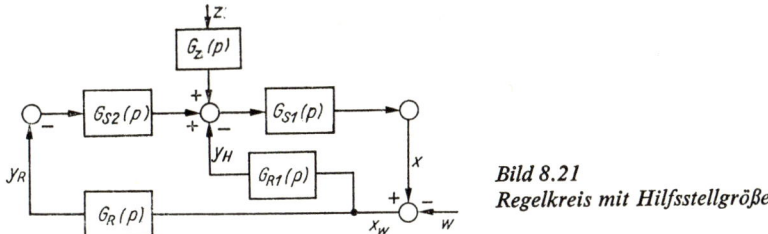

Bild 8.21
Regelkreis mit Hilfsstellgröße

Nach Bild 8.21 gilt für den Regelkreis mit Hilfsstellgröße das folgende simultane Gleichungssystem

Regelgröße:

$$x(p) = G_{S1}(p)\, G_z(p)\, z(p) - G_{S1}(p)\, y_H(p) - G_{S1}(p)\, G_{S2}(p)\, y_R(p)$$

Regelabweichung:

$$x_w(p) = x(p) - w(p)$$

Stellgröße:

$$y_R(p) = G_R(p)\, x_w(p)$$

Hilfsstellgröße:

$$y_H(p) = G_{R1}\, x_w(p).$$

Daraus ergibt sich

$$x_w(p) = -\frac{1}{1 + G_{R1}(p)\, G_{S1}(p) + G_R(p)\, G_{S1}(p)\, G_{S2}(p)}\, w(p)$$

$$+ \frac{G_{S1}(p)\, G_z(p)}{1 + G_{R1}(p)\, G_{S2}(p) + G_R(p)\, G_{S1}(p)\, G_{S2}(p)}\, z(p). \qquad (8.27)$$

Da hier ähnlich wie im Bild 8.18 die Zeiger der Ortskurve des Hilfsregelkreises $G_{R1}\,(j\omega)$ $\times G_{S1}\,(j\omega)$ zu den Zeigern der Ortskurve des Hauptregelkreises $G_R\,(j\omega)\, G_{S1}\,(j\omega)\, G_{S2}\,(j\omega)$ addiert werden, wirkt die Hilfsstellgröße ebenfalls stabilitätsverbessernd; denn der Hilfsregelkreis arbeitet schneller als der Hauptregelkreis. Es können damit nicht nur die Wirkungen der in der Nähe des Streckenausgangs auftretenden Störgrößen schneller ausgeregelt werden, sondern Regelkreise mit Hilfsstellgröße folgen auch Änderungen der Führungsgröße w sehr gut und sind damit für Folgeregelungen besonders geeignet.

Hier entsteht noch die Frage, warum anstelle des Haupt- und des Hilfsregelkreises nicht nur der schnellere Hilfsregelkreis eingesetzt wird. Dies ist aus technologischer Sicht zu beantworten; denn zwei Stellgrößen, Hauptstellgröße y_R und Hilfsstellgröße y_H, benutzt man dann, wenn aus technologischen Gründen der Beharrungszustand durch y_R eingestellt werden muß, damit aber ein unbefriedigendes dynamisches Verhalten verbunden ist. Der Eingriff über y_R kann auch dann notwendig werden, wenn im ersten Streckenteil Glieder mit Drifterscheinungen vorhanden sind, die demzufolge eine zwar langsame, aber ständige Korrektur erfordern. Wir erkennen daraus, daß auch für die Projektierung und den Einsatz von vermaschten Regelkreisen unbedingt eine gute Kenntnis des stationären und des dynamischen Verhaltens der Anlage bzw. des Prozesses erforderlich ist und die Vorarbeit des Konstrukteurs bzw. des Technologen Aufschluß über die vorhandenen Stellmöglichkeiten geben muß.

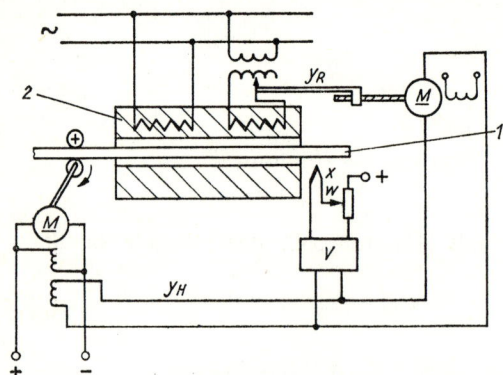

Bild 8.22
Regelung der Bandtemperatur mit Hilfsstellgröße in einem Durchlaufofen

Störgrößen sind Banddickenschwankungen, Schwankungen der Eintrittstemperatur des Bandes und Netzspannungsschwankungen
1 Band; *2* Durchlaufofen

Bild 8.22 zeigt die Regelung der Bandtemperatur in einem Durchlaufofen. Wegen der größeren Zeitverzögerung, mit der die Bandtemperatur (Regelgröße x) einer Verstellung der Heizleistung über y_R folgt, wird über die Hilfsstellgröße y_H eine vorübergehende Änderung der Bandgeschwindigkeit hervorgerufen. Im Beharrungszustand soll jedoch aus technologischen Gründen immer die gleiche Bandgeschwindigkeit vorhanden sein, damit zum einen die vor- und nachgeschalteten Anlagenteile ordnungsgemäß arbeiten können und zum anderen die für das betreffende Gut notwendige Verweilzeit im Ofen eingehalten wird. Dazu ist im vorliegenden Beispiel der Hauptregelkreis mit einem I-Anteil (Spindelantrieb zur Verstellung der Heizleistung) ausgerüstet, während der Hilfsregelkreis P-Verhalten hat.

Damit sind die wesentlichen Aspekte behandelt worden, die bei linearen einschleifigen und bei vermaschten Regelkreisen zu beachten sind. Es ist zu bemerken, daß, dem Rahmen des Buches entsprechend, viele Fragen der Synthese und der optimalen Auslegung von Regelkreisen nur angedeutet werden konnten oder sogar übergangen werden mußten.

8.3.   Mehrgrößenregelungen

Bei vielen realen Prozessen sind entsprechend Bild 8.23 meist mehr als eine Größe x zu regeln. Soweit es gelingt, für solche Prozesse einschleifige Regelkreise aufzubauen, die sich gegenseitig nicht wesentlich beeinflussen, können sie als einschleifige Regelkreise angesehen und auch entsprechend entworfen werden. Meist sind diese Regelkreise jedoch miteinander gekoppelt, wodurch die Änderung einer Führungsgröße, z.B. w_1, nicht nur die zugehörige Regelgröße, also x_1, sondern auch die übrigen Regelgrößen $x_2 \ldots x_n$ beeinflußt, oder die auf diesen Regelkreis wirkende Störung z_1 beeinflußt über die Änderung von x_1 die übrigen Regelgrößen $x_2 \ldots x_n$. Typische Beispiele dafür sind Klimaregelungen mit der Temperatur und der Luftfeuchte eines Raumes als Regelgröße; die Regelung eines Turbosatzes, aus Dampfturbine und Generator bestehend, bei denen Frequenz und Spannung geregelt werden; die Regelung eines Dampferzeugers, bei dem die Brennstoff-zufuhr, die Luftzufuhr, der Brennraumdruck, der Dampfdruck, der Wasserstand u.a. geregelt werden; die Regelung von Druck und Temperaturen in Destillationskolonnen.

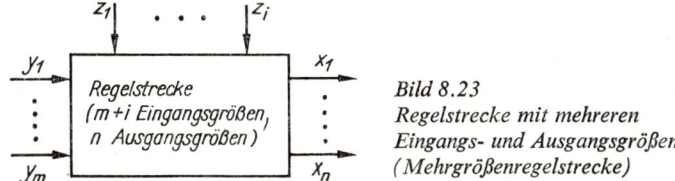

Bild 8.23
Regelstrecke mit mehreren
Eingangs- und Ausgangsgrößen
(Mehrgrößenregelstrecke)

▶ Wir bezeichnen solche Systeme als *Mehrgrößenregelungen*. Die in einem Kreis eines solchen Systems hervorgerufenen Regelvorgänge lösen auch in den anderen Kreisen Regelvorgänge aus. Zwei typische Strukturen von Zweigrößenregelungen zeigt Bild 8.24. Die Möglichkeiten der Kopplungen sind natürlich bereits bei *Zweigrößensystemen* viel-fältiger, als diese Beispiele ausweisen. Wir erkennen an den Bildern, daß die Kopplungen

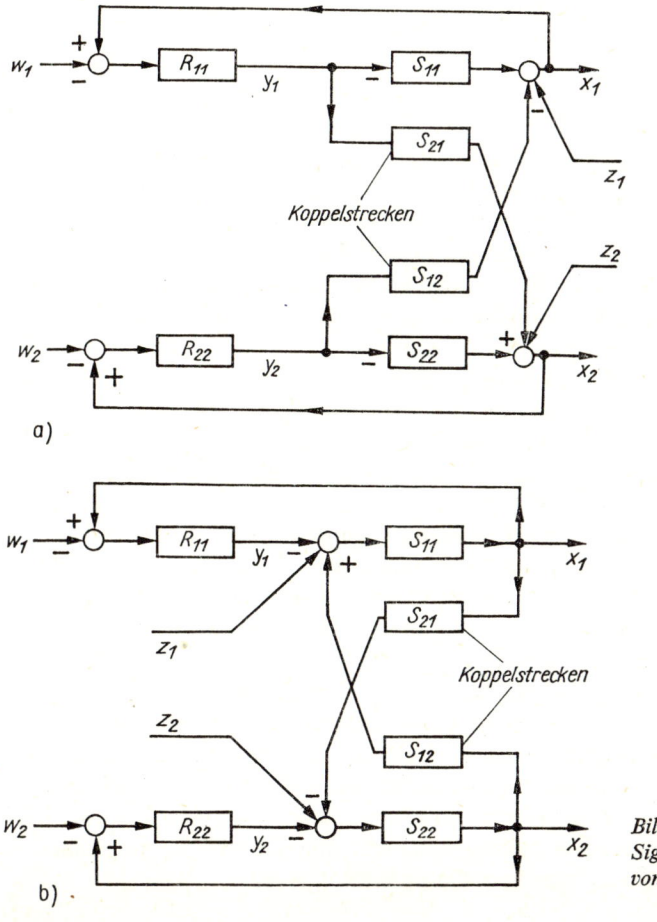

Bild 8.24
Signalflußbilder
von Zweigrößenregelungen

durch das Verhalten der Strecke bedingt sind und sie somit nach Bild 8.23 allgemein durch das Vorhandensein von $m + i$ Eingangsgrößen – dabei sind $y_1 \ldots y_m$ Stellgrößen, $z_1 \ldots z_i$ Störgrößen – und n Ausgangsgrößen gekennzeichnet sind. Die Information darüber, welcher Art die Kopplungen sind, zwischen welchen Elementen des Systems und in und in welchem Grad oder in welcher Stärke sie wirksam sind, ist im Prinzip Voraussetzung für einen vernünftigen Entwurf einer Regelung.

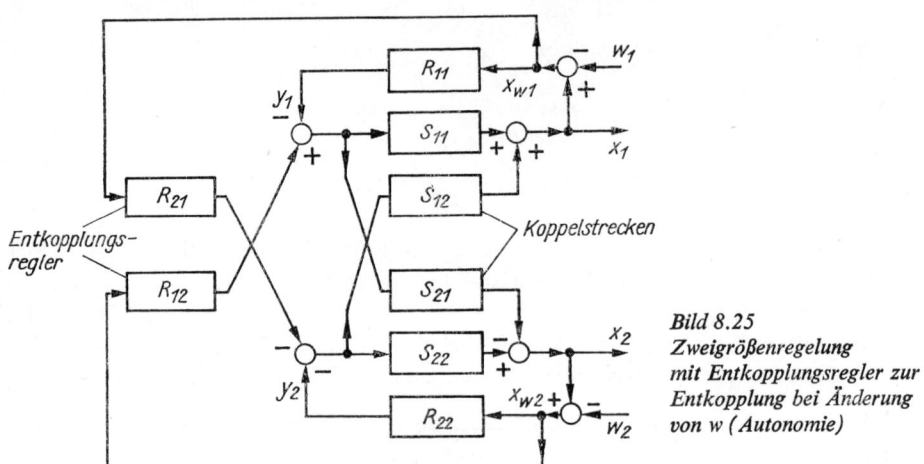

Bild 8.25
Zweigrößenregelung
mit Entkopplungsregler zur
Entkopplung bei Änderung
von w (Autonomie)

Diese Kenntnisse können wir umfassend nur auf dem Wege vornehmlich der theoretischen Prozeßanalyse entsprechend Abschnitt 7. erlangen. Es ist im wesentlichen Aufgabe des Technologen und Konstrukteurs, durch die Beschreibung dieser Strecken die Kopplungen darzulegen oder sie vielleicht sogar zu vermeiden; denn von den Kenntnissen dieser Kopplungen hängt der gesamte weitere Entwurf des Regelungssystems ab. Da es z.Z. entsprechend dem Stand von Theorie und Entwurfsverfahren meist nur gelingt, Zweigrößenregelungen sicher zu beherrschen, kommt es vor allem darauf an, zumindest die *dominierenden Kopplungen* herauszufinden. Erst dadurch sind die Voraussetzungen geschaffen, neben der Wahl der sog. Hauptregler und der Bestimmung ihrer Einstellparameter auch die günstige Regelungsstruktur zu bestimmen. Das geschieht meist in der Form, daß versucht wird, durch zusätzliche Regler, die sog. *Entkopplungsregler*, die Kopplungen aufzuheben oder zu vermindern. Ein Beispiel dazu wird im Bild 8.25 gezeigt, in dem R_{12} bzw. R_{21} zur Entkopplung des Einflusses von Führungsgrößenänderungen dienen. Man nennt ein solches Verhalten, also Entkopplung bezüglich w, *Autonomie*. Erfolgt die Entkopplung bezüglich der Auswirkungen von Störungen, dann sprechen wir von *Invarianz*. Der Entwurf erfolgt also gezielt im Hinblick auf die Erfüllung spezifischer Forderungen. Ausführungen dazu sind umfassend in [38; 39] dargestellt.

Wir müssen hier auf Erläuterungen zum Entwurf verzichten. Er ist auf alle Fälle wesentlich schwieriger und aufwendiger als bei Eingrößenregelungen. Die Nichtbeachtung der Kopplungen jedoch führt zum Entwurf einschleifiger Regelungen, mit denen die Prozesse oft nicht oder nur mit unzureichender Regelgüte beherrschbar sind. Ohne nähere Begründungen geben zu können, sei hier aber bemerkt, daß Entkopplung nicht immer die anzustrebende Zielfunktion ist, weil sie nicht mit Sicherheit eine Verbesserung des Regelverhaltens bringt. Es ist durchaus möglich, daß nichtentkoppelte Systeme dynamisch günstiger oder nur unbedeutend schlechter sind als entkoppelte.

Man erkennt an diesen einschränkenden Bemerkungen sofort, daß uns der Sprung vom einschleifigen System zur Mehrgrößenregelung vor ungleich schwierigere Aufgaben stellt und jetzt wesentlich umfangreichere Kenntnisse für den Entwurf erforderlich sind. Die dazu üblichen und bekannten Methoden basieren heute meist auf der Zustandsdarstellung, benutzen die rechnerfreundliche Matrixdarstellung und werden so auf die Behandlung mit Hilfe von Digitalrechnern zugeschnitten [39]. Daneben existieren für Zweigrößensysteme auch praktische grafische Verfahren. Wir müssen uns hier auf diese Angaben beschränken, stellen allerdings abschließend nochmals fest, daß die wachsende Kompliziertheit der Prozesse immer mehr Prozeßkenntnisse erfordert, wenn statisch und dynamisch vernünftig arbeitende Automatisierungslösungen entstehen sollen.

8.4.   Adaptive Systeme

In zunehmendem Maße bemüht man sich heute darum, Systeme zu realisieren, die in der Lage sind, auf veränderte Bedingungen (Parameter, Strukturen oder Störungen des Prozesses) durch Adaption (Anpassung) der Parameter oder Struktur der Automatisierungseinrichtung automatisch zu reagieren. Auf diese Weise gelingt es – trotz veränderter Prozeß- oder Signaleigenschaften –, vorgegebene Bedingung zur Statik, Dynamik oder Stabilität des automatisierten Gesamtsystems einzuhalten [57].

Ein einfaches, aber typisches Beispiel dazu wird im Abschnitt 10. vorgestellt. Hier werden auf Grund der nichtlinearen Kennlinie der Regelstrecke arbeitspunktabhängig vorher festgelegte Parametersätze des Reglers stoßfrei zugeschaltet. Dadurch gelingt es, die an den automatisierten Prozeß gestellten dynamischen Forderungen zu erfüllen.

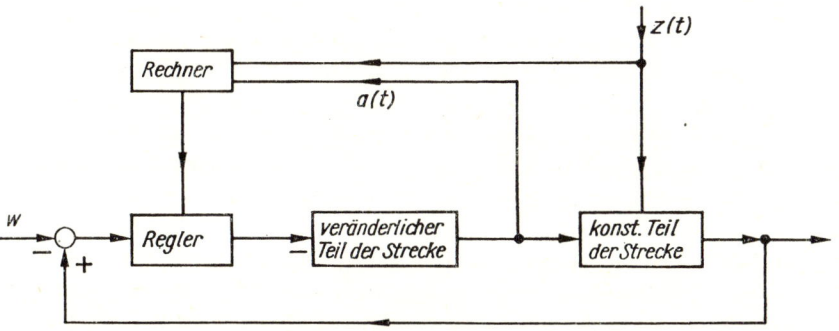

Bild 8.26. Prinzip der Adaptivsteuerung (Vorwärtsanpassung)

▶ Das Prinzip der Adaption ist durch *Adaptivsteuerung* oder *Adaptivregelung* realisierbar. Wir können hier nur einen sehr kurzen und groben Überblick zu einigen Verfahren geben.

Bei der im Bild 8.26 dargestellten Adaptivsteuerung wurde die Strecke in einen veränderlichen und einen konstanten Teil zerlegt. Die sich vollziehenden Änderungen der Strecke sollen durch $a(t)$ erfaßbar sein, $Z(t)$ möge ebenfalls meßbar sein. Dann ist es bei bekannten funktionellen Zusammenhängen meist möglich, über eine Recheneinrichtung die erforderlichen Parameteranpassungen einzuleiten.

Sind z. B. die einzelnen Einflußgrößen separat nicht erfaßbar, so ist eine Adaptivregelung mit Vergleichsmodell möglich. Das im Bild 8.27 dargestellte System vergleicht die Ausgangssignale des realen Systems mit dem z. B. in einem Rechner gespeicherten

Modell und bildet ein Differenzsignal Δx, das den Adaptivregler ansteuert. Meist ist es allerdings erforderlich, diese Systeme in beiden Zweigen mit – nach Amplitude und Frequenz – geeigneten Testsignalen zu beaufschlagen, um daraus das Differenzsignal Δx abzuleiten. In überschaubaren Fällen gelingt es auch, Adaptivregelungen ohne die sehr aufwendigen Vergleichsmodelle zu realisieren (Bild 8.28).

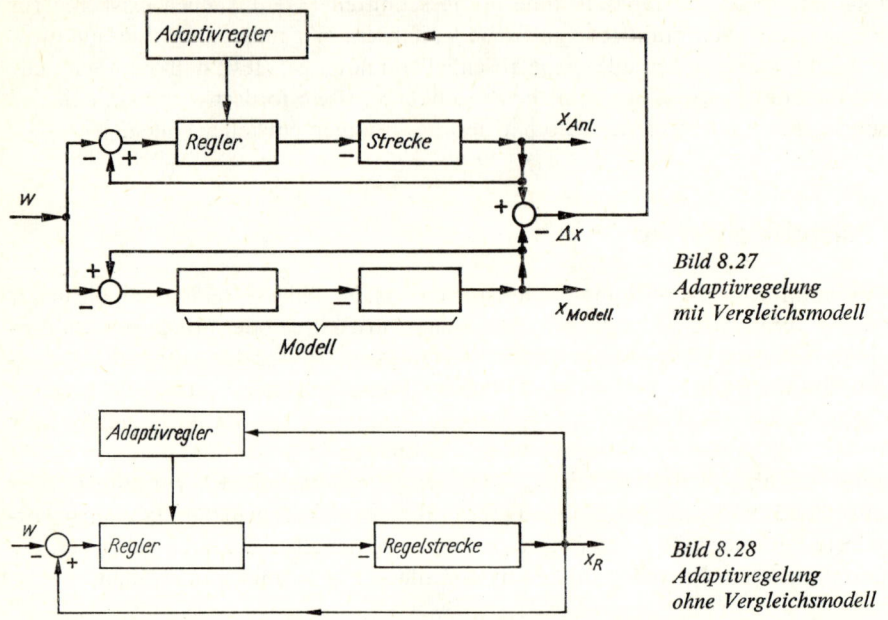

Bild 8.27
Adaptivregelung
mit Vergleichsmodell

Bild 8.28
Adaptivregelung
ohne Vergleichsmodell

Die Adaptivsysteme sind, obwohl das häufig angenommen wird, selbstverständlich keine universellen Mittel, die auf Grund der Adaption „alles können". Sie müssen immer den speziellen Forderungen entsprechend entworfen und angepaßt werden. Sie verarbeiten z.B. zum einen nur Führungs- oder Störgrößensignaländerungen – wir nennen diese Systeme darum *signaladaptiv* –; zum anderen werden vor allem Parameteränderungen ausgeglichen, die z.B. das Übertragungsverhalten beeinflussen – wir nennen solche Systeme *parameteradaptiv*.

▶ Verbesserungen der beschriebenen Systeme lassen sich noch erreichen, wenn man das „Lernen" in diese Konzeption einbezieht. *Lernende Systeme* haben die Fähigkeit, Erfahrungen abzuspeichern und sie im sich wiederholenden Anwendungsfall zu aktivieren. Sie dienen somit unmittelbar der Verbesserung des Anpassungsvorgangs, stellen also eine höhere Stufe adaptiver Systeme dar. In diesem Zusammenhang sind die lernenden Systeme besonders interessant. Ein lernendes System ist durch die Fähigkeit charakterisiert, zweckmäßige Reaktionseigenschaften auf wiederholt auftretende Umweltsituationen herauszubilden und laufend zu verbessern. Erfolgt dieser Lernvorgang durch äußere Belehrung (besonders durch den Menschen), so handelt es sich um ein *belehrbares System*; wird der Lernvorgang durch das System selbst vollzogen, so handelt es sich um ein *selbstlernendes System*. Das ist die derzeit höchste Entwicklungsstufe von Einrichtungen in Automatisierungssystemen. In [40; 41] sind die wesentlichen Ansatzpunkte zur Theorie lernender Systeme enthalten; andere wesentliche Arbeiten werden dort kommentiert.

9.   Systeme mit nichtlinearen Elementen

9.1.   Allgemeine Bemerkungen

Lineare Übertragungsglieder bzw. lineare Steuervorgänge sind, wie wir wissen, in sich geschlossen behandelbar und im wesentlichen durch die Gültigkeit des Superpositionsgesetzes gekennzeichnet. Sie lassen sich mit vergleichsweise wenigen und allgemeingültigen Methoden beschreiben, wie wir sie in den Abschnitt 5. und 8. kennengelernt haben.

Das Ziel dieses Abschnitts besteht darin, lediglich eine grobe Orientierung zum Gebiet der Nichtlinearitäten (NL) zu vermitteln, weil die Vielfalt und Kompliziertheit der hierbei auftretenden Probleme und Aufgaben außerordentlich groß sein kann. Wir wollen nur auf die Anwendung einiger Verfahren der Analyse bzw. Synthese eingehen.

Auf eine Definition nichtlinearer Systeme können wir verzichten; denn alle Systeme – ausgenommen die linearen – sind nichtlinear. Das *Superpositionsgesetz gilt* also *nicht*; das dynamische Verhalten ist abhängig von der Größe der Amplituden der Eingangssignale.

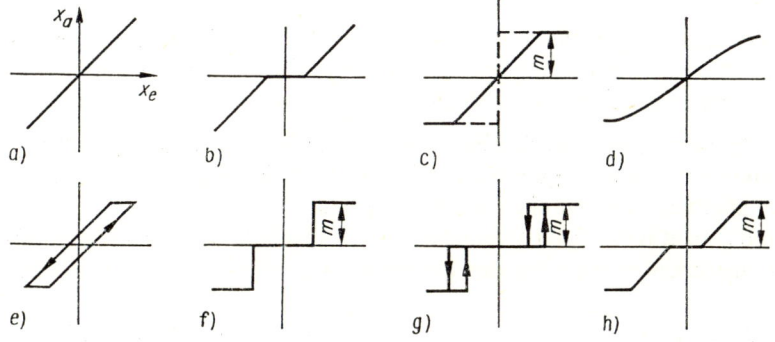

Bild 9.1. Einige typische nichtlineare Kennlinien

a) linear; b) mit Totzone; c) mit Sättigung (Zweipunktglied); d) mit Krümmung; e) mit Hysterese; f) Dreipunktglied;
g) mit Hysterese; h) mit Totzone und Sättigung

Nichtlinearitäten sind in Steuerungssystemen vorhanden, wenn

– im Signalflußbild Multiplikations- oder Divisionsstellen auftreten oder/und
– Übertragungsglieder mit Kennlinien $x_a = f(x_e)$ entsprechend Bild 9.1b bis h auftreten.

In diesen Kennlinien tritt die *Totzone*, auch *Ansprechwert* oder *Ansprechempfindlichkeit* genannt, z.B. durch *Lose* in Meßwerken auf. *Sättigung* wird z.B. durch Anschläge in Stellantrieben oder Meßwerken verursacht. Die *Hysterese* tritt z.B. bei Systemen mit Reibungseffekten auf. *Zweipunktglieder* entstehen als Grenzfall der Sättigung, das *Dreipunktglied* aus einem Zweipunktglied mit Totzone usw.

Zur theoretischen Behandlung von Nichtlinearitäten existiert keine einheitliche Theorie; die entwickelten Verfahren gelten immer nur für eine spezielle Klasse. Deshalb können wir auch keine einheitliche Einteilung dieser Systeme angeben, nach der sie behandelt werden.

Bevor wir einige Verfahren besprechen, wollen wir die Ursachen für Nichtlinearitäten untersuchen. Es gibt im wesentlichen drei Ursachen:

ungewollte Nichtlinearitäten, z. B. als Folge von Reibung und Lose in Gelenken und Führungen oder als mit der Zeit veränderliche Parameter, z. B. durch Verschmutzung usw. Es handelt sich meist um solche Einflüsse, die physikalisch oder technologisch durch die Eigenschaften der Steuerungsobjekte bedingt sind.

durch den Entwurf bedingte Nichtlinearitäten, z. B. als Folge begrenzter Stellwege und Stellgeschwindigkeiten, gekrümmter Durchflußkennlinien von Ventilen, also Einflüsse, die konstruktiv oder durch das Verhalten der Strecke bedingt sind

absichtlich eingeführte Nichtlinearitäten zur Verbesserung des Systemverhaltens, die der bewußten Überlegung des Ingenieurs entspringen, um sich bestimmten Zwecken anzupassen oder Einfachheit anzustreben, wie z. B. bei Zweipunktreglern.

Die ersten zwei Gruppen gehören zu den *unerwünschten Nichtlinearitäten*, denen man dadurch begegnen kann, daß

- bei Nichtlinearitäten mit eindeutig gekrümmten Kennlinien, die invertierbar sind, zum vorhandenen nichtlinearen Glied ein weiteres in Reihe geschaltet wird, das die Wirkung des ersten aufhebt
- die unerwünschte Nichtlinearität mit einer Rückführung versehen wird. Falls die Verstärkung ausreichend groß ist, wirkt dann vornehmlich die Rückführung, wie wir aus Abschnitt 5. wissen.

Gelingt die Anwendung dieser Methode nicht oder handelt es sich um *absichtlich eingeführte Nichtlinearitäten*, dann muß ihr Einfluß auf das Systemverhalten genauer untersucht werden. Dazu gibt es prinzipiell zwei Wege:

- Man wendet als Näherung die aus der linearen Theorie bekannten Frequenzgangverfahren an. Damit werden sehr gute bis befriedigende Näherungslösungen erzielt. In einigen Fällen allerdings versagt ein solches Vorgehen.
- Man behandelt die „Nichtlinearitäten als solche" durch Anwendung spezieller numerischer Methoden, meist unter Nutzung der Rechentechnik oder spezieller grafischer Methoden.

Die Untersuchung von Nichtlinearitäten in Regelkreisen sind deshalb so wichtig, weil sich das dynamische Verhalten solcher Systeme wesentlich von dem linearer unterscheiden kann. Zwei häufig angewendete *ingenieurmäßige Verfahren* und ihre Anwendungsmöglichkeiten wollen wir jetzt, ohne in die Tiefe gehen zu können, erläutern. Detaillierte Ausführungen finden wir in [42; 43].

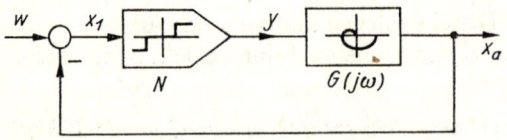

Bild 9.2
Regelkreis mit einer Nichtlinearität

Wir beschränken uns dabei, wie allgemein üblich, auf die Behandlung von Systemen, die nur ein nichtlineares Glied enthalten, so wie das im Bild 9.2 dargestellt ist. Bild 9.2 zeigt die *für nichtlineare Glieder übliche Darstellung in Form eines Fünfecks*.

9.2.   Methode der Beschreibungsfunktion

Diese Methode geht auf das Bemühen zurück, die Betrachtungsweise des Frequenzgangs (s. Abschn. 5.) auf nichtlineare Systeme zu übertragen. Beaufschlagt man ein nichtlineares Glied mit harmonischen Eingangssignalen $x_e(t) = \hat{x}_1 \sin \omega t$, so ist der Ausgang, z.B. $u(t)$, zwar periodisch, aber nicht mehr harmonisch. Daran ist übrigens sofort erkennbar, ob ein lineares oder ein nichtlineares System vorliegt. Ersetzen wir den periodischen Ausgang $u(t)$ durch eine *äquivalente Sinusfunktion*

$$y(t) = \hat{y}_1(t) \sin(\omega t + \psi),$$

so ist eine äquivalente Funktion definierbar, deren Betrag $B = \hat{y}_1/\hat{x}_1$ und deren Phasenverschiebung ψ ist. Als äquivalente Funktion wird die Grundwelle $y(t)$ des Ausgangs $u(t)$ gewählt. Dabei setzt man voraus, daß der lineare Teil $G(p)$ des Regelkreises, das ist z.B. die Regelstrecke, die höheren Frequenzen so stark bedämpft, daß sie vernachlässigbar sind. Die sich so ergebende Übertragungsfunktion hängt nicht nur von der Frequenz ω, sondern auch von der Amplitude $\hat{x}_1$ des Eingangssignals ab. Der Frequenzgang $N(x_1, \omega)$ des Systems muß also durch eine Schar von Ortskurven für verschiedene Eingangsamplituden $\hat{x}_1$ dargestellt werden.

▶ Als *Beschreibungsfunktion* – auch *harmonische Balance* genannt – bezeichnen wir den Spezialfall, bei dem die komplexe Größe N nur noch von der Eingangsamplitude $\hat{x}_1$ abhängt. Die Ortskurvenschar reduziert sich dann auf eine einzige Ortskurve, jetzt allerdings nicht mehr mit ω, sondern z.B. mit $\hat{x}_1$ als Teilung.

Für N können wir schreiben:

$$N(\hat{x}_1) = \frac{y}{\hat{x}_1}.$$

Die Anwendung der Beschreibungsfunktion $N(\hat{x}_1)$ erfolgt vorzugsweise zur Beschreibung des Schwingungs- und Stabilitätsverhaltens nichtlinearer Systeme. Für den Grenzfall der Stabilität gilt, wie aus Abschnitt 8. bekannt ist, nach *Barkhausen* bzw. *Nyquist* entsprechend Bild 9.2 für den aufgeschnittenen Kreis

$$N(\hat{x}_1)\, G(j\omega) = -1 \quad \text{oder} \quad G(j\omega) = -\frac{1}{N(x_1)}.$$

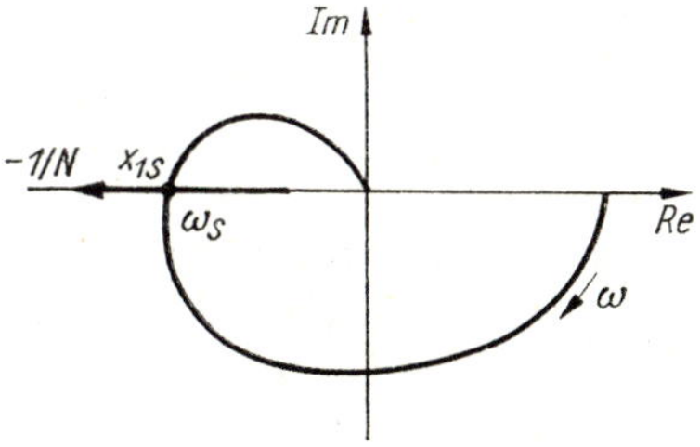

Bild 9.3
Zweiortskurvenmethode zur Ermittlung der Parameter
w_s und x_{1s} der stabilen Schwingung eines Zweipunktsystems

Tragen wir die Ortskurven für $G(j\omega)$ und $-1/(N(\hat{x}_1))$ auf, so ergibt ihr Schnittpunkt, also die Erfüllung obenstehender Gleichung, die Daten der sich einstellenden Schwingung bei Schließung des Regelkreises. Dieses Verfahren wird auch bei linearen Systemen angewendet und als Zweiortskurvenverfahren bezeichnet [22]. Im Bild 9.3 ist ein solcher Anwendungsfall dargestellt; er zeigt, wie die sich einstellenden Schwingungsparameter ω_s und x_{1s} abgelesen werden können. Zur Ermittlung von $G(j\omega)$ sind keine Bemerkungen erforderlich; für den Fall der Bestimmung von $-1/(N(\hat{x}_1))$ muß auf die Literatur [42; 43] verwiesen werden. Dort findet man auch Angaben über die Ermittlung von $B(\hat{x}_1)$ und $\psi(\hat{x}_1)$. Der Verlauf der negativ inversen Beschreibungsfunktion $-1/N$ ergibt sich in Abhängigkeit vom Eingangssignal $\hat{x}_1$ und von den Parametern, die die Nichtlinearitäten beschreiben, wie Totzone, Sättigungsgrenze usw. Einen Überblick über typische Verläufe

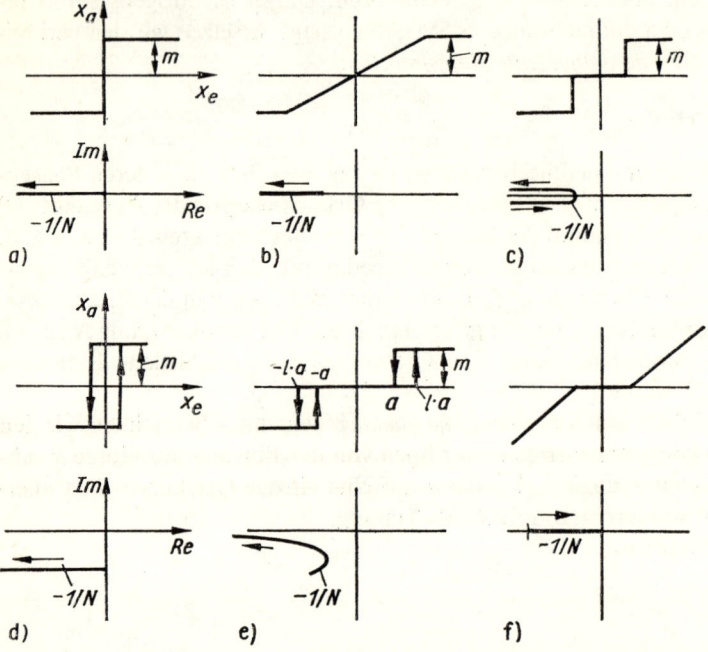

Bild 9.4. *Kennlinien $x_a = f(x_e)$ von Nichtlinearitäten und zugehörige negativ inverse Ortskurve der Beschreibungsfunktion*
a bis f typische, häufig vorkommende Verläufe

von $-1/N$ gewinnen wir anhand der im Bild 9.4 gezeigten Beispiele. Als Anwendungen wollen wir die Ergebnisse des Einsatzes eines Zweipunkt- und eines Dreipunktreglers mit und ohne Hysterese an der Strecke vom Typ

$$G(p) = \frac{1}{Tp\,(1 + T_1 p)\,(1 + T_2 p)}$$

betrachten.

Bild 9.5a zeigt den erwarteten Schnittpunkt zwischen beiden Ortskurven; das System schwingt. Die Daten der stabilen Schwingung sind ω_I und x_{1I}, wenn ein Regler nach Bild 9.4a verwendet wird. Beim Regler mit Hysterese nach Bild 9.4d ergibt sich ω_{II} und x_{1II}. Dabei ist $\omega_I > \omega_{II}$ und $x_{1I} < x_{1II}$. Beim Dreipunktregler muß sich nach Bild 9.5b nicht immer ein Schnittpunkt, also eine stabile Dauerschwingung, ergeben. Das ist sofort plausibel; denn bei $x_e < a$ ist der Dreipunktregler im ausgeschalteten Zustand. Zu gleichen Aussagen gelangen wir für den Dreipunktregler mit Hysterese (gestrichelt gezeichnet). Die Werte für die Schwingung folgen wieder aus den Schnittpunkten. Da es je zwei Schnittpunkte gibt, ist zu entscheiden, welcher von beiden die *stabile Dauerschwingung* ergibt oder wo die sog. *Grenzschwingung* vorliegt. Nach [22] läßt sich dazu folgende Regel formulieren:

▶ Die Schwingung ist eine stabile Dauerschwingung, wenn man beim Durchlaufen von $G(j\omega)$ in Richtung wachsender ω die Richtung wachsender x auf der Ortskurve $-1/(N(x_1))$ links liegen läßt.

Danach repräsentieren im Bild 9.5b die Punkte ω_I, x_{1I} und ω_A, x_{1A} die stabile Dauerschwingung. Die anderen Schnittpunkte sind Grenzschwingungen, die – falls sie entstehen, was von der Erregung abhängt – in stabile Schwingungen übergehen. Schneiden sich die Kurven so, daß zwei stabile Zustände entstehen, dann setzt sich in der Regel die mit der größeren Amplitude durch.

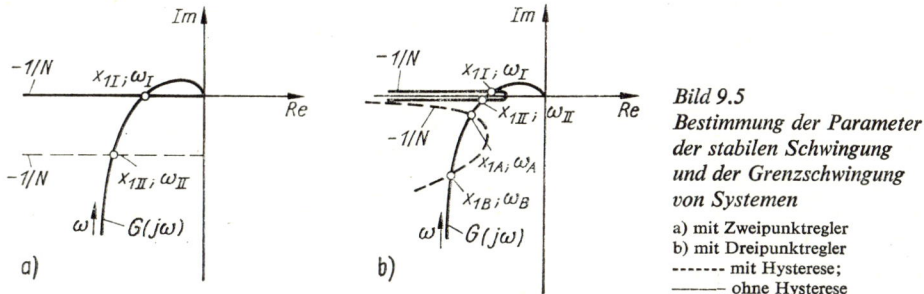

Bild 9.5
*Bestimmung der Parameter
der stabilen Schwingung
und der Grenzschwingung
von Systemen*

a) mit Zweipunktregler
b) mit Dreipunktregler
------ mit Hysterese;
——— ohne Hysterese

Wir entnehmen den Beispielen, daß es mittels $-1/(N(x_1))$ gelingt, Aussagen über das Schwingungsverhalten des Systems zu machen. Auch merken wir uns, daß die Verwendung dieser Methode bei Strecken mit ungenügenden Dämpfungseigenschaften oder Strecken sehr niedriger Ordnung keine zufriedenstellenden Ergebnisse bringt, weil dabei die Annahme starker Dämpfung der Strecke nicht erfüllt ist.

9.3. Methode der Zustands- oder Phasenebene

Unter *Zustandsebene* verstehen wir eine Darstellung $\dot{x}$ über x, also z.B. der Ableitung der Regelgröße nach der Zeit über der Regelgröße selbst. In der Ebene lassen sich deshalb nur Systeme bis 2. Ordnung beschreiben; allerdings ist das Verfahren exakt und stellt keine Näherung dar.

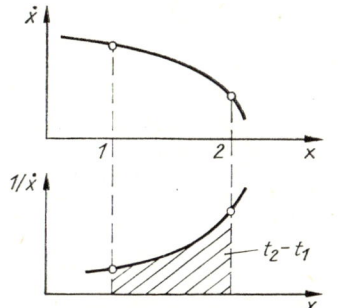

Bild 9.6
*Zur Ermittlung des Zeitabstands
zwischen zwei Punkten einer Zustandskurve*

Die Darstellung der *Phasenkurven*, deren Konstruktion in [42; 43] erläutert wird, gibt unmittelbar Auskunft über Größe und Änderungsgeschwindigkeit z.B. der Regelgröße. Bild 9.6 zeigt eine solche Zustandskurve, aus der man per Definition nach

$$\dot{x}(t) = \frac{\mathrm{d}x}{\mathrm{d}t} \quad \text{bzw.} \quad \mathrm{d}t = \frac{1}{\dot{x}(t)}\,\mathrm{d}x$$

auch die Zeit

$$t_{1,2} = \int_{1}^{2} \frac{1}{\dot{x}(t)} \, dx$$

ermitteln kann, die der Vorgang beim Ablauf von 1 nach 2 beansprucht.

Die Verläufe der *Phasenbahnen* lassen unmittelbar Schlußfolgerungen über das dynamische Verhalten der jeweiligen Systeme zu. Vorstellungen über typische Phasenbahnen linearer Glieder vermittelt Bild 9.7 [42]. Die Phasenbahnen für Regelkreise mit Zweipunkt- oder Dreipunktreglern sind in [22] sehr übersichtlich zusammengestellt. Bevor

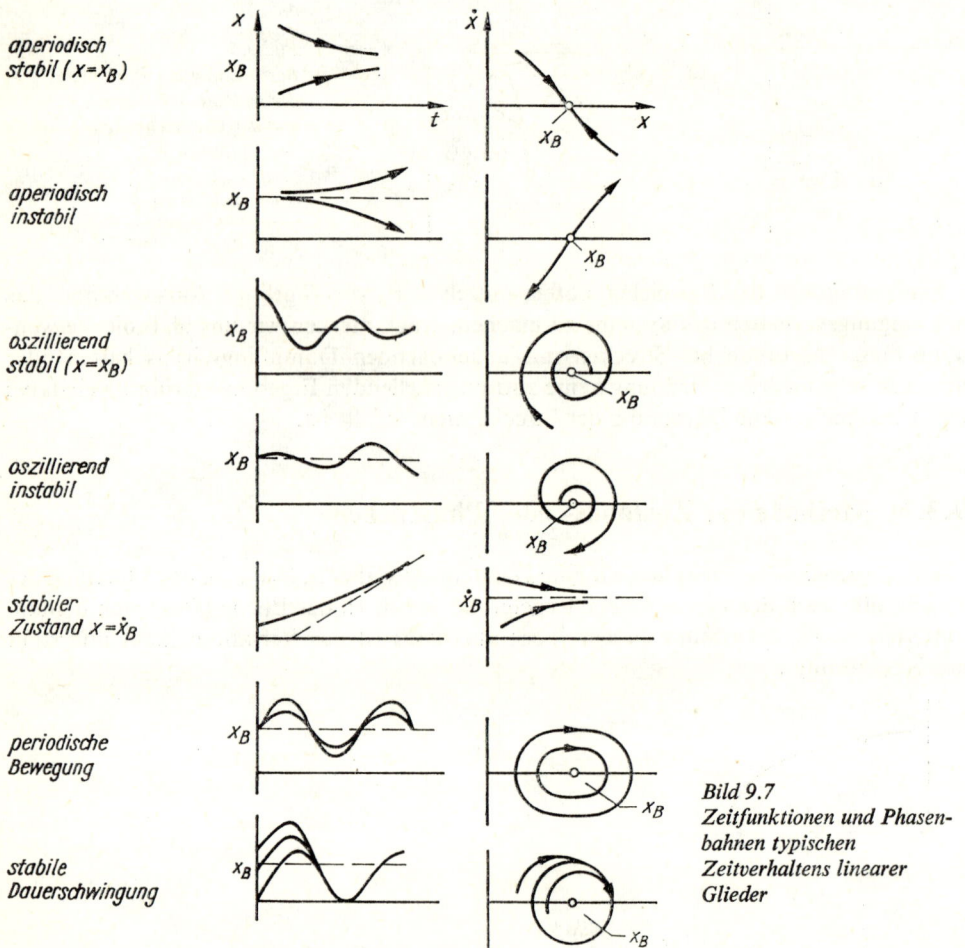

aperiodisch stabil ($x=x_B$)

aperiodisch instabil

oszillierend stabil ($x=x_B$)

oszillierend instabil

stabiler Zustand $x=\dot{x}_B$

periodische Bewegung

stabile Dauerschwingung

Bild 9.7
Zeitfunktionen und Phasenbahnen typischen Zeitverhaltens linearer Glieder

wir zwei Anwendungsfälle diskutieren, seien noch einige *Eigenschaften von Phasenbahnen* zusammengestellt:

– Die Phasenbahn verläuft in der oberen Hälfte, d.h. bei positiver Geschwindigkeit natürlich in Richtung wachsender x, und schneidet die x-Achse rechtwinklig.
– Laufen die Phasenkurven in einen Schnittpunkt mit der x-Achse hinein, dann ist es ein stabiler Gleichgewichtspunkt; laufen sie oder mindestens eine heraus, dann ist der Schnittpunkt instabil.

– Bei Gliedern ohne Ausgleich (I-Glieder) wird der stationäre Zustand durch $\dot{x}$ = konst. angezeigt; die Phasenbahnen verlaufen parallel zur x-Achse.
– Gedämpfte oszillierende Verläufe erzeugen spiralförmige Phasenbahnen.
– Ist die Phasenbahn geschlossen, dann liegt ein ungedämpfter periodischer Vorgang vor.
– Laufen die Phasenbahnen in eine geschlossene Bahn ein, dann ist die Schwingung eine stabile Dauerschwingung; laufen sie von ihr weg, dann liegt ein instabiler Vorgang vor.

▶ Wir wollen nun den Fall eines einfachen Zweipunktreglers mit den Strecken vom Typ

$$G(p) = \frac{1}{T_I p}\, \mathrm{e}^{-T_L p} \quad \text{und} \quad G(p) = \frac{1}{T_I p\,(1 + T_s p)}\, \mathrm{e}^{-T_L p}$$

betrachten. Ohne auf die Ermittlung der Kurven eingehen zu wollen, zeichnen wir im Bild 9.8 links die Übergangsfunktion der Strecke, deren Phasenbahn und das Zusammenspiel mit dem Zweipunktregler auf. Der Zweipunktregler schaltet, ausgedrückt durch die eingezeichnete Schaltkurve, wegen der Laufzeit verspätet, und zwar erst dann, wenn der Eingang den Wert $x_0 = T_L/T_I$ erreicht hat. Um diesen Wert sind die Schaltlinien aus der Ordinate verschoben. Im Bild 9.8 rechts ist x_0 wegen der zusätzlichen Verzögerung etwas größer.

Bild 9.8 unten zeigt jedenfalls deutlich, daß sich geschlossene Phasenbahnen ergeben, was auf die erwarteten stabilen Schwingungen hindeutet. Wir wollen keine weiteren Ausführungen dazu machen, sondern auf die genannte Literatur verweisen.

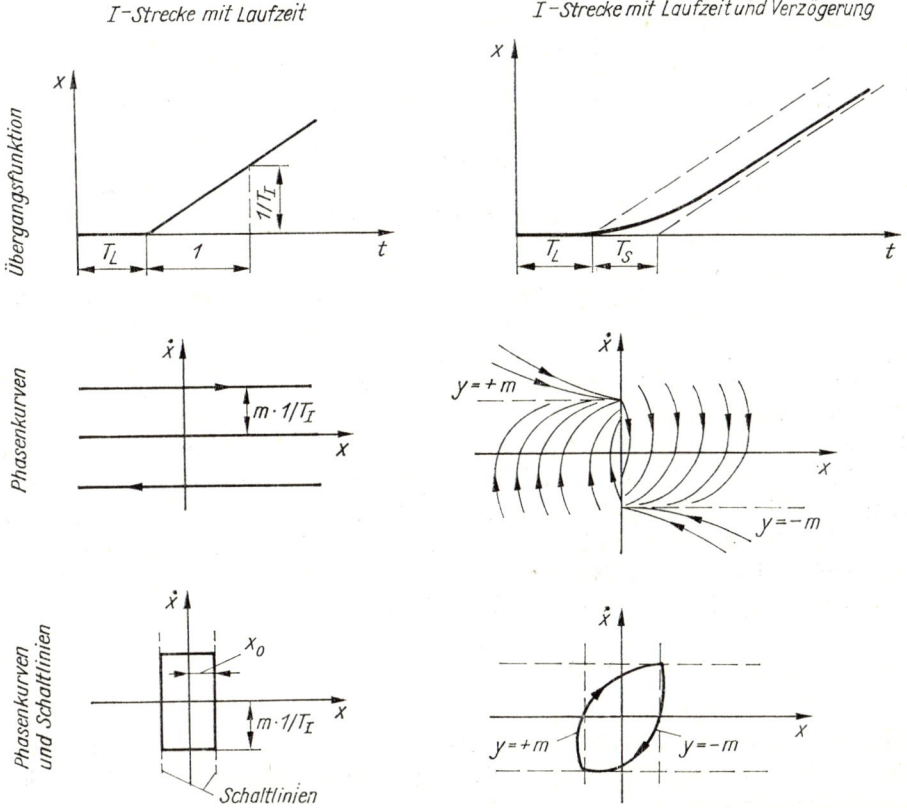

Bild 9.8. *Darstellung der Phasenkurven einer I-Strecke mit Laufzeit (links) und einer I-Strecke mit Laufzeit und Verzögerung (rechts), die durch einen Zweipunktregler geregelt wird*

Da das Verfahren nur für Systeme 2. Ordnung vernünftig ist, deckt es den Aufgabenbereich sehr gut ab, der bei der Anwendung der Beschreibungsfunktion zu relativ großen
Ungenauigkeiten führen kann.

9.4.   Zweipunktregelungen

Sie gehören zu den unstetigen Regelvorgängen; der Regler ist entsprechend Bild 9.4a
und d ein Schalter, der zwei Stufen, z. B. $-m$ und $+m$ oder 0 und $+m$, schaltet, und zwar
dann, wenn entsprechend Bild 9.9 der vorgegebene Sollwert oder bei vorhandener Schaltdifferenz $x_d = 2a$ der untere oder obere Schaltpunkt x_u oder x_o durchlaufen wird. Der
Regelvorgang funktioniert immer nur dann, wenn der Endwert vom x im eingeschalteten
Zustand größer, im ausgeschalteten Zustand kleiner ist, als es zur Aufrechterhaltung der
Regelgröße erforderlich wäre.

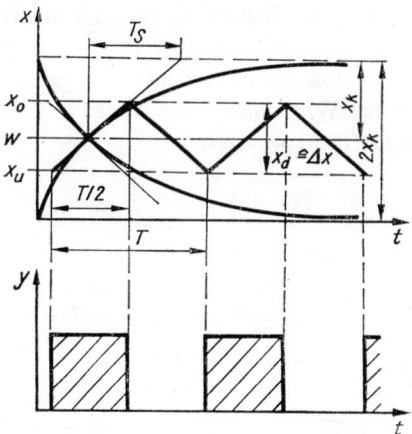

Bild 9.9
Zweipunktregler mit Schaltdifferenz an Strecke
mit Zeitverzögerung 1. Ordnung

Es muß also im eingeschalteten Zustand mit einem *Leistungsüberschuß* gearbeitet werden, der in der Regel etwa 100 % beträgt. Dadurch kommt es zu den *Pendelungen der
Regelgröße* um den Sollwert. Zur Beurteilung der Leistungsfähigkeit dieser Regelkreise
interessieren Frequenzen und Amplitude dieser Pendelungen. Deren Berechnung ist mit
sehr einfachen Mitteln möglich.

▶ Wir wollen einige wichtige Fälle behandeln.

Nach Bild 9.9 wird beim *Regler mit Schaltdifferenz* und Strecke mit Verzögerung
1. Ordnung und einem Leistungsüberschuß von 100 % die Pendelamplitude $x_d = x_o - x_u$.

Zur Vereinfachung – das ist meist zulässig – wird der Verlauf der Übergangsfunktion
hier und auch in den folgenden Beispielen durch ihre Tangente im Sollwert ersetzt.

Die Periodendauer T der Pendelung ergibt sich aus Bild 9.9 mit

$$\frac{T/2}{x_d} = \frac{T_s}{x_k} \quad \text{zu} \quad T = 2\,\frac{x_d}{x_k}\,T_s.$$

Nach Bild 9.10 wird der *Regler ohne Schaltdifferenz* betrieben; es ist $x_d = 0$. Die Strecke
hat eine Laufzeit T_L; es wird mit 100 % Leistungsüberschuß gearbeitet. Damit liegt der
Sollwert in der Mittellage; es gilt:

$$\Delta x = 2x_t,$$

wobei

$$\frac{x_\mathrm{t}}{T_\mathrm{L}} = \frac{x_\mathrm{k}}{T_\mathrm{s}},$$

und daraus die Pendelamplitude:

$$\Delta x = 2x_\mathrm{k} \frac{T_\mathrm{L}}{T_\mathrm{s}}.$$

Die Periodendauer kann ebenfalls ermittelt werden, es gilt nach Bild 9.10:

$$T = 4T_\mathrm{L}.$$

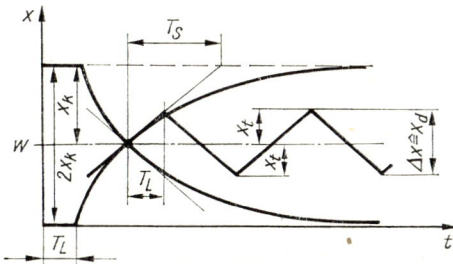

Bild 9.10
Zweipunktregler ohne Schaltdifferenz
an Strecke mit Laufzeit und Verzögerung
1. Ordnung
(Leistungsüberschuß 100%)

Im Bild 9.11 ist der Fall dargestellt, bei dem die *Überschußleistung nicht gleich 100%* ist, d.h., der Sollwert liegt nicht symmetrisch zwischen den Beharrungszuständen. Nach Bild 9.11 ergibt sich, daß dadurch eine bleibende Abweichung x_PA zum vorgegebenen Sollwert w vorhanden ist. Mit x_1' und x_2' als Steigung der Übergangsfunktion im Sollwert ergibt sich

$$x_1 = T_\mathrm{L}x_1', \qquad x_2 = T_\mathrm{L}x_2'; \qquad x_1' > 0, \qquad x_2' < 0$$

und daraus unter Beachtung des Vorzeichens für x_2:

$$x_0 = \frac{x_1 - x_2}{2}, \qquad x_\mathrm{PA} = \frac{x_1 + x_2}{2}.$$

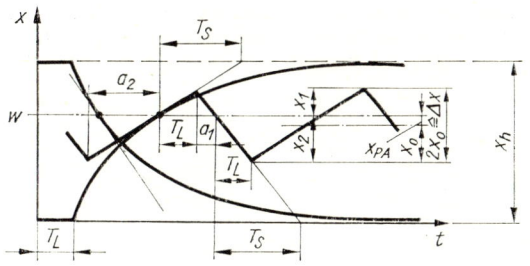

Bild 9.11
Wie Bild 9.10, aber mit einem
Leistungsüberschuß kleiner als 100%

Die bleibende Abweichung wird

$$x_\mathrm{PA} = \frac{T_\mathrm{L}}{2}(x_1' + x_2').$$

Ferner gilt

$$\Delta x = 2x_0 = x_1 - x_2,$$

und mit

$$\frac{X_h - w}{T_s} = \frac{x_1}{T_L}, \qquad -\frac{w}{T_s} = \frac{x_2}{T_L}$$

wird die Pendelamplitude

$$\Delta x = x_1 - x_2 = \frac{T_L}{T_s} X_h.$$

Mit

$$a_1 = -\frac{x_1}{x_2'} = -\frac{x_1'}{x_2'} T_L, \qquad a_2 = -\frac{x_2}{x_1'} = -\frac{x_2'}{x_1'} T_L,$$

und $T = 2T_L + a_1 + a_2$ ergibt sich die Periodendauer zu

$$T = T_L \left[2 - \frac{|x_1'|}{|x_2'|} - \frac{|x_2'|}{|x_1'|} \right].$$

Aus diesen drei Fällen läßt sich ableiten:

- Die Schwankungsbreite kann verkleinert werden durch Verkleinerung der Schaltdifferenz, Verminderung und Vermeidung von Laufzeiten, Verminderung von x_h (Bild 9.11) mittels dosierter Zu- und Abschaltung der Leistung durch ständige Aufschaltung einer Grundlast.
- Die Abweichung vom Sollwert kann nur durch Einhaltung der Symmetrie vermieden werden, d.h., abhängig vom Sollwert ist ein Leistungsüberschuß von 100% einzuhalten.

Zu weiteren Abhandlungen dieses Komplexes sei auf die Literatur, z.B. [44], verwiesen.

9.5.   Vergleichendes Anwendungsbeispiel

■ Abschließend wollen wir die drei Verfahren, die wir kennengelernt haben, an einem Beispiel anwenden. Dafür ist ein Thermostat gewählt worden. Als Modell sei eine Strecke mit Verzögerung 1. Ordnung und Laufzeit angenommen. Als Regler verwenden wir einen einfachen Zweipunktregler in Form eines Kontaktthermometers. Die Anlagenskizze ist im Bild 9.12, das zugehörige Signalflußbild im Bild 9.13 dargestellt.

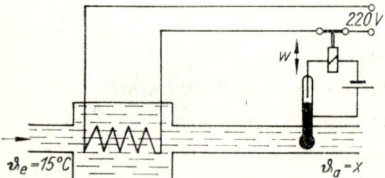

Bild 9.12. Prinzipskizze des Thermostaten

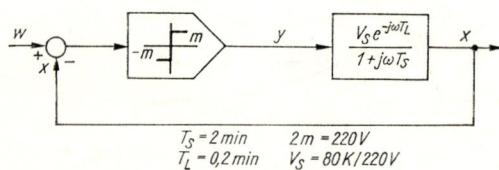

$T_S = 2\,min$ $2m = 220\,V$
$T_L = 0,2\,min$ $V_S = 80\,K/220\,V$

Bild 9.13. Signalflußbild des Regelkreises

Erreicht in der skizzierten Anlage die Temperatur den Sollwert von 55°C, so schließt der Kontakt am Kontaktthermometer, und durch das Relais wird der Heizstrom unterbrochen. Fällt die Temperatur unter 55°C, so wird wieder zugeschaltet usw. (Bild 9.14). Die Heizspannung beträgt $2m \triangleq 220$ V; sie wird entweder völlig zu- oder abgeschaltet: die Überschußleistung beträgt 100%. Die weiteren Daten sind im Bild 9.13 angegeben; sie betragen: Verzögerungszeit $T_s = 2$ min, Laufzeit $T_L = 0,2$ min.

Die Ermittlung der Daten des Zweipunktregelverlaufs – es liegt der Fall nach Bild 9.10 vor – ergibt nach Abschnitt 9.4. entsprechend Bild 9.14:

Pendelamplitude

$$\Delta x = 2x_\mathrm{k} \frac{T_\mathrm{L}}{T_\mathrm{s}} = 2 \cdot 40\,\mathrm{K}\,\frac{0{,}2}{2} = 8\,\mathrm{K}$$

Periodendauer

$$T = 4T_\mathrm{L} = 4 \cdot 0{,}2\,\mathrm{min} = 0{,}8\,\mathrm{min},$$

damit

$$f = 1{,}25\,\mathrm{min}^{-1} \quad \text{bzw.} \quad \omega = 7{,}85\,\mathrm{min}^{-1}.$$

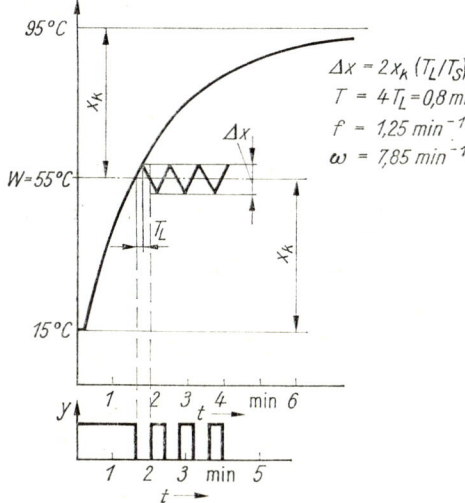

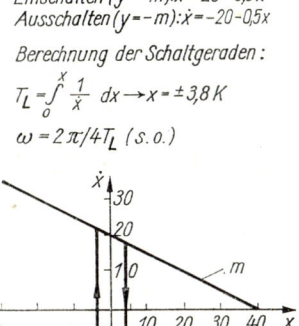

Bild 9.14. Zeitverlauf der Regelgröße und der Stellgröße

Bild 9.15. Darstellung des Regelvorgangs in der Phasenebene

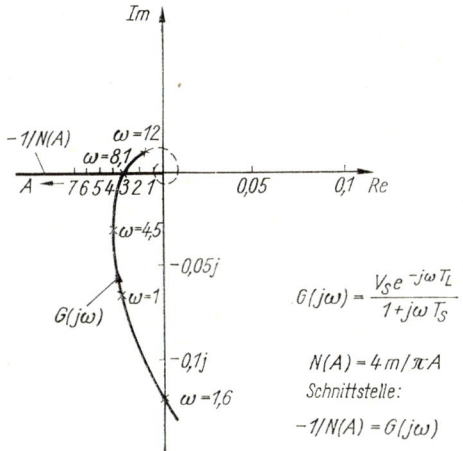

Bild 9.16
Untersuchung des Regelvorgangs mit Hilfe der Beschreibungsfunktion

Nach Abschnitt 9.3. ergibt der Verlauf der im Bild 9.15 angegebenen Phasenbahn für die Regelstrecke und der Verlauf der Schaltgeraden für den Regler die Daten der Pendelbewegung. Aus Bild 9.15 ergibt sich

$$\Delta x = 2 \cdot 3{,}8\,\mathrm{K} = 7{,}6\,\mathrm{K}$$

und ω wie oben

$$\omega = 7{,}85\,\mathrm{min}^{-1}.$$

Wie die Phasenbahnen und die Schaltgeraden ermittelt werden, entnehmen wir der bereits angegebenen Literatur.

Im Abschnitt 9.2. ist mit Bild 9.3 bzw. 9.5 die Ermittlung von Δx bzw. ω mittels Beschreibungsfunktion dargelegt worden. Für das vorliegende Beispiel ergibt sich der im Bild 9.16 skizzierte Verlauf, und aus dem Schnittpunkt $-1/N = G\,(j\omega)$ liest man ab:

$$\Delta x = 6{,}2 \text{ K}, \qquad \omega = 8{,}1 \text{ min}^{-1}.$$

Die bereits geäußerte Vermutung, daß die Beschreibungsfunktion im vorliegenden Fall die größten Abweichungen bringt, wird durch die Übersicht über die Ergebnisse des Beispiels bestätigt. Die Resultate der zwei anderen Methoden zeigen zufriedenstellende Übereinstimmung.

Methode	Amplitude in K	ω in min^{-1}
Zeitverlauf	4	7,85
Phasenebene	3,8	7,85
Beschreibungsfunktion	3,1	8,1

Mit diesen Beispielen wollen wir den Überblick zur Behandlung von Nichtlinearitäten abschließen.

10. Konzipierung und Entwurf von Automatisierungslösungen

10.1. Allgemeine Bemerkungen

Die typischen Etappen zur Erarbeitung von Automatisierungslösungen zeigt Bild 10.1. Danach ergeben sich vier wesentliche Phasen der Bearbeitung, wie im Bild unten dargestellt.

▶ Der Unterschied der Lösungen mit konventionellen oder mit modernen Mitteln besteht vor allem darin, daß bei moderner (freiprogrammierbarer) Einrichtung eine Programmierung und Implementierung vorgenommen werden muß, die bei *verdrahtungsprogrammierten Automatisierungsgeräten* nicht erforderlich ist. Dafür haben die *freiprogrammierbaren Automatisierungsmittel* u. a. den Vorteil, daß sie *universell einsetzbar* und in der Etappe der Inbetriebnahme und des Betriebs Änderungen z. B. hinsichtlich der *Struktur*, *Algorithmen* und *Parameter* relativ einfach sind. Damit können Verbesserungen auch nach der Inbetriebnahmephase und während des Betriebs eines Automatisierungssystems, praktisch ohne Eingriffe in die Gerätetechnik, allein durch Änderungen der Programme (Software) vorgenommen werden.

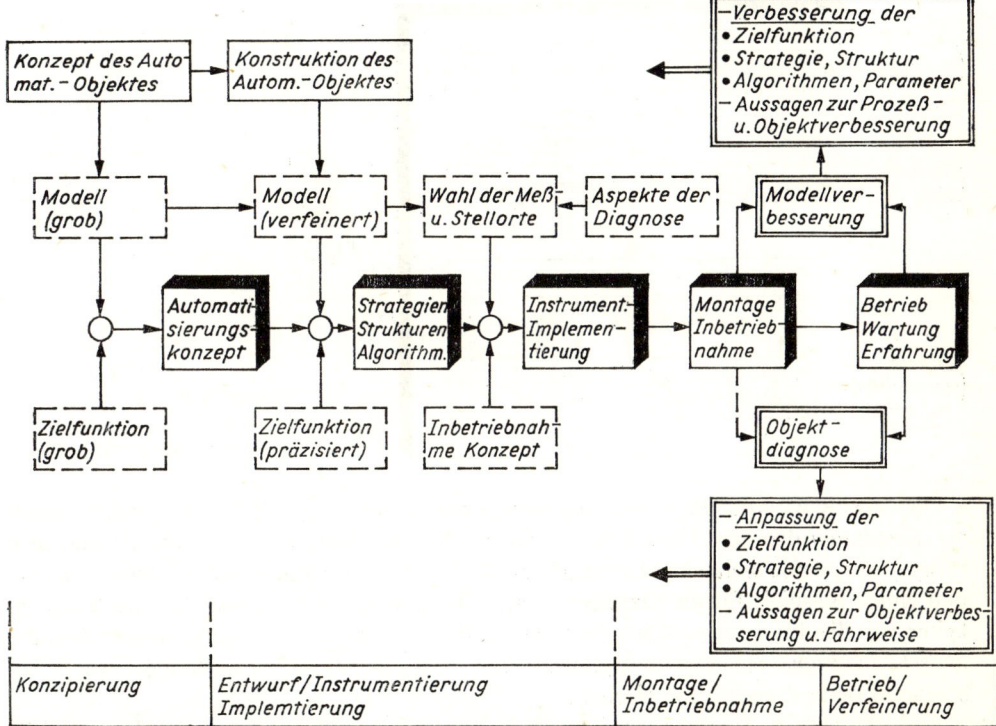

Bild 10.1. Etappen der Erarbeitung einer Automatisierungslösung

▶ Diese modernen Lösungen bieten so ein hohes Maß an Flexibilität; sie sind deshalb auch geeignet z. B. auf Grund von Änderungen der Zielstellungen, Projekterweiterungen oder Ergebnissen der Objektdiagnose den neuen Bedingungen angepaßt zu werden, d. h., sie gestatten das im Bild 10.1 skizzierte Vorgehen hinsichtlich der Verfeinerung der Automatik auch nach der Inbetriebnahme. Für alle vier Etappen der Bearbeitung von Automatisierungslösungen werden zunehmend *rechnergestützte Methoden* (s. auch Abschn.1.) angewendet, um das qualitative Niveau und die Effektivität bei der Lösung von Automatisierungsaufgaben zu verbessern.

10.2. Rechnergestützte Arbeit am Beispiel des Reglerentwurfs

Für den Fall des Reglerentwurfs soll ein Eindruck zu den dabei anzuwendenden Methoden und Einrichtungen vermittelt werden. In bezug auf die Etappen nach Bild 10.1 handelt es sich im hier abzuhandelnden Fall um die Aufgaben der Strukturierung und Parametrierung des Reglers sowie die Implementierung der Programme.

▶ Wir gehen davon aus, daß ein moderner freiprogrammierbarer Regler [45] eingesetzt werden soll. Unter solchen Bedingungen steht neben der Hardware, also dem Regler, in der Regel ein Paket von „vorgefertigten" *Softwaremoduln* zur Verfügung. Diese vereinfachen die Programmierung, weil die Gesamtlösung gewöhnlich aus den vorhandenen und erprobten Softwaremoduln – *Firmware* genannt – entsteht. Durch die Implementierung aus dem vorhandenen Modulvorrat lassen sich die Regler relativ einfach auf vielfältige Aufgaben zuschneiden.

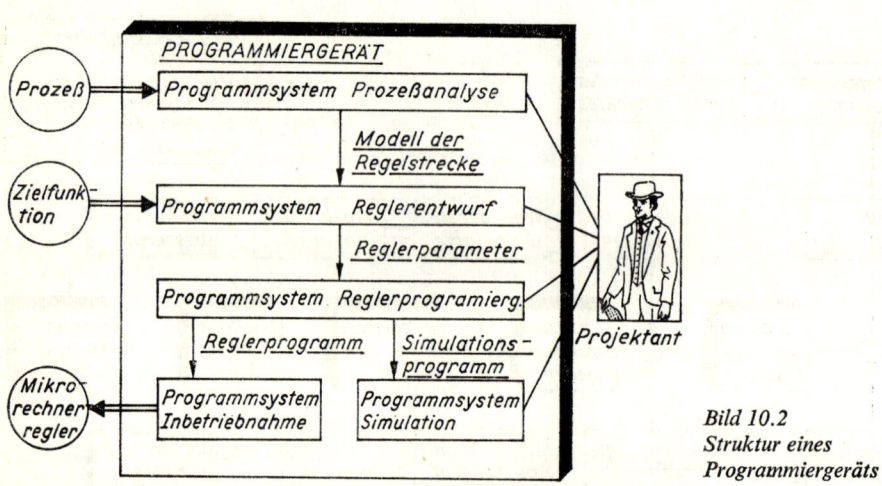

Bild 10.2
Struktur eines
Programmiergeräts

▶ Gleichzeitig wird der *Reglerentwurf*, seine Programmierung und Inbetriebnahme sowie die *Simulation* der gewählten Lösung durch Programmiergeräte und die zugehörigen Programmsysteme weitgehend unterstützt (Bild 10.2). Den möglichen Modulvorrat [46] und einige Beispiele für die Darstellung zeigt Bild 10.3; daraus folgt, daß die Möglichkeiten von den klassischen *Reglerfunktionen* über *Rechenoperationen* allgemeiner Art und *logische Funktionen* bis hin zur *Signalvorverarbeitung* und *Grenzwertmeldung* sowie zu besonderen Bedienhandlungen reichen.

Bild 10.4 läßt die Vorgehensweise erkennen, wonach ausgehend von der Automatisierungsaufgabe und mit Hilfe des Softwaremodulvorrats die Vorstellungen zur Lösung der

Prozeßkoppelmodule

AE   Analogeingabe
AA   Analogausgabe
BE   Binäreingabe
BA   Binärausgabe

Lineare Übertragungsglieder

PID   PID-Regler
DYN   Dynamikmodul
LZ   Laufzeitglied
TR   Tastregler
INTG   Integrierer, gesteuert

Nichtlineare Übertragungsglieder

POT   Potenzierer
TB   Testband
LN   nat. Logarithmus
BET   Betragsbilder
POL   Polynom
MAX   Maximumauswahl
PLG   Polygonzug
BG   Begrenzer
RAD   Radizierer
EXP   Exponierer
MIN   Minimumauswahl

Rechenmodule

ADD   Addition
MUL   Multiplikation
MS   Mischstelle
SUB   Subtraktion
DIV   Division
INV   Inverter

Signalaufbereitungsmodule

ESV   Eingangssignalaufbereitung
GB   Geschwindigkeitsbegrenzung
PBM   Pulsbreitenmodulation
ASV   Ausgangssignalaufbereitung
PT1   PT1-Filter
DPG   Dreipunktglied

Logik- und Zeitmodule

OR   logisches ODER
ADR   logische Komb. UND/ODER
XOR   logische Antivalenz
RS   RS-Flip-Flop
VR   Vor-/Rückwärtszähler
AYI   Signaladapter Byte-Bit
TK   Taktkettensteuerung
IV   Impulsverzögerung
AV   Ausschaltverzögerung
TG   Taktgenerator
NAND   logisches UND NICHT
OAND   logische Komb. ODER/UND
JK   JK-Flip-Flop
CMP   Komperator
AIY   Signaladapter Bit-Byte
FD   Flankendiskriminator
EV   Einschaltverzögerung
US   Umkehrsperre
AZG   Absolutzeitgeber

hybride Übertragungsglieder

GM   Grenzwertmelder
ZPS   Zeitplansteuerung
HG   Halteglied
TEST   Grenzen-Schrankentest
PS1   Parameterschalter 1 Ebene
PS4   Parameterschalter 4 Ebenen
SCM   Schalter für Analogsignale

Pseudomodule

BEGIN   Eröffnung einer VK
LOOPCO Bedienmodul Regelung
LOOPLO Bedienmodul Logikblock
JP   unbedingter Sprung
IPNZ   bedingter Sprung bei NOZERO
END   Abschluß einer VK
LOOPIN Bedienmodul Eingang
JPZ   bedingter Sprung bei ZERO

Simulationsmodule (Auswahl)

SIGD   deterministische Signale
DYNP   Streckendynamik (PT1, PDT1, PT2, PDT2, Allpaß)
DYNID   Streckendynamik (I, DT1)
DYNPV   Streckendynamik (PT1, PT2, PDT2 u. zusätzl. Vorhaltbildung)
KENN1   Kennwertmodul 1 (Auswertung Sprungantwort)
KENN2   Kennwertmodul 2 (Kennwerte von Übergangsfunktionen)
FLAEL   Flächenintegral, linear
FLAEQ   Flächenintegral, quadratisch

Bild 10.3. Vorrat an Softwaremoduln
a) Zusammenstellung der Module

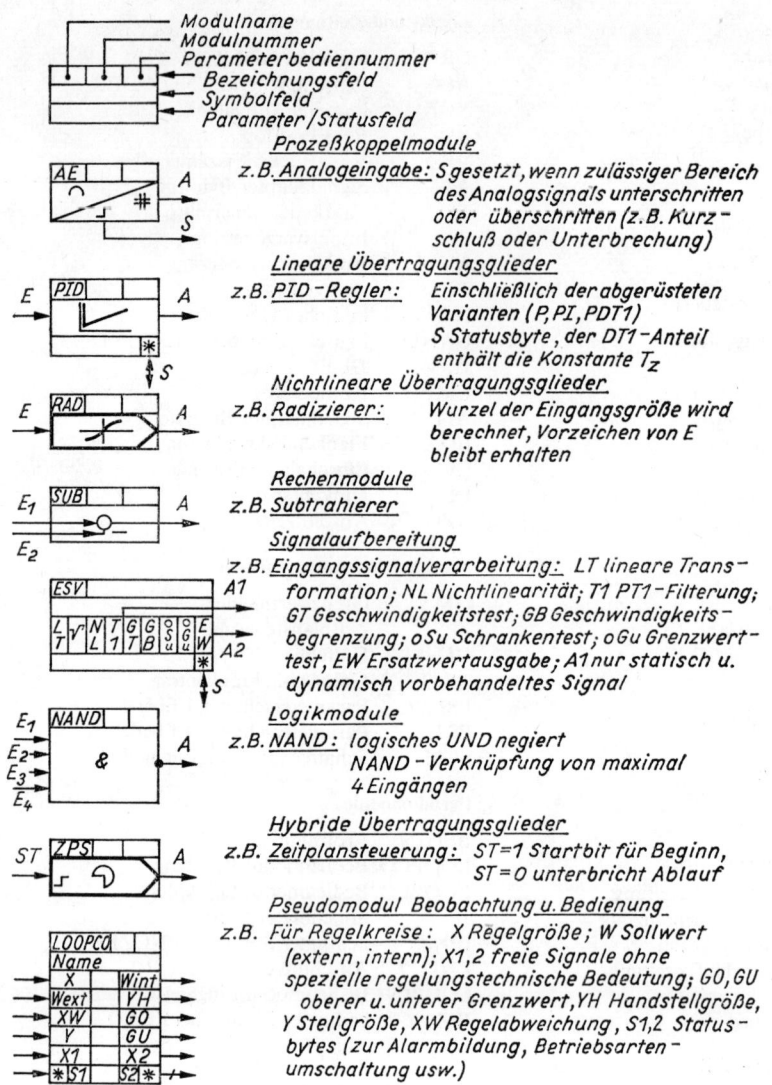

Bild 10.3. Vorrat an Softwaremoduln
b) Darstellung einiger typischer Module

Aufgabe in Form einer konkreten *Verarbeitungsstruktur* zu formulieren sind; dazu können z.B. bereits vorgefertigte Signalflußstrukturen benutzt werden.

▶ Mit Hilfe des Programmiergeräts wird dann der Entwurf (Parametrierung) des Reglers durchgeführt. Um das Programmiergerät ohne besondere Spezialkenntnisse nutzen zu können, erfolgt der Entwurf weitgehend *rechnergeführt im Bildschirmdialog*. Ist der Entwurf zufriedenstellend – man kann das z.B. durch Simulation feststellen –, so wird das Programm durch Kopplung Regler–Programmiergerät auf den Regler übertragen.

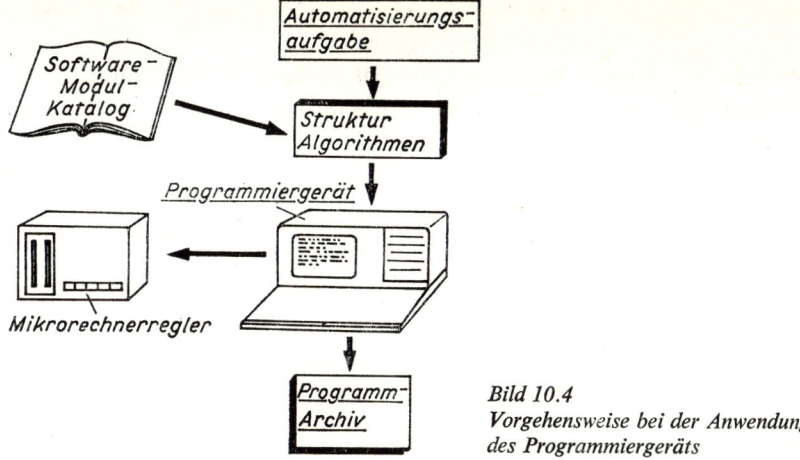

Bild 10.4
*Vorgehensweise bei der Anwendung
des Programmiergeräts*

10.3. Entwurfsbeispiel/Simulation

Die zu lösende Entwurfsaufgabe besteht darin, für eine vorgegebene Regelstrecke einen Regler zu konzipieren, mit dem im gesamten Bereich der Regelgröße ein zufriedenstellendes Führungsverhalten, d.h. *kleine Überschwingweite* und eine *maximale Einschwingdauer von $\leq 30\ s$*, auch bei sehr großen Sollwertsprüngen über den gesamten Bereich erreicht werden.

Für die vorgegebene Regelstrecke wurde experimentell das im Bild 10.5 dargestellte statische Verhalten ermittelt. Daraus folgt deutlich, daß die *Strecke stark nichtlineares Verhalten* zeigt. Die Auswertung der statischen Kennlinie ergibt die im Bild 10.5 ebenfalls angegebenen lokalen Verstärkungsfaktoren $Y' = K_s(X_i)$.

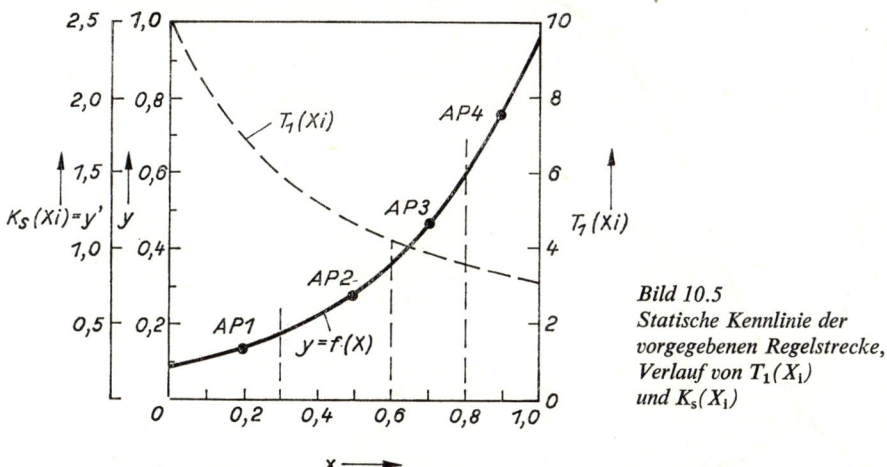

Bild 10.5
*Statische Kennlinie der
vorgegebenen Regelstrecke,
Verlauf von $T_1(X_1)$
und $K_s(X_1)$*

Die Analyse des dynamischen Verhaltens ergab, daß die Regelstrecke im angenommenen Arbeitspunkt *APi* durch die Gleichung

$$G(p)\big|_{X_1} = \frac{K_s(X_i)}{(1 + pT_1(X_i))(1 + pT_2)(1 + pT_3)}$$

beschrieben werden kann.

$T_1(X_i)$ ist ebenfalls im Bild 10.5 dargestellt; die weiteren Zeitkonstanten sind $T_2 = 1\,\text{s}$; $T_3 = 2\,\text{s}$. Auch $Y' = K_s(X_i)$ ist in diesem Bild angegeben.

Für die vorliegende PT3-Strecke wird zur Führungsregelung die Anwendung eines PID-Algorithmus festgelegt. Die in Simulationsversuchen (digitale Simulation entspre-

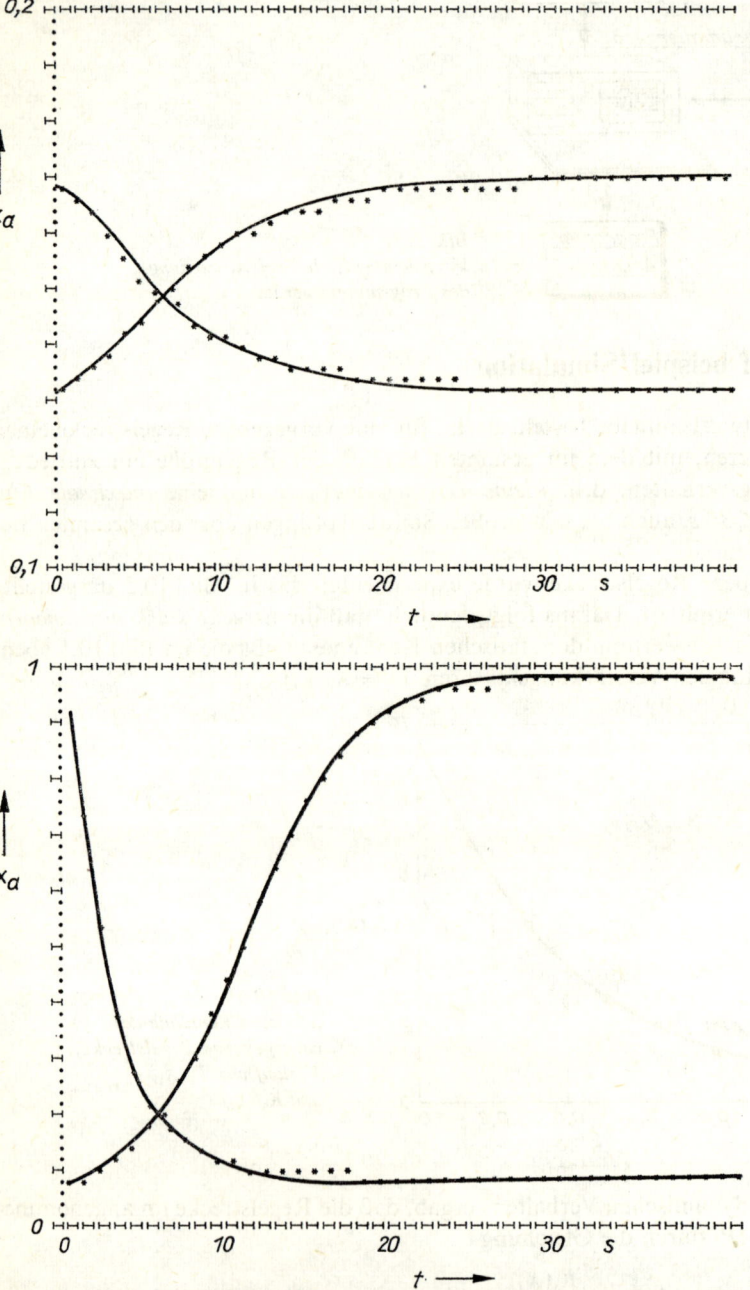

Bild 10.6. *Sprungantwort der Regelstrecke auf einen Eingangssprung*
a) $X_e = 0{,}2 \dots 0{,}3$ und $X_e = 0{,}3 \dots 0{,}2$ Ordinatenmaßstab $0{,}1 \dots 0{,}2$; b) $X_e = 0 \dots 1{,}0$ und $X_e = 1{,}0 \dots 0$ Ordinatenmaßstab $0 \dots 1$

chend Bild 10.2) aufgenommenen Sprungantworten nach Bild 10.6 waren Basis für eine grobe Reglerbemessung. Die Simulation des Regelkreises mit den so ermittelten Parametersätzen für den PID-Regler zeigte, daß sich mit einem Parametersatz die gestellten Forderungen für den gesamten Regelbereich nicht erfüllen lassen.

Damit entsteht die Frage nach einem geeigneten Regelungskonzept. Im vorliegenden Fall wäre die Anwendung eines adaptiven Reglers (s. Abschn. 8.4.) zu erwägen. Da jedoch die Parameteränderungen (s. Bild 10.5) bekannt sind, soll untersucht werden, ob mit der Anwendung mehrerer im Regler stoßfrei umschaltbarer Parametersätze um vorzugebende Arbeitspunkte herum die Aufgabe lösbar ist. Wir begnügen uns dann mit einer *stufenweisen Adaption.*

Zur Lösung dieser Aufgabe wählen wir die im Bild 10.5 eingezeichneten Arbeitspunkte *AP1* bis *AP4* und arbeiten in deren Nähe (s. gestrichelt eingezeichnete Bereiche) mit den Parametersätzen *P1* bis *P4* des Reglers. Die Umschaltung der Parametersätze soll an den Bereichsgrenzen $X = 0,3; 0,6; 0,8$ erfolgen.

Für die Bestimmung der Parametersätze des PID-Reglers benutzen wir das *Optimierungskriterium*

$$\int_{t=0}^{t=\infty} (X_w^2 + r\,\Delta Y^2)\,dt \to \text{Min.}$$

Dabei wird mit ΔY (die Abweichung der Stellgröße gegenüber dem eingeschwungenen Zustand) der *Stellaufwand* mit berücksichtigt; $r = GK_s^2$ ist ein Wichtungsfaktor für den Stellaufwand (*G* Wichtungsbeiwert; K_s Streckenverstärkung). Die mit diesem Kriterium ermittelten Parametersätze *P1* bis *P4* sind im Bild 10.7 angegeben. Die Lösung des Optimierungsproblems kann – wie hier geschehen – analytisch oder aber durch Simulation (analog oder digital) erfolgen.

Parametersatz	K_R	T_n	T_v	T_z	T_1	K_s
P1 (0 ... 0,3)	4,3	5,2	2,4	2,2	6,8	0,3
P2 (0,3 ... 0,6)	2,4	6,5	0,9	0,9	4,7	0,7
P3 (0,6 ... 0,8)	1,4	5,7	0,9	0,8	3,8	1,2
P4 (0,8 ... 1,0)	0,8	4,9	1,0	0,8	3,3	1,9

Bild 10.7
Parametersätze P1 bis P4
für den umschaltbaren PID-Regler

K_R Regelverstärkung;
T_n Nachstellzeit; T_v Vorhaltzeit;
T_z Zeitkonstante des DT1-Gliedes;
(X_i) Zeitkonstante der Strecke;
$K_s(X_i)$ Streckenverstärkung

Entsprechend diesem Konzept gilt es, aus dem vorhandenen Modulvorrat (nach Bild 10.3) des einzusetzenden Mikrorechnerreglers einen *Regler mit stoßfrei umschaltbaren Parametersätzen* zu konzipieren. Das Ergebnis der resultierenden Reglerstruktur ist im Bild 10.8 dargestellt.

Die Lösung nach Bild 10.8 läßt sich in *vier Komplexe* aufteilen.

– Block I enthält die Module für die *Eingangssignalverarbeitung* und externe *Sollwertsvorgabe.*

– Block II realisiert mit den dort angegebenen Modulen die *Umschaltung des Sollwerts* extern/intern, die Bildung der *Regelabweichung* X_w sowie des *PID-Algorithmus* (parameterumschaltbar).

– Block III enthält die für die *Anzeige- und Bedienfunktionen* sowie für die *Ausgangssignalverarbeitung* erforderlichen Module.

– Block IV umfaßt die Module zur *Grenzwerterfassung für die Parameterumschaltung* bei $X = 0,3; 0,6; 0,8$ und den *Parameterschalter* selbst.

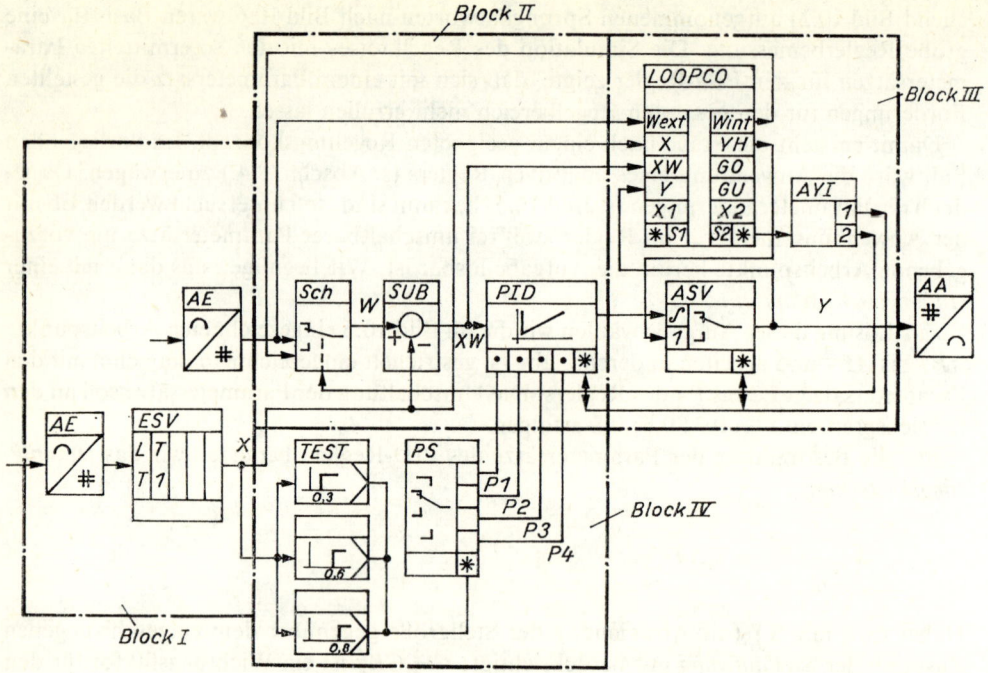

Bild 10.8. Struktur des parameterumschaltbaren PID-Reglers

Die Zusammenschaltung der Module unterliegt hinsichtlich der Statusbyte (binäre Signale über Grenzwerte u.a.) einigen Vorschriften [43], auf die hier nicht eingegangen wird. Alle übrigen Verknüpfungen sind dagegen unmittelbar aus dem Bild 10.8 ableitbar.

▶ Der so konzipierte Regler wird mit der Strecke auf dem Programmiergerät implementiert, und der Regelkreis kann im Simulationsbetrieb erprobt werden. Folgende *Simulationsergebnisse* sind hier dargestellt:

Sollwertsprung von 0,1 auf 0,2 (Bild 10.9)
Sollwertsprung von 0,8 auf 0,9 (Bild 10.10)
Sollwertsprung von 0,95 auf 0,85 (Bild 10.11)
Sollwertsprung von 0,1 auf 0,65 (Bild 10.12)
Sollwertsprung von 0,95 auf 0,1 (Bild 10.13).

Die Ausgabe und *Aufzeichnung* der Regelgröße X, der Stellgröße Y und des Sollwerts W erfolgt *über Drucker*. Die Parameterumschaltung wird dort, wo sie auftritt, mit registriert (+). Die *Simulationsschrittweite beträgt 0,25 s*; wir geben *hier nur jeden vierten Wert* aus. Die Digitalausgabe bedingt das Entstehen von Kurvenverläufen, die bei kleinen Abweichungen die realen Verhältnisse nicht genau widerspiegeln; hier wurden keine besonderen zeichnerischen Korrekturen vorgenommen.

▶ Die Simulationsergebnisse sind wie folgt einzuschätzen:

– Bild 10.9 läßt erkennen, daß dem Sollwertsprung von 0,1 auf 0,2 schnell und ohne Überschwingungen gefolgt wird. Die Stellgröße reagiert rasch und befindet sich nicht im Anschlag.

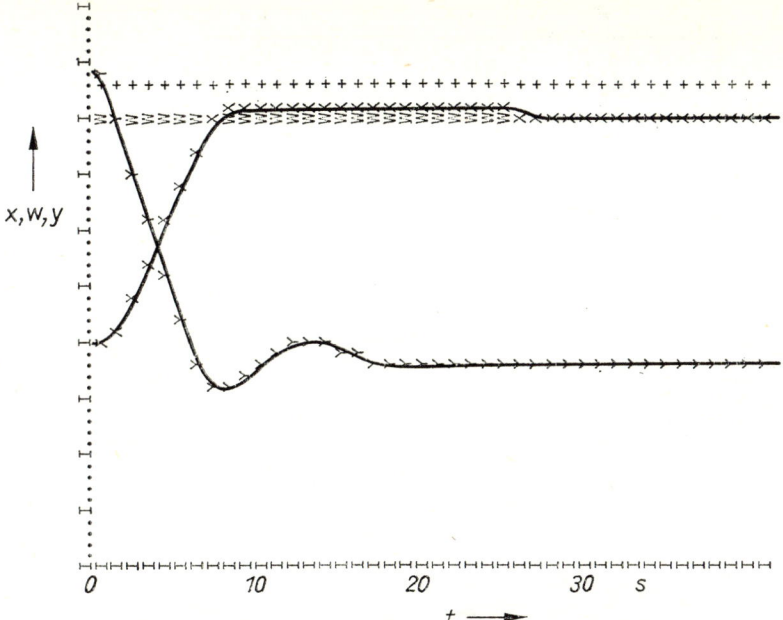

Bild 10.9. Verlauf der Regelgröße x und der Stellgröße y auf einen Sollwertsprung von 0,1 bis 0,2, nur ein Parametersatz wirksam

Ordinatenmaßstäbe: $X = 0 \ldots 0,25$, $W = 0 \ldots 0,25$, $Y = 0 \ldots 1$

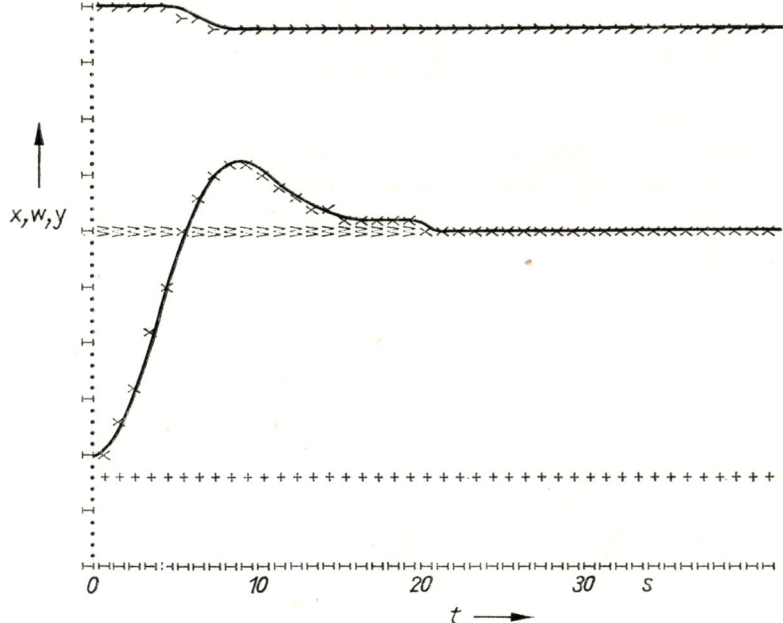

Bild 10.10. Wie Bild 10.9, für Sollwertsprung von 0,8 bis 0,9, nur ein Parametersatz wirksam

Ordinatenmaßstäbe: $X = 0,75 \ldots 1$, $W = 0,75 \ldots 1$, $Y = 0 \ldots 1$

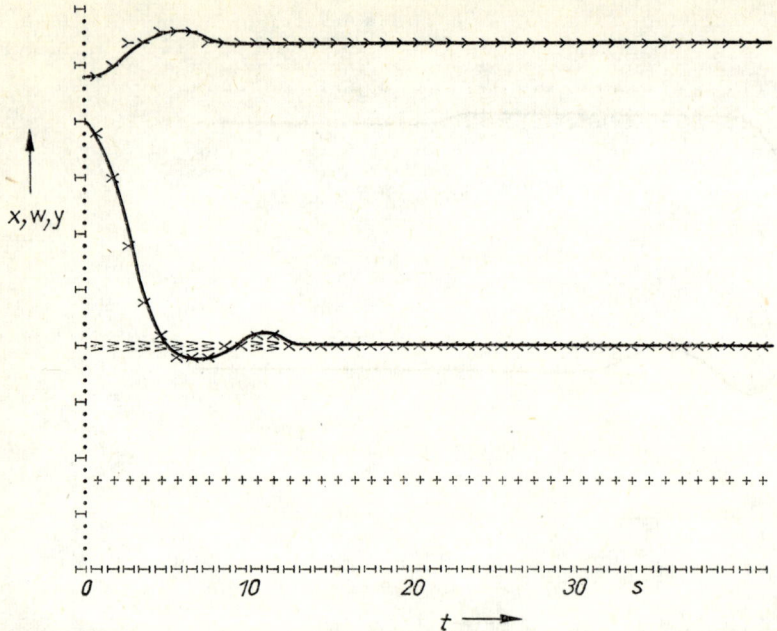

Bild 10.11. *Wie Bild 10.9, für Sollwertsprung von 0,95 bis 0,85, nur ein Parametersatz wirksam*
Ordinatenmaßstäbe: $X = 0,75 \ldots 1$, $W = 0,75 \ldots 1$, $Y = 0 \ldots 1$

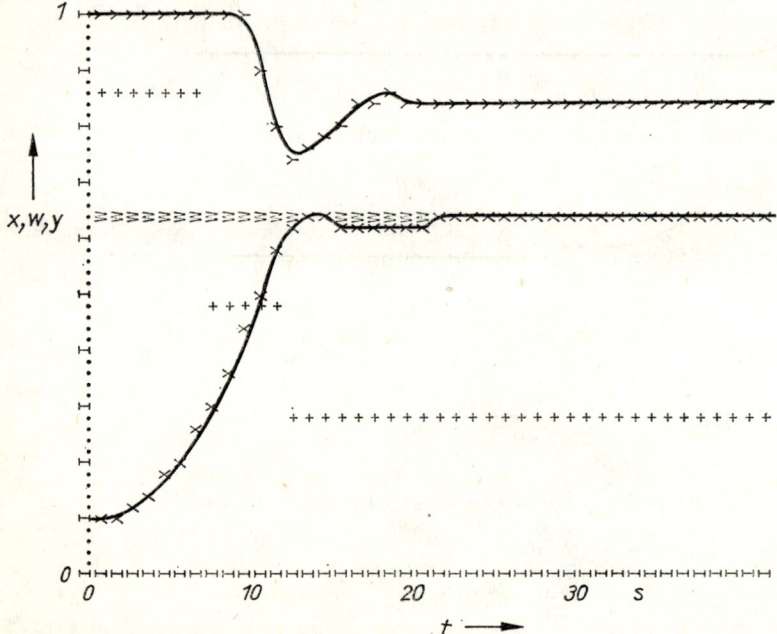

Bild 10.12. *Wie Bild 10.9, für Sollwertsprung von 0,1 bis 0,65, drei Parametersätze wirksam*
Ordinatenmaßstab für alle Werte X, W, Y $0 \ldots 1$

- Bild 10.10 zeigt dagegen bei einem Sollwertsprung von 0,8 auf 0,9 deutliches Überschwingen der Regelgröße. Die Stellgröße befindet sich hier einige Zeit im oberen Anschlag, wogegen sie im linearen Fall stärker eingreifen würde und so das Überschwingen vermeidbar wäre. Hier wird der Einfluß der größeren Verstärkung im oberen Kennlinienbereich und der nichtlineare Einfluß durch die Begrenzung der Stellgröße erkennbar.
- Bild 10.11 verdeutlicht, daß beim Abwärtssprung des Sollwerts von 0,95 auf 0,85 kein Überschwingen auftritt, weil sich hier die Stellgröße nicht in der Begrenzung befindet.
- Bild 10.12 demonstriert das Verhalten bei einem relativ großen Sollwertsprung von 0,1 auf 0,65. Der Verlauf der Regelgröße ist als günstig einzuschätzen; die Stellgröße befindet sich allerdings auch hier nahezu die Hälfte der Zeit, die zum Ausregeln erforderlich ist, in der Begrenzung. Auf Grund des großen Sollwertsprungs werden entsprechend dem Konzept drei unterschiedliche Parametersätze zugeschaltet. Daß dies stoßfrei erfolgt, ist aus den Kurven deutlich zu ersehen.
- Bild 10.13 widerspiegelt schließlich, daß bei einem sehr großen Sollwertsprung von 0,95 auf 0,1 die Umschaltung über alle vier Parameterbereiche erfolgt; auch hier wird die vorgegebene Einschwingzeit < 30 s eingehalten, und der Regelvorgang verläuft ohne Überschwingung.

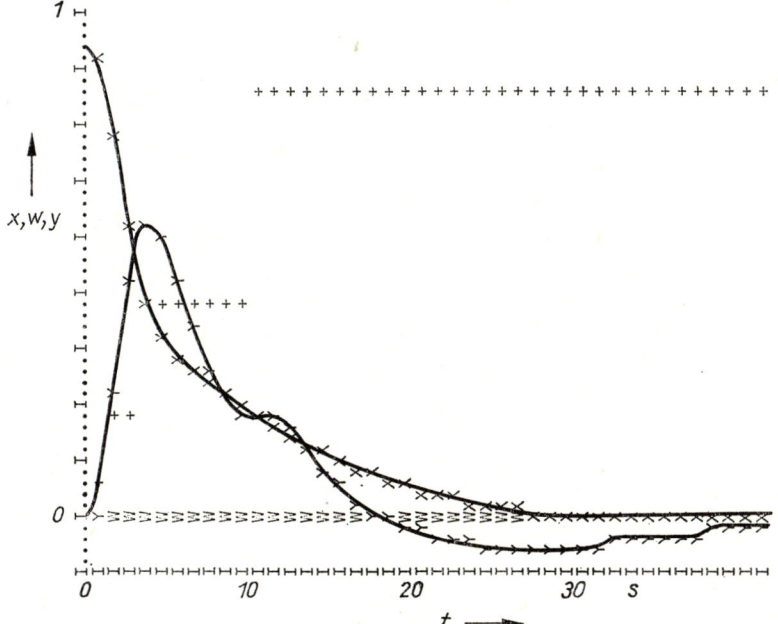

Bild 10.13. Wie Bild 10.9, für Sollwertsprung von 0,95 bis 0,1, vier Parametersätze wirksam
Ordinatenmaßstab für alle Werte X, W, Y $0 \ldots 1$

Die Simulationsergebnisse zeigen, daß die konzipierte Regelungsstrategie mit der gewählten Struktur und den ermittelten Parametersätzen die gestellte, relativ anspruchsvolle Aufgabe des sehr großen Änderungsbereichs von W bei nicht geringen dynamischen Ansprüchen erfüllt.

Am analysierten Beispiel wird darüber hinaus auch deutlich, daß der Einfluß von Beschränkungen der Stellgröße erhebliche Auswirkungen auf den Regelvorgang haben kann.

Außerdem sei bemerkt, daß das hier verwirklichte Regelkonzept auf der Basis des Modulvorrats eines Mikrorechnerreglers mit seiner großen Vielfalt keine Probleme bereitet, während es mit konventionellen Mitteln nicht realisierbar gewesen wäre.

Zusammenfassend soll deutlich gemacht werden, daß die hier verwendeten Mittel – wie das Programmiergerät nach Bild 10.2 und der Softwarevorrat nach Bild 10.3 – zunehmend zum unverzichtbaren Werkzeug des Ingenieurs werden.

Literaturverzeichnis

[1] *Töpfer, H.; Kriesel, W.:* Automatisierungstechnik – Gegenwart und Zukunft. Berlin: VEB Verlag Technik 1982

[2] *Woschni, E.G.:* Informationstechnik – Signal, System, Information. Berlin: VEB Verlag Technik 1973

[3] *Woschni, E.G.:* Signal und Automatisierung. Berlin: VEB Verlag Technik 1974

[4] *Töpfer, H.; Rudert, S.:* Einführung in die Automatisierungstechnik, 5. Aufl. Berlin: VEB Verlag Technik 1984

[5] *Töpfer, H.; Kriesel, W.* (Hrsg.): Funktionseinheiten der Automatisierungstechnik, 5. Aufl. Berlin: VEB Verlag Technik 1987

[6] *Müller, R.:* Projektierung von Automatisierungsanlagen, 2. Aufl. Berlin: VEB Verlag Technik 1982

[7] *Müller, J.; Müller, R.:* Stelleinrichtungen für Stoffströme. Berlin: VEB Verlag Technik 1966

[8] *Töpfer, H.; Kriesel, W.:* Kleinautomatisierung durch Geräte ohne Hilfsenergie, 2. Aufl. Berlin: VEB Verlag Technik 1978

[9] *Baldeweg, F.; Balzer, D.; Brack, G.:* Automatische Prozeßsicherung in Produktionssystemen. Berlin: VEB Verlag Technik 1983

[10] *Zander, H.J.:* Logischer Entwurf binärer Systeme, 2. Aufl. Berlin: VEB Verlag Technik 1985

[11] *Weller, W.; Wilke, H.:* Programmierbare Steuereinrichtungen. Berlin: VEB Verlag Technik 1981

[12] *Gottschalk, H.:* Verbindungsprogrammierte und speicherprogrammierbare Steuereinrichtungen. Berlin: VEB Verlag Technik 1984

[13] *Töpfer, H.; Schrepel, D.; Schwarz, A.:* Pneumatische Bausteinsysteme der Digitaltechnik, 2. Aufl. Berlin: VEB Verlag Technik 1973

[14] *Eckhardt, D.; Hadamovsky, H.F.; Junghans, B.; Schneider, H.G.:* Mikroelektronik, Stand und Entwicklung, 2. Aufl. Berlin: Akademie-Verlag 1984

[15] *Kühn, E.; Schmied, H.:* Handbuch integrierte Schaltkreise. Berlin: VEB Verlag Technik 1984

[16] *Franke, K.:* Einführung in die Mikrorechentechnik. Berlin: VEB Verlag Technik 1984

[17] *Matschke, J.:* Von der einfachen Logikschaltung zum Mikrorechner, 2. Aufl. Berlin: VEB Verlag Technik 1984

[18] *Neumann, P.:* Mikrorechner in Automatisierungsanlagen. Berlin: VEB Verlag Technik 1983

[19] *Schwarz, W.; Meyer, G.; Eckhardt, D.:* Mikrorechner. Wirkungsweise, Programmierung, Applikation, 3. Aufl. Berlin: VEB Verlag Technik 1984

[20] *Osborn, A.:* Einführung in die Mikrocomputertechnik, 4. Aufl. München: te-wi-Verlag GmbH. 1982

[21] *Reinisch, K.:* Kybernetische Grundlagen und Beschreibung kontinuierlicher Systeme. Berlin: VEB Verlag Technik 1974

[22] *Oppelt, W.:* Kleines Handbuch technischer Regelvorgänge, 4. Aufl. Berlin: VEB Verlag Technik 1964

[23] *Göldner, K.:* Mathematische Grundlagen für Regelungstechniker. Leipzig: VEB Fachbuchverlag 1970

[24] *Doetsch, G.:* Anleitung zum praktischen Gebrauch der Laplace-Transformation. München: R. Oldenbourg Verlag 1956

[25] *Dobesch, H.:* Laplace-Transformation, 2. Aufl. Berlin: VEB Verlag Technik 1970

[26] *Föllinger, O.:* Lineare Abtastsysteme. München: R. Oldenbourg Verlag 1974

[27] *Dobesch, H.:* Laplace-Transformation von Abtastfunktionen. Berlin: VEB Verlag Technik 1970

[28] *Isermann, R.:* Digitale Regelsysteme. Berlin, Heidelberg, New York: Springer-Verlag 1977

[29] *Bischoff, H.:* Zum Entwurf von Deadbeat-Reglern. msr 25 (1982) H.9, S.499–502

[30] *Töpfer, H.; Bischoff, H.; Badelt, W.; Hauser, S.:* Prozeßanalyse in der Automatisierungstechnik. Berlin: Internes Lehrmaterial der Kammer der Technik, Lehrbrief 1 bis 4 1979

[31] *Gilles, E.D.:* Systeme mit verteilten Parametern. München: R. Oldenbourg Verlag 1973

[32] *Brack, G.:* Dynamische Modelle verfahrenstechnischer Prozesse. Berlin: VEB Verlag Technik 1972

[33] *Lorenz, G.:* Experimentelle Bestimmung dynamischer Modelle. Berlin: VEB Verlag Technik 1976

[34] *Strobel, H.:* Experimentelle Systemanalyse. Berlin: Akademie-Verlag 1975

[35] *Giloi, W.:* Simulation und Analyse stochastischer Vorgänge. München: R. Oldenbourg Verlag 1967

[36] *Bandemer, H.* u.a.: Optimale Versuchsplanung. Berlin: Akademie-Verlag 1976

[37] *Schwarze, G.:* Regelungstechnik für Praktiker, Formeln, Kurven, Tabellen. Berlin: VEB Verlag Technik 1966

[38] *Reinisch, K.:* Analyse und Synthese kontinuierlicher Steuerungssysteme, 2. Aufl. Berlin: VEB Verlag Technik 1982

[39] *Korn, U.; Wilfert, H.-H.:* Mehrgrößenregelungen – Moderne Entwurfsprinzipien im Zeit- und Frequenzbereich. Berlin: VEB Verlag Technik 1982

[40] *Zypkin, Ja. S.:* Grundlagen lernender Systeme. Berlin: VEB Verlag Technik 1972

[41] *Weller, W.:* Lernende Steuerungen. Berlin: VEB Verlag Technik 1985

[42] *Göldner, K.:* Nichtlineare Systeme der Regelungstechnik. Berlin: VEB Verlag Technik 1973

[43] *Göldner, K.; Kubic, S.:* Nichtlineare Systeme der Regelungstechnik, 2. Aufl. Berlin: VEB Verlag Technik 1983

[44] *Hartmann, G.:* Regelkreise mit Zweipunktreglern Berlin: VEB Verlag Technik 1965

[45] *Rieger, P.; Will, Th.; Bischoff, H.; Müller, W.-R.:* Ein programmierbarer Mikrorechnerregler – Anwendungsvorbereitung und Inbetriebnahme. msr (1985) H. 3, S. 101–104

[46] Promar 5000 – Sprachbeschreibung/Modulbibliothek. Kombinat EAW Berlin, Druckschrift 1985

[47] *Brack, G.; Helms, A.:* Automatisierungstechnik. Leipzig: VEB Deutscher Verlag für Grundstoffindustrie 1985

[48] *Oberst, E.* (Federführung): Fachwissen des Ingenieurs, Bd. 2 (Grundlagen der Automatisierungstechnik). Leipzig: VEB Fachbuchverlag 1980

[49] *Brack, G.:* Dynamik technischer Systeme. Leipzig: VEB Deutscher Verlag für Grundstoffindustrie 1974

[50] Lehrbuch Automatisierungstechnik, 13. Aufl. Berlin: VEB Verlag Technik 1983

[51] *Schönfeld, R.:* Grundlagen der automatischen Steuerung – Leitfaden und Aufgaben aus der Elektrotechnik. Berlin: VEB Verlag Technik 1984

[52] *Fritzsch, W.:* Prozeßrechentechnik, 2. Aufl. Berlin: VEB Verlag Technik 1984

[53] *Göldner, K.:* Mathematische Grundlagen der Systemanalyse, Bd. 2. Leipzig: VEB Fachbuchverlag 1982

[54] *Fritzsch, W.; Häußler, W.* (Hrsg.): Taschenbuch Maschinenbau, Bd. 1. Berlin: VEB Verlag Technik 1983

[55] *Schmidt, G.:* Grundlagen der Regelungstechnik. Berlin, Heidelberg, New York: Springer-Verlag 1982

[56] *Mann, H.; Schiffelgen, H.:* Einführung in die Regelungstechnik. 4. Aufl. München, Wien: Carl Hanser Verlag 1984

[57] *Schulze, K.-P.; Rehberg, K.-J.:* Entwurf von adaptiven Systemen – Eine Darstellung für Ingenieure, Berlin: VEB Verlag Technik 1988

Sachwörterverzeichnis